电子工程师
自学速成 第2版

蔡杏山◎主编

入门篇

Electronics
Engineer

人民邮电出版社
北京

图书在版编目（CIP）数据

电子工程师自学速成. 入门篇 / 蔡杏山主编. -- 2
版. -- 北京 ： 人民邮电出版社，2020.11
ISBN 978-7-115-54530-5

Ⅰ. ①电… Ⅱ. ①蔡… Ⅲ. ①电子技术 Ⅳ. ①TN

中国版本图书馆CIP数据核字(2020)第134986号

内 容 提 要

　　本书主要介绍了电子技术入门基础，万用表的使用，电阻器，电容器，电感器与变压器，二极管，三极管，晶闸管，场效应管与IGBT，继电器与干簧管，过流、过压保护器件，光电器件，电声器件，压电器件，显示器件，常用传感器，贴片元器件，集成电路，基础电子电路，收音机与电子产品的检修，数字示波器和信号发生器等内容。

　　本书具有基础起点低、内容由浅入深、语言通俗易懂，结构安排符合学习认知规律的特点。本书适合作为电子工程师入门的自学图书，也适合作为职业学校相关专业和社会培训机构的电子技术基础教材。

◆ 主　　编　蔡杏山
　　责任编辑　黄汉兵
　　责任印制　彭志环
◆ 人民邮电出版社出版发行　　北京市丰台区成寿寺路 11 号
　　邮编　100164　电子邮件　315@ptpress.com.cn
　　网址　https://www.ptpress.com.cn
　　北京九州迅驰传媒文化有限公司印刷
◆ 开本：787×1092　1/16
　　印张：23.25　　　　　　　　2020 年 11 月第 2 版
　　字数：620 千字　　　　　　　2025 年 3 月北京第 17 次印刷

定价：79.00 元

读者服务热线：(010)53913866　印装质量热线：(010)81055316
反盗版热线：(010)81055315

《电子工程师自学速成》图书自 2014 年 1 月上市以来，深受读者欢迎，重印近 30 次，至今 6 年过去了，网上销售热度依然不减。考虑到书中的一些内容现在有点陈旧，知识也不是很丰富，因此我们对这套图书进行修订。新修订的《电子工程师自学速成》在第 1 版的基础上进行了改进，主要有：①删掉一些陈旧的内容；②用当前广泛使用技术取代同类的旧技术；③增加了大量实用的新内容。

电子技术无处不在，小到身边的随身听，大到神舟飞船，无一不蕴含着电子技术的身影。电子技术应用到社会的众多领域，根据电子技术的应用领域不同，可分为家庭消费电子技术（如电视机）、通信电子技术（如移动电话）、工业电子技术（如变频器）、机械电子技术（如智能机器人控制系统）、医疗电子技术（如 B 超机）、汽车电子技术（如汽车电气控制系统）、消费数码电子技术（如数码相机）、军事科技电子技术（如导弹制导系统）等。

电子工程师是指从事各类电子产品和信息系统研究、教学、产品设计、科技开发、生产和管理等工作的高级工程技术人才。电子工程师一般分为硬件电子工程师和软件电子工程师：硬件电子工程师主要负责运用各种电子工具进行电子产品的装配、测试、维修等，是技术与手动操作的结合；软件电子工程师主要负责分析、设计电路图，制作 PCB，以及对嵌入式系统（如单片机）进行编程等工作。

为了让读者能够轻松快速迈入电子工程师行列，我们推出了"电子工程师自学速成"（第 2 版），分为入门篇、提高篇和设计篇共三本，各书内容如下。

《电子工程师自学速成—入门篇》主要介绍了电子技术入门基础，万用表的使用，电阻器，电容器，电感器与变压器，二极管，三极管，晶闸管，场效应管与 IGBT，继电器与干簧管，过流、过压保护器件，光电器件，电声器件，压电器件，显示器件，常用传感器，贴片元器件，集成电器，基础电子电路，收音机与电子产品的检修，数字示波器和信号发生器。

《电子工程师自学速成—提高篇》主要介绍了电路分析基础，放大电路，放大器，谐振电路与滤波电路，振荡器，调制与解调电路，变频电路与反馈控制电路，电源电路，数字电路基础与门电路，数制、编码与逻辑代数，组合逻辑电路，时序逻辑电路，脉冲电路，D/A 转换器和 A/D 转换器，半导体存储器，电力电子电路，集成电路，电磁炉的原理与结构和电磁炉电路。

《电子工程师自学速成—设计篇》主要内容有单片机快速入门、数制与 C51 语言基础、51 单片机的硬件系统、51 单片机编程软件的使用、单片机驱动发光二极管的电路及编程、单片机驱动 LED 数码管的电路及编程、中断功能的使用与编程、定时器 / 计数器的使用及编程、按键电路及编程、LED 点阵和液晶显示屏的使用及编程、步进电机的使用及编程、串行通信的使用及编程、I2C 总线通信的使用及编程、A/D 与 D/A 电路及编程、STC89C5x 系列单片机介绍、电路绘图设计软件基础、设计电路原理图、制作新元件、手工设计 PCB 电路、自动设计 PCB 电路和制作新元件封装。

"电子工程师自学速成"（第2版）主要有以下特点。

◆ 基础起点低。读者只需具有初中文化程度即可阅读本套丛书。

◆ 语言通俗易懂。书中少用专业化的术语，遇到较难理解的内容用形象比喻说明，尽量避免复杂的理论分析和烦琐的公式推导，图书阅读起来感觉会十分顺畅。

◆ 内容解说详细。考虑到自学时一般无人指导，因此在编写过程中对书中的知识技能进行详细解说，让读者能轻松理解所学的内容。

◆ 采用图文并茂的表现方式。书中大量采用读者喜欢的直观形象的图表方式展现内容，使阅读变得非常轻松，不易产生阅读疲劳。

◆ 内容安排符合认识规律。图书按照循序渐进、由浅入深的原则来确定各章节内容的先后顺序，读者只需从前往后阅读图书，就会水到渠成。

◆ 突出显示知识要点。为了帮助读者掌握书中的知识要点，书中用阴影和文字加粗的方法突出显示知识要点，指示学习重点。

◆ 网络免费辅导。读者在阅读时遇到问题，可登录易天电学网，观看有关辅导材料或向老师提问进行学习，读者也可以在该网站了解本套丛书的新书信息。

本书在编写过程中得到了许多教师的支持，在此一并表示感谢。由于我们水平有限，书中的错误和疏漏在所难免，望广大读者和同仁予以批评指正。

编者

2020 年 6 月

Contents

目录

1

第 1 章

电子技术入门基础

1.1 基本概念与规律

1.1.1 电路与电路图

图 1-1（a）所示是一个简单的实物电路，该电路由电源（电池）、开关、导线和灯泡组成。电源的作用是提供电能；开关、导线的作用是控制和传递电能，称为中间环节；灯泡是消耗电能的用电器，它能将电能转变为光能，称为负载。因此，**电路是由电源、中间环节和负载组成的。**

图 1-1（a）所示为实物电路，绘制该电路很不方便，为此人们用简单的图形符号代替实物的**方法来画电路，这样画出的图形称为电路图。**图 1-1（b）所示的图形就是图 1-1（a）所示实物电路的电路图，不难看出，用电路图来表示实际的电路非常方便。

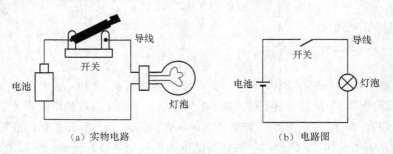

（a）实物电路　　　　　　　　　　　（b）电路图

图 1-1　一个简单的电路

1.1.2 电流与电阻

1. 电流

在图 1-2 所示电路中，将开关闭合，灯泡会发光，为什么会这样呢？下面就来解释其中的原因。

当开关闭合时，带负电荷的电子源源不断地从电源负极经导线、灯泡、开关流向电源正极。这些电子在流经灯泡内的钨丝时，钨丝会发热，温度急剧上升而发光。

大量的电荷朝一个方向移动（也称定向移动）就形成了电流，

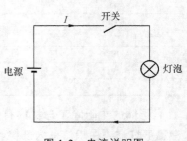

图 1-2　电流说明图

1

这就像公路上有大量的汽车朝一个方向移动就形成"车流"一样。实际上，我们把电子运动的反方向作为电流方向，即把正电荷在电路中的移动方向规定为电流的方向。图1-2所示电路的电流方向是：电源正极→开关→灯泡→电源的负极。

电流通常用字母"I"表示，单位为安培（简称安），用"**A**"表示，比安培小的单位有毫安（mA）、微安（μA），它们之间的换算关系为

$$1A=10^3mA=10^6μA$$

2. 电阻

在图1-3（a）所示电路中增加一个元器件——电阻器，发现灯光会变暗，该电路的电路图如图1-3（b）所示。为什么在电路中增加了电阻器后灯光会变暗呢？原来电阻器对电流有一定的阻碍作用，从而使流过灯泡的电流减小，灯光变暗。

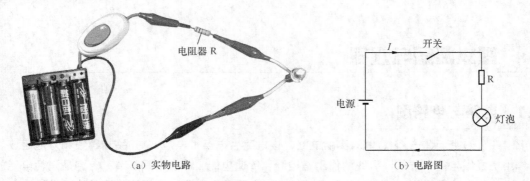

（a）实物电路　　　　　　　　　　　　　　　　　（b）电路图

图1-3　电阻说明图

导体对电流的阻碍称为该导体的电阻，电阻通常用字母"**R**"表示，电阻的单位为欧姆（简称欧），用"**Ω**"表示，比欧姆大的单位有千欧（kΩ）、兆欧（MΩ），它们之间的换算关系为

$$1MΩ=10^3kΩ=10^6Ω$$

导体的电阻计算公式为

$$R=ρ\frac{L}{S}$$

在上式中，L为导体的长度（单位：m），S为导体的横截面积（单位：m^2），$ρ$为导体的电阻率（单位：$Ω·m$）。不同的导体，$ρ$值一般不同。表1-1列出了一些常见导体的电阻率（20℃时）。在长度L和横截面面积S相同的情况下，电阻率越大的导体其电阻越大，例如，L、S相同的铁导线和铜导线，铁导线的电阻约是铜导线的5.9倍。由于铁导线的电阻率较铜导线大很多，所以为了使负载得到较大电流以及减小供电线路的损耗，供电线路通常采用铜导线。

表1-1　一些常见导体的电阻率（20℃时）

导体	电阻率 / (Ω·m)	导体	电阻率 / (Ω·m)
银	$1.62×10^{-8}$	锡	$11.4×10^{-8}$
铜	$1.69×10^{-8}$	铁	$10.0×10^{-8}$
铝	$2.83×10^{-8}$	铅	$21.9×10^{-8}$
金	$2.4×10^{-8}$	汞	$95.8×10^{-8}$
钨	$5.51×10^{-8}$	碳	$3\ 500×10^{-8}$

导体的电阻除了与材料有关外，还受温度影响。一般情况下，导体温度越高电阻越大，例如常温下灯泡（白炽灯）内部钨丝的电阻很小，通电后钨丝的温度升到1 000℃以上，其电阻急剧增

大；导体温度下降电阻减小，某些金属材料在温度下降到某一值时（如 −109℃），电阻会突然变为 0Ω，这种现象称为超导现象，具有这种性质的材料称为超导材料。

1.1.3 电位、电压和电动势

电位、电压和电动势对初学者来说较难理解，下面通过图 1-4 所示的水流示意图来说明这些术语。首先来分析图 1-4 中的水流过程。

水泵将河中的水抽到山顶的 A 处，水到达 A 处后再流到 B 处，水到 B 处后流往 C 处（河中），然后水泵又将河中的水抽到 A 处，这样使得水不断循环流动。水为什么能从 A 处流到 B 处，又从 B 处流到 C 处呢？这是因为 A 处水位较 B 处水位高，B 处水位较 C 处水位高。

要测量 A 处和 B 处水位的高度，必须先要找一个基准点（零点），就像测量人的身高要选择脚底为基准点一样，这里以河的水面为基准（C 处）。AC 之间的垂直高度为 A 处水位的高度，用 H_A 表示；BC 之间的垂直高度为 B 处水位的高度，用 H_B 表示。由于 A 处和 B 处水位高度不一样，它们存在着水位差，该水位差用 H_{AB} 表示，它等于 A 处水位高度 H_A 与 B 处水位高度 H_B 之差，即 $H_{AB}=H_A-H_B$。为了让 A 处源源不断有水往 B、C 处流，需要水泵将低水位的河水抽到高处的 A 点，这样做水泵是需要消耗能量的（如耗油）。

1. 电位

电路中的电位、电压和电动势与上述水流情况很相似。如图 1-5 所示，电源的正极输出电流，流到 A 点，再经 R_1 流到 B 点，然后通过 R_2 流到 C 点，最后流到电源的负极。

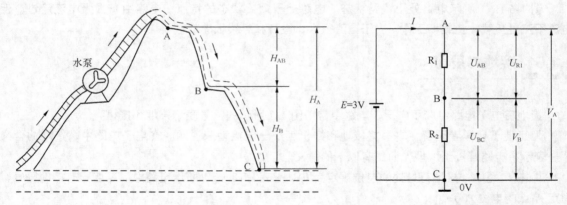

图 1-4　水流示意图　　　　　　图 1-5　电位、电压和电动势说明图

与图 1-4 所示水流示意图相似，图 1-5 所示电路中的 A、B 点也有高低之分，只不过不是水位，而称为电位，A 点电位较 B 点电位高。为了计算电位的高低，也需要找一个基准点作为零点，为了表明某点为零基准点，通常在该点处画一个 "⊥" 符号，该符号称为接地符号，接地符号处的电位规定为 0V，电位单位不是米（m），而是伏特（简称伏），用 "V" 表示。在图 1-5 所示电路中，以 C 点为 0V（该点标有接地符号），A 点的电位为 3V，表示为 $V_A=3V$；B 点电位为 1V，表示为 $V_B=1V$。

2. 电压

图 1-5 所示电路中的 A 点和 B 点的电位是不同的，有一定的差距，这种电位之间的差距称为电位差，又称电压。A 点和 B 点之间的电位差用 U_{AB} 表示，它等于 A 点电位 V_A 与 B 点电位 V_B 的差，即 $U_{AB}=V_A-V_B=3V-1V=2V$。因为 A 点和 B 点电位差实际上就是电阻器 R_1 两端的电位差（即电压），R_1 两端的电压用 U_{R1} 表示，所以 $U_{AB}=U_{R1}$。

3．电动势

为了让电路中始终有电流流过，电源需要在内部将流到负极的电流源源不断地"抽"到正极，使电源正极具有较高的电位，这样正极才会输出电流。当然，电源内部将负极的电流"抽"到正极需要消耗能量（如干电池会消耗掉化学能）。**电源消耗能量在两极建立的电位差称为电动势**，电动势的单位也为伏特，图1-5所示电路中电源的电动势为3V。

由于电源内部的电流是由负极流向正极，故**电源的电动势方向规定为从电源负极指向正极**。

1.1.4　电路的3种状态

电路有**3种状态：通路、开路和短路**，这3种状态的电路如图1-6所示。

1．通路

图1-6（a）所示电路处于通路状态。**电路处于通路状态的特点：电路畅通，有正常的电流流过负载，负载正常工作。**

2．开路

图1-6（b）所示电路处于开路状态。**电路处于开路状态的特点：电路断开，无电流流过负载，负载不工作。**

3．短路

图1-6（c）所示电路处于短路状态。**电路处于短路状态的特点：电路中有很大电流流过，但电流不流过负载，负载不工作。**由于电流很大，电源和导线很容易被烧坏。

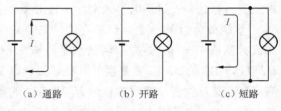

（a）通路　　　　（b）开路　　　　（c）短路

图1-6　电路的3种状态

1.1.5　接地与屏蔽

1．接地

接地在电子电路中应用广泛，电路中常用图1-7所示的符号表示接地和接机壳。

为了便于初学者理解，本书将接地和接机壳统一成接地来说明。在电子电路中，接地的含义不是表示将电路连接到大地，而是有以下的意义。

① 在电路中，**接地符号处的电位规定为0V**。在图1-8（a）所示电路中，A点标有接地符号，规定A点的电位为0V。

② 在电路中，**标有接地符号的地方都是相通的**。图1-8（b）所示的两个电路，虽然从形式上看不一样，但电路的实际连接是一样的，故两个电路中的灯泡都会亮。

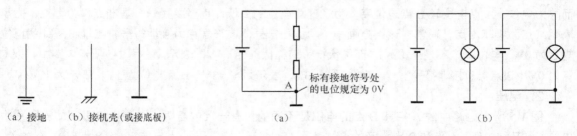

（a）接地　　（b）接机壳（或接底板）

图1-7　接地和接机壳符号

标有接地符号处的电位规定为0V

（a）　　　　　　　　　（b）

图1-8　接地符号含义说明图

2．屏蔽

在电子设备中，为了防止某些元器件和电路工作时受到干扰，或者为了防止某些元器件和电路在工作时产生信号干扰其他电路的正常工作，通常对这些元器件和电路采取隔离措施，这种隔离称为屏蔽。屏蔽常用图 1-9 所示的符号表示。

屏蔽的具体做法是用金属材料（称为屏蔽罩）将元器件或电路封闭起来，再将屏蔽罩接地。图 1-10 所示为带有屏蔽罩的元器件和导线，外界干扰信号无法穿过金属屏蔽罩干扰内部的元器件和电路。

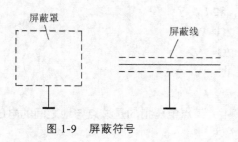

图 1-9　屏蔽符号

图 1-10　带有屏蔽罩的元器件和导线

1.1.6　欧姆定律

欧姆定律是电子技术中的一个最基本的定律，反映了电路中电阻、电流和电压之间的关系。

欧姆定律的内容是：在电路中，流过电阻的电流 I 的大小与电阻两端的电压 U 成正比，与电阻 R 的大小成反比，即

$$I = \frac{U}{R}$$

也可以表示为 $U=IR$ 和 $R = \dfrac{U}{I}$。

为了更好地理解欧姆定律，下面以图 1-11 所示的几种形式为例加以说明。

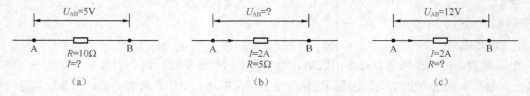

图 1-11　欧姆定律的几种形式图示

在图 1-11（a）中，已知电阻 $R=10\Omega$，电阻两端的电压 $U_{AB}=5V$，那么流过电阻的电流 $I = \dfrac{U_{AB}}{R} = \dfrac{5V}{10\Omega} = 0.5A$。

在图 1-11（b）中，已知电阻 $R=5\Omega$，流过电阻的电流 $I=2A$，那么电阻两端的电压 $U_{AB}=I \cdot R=2A \times 5\Omega=10V$。

在图 1-11（c）中，已知流过电阻的电流 $I=2A$，电阻两端的电压 $U_{AB}=12V$，那么电阻的大小 $R = \dfrac{U}{I} = \dfrac{12V}{2A} =6\Omega$。

下面以图 1-12 所示的电路为例来说明欧姆定律的应用。

在图 1-12 所示的电路中，电源的电动势 $E=12V$，它与 A、D 之间的电压 U_{AD} 相等，3 个电阻 R_1、R_2、R_3

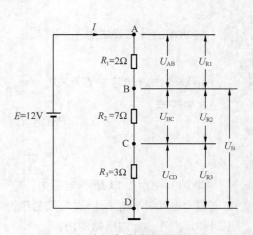

图 1-12　欧姆定律的应用说明图

串接起来，可以相当于一个电阻 R，$R=R_1+R_2+R_3=2\Omega+7\Omega+3\Omega=12\Omega$。知道了电阻的大小和电阻两端的电压，就可以求出流过电阻的电流 I 了。

$$I=\frac{U}{R}=\frac{U_{AD}}{R_1+R_2+R_3}=\frac{12V}{12\Omega}=1A$$

求出了流过 R_1、R_2、R_3 的电流 I，并且它们的电阻大小已知，就可以求出 R_1、R_2、R_3 两端的电压 U_{R1}（U_{R1} 实际就是 A、B 两点之间的电压 U_{AB}）、U_{R2} 和 U_{R3} 了。

$$U_{R1}=U_{AB}=I\cdot R_1=1A\times 2\Omega=2V$$
$$U_{R2}=U_{BC}=I\cdot R_2=1A\times 7\Omega=7V$$
$$U_{R3}=U_{CD}=I\cdot R_3=1A\times 3\Omega=3V$$

从上面可以看出　　$U_{R1}+U_{R2}+U_{R3}=U_{AB}+U_{BC}+U_{CD}=U_{AD}=12V$

在图 1-12 中如何求 B 点电压呢？首先要明白：在电路中，某点电压指的是该点与地之间的电压，所以 B 点电压 U_B 实际就是电压 U_{BD}，求 U_B 有以下两种方法。

方法一　　　　　　　$U_B=U_{BD}=U_{BC}+U_{CD}=U_{R2}+U_{R3}=7V+3V=10V$

方法二　　　　　　　$U_B=U_{BD}=U_{AD}-U_{AB}=U_{AD}-U_{R1}=12V-2V=10V$

1.1.7　电功、电功率和焦耳定律

1. 电功

电流流过灯泡，灯泡会发光；电流流过电炉丝，电炉丝会发热；电流流过电动机，电动机会运转。可见**电流流过一些用电设备时是会做功的，电流做的功称为电功。**用电设备做功的大小不但与加到用电设备两端的电压及流过用电设备的电流有关，而且与通电时间长短有关。电功可用下面的公式计算

$$W=UIt$$

式中，W 表示电功，单位为焦（J）；U 表示电压，单位为伏（V）；I 表示电流，单位为安（A）；t 表示时间，单位为秒（s）。

2. 电功率

电流需要通过一些用电设备才能做功，为了衡量这些设备做功能力的大小，引入一个电功率的概念。**电功率是指单位时间里电流通过用电设备所做的功。电功率常用 P 表示，单位为瓦（W）**，此外还有千瓦（kW）和毫瓦（mW），它们之间的换算关系是

$$1kW=10^3W=10^6mW$$

电功率的计算公式是

$$P=UI$$

根据欧姆定律可知 $U=I\cdot R$，$I=\frac{U}{R}$，所以电功率还可以用以下公式来表示

$$P=I^2\cdot R$$

$$P=\frac{U^2}{R}$$

举例：在图 1-13 所示电路中，灯泡两端的电压为 220V（它与电源的电动势相等），流过灯泡的电流为 0.5A，求灯泡的电功率、电阻和灯泡在 10s 内所做的功。

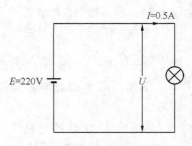

图 1-13　电功率计算例图

灯泡的电功率　　$P=UI=220\text{V}\times0.5\text{A}=110\text{W}$

灯泡的电阻　　$R=\dfrac{U}{I}=\dfrac{220\text{V}}{0.5\text{A}}=440\Omega$

灯泡在 10s 做的功　　$W=Pt=UIt=220\text{V}\times0.5\text{A}\times10\text{s}=1\,100\text{J}$

这里要补充一下，电功的单位是焦耳（J），但在电学中还常用另一个单位——千瓦时（kW·h）来表示，千瓦时也称度。1kW·h=1 度，千瓦时与焦耳的关系是

$$1\text{kW}\cdot\text{h}=1\times10^{3}\text{W}\times(60\times60)\text{s}=3.6\times10^{6}\text{W}\cdot\text{s}=3.6\times10^{6}\text{J}$$

1kW·h 可以这样理解：一个电功率为 100W 的灯泡连续使用 10h 消耗的电功为 1kW·h，即消耗 1 度电。

3. 焦耳定律

电流流过导体时导体会发热，这种现象称为电流的热效应。电热锅、电饭煲和电热水器等都是利用电流的热效应来工作的。

英国物理学家焦耳通过实验发现：**电流流过导体，导体发出的热量与导体流过的电流、导体的电阻和通电的时间有关。**这个关系用公式表示就是

$$Q=I^{2}Rt$$

式中，Q 表示热量，单位为焦耳（J）；R 表示电阻，单位为欧姆（Ω）；t 表示时间，单位为秒（s）。该定律说明：电流流过导体产生的热量，与电流的平方、导体的电阻及通电时间成正比。

由于这个定律除了由焦耳发现外，俄国物理学家楞次也通过实验独立发现，故该定律又称焦耳 - 楞次定律。

举例：某台电动机的额定电压是 220V，线圈的电阻为 0.4Ω，当电动机接 220V 的电压时，流过的电流是 3A，求电动机的电功率和线圈每秒发出的热量。

电动机的电功率　　$P=U\cdot I=220\text{V}\times3\text{A}=660\text{W}$

电动机线圈每秒钟发出的热量　　$Q=I^{2}Rt=3^{2}\text{A}\times0.4\Omega\times1\text{s}=3.6\text{J}$

1.2 电阻的连接方式

电阻是电路中应用最多的一种电子元器件，在一个电路中往往同时使用多个电阻。电阻的连接方式可分为串联、并联和混联 3 种。

1.2.1 电阻的串联

两个或两个以上的电阻头尾相接连在电路中，称为电阻的串联。电阻的串联如图 1-14 所示。

电阻串联电路的特点有以下几个。

① 流过各串联电阻的电流相等，都为 I。

② 电阻串联后的总电阻增大，总电阻等于各串联电阻之和，即

$$R=R_{1}+R_{2}$$

③ 总电压等于各串联电阻上电压之和，即

$$U=U_{R1}+U_{R2}$$

④ 电阻越大，两端电压越高，因为 $R_{1}<R_{2}$，所以 $U_{R1}<U_{R2}$。

在图 1-14 所示的电路中，两个串联电阻上的总电压 U 等于电

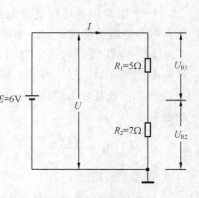

图 1-14　电阻的串联

源的电动势，即 $U=E=6V$；电阻串联后总电阻 $R=R_1+R_2$；流过各电阻的电流 $I=\dfrac{U}{R_1+R_2}=\dfrac{6V}{12\Omega}=0.5A$；电阻 R_1 两端的电压 $U_{R1}=I\cdot R_1=0.5A\times5\Omega=2.5V$，电阻 R_2 两端的电压 $U_{R2}=I\cdot R_2=0.5A\times7\Omega=3.5V$。

1.2.2 电阻的并联

两个或两个以上的电阻头头相接、尾尾相接连接在电路中，称为电阻的并联。电阻的并联如图 1-15 所示。

电阻并联电路的特点有以下几个。

① 并联电阻两端的电压相等，即

$$U_{R1}=U_{R2}$$

② 总电流等于流过各个并联电阻的电流之和，即

$$I=I_1+I_2$$

③ 电阻并联总电阻减小，总电阻的倒数等于各并联电阻的倒数之和，即

$$\frac{1}{R}=\frac{1}{R_1}+\frac{1}{R_2}$$

该式子可变形为

$$R=\frac{R_1R_2}{R_1+R_2}$$

④ 在并联电路中，电阻越小，流过电阻的电流越大，因为 $R_1<R_2$，所以 $I_1>I_2$。

在图 1-15 所示电路中，并联电阻 R_1、R_2 两端的电压相等，$U_{R1}=U_{R2}=U=6V$；流过 R_1 的电流 $I_1=\dfrac{U_{R1}}{R_1}=\dfrac{6V}{6\Omega}=1A$，流过 R_2 的电流 $I_2=\dfrac{U_{R2}}{R_2}=\dfrac{6V}{12\Omega}=0.5A$，总电流 $I=I_1+I_2=1A+0.5A=1.5A$；R_1、R_2 并联总电阻 $R=\dfrac{R_1R_2}{R_1+R_2}=\dfrac{6\Omega\times12\Omega}{6\Omega+12\Omega}=4\Omega$。

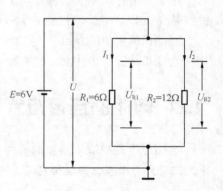

图 1-15　电阻的并联

1.2.3 电阻的混联

一个电路中的电阻连接方式既有串联又有并联时，称为电阻的混联，如图 1-16 所示。

对于电阻混联电路总电阻可以这样求：先求并联电阻的总电阻，然后再求串联电阻与并联电阻的总电阻之和。在图 1-16 所示电路中，并联电阻 R_3、R_4 的总电阻为

$$R_0=\frac{R_3R_4}{R_3+R_4}=\frac{6\Omega\times12\Omega}{6\Omega+12\Omega}=4\Omega$$

电路的总电阻

$$R=R_1+R_2+R_0=5\Omega+7\Omega+4\Omega=16\Omega$$

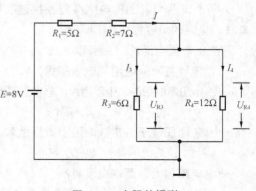

图 1-16　电阻的混联

想想看，如何求图 1-16 中总电流 I，R_1 两端电压 U_{R1}，R_2 两端电压 U_{R2}，R_3 两端电压 U_{R3} 和流过 R_3、R_4 的电流 I_3、I_4 的大小。

1.3 直流电与交流电

1.3.1 直流电

直流电是指方向始终固定不变的电压或电流。能产生直流电的电源称为直流电源，常见的干电池、蓄电池和直流发电机等都是直流电源，直流电源常用图 1-17（a）所示的图形符号表示。**直流电的电流总是由电源正极流出，再通过电路流到电源负极。**在图 1-17（b）所示的直流电路中，电流从直流电源正极流出，经电阻 R 和灯泡流到电源负极结束。

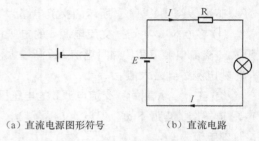

（a）直流电源图形符号　　（b）直流电路

图 1-17　直流电源图形符号与直流电路

直流电又分为稳定直流电和脉动直流电。

1. 稳定直流电

稳定直流电是指方向固定不变并且大小也不变的直流电。稳定直流电可用图 1-18（a）所示波形表示，稳定直流电的电流 I 大小始终保持恒定（始终为 6mA），在图中用直线表示；直流电的电流方向保持不变，始终是从电源正极流向负极，图中的直线始终在 t 轴上方，表示电流的方向始终不变。

2. 脉动直流电

脉动直流电是指方向固定不变，但大小随时间变化的直流电。脉动直流电可用图 1-18（b）所示的波形表示，从图中可以看出，脉动直流电的电流 I 大小随时间作波动变化（如在 t_1 时刻电流为 6mA，在 t_2 时刻电流变为 4mA），电流大小波动变化在图中用曲线表示；脉动直流电的方向始终不变（电流始终从电源正极流向负极），图中的曲线始终在 t 轴上方，表示电流的方向始终不变。

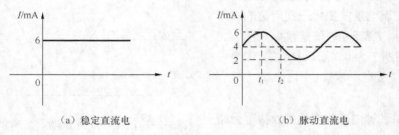

（a）稳定直流电　　　　　　　（b）脉动直流电

图 1-18　直流电

1.3.2 交流电

交流电是指方向和大小都随时间作周期性变化的电压或电流。交流电类型很多，其中最常见的是正弦交流电，这里就以正弦交流电为例来介绍交流电。

1. 正弦交流电

正弦交流电的符号、电路和波形如图 1-19 所示。

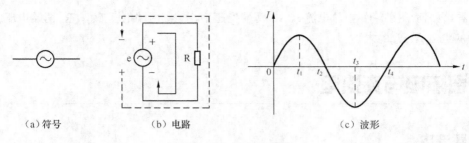

（a）符号　　　　　　　　　（b）电路　　　　　　　　　　（c）波形

图 1-19　正弦交流电

下面以图 1-19（b）所示的交流电路为例来说明图 1-19（c）所示的正弦交流电波形。

① 在 $0 \sim t_1$ 期间：交流电源 e 的电压极性是上正下负，电流 I 的方向是：交流电源上正→电阻 R →交流电源下负，并且电流 I 逐渐增大，电流逐渐增大在图 1-19（c）中用波形逐渐上升表示，t_1 时刻电流达到最大值。

② 在 $t_1 \sim t_2$ 期间：交流电源 e 的电压极性仍是上正下负，电流 I 的方向仍是：交流电源上正→电阻 R →交流电源下负，但电流 I 逐渐减小，电流逐渐减小在图 1-19（c）中用波形逐渐下降表示，t_2 时刻电流为 0A。

③ 在 $t_2 \sim t_3$ 期间：交流电源 e 的电压极性变为上负下正，电流 I 的方向也发生改变，图 1-19（c）中的交流电波形由 t 轴上方转到下方表示电流方向发生改变，电流 I 的方向是：交流电源下正→电阻 R →交流电源上负，电流反方向逐渐增大，t_3 时刻反方向的电流达到最大值。

④ 在 $t_3 \sim t_4$ 期间：交流电源 e 的电压极性仍为上负下正，电流仍是反方向，电流的方向是：交流电源下正→电阻 R →交流电源上负，电流反方向逐渐减小，t_4 时刻电流减小到 0A。

t_4 时刻以后，交流电源的电流大小和方向变化与 $0 \sim t_4$ 期间变化相同。实际上，交流电源不但电流大小和方向按正弦波变化，其电压大小和方向也像电流一样按正弦波变化。

2. 周期和频率

周期和频率是交流电最常用的两个概念，下面以图 1-20 所示的正弦交流电波形图为例来说明。

（1）周期

从图 1-20 可以看出，交流电变化过程是不断重复的，**交流电重复变化一次所需的时间称为周期，周期用 T 表示，单位是秒（s）。**图 1-20 所示交流电的周期 T 为 0.02s，说明该交流电每隔 0.02s 就会重复变化一次。

（2）频率

交流电在每秒钟内重复变化的次数称为频率，频率用 f 表示，它是周期的倒数，即

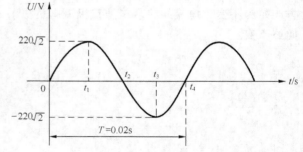

图 1-20　正弦交流电的周期、频率和瞬时值说明图

$$f = \frac{1}{T}$$

频率的单位是赫兹（Hz）。图 1-20 所示交流电的周期 T 为 0.02s，那么它的频率 $f=1/T=1/0.02s=50Hz$，该交流电的频率 $f=50Hz$，说明在 1s 内交流电能重复 $0 \sim t_4$ 这个过程 50 次。交流电变化越快，变化一次所需要的时间越短，周期就越短，频率就越高。

（3）高频、中频和低频

根据频率的高低不同，交流信号分为高频信号、中频信号和低频信号。高频、中频和低

频信号的划分没有严格的规定，一般认为：频率在 3MHz 以上的信号称为高频信号，频率在 300kHz ~ 3MHz 范围内的信号称为中频信号，频率低于 300kHz 的信号称为低频信号。

高频、中频和低频还是一个相对概念，在不同的电子设备中，它们的范围是不同的。例如在调频（FM）收音机中，88 ~ 108MHz 称为高频，10.7MHz 称为中频，20Hz ~ 20kHz 称为低频；而在调幅（AM）收音机中，525 ~ 1 605kHz 称为高频，465kHz 称为中频，20Hz ~ 20kHz 称为低频。

3. 瞬时值和有效值

（1）瞬时值

交流电的大小和方向是不断变化的，**交流电在某一时刻的值称为交流电在该时刻的瞬时值。** 以图 1-20 所示的交流电压为例，它在 t_1 时刻的瞬时值为 $220\sqrt{2}$ V（约为 311V），该值为最大瞬时值；在 t_2 时刻瞬时值为 0V，该值为最小瞬时值。

（2）有效值

交流电的大小和方向是不断变化的，这给电路计算和测量带来不便，为此引入有效值的概念。下面以图 1-21 所示电路来说明有效值的含义。

图 1-21 所示两个电路中的电热丝完全一样，现分别给电热丝通交流电和直流电，如果两电路通电时间相同，并且电热丝发出热量也相同，对电热丝来说，这里的交流电和直流电是等效的，那么就将图 1-21（b）中直流电的电压值或电流值称为图 1-21（a）中交流电的有效电压值或有效电流值。

交流市电电压为 220V 指的就是有效值，其含义是虽然交流电压时刻变化，但它的效果与 220V 直流电是一样的。如果没有特别说明，交流电的大小通常是指有效值，测量仪表的测量值一般也是指有效值。正弦交流电的有效值与最大瞬时值的关系是

$$最大瞬时值 = \sqrt{2} \times 有效值$$

如交流市电的有效电压值为 220V，它的最大瞬时电压值 $=220\sqrt{2}\approx311$V。

4. 相位与相位差

（1）相位

正弦交流电的电压或电流值变化规律与正弦波一样，为了分析方便，将正弦交流电放在图 1-22 所示的坐标中。

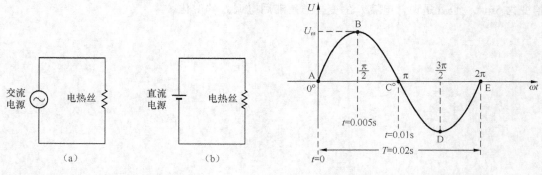

图 1-21　交流电有效值的说明图　　　　图 1-22　坐标中的正弦交流电

图中画出了交流电的一个周期，一个周期的角度为 2π，一个周期的时间为 $T=0.02$s，从图可以看出，在不同的时刻，交流电压所处的角度不同，如在 $t=0$ 时刻的角度为 0°，在 $t=0.005$s 时刻的角度为 $\frac{\pi}{2}$，在 $t=0.01$s 时刻的角度为 π。

交流电在某时刻的角度称为交流电在该时刻的相位。 图 1-22 中的交流电在 $t=0.005$s 时刻的相

位为 $\frac{\pi}{2}$（或 90°），在 t=0.01s 时刻的相位为 π（或 180°）。交流电在 t=0 时刻的角度称交流电的初相位，图 1-22 中的交流电初相位为 0°。

（2）相位差

相位差是指两个同频率交流电的相位之差。如图 1-23（a）所示，两个同频率的交流电流 I_1、I_2 分别从两条线路流向 A 点，在同一时刻，到达 A 点的交流电流 I_1、I_2 的相位并不相同，即两个交流信号存在相位差。

电流 I_1、I_2 的变化如图 1-23（b）所示，在 t=0 时刻，I_1 的相位为 $\frac{\pi}{2}$，而 I_2 的相位为 0°，在 t=0.01s 时，I_1 的相位为 $\frac{3\pi}{2}$，而 I_2 的相位为 π，两个电流的相位差为 $\left(\frac{\pi}{2}-0°\right)=\frac{\pi}{2}$ 或 $\left(\frac{3\pi}{2}-\pi\right)=\frac{\pi}{2}$，即 I_1、I_2 的相位差始终是 $\frac{\pi}{2}$。在图 1-23（b）中，若将 I_1 的前一段补充出来，也可以看出 I_1、I_2 的相位差是 $\frac{\pi}{2}$，并且 I_1 超前 I_2（超前 $\frac{\pi}{2}$，也可说超前 90°）。

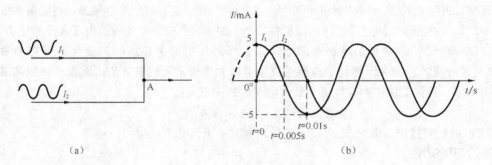

（a）　　　　　　　　　　　　　　（b）

图 1-23　交流电相位差说明

两个交流电存在相位差实际上就是两个交流电变化存在着时间差。在图 1-23（b）中，在 t=0 时刻，电流 I_1 的值为 5mA，电流 I_2 的值为 0mA；而到 t=0.005s 时，电流 I_1 的值变为 0mA，电流 I_2 的值变为 5mA；也就是说，电流 I_2 的变化总是滞后电流 I_1 的变化。

第 2 章

万用表的使用

2.1 指针万用表的使用

指针万用表是一种广泛使用的电子测量仪表，它由一只灵敏度很高的直流电流表（微安表）作表头，再加上挡位开关和相关电路组成。指针万用表可以测量电压、电流、电阻，还可以测量电子元器件的好坏。指针万用表种类很多，使用方法大同小异，本节以 MF-47 型万用表为例进行介绍。

2.1.1 面板介绍

MF-47 型万用表的面板如图 2-1 所示。从面板上可以看出，指针万用表面板主要由刻度盘、挡位开关、旋钮和插孔构成。

1. 刻度盘

刻度盘用来指示被测量值的大小，它由 1 根表针和 6 条刻度线组成。刻度盘如图 2-2 所示。

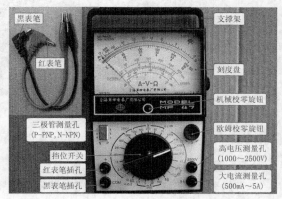

图 2-1　MF-47 型万用表的面板

图 2-2　刻度盘

2-1：指针万用表介绍

第 1 条标有"Ω"字样的为欧姆刻度线。在测量电阻阻值时查看该刻度线。这条刻度线最右端刻度表示的阻值最小，为 0，最左端刻度表示阻值最大，为 ∞（无穷大）。在未测量时表针指在左端无穷大处。

13

第 **2** 条标有"**V**"（左方）和"**mA**"（右方）字样的为交直流电压 / 直流电流刻度线。在测量交、直流电压和直流电流时都查看这条刻度线。该刻度线最左端刻度表示最小值，最右端刻度表示最大值，在该刻度线下方标有三组数，它们的最大值分别是 250、50 和 10，当选择不同挡位时，要将刻度线的最大刻度看作该挡位最大量程数值（其他刻度也要相应变化）。如挡位开关置于"**50V**"挡测量时，表针若指在第 2 刻度线最大刻度处，表示此时测量的电压值为 50V（而不是 10V 或 250V）。

第 **3** 条标有"**hFE**"字样的为三极管放大倍数刻度线。在测量三极管放大倍数时查看这条刻度线。

第 **4** 条标有"**C（μF）**"字样的为电容量刻度线。在测量电容容量时查看这条刻度线。

第 **5** 条标有"**L（H）**"字样的为电感量刻度线。在测量电感的电感量时查看该刻度线。

第 **6** 条标有"**dB**"字样的为音频电平刻度线。在测量音频信号电平时查看这条刻度线。

2. 挡位开关

挡位开关的功能是选择不同的测量挡位。挡位开关如图 2-3 所示。

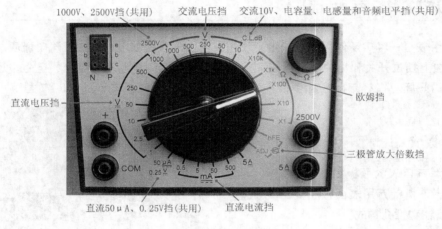

图 2-3　挡位开关

3. 旋钮

万用表面板上有 2 个旋钮：机械校零旋钮和欧姆校零旋钮，如图 2-1 所示。

机械校零旋钮的功能是在测量前将表针调到电压 / 电流刻度线的"**0**"刻度处。欧姆校零旋钮的功能是在使用电阻挡测量时，将表针调到欧姆刻度线的"**0**"刻度处。两个旋钮的详细调节方法在后面将会介绍。

4. 插孔

万用表面板上有 4 个独立插孔和一个 6 孔组合插孔，如图 2-1 所示。

标有"**+**"字样的为红表笔插孔；标有"**COM（或 −）**"字样的为黑表笔插孔；标有"**5A**"字样的为大电流插孔，当测量 500mA ～ 5A 范围内的电流时，红表笔应插入该插孔；标有"**2500V**"字样的为高电压插孔，当测量 1000 ～ 2500V 范围内的电压时，红表笔应插入此插孔。6 孔组合插孔为三极管测量插孔，标有"**N**"字样的 3 个孔为 NPN 三极管的测量插孔，标有"**P**"字样的 3 个孔为 PNP 三极管的测量插孔。

2.1.2　使用前的准备工作

指针万用表在使用前，需要安装电池、机械校零和安插表笔。

1. 安装电池

在使用万用表前，需要给万用表安装电池，若不安装电池，电阻挡和三极管放大倍数挡将无法使用，但电压、电流挡仍可使用。MF-47 型万用表需要 9V 和 1.5V 两个电池，如图 2-4 所示，其中 9V 电池供给 R×10kΩ 电阻挡使用，1.5V 电池供给 R×10kΩ 挡以外的电阻挡和三极管放大倍数测量挡使用。安装电池时，一定要注意电池的极性不能装错。

2. 机械校零

在出厂时，大多数厂家已对万用表进行了机械校零，对于某些原因造成表针未调零时，可自己进行机械调零。机械调零过程如图 2-5 所示。

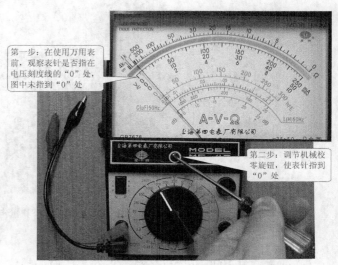

第一步：在使用万用表前，观察表针是否指在电压刻度线的"0"处，图中未指到"0"处

第二步：调节机械校零旋钮，使表针指到"0"处

图 2-4　万用表的电池安装　　　　　　　　图 2-5　机械校零

3. 安插表笔

万用表有红、黑两根表笔，在测量时，红表笔要插入标有"+"字样的插孔，黑表笔要插入标有"−"字样的插孔。

2.1.3　测量直流电压

MF-47 型万用表的直流电压挡具体又分为 0.25V、1V、2.5V、10V、50V、250V、500V、1000V 和 2500V 挡。

2-2：用指针万用表测量直流电压

下面通过测量一节干电池的电压值来说明直流电压的测量操作，测量如图 2-6 所示，具体过程如下所述。

第一步：选择挡位。测量前先大致估计被测电压可能的最大值，再根据挡位应高于且最接近被测电压的原则选择挡位，若无法估计，可先选最高挡测量，再根据大致测量值重新选取合适低挡位测量。一节干电池的电压一般在 1.5V 左右，根据挡位应高于且最接近被测电压的原则，选择 2.5V 挡最为合适。

第二步：红、黑表笔接被测电池。红表笔接被测电池的高电位处（即电池的正极），黑表笔接被测电池的低电位处（即电池的负极）。

第三步：读数。在刻度盘上找到旁边标有"V"字样的刻度线（即第 2 条刻度线），该刻度线有最大值分别是 250、50、10 的三组数对应，因为测量时选择的挡位为 2.5V，所以选择最大值为

250 的那一组数进行读数，但需将 250 看成 2.5，该组其他数值作相应的变化。现观察表针指在"150"处，则被测电池的直流电压大小为 1.5V。

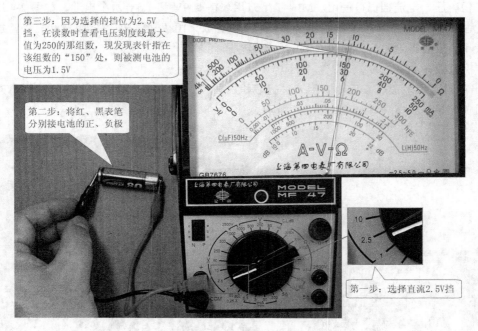

图 2-6 直流电压的测量（测量电池的电压）

补充说明：

① 如果测量 1000 ~ 2500V 范围内的电压时，挡位开关应置于 1000V 挡位，红表笔要插在 2500V 专用插孔中，黑表笔仍插在"COM"插孔中，读数时选择最大值为 250 的那一组数。

② 直流电压 0.25V 挡与直流电流 50μA 挡是共用的，在测直流电压时选择该挡可以测量 0 ~ 0.25V 范围内的电压，读数时选择最大值为 250 的那一组数，在测直流电流时选择该挡可以测量 0 ~ 50μA 范围内的电流，读数时选择最大值为 50 的那一组数。

2.1.4 测量交流电压

MF-47 型万用表的交流电压挡具体又分为 10V、50V、250V、500V、1000V 和 2500V 挡。

下面通过测量市电电压的大小来说明交流电压的测量操作，测量如图 2-7 所示，具体过程如下所述。

第一步：选择挡位。市电电压一般在 220V 左右，根据挡位应高于且最接近被测电压的原则，选择 250V 挡最为合适。

第二步：红、黑表笔接被测电路端点。由于交流电压无正、负极性之分，故红、黑表笔可随意分别插在市电插座的两个插孔中。

第三步：读数。交流电压与直流电压共用刻度线，读数方法也相同。因为测量时选择的挡位为 250V，所以选择最大值为 250 的那一组数进行读数。现观察表针指在刻度线的"240"处，则被测市电电压的大小为 240V。

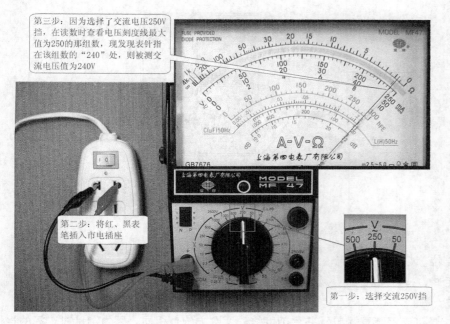

第三步：因为选择了交流电压250V挡，在读数时查看电压刻度线最大值为250的那组数，现发现表针在该组数的"240"处，则被测交流电压值为240V

第二步：将红、黑表笔插入市电插座

第一步：选择交流250V挡

2-3：用指针万用表测量交流电压

图 2-7　交流电压的测量（测量市电电压）

2.1.5　测量直流电流

MF-47 型万用表的直流电流挡具体又分为 50μA、0.5mA、5mA、50mA、500mA 和 5A 挡。

下面以测量流过灯泡的电流大小为例来说明直流电流的测量操作，直流电流的测量操作如图 2-8（a）所示，图 2-8（b）为图 2-8（a）的等效电路测量图，具体过程如下。

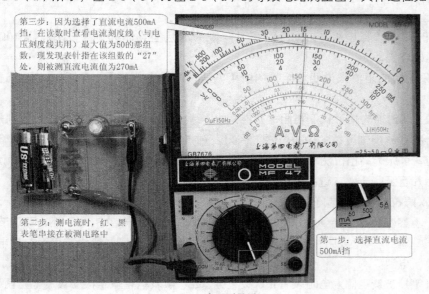

第三步：因为选择了直流电流500mA挡，在读数时查看电流刻度线（与电压刻度线共用）最大值为50的那组数，现发现表针指在该组数的"27"处，则被测直流电流值为270mA

第二步：测电流时，红、黑表笔串接在被测电路中

第一步：选择直流电流500mA挡

（a）实际测量图

图 2-8　直流电流的测量

2-4：用指针万用表测量直流电流

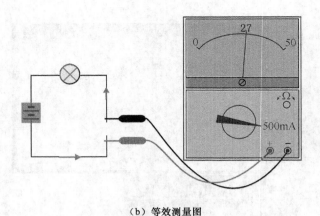

（b）等效测量图

图 2-8　直流电流的测量（续）

第一步：选择挡位。灯泡工作电流较大，这里选择直流 500mA 挡。

第二步：断开电路，将万用表红、黑表笔串接在电路的断开处，红表笔接断开处的高电位端，黑表笔接断开处的另一端。

第三步：读数。直流电流与直流电压共用刻度线，读数方法也相同。因为测量时选择的挡位为 500mA 挡，所以选择最大值为 50 的那一组数进行读数。现观察表针指在刻度线 27 的位置，那么流过灯泡的电流为 270mA。

如果流过灯泡的电流大于 500mA，可将红表笔插入 5A 插孔，挡位仍置于 500mA 挡。

注意：测量电路的电流时，一定要断开电路，并将万用表串接在电路断开处，这样电路中的电流才能流过万用表，万用表才能指示被测电流的大小。

2.1.6　测量电阻

测量电阻的阻值时需要选择电阻挡。MF-47 型万用表的电阻挡具体又分为 ×1Ω、×10Ω、×100Ω、×1kΩ 和 ×10kΩ 挡。

下面通过测量一只电阻的阻值来说明电阻挡的使用方法，测量方法如图 2-9 所示，具体过程如下。

第一步：选择挡位。测量前先估计被测电阻的阻值大小，选择合适的挡位。挡位选择的原则是：在测量时尽可能让表针指在欧姆刻度线的中央位置，因为表针指在刻度线中央时的测量值最准确，若不能估计电阻的阻值，可先选高挡位测量，如果发现阻值偏小时，再换成合适的低挡位重新测量。现估计被测电阻阻值为几百至几千欧，选择挡位 ×100Ω 较为合适。

第二、三、四步：欧姆校零。挡位选好后要进行欧姆校零，欧姆校零过程如图 2-9（a）（b）所示，先将红、黑表笔短路，观察表针是否指到欧姆刻度线的"0"处，若表针未指在"0"处，可调节欧姆校零旋钮，直到将表针调到"0"处为止，如果无法将表针调到"0"处，一般为万用表内部电池电量低所致，需要更换新电池。

第五步：红、黑表笔接被测电阻。电阻没有正、负之分，红、黑表笔可随意接在被测电阻两端。

第六步：读数。读数时查看表针在欧姆刻度线所指的数值，然后将该数值与挡位数相乘，得到的结果即为该电阻的阻值。在图 2-9（c）中，表针指在欧姆刻度线的"15"处，选择挡位为 ×100Ω，则被测电阻的阻值为 15 × 100Ω=1500Ω=1.5kΩ。

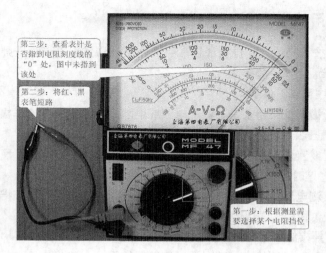

第三步：查看表针是否指到电阻刻度线的"0"处，图中未指到该处

第二步：将红、黑表笔短路

第一步：根据测量需要选择某个电阻挡位

（a）欧姆校零一

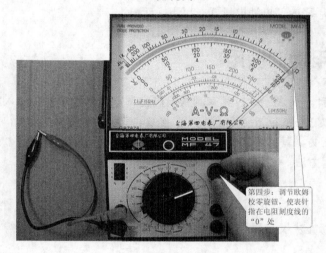

第四步：调节欧姆校零旋钮，使表针指在电阻刻度线的"0"处

（b）欧姆校零二

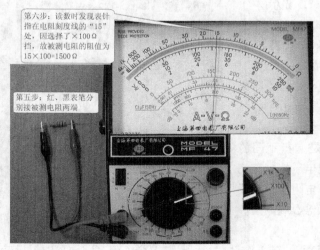

第六步：读数时发现表针指在电阻刻度线的"15"处，因选择了×100Ω挡，故被测电阻的阻值为15×100=1500Ω

第五步：红、黑表笔分别接被测电阻两端

（c）测量电阻值

图 2-9　电阻的测量

2-5：用指针万用表测量电阻

19

2.1.7　万用表使用注意事项

万用表使用时要按正确的方法进行操作，否则会使测量值不准确，重则会烧坏万用表，甚至会触电，危害人身安全。

万用表使用时要注意以下事项。

① 测量时不要选错挡位，特别是不能用电流或电阻挡来测电压，这样极易烧坏万用表。万用表不用时，可将挡位置于交流电压最高挡（如1 000V挡）。

② 测量直流电压或直流电流时，要将红表笔接电源或电路的高电位，黑表笔接低电位，若表笔接错会使表针反偏，这时应马上互换红、黑表笔位置。

③ 若不能估计被测电压、电流或电阻的大小，应先用最高挡，如果高挡位测量值偏小，可根据测量值大小选择相应的低挡位重新测量。

④ 测量时，手不要接触表笔金属部位，以免触电或影响测量精确度。

⑤ 测量电阻阻值和三极管放大倍数时要进行欧姆校零，如果旋钮无法将表针调到欧姆刻度线的"0"处，一般为万用表内部电池电量低，可更换新电池。

2.2　数字万用表的使用

数字万用表与指针万用表相比，具有测量准确度高、测量速度快、输入阻抗大、过载能力强和功能多等优点，所以它与指针万用表一样，在电工电子技术测量方面得到广泛的应用。数字万用表的种类很多，但使用方法基本相同，下面以广泛使用且价格便宜的DT-830型数字万用表为例来说明数字万用表的使用方法。

2.2.1　面板介绍

数字万用表的面板上主要有显示屏、挡位开关和各种插孔。DT-830型数字万用表面板如图2-10所示。

2-6：数字万用表面板介绍

1. 显示屏

显示屏用来显示被测量的数值，它可以显示4位数字，但最高位只能显示1，其他位可显示0～9。

2. 挡位开关

挡位开关的功能是选择不同的测量挡位，它包括直流电压挡、交流电压挡、直流电流挡、电阻挡、二极管测量挡和三极管放大倍数测量挡。

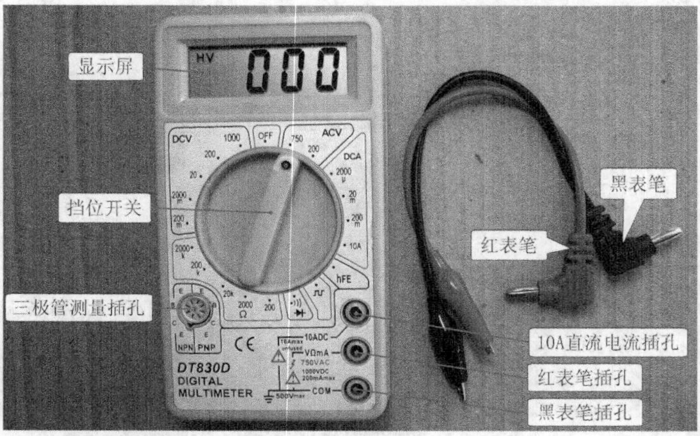

3. 插孔

图 2-10　DT-830型数字万用表的面板

数字万用表的面板上有3个独立插孔和1个6孔组合插孔。标有"COM"字样的为黑表笔插孔，标有"VΩmA"为红表笔插孔，标有"10ADC"为直流大电流插孔，在测量200mA～10A范围内的直流电流时，红表笔要插入该插孔。6孔组合插孔为三极管测量插孔。

2.2.2 测量直流电压

DT-830 型数字万用表的直流电压挡具体又分为 200mV 挡、2000mV 挡、20V 挡、200V 挡、1000V 挡。

下面通过测量一节电池的电压值来说明直流电压的测量方法，测量方法如图 2-11 所示，具体过程如下。

第一步：选择挡位。一节电池的电压在 1.5V 左右，根据挡位应高于且最接近被测电压原则，选择 2000mV（2V）挡较为合适。

第二步：红、黑表笔接被测电压。红表笔接被测电池的高电位处（即电池的正极），黑表笔接被测电压的低电位处（即电池的负极）。

第三步：在显示屏上读数。现观察显示屏显示的数值为"1541"，则被测电池的直流电压为 1.541V。若显示屏显示的数字不断变化，可选择其中较稳定的数字作为测量值。

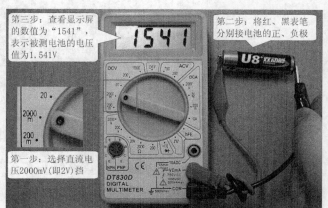

2-7：用数字万用表测量直流电压

图 2-11　直流电压的测量

2.2.3 测量交流电压

DT-830 型数字万用表的交流电压挡具体又分为 200V 挡和 750V 挡。

下面通过测量市电的电压值来说明交流电压的测量方法，测量方法如图 2-12 所示，具体过程如下。

第一步：选择挡位。市电电压通常在 220V 左右，根据挡位应高于且最接近被测电压原则，选择 750V 挡最为合适。

第二步：红、黑表笔接被测电路端。由于交流电压无正、负极之分，故红、黑表笔可随意分别插入市电插座的两个插孔内。

第三步：在显示屏上读数。现观察显示屏显示的数值为"237"，则市电的电压值为 237V。

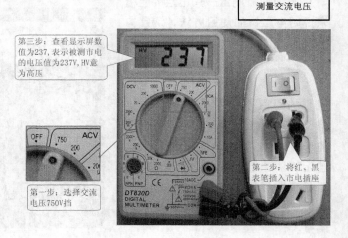

2-8：用数字万用表测量交流电压

图 2-12　交流电压的测量

2.2.4 测量直流电流

DT-830 型数字万用表的直流电流挡具体又分为 2000μA 挡、20mA 挡、200mA 挡、10A 挡。

下面以测量流过灯泡的电流大小为例来说明直流电流的测量方法，测量操作如图 2-13 所示，具体过程如下。

2-9：用数字万用表测量直流电流

第一步：选择挡位。灯泡工作电流较大，这里选择直流10A挡。

第二步：将红、黑表笔串接在被测电路中。先将红表笔插入10A电流专用插孔，断开被测电路，再将红、黑表笔串接在电路的断开处，红表笔接断开处的高电位端，黑表笔接断开处的另一端。

第三步：在显示屏上读数。现观察显示屏显示的数值为"0.28"，则流过灯泡的电流为0.28A。

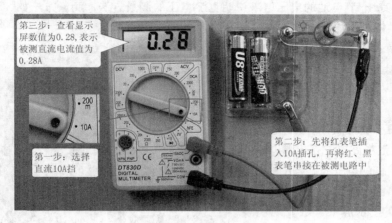

图 2-13　直流电流的测量

2.2.5　测量电阻

万用表测电阻时采用电阻挡，DT-830型万用表的电阻挡具体又分为200Ω挡、2 000Ω挡、20kΩ挡、200kΩ挡和2 000kΩ挡。

1. 测量一只电阻的阻值

下面通过测量一只电阻的阻值来说明电阻挡的使用方法，测量方法如图2-14所示，具体过程说明如下。

第一步：选择挡位。估计被测电阻的阻值不会大于20kΩ，根据挡位应高于且最接近被测电阻的阻值原则，选择20kΩ挡最为合适。若无法估计电阻的大致阻值，可先用最高挡测量，若发现偏小，再根据显示的阻值更换合适低挡位重新测量。

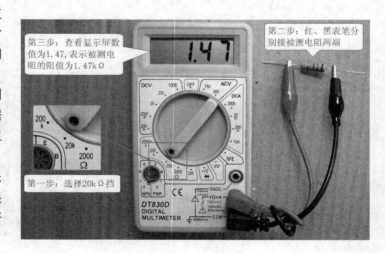

图 2-14　电阻的测量

第二步：将红、黑表笔接被测电阻两个引脚。

第三步：在显示屏上读数。现观察显示屏显示的数值为"1.47"，则被测电阻的阻值为1.47kΩ。

2. 测量导线的电阻

导线的电阻大小与导体材料、截面积和长度有关，对于采用相同导体材料（如铜）的导线，芯线越粗其电阻越小，芯线越长其电阻越大。导线的电阻较小，数字万用表一般使用200Ω挡测量，测量操作如图2-15所示，如果被测导线的电阻为无穷大，则导线开路。

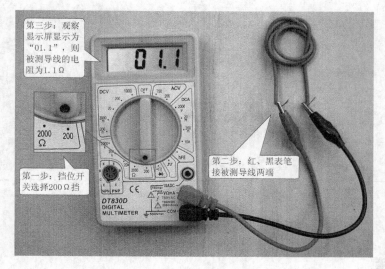

第三步：观察显示屏显示为"01.1"，则被测导线的电阻为1.1Ω

第一步：挡位开关选择200Ω挡

第二步：红、黑表笔接被测导线两端

2-10：用数字万用表测量电阻

图 2-15　测量导线的电阻

注意： 数字万用表在使用低电阻挡（200Ω挡）测量时，将两根表笔短接，通常会发现显示屏显示的阻值不为零，一般在零点几欧至几欧之间，该阻值主要是表笔及误差阻值，性能好的数字万用表该值很小。由于数字万用表无法进行欧姆校零，如果对测量准确度要求很高，可在测量前记下表笔短接时的阻值，再将测量值减去该值即为被测元件或线路的实际阻值。

2.2.6　测量线路通断

线路通断可以用万用表的电阻挡测量，但每次测量时都要查看显示屏的电阻值来判断，这样有些麻烦。为此有的数字万用表专门设置了"通断测量"挡，在测量时，当被测线路的电阻小于一定值（一般为50Ω左右），万用表会发出蜂鸣声，提示被测线路阻值较小。图2-16是用数字万用表的"通断测量"挡检测导线的通断。

2-11：用数字万用表检测导线通断

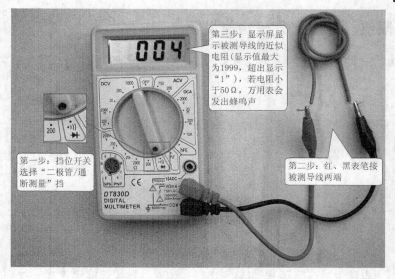

第三步：显示屏显示被测导线的近似电阻（显示值最大为1999，超出显示"1"），若电阻小于50Ω，万用表会发出蜂鸣声

第一步：挡位开关选择"二极管/通断测量"挡

第二步：红、黑表笔接被测导线两端

图 2-16　用"通断测量"挡检测导线的通断

第3章

电阻器

3.1 固定电阻器

3.1.1 外形与符号

固定电阻器是指生产出来后阻值就固定不变的电阻器。固定电阻器的实物外形和电路符号如图 3-1 所示。

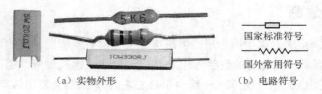

（a）实物外形　　（b）电路符号

图 3-1　固定电阻器

3.1.2 降压限流、分流和分压功能说明

电阻器的功能主要有降压限流、分流和分压。电阻器的降压限流、分流和分压功能说明如图 3-2 所示。

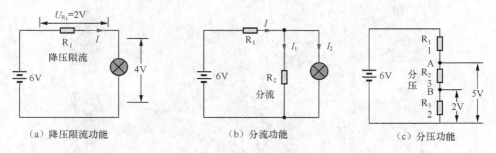

（a）降压限流功能　　　　（b）分流功能　　　　（c）分压功能

图 3-2　电阻器的功能

在图 3-2（a）电路中，电阻器 R_1 与灯泡串联，如果用导线直接代替 R_1，加到灯泡两端的电压有 6V，流过灯泡的电流很大，灯泡将会很亮，串联电阻 R_1 后，由于 R_1 上有 2V 电压，灯泡两端的电压就被降低到 4V，同时由于 R_1 对电流有阻碍作用，流过灯泡的电流也就减小。电阻器 R_1 在这

里就起着降压限流作用。

在图 3-2（b）电路中，电阻器 R_2 与灯泡并联，流经过 R_1 的电流 I 除了一部分流过灯泡外，还有一部分经 R_2 流回到电源，这样流过灯泡的电流减小，灯泡变暗。电阻器 R_2 的这种功能称为分流。

在图 3-2（c）电路中，电阻器 R_1、R_2 和 R_3 串联在一起，从电源正极出发，每经过一个电阻器，电压会降低一次，电压降低多少取决于电阻器阻值的大小，阻值越大，电压降低越多，图 3-2（c）中的 R_1、R_2 和 R_3 将 6V 电压分成 5V 和 2V 的电压。

3.1.3 阻值与误差的表示方法

为了表示阻值的大小，电阻器在出厂时会在表面上标注阻值。标注在电阻器上的阻值称为标称阻值。电阻器的实际阻值与标称阻值往往有一定的差距，这个差距称为误差。电阻器标注阻值和误差的方法主要有直标法和色环法。

1. 直标法

直标法是指用文字符号（数字和字母）在电阻器上直接标注出阻值和误差的方法。直标法的阻值单位有欧姆（Ω）、千欧姆（kΩ）和兆欧姆（MΩ）。

（1）误差表示方法

直标法表示误差一般采用两种方式：一是用罗马数字 Ⅰ、Ⅱ、Ⅲ 分别表示误差为 ±5%、±10%、±20%，如果不标注误差，则误差为 ±20%；二是用字母来表示，各字母对应的误差见表 3-1，如 J、K 分别表示误差为 ±5%、±10%。

表 3-1 字母与阻值误差对照表

字母	对应误差（%）	字母	对应误差（%）
W	±0.05	G	±2
B	±0.1	J	±5
C	±0.25	K	±10
D	±0.5	M	±20
F	±1	N	±30

（2）直标法常见的表示形式

直标法常见的表示形式如图 3-3 所示。

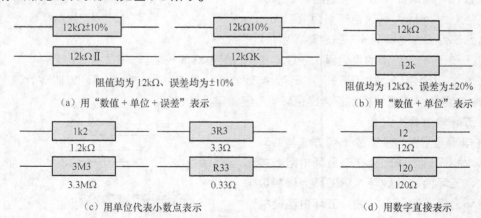

图 3-3 直标法常见的表示形式

2. 色环法

色环法是指在电阻器上标注不同颜色色环来表示阻值和误差的方法。图 3-4 中的两个电阻器就采用了色环法来标注阻值和误差，其中一只电阻器上有四条色环，称为四环电阻器，另一只电阻器上有五条色环，称为五环电阻器，五环电阻器的阻值精度较四环电阻器更高。

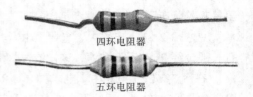

四环电阻器

五环电阻器

图 3-4　色环电阻器

（1）色环含义

要正确识读色环电阻器的阻值和误差，必须先了解各色环代表的意义。色环电阻器各色环代表的意义见表3-2。

表 3-2　四环电阻器各色环颜色代表的意义及数值

色环颜色	第一环（有效数）	第二环（有效数）	第三环（倍乘数）	第四环（误差数）
棕	1	1	$\times 10^1$	±1%
红	2	2	$\times 10^2$	±2%
橙	3	3	$\times 10^3$	
黄	4	4	$\times 10^4$	
绿	5	5	$\times 10^5$	±0.5%
蓝	6	6	$\times 10^6$	±0.2%
紫	7	7	$\times 10^7$	±0.1%
灰	8	8	$\times 10^8$	
白	9	9	$\times 10^9$	
黑	0	0	$\times 10^0=1$	
金				±5%
银				±10%
无色环				±20%

（2）四环电阻器的识读

四环电阻器的识读如图3-5所示。

四环电阻器的识读过程如下。

第一步：判别色环排列顺序。四环电阻器的色环顺序判别规律有两种。

① 四环电阻的第四条色环为误差环，一般为金色或银色，因此如果靠近电阻器一个引脚的色环颜色为金、银色，则该色环必为第四环，从该环向另一引脚方向排列的三条色环顺序依次为三、二、一。

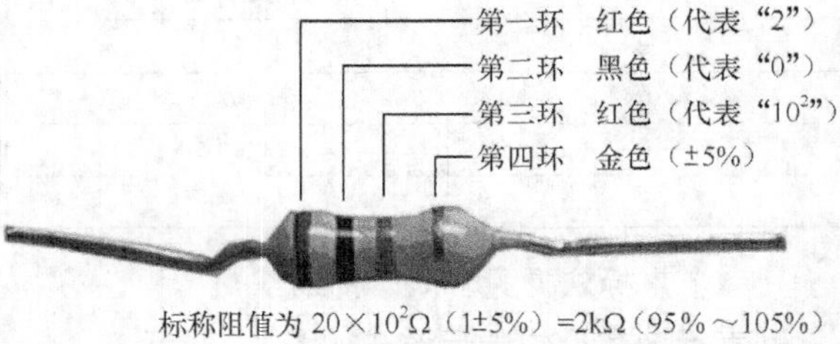

② 对于色环标注标准的电阻器，一般第四环与第三环间隔较远。

第二步：识读色环。按照第一、二环为有效数环，第三环为倍乘数环，第四环为误差数环，再对照表3-2各色环代表的数字识读出色环电阻器的阻值和误差。

第一环　红色（代表"2"）
第二环　黑色（代表"0"）
第三环　红色（代表"10^2"）
第四环　金色（±5%）

标称阻值为 $20 \times 10^2 \Omega$（1±5%）=2kΩ（95%～105%）

图 3-5　四环电阻器的识读

（3）五环电阻器的识读

五环电阻器阻值与误差的识读方法与四环电阻器基本相同，不同之处在于**五环电阻器的第一、二、三环为有效数环，第四环为倍乘数环，第五环为误差数环**。另外，五环电阻器的误差数环颜色除了有金、银色外，还可能是棕、红、绿、蓝和紫色。五环电阻器的识读如图3-6所示。

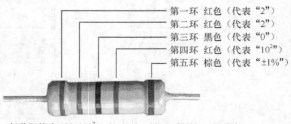

第一环　红色（代表"2"）
第二环　红色（代表"2"）
第三环　黑色（代表"0"）
第四环　红色（代表"10^2"）
第五环　棕色（代表"±1%"）

标称阻值为 $220 \times 10^2 \Omega$（1±1%）=22kΩ（99%～101%）

图 3-6　五环电阻器的识读

3.1.4 标称阻值系列

电阻器是由厂家生产出来的,但厂家不能随意生产任何阻值的电阻器。为了生产、选购和使用的方便,国家标准规定了电阻器阻值的系列标称值,该标称值分 E-24、E-12 和 E-6 三个系列,具体见表 3-3。

国家标准规定,生产某系列的电阻器,其标称阻值应等于该系列中标称值的 10^n(n 为正整数)倍。如 E-24 系列的误差等级为 I,允许误差范围为 ±5%,若要生产 E-24 系列(误差为 ±5%)的电阻器,厂家可以生产标称阻值为 1.3Ω、13Ω、130Ω、1.3kΩ、13kΩ、130kΩ、1.3MΩ……的电阻器,而不能生产标称阻值为 1.4Ω、14Ω、140Ω……的电阻器。

表 3-3　电阻器的标称阻值系列

标称阻值系列	允许误差(%)	误差等级	标称值
E-24	±5	I	1.0, 1.1, 1.2, 1.3, 1.5, 1.6, 1.8, 2.0, 2.2, 2.4, 2.7, 3.0, 3.3, 3.6, 3.9, 4.3, 4.7, 5.1, 5.6, 6.2, 6.8, 7.5, 8.2, 9.1
E-12	±15	II	1.0, 1.2, 1.5, 1.8, 2.2, 2.7, 3.3, 3.9, 4.7, 5.6, 6.8, 8.2
E-6	±20	III	1.0, 1.5, 2.2, 3.3, 4.7, 6.8

3.1.5 额定功率

额定功率是指在一定的条件下元件长期使用允许承受的最大功率。电阻器额定功率越大,允许流过的电流越大。固定电阻器的额定功率也要按国家标准进行标注,其标称系列有 1/8W、1/4W、1/2W、1W、2W、5W 和 10W 等。小电流电路一般采用功率为 1/8 ~ 1/2W 的电阻器,而大电流电路中常采用 1W 以上的电阻器。

电阻器额定功率识别方法如下。

(1)对于标注了功率的电阻器,可根据标注的功率值来识别功率大小。图 3-7 中的电阻器标注的额定功率值为 10W,阻值为 330Ω,误差为 ±5%。

功率 10W 阻值 330Ω 误差 ±5%

图 3-7　根据标注识别功率

(2)对于没有标注功率的电阻器,可根据长度和直径来判别其功率大小。长度和直径值越大,功率越大。图 3-8 中的一大一小两个色环电阻器,体积大的电阻器的功率大。

体积小的电阻器功率小

体积大的电阻器功率大

图 3-8　根据体积大小来判别功率

(3)在电路图中,为了表示电阻器的功率大小,一般会在电阻器符号上标注一些标志。电阻器上标注的标志与对应功率值如图 3-9 所示,1W 以下用线条表示,1W 以上的直接用数字表示功率大小(旧标准用罗马数字表示)。

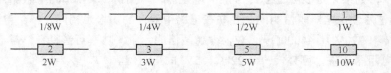

1/8W	1/4W	1/2W	1W
2W	3W	5W	10W

图 3-9　电路图中电阻器的功率标志

3.1.6 电阻器的选用

电子元器件的选用是学习电子技术的一个重要内容。在选用元器件时，不同技术层次的人考虑的问题不同，从事电子产品研发的人员需要考虑元器件的很多参数，这样才能保证生产出来的电子产品性能好，并且不易出现问题；而对大多数从事维修、制作和简单设计的电子爱好者来说，只要考虑元器件的一些重要参数就可以解决实际问题。本书中介绍的各种元器件的选用方法主要是针对广大初、中级层次的电子技术人员。

1. 选用举例

在选用电阻器时，主要考虑电阻器的阻值、误差、额定功率和极限电压。电阻器的选用举例如图 3-10 所示。

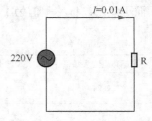

在图 3-10 中，要求通过电阻器 R 的电流 I=0.01A，请选择合适的电阻器来满足电路的实际要求。电阻器的选用过程如下。

① 确定阻值。用欧姆定律可求出电阻器的阻值 $R=U/I$=220V/0.01A=22000Ω=22kΩ。

② 确定误差。对于电路来说，误差越小越好，这里选择电阻器误差

图 3-10　电阻选用例图

为 ±5%，若难以找到误差为 ±5%，也可选择误差为 ±10%。

③ 确定功率。根据功率计算公式可求出电阻器的功率大小为 $P=I^2R$=（0.01A）$^2 \times$22000Ω=2.2W，为了让电阻器能长时间使用，选择的电阻器功率应在实际功率的两倍以上，这里选择功率为 5W 的电阻器。

④ 确定被选电阻器的极限电压是否满足电路需要。当电阻器用在高电压小电流的电路时，可能功率满足要求，但电阻器的极限电压小于电路加到它两端的电压，电阻器会被击穿。

电阻器的极限电压可用 $U=\sqrt{PR}$ 来求，这里的电阻器极限电压 $U=\sqrt{5W \times 22\,000Ω} \approx$331V，该值大于电阻器两端所加的 220V 电压，故可正常使用。当电阻器的极限电压不够时，为了保证电阻器在电路中不被击穿，可根据情况选择阻值更大或功率更大的电阻器。

综上所述，为了让图 3-10 电路中电阻器 R 能正常工作并满足要求，应选择阻值为 22kΩ、误差为 ±5%、额定功率为 5W 的电阻器。

2. 电阻器选用技巧

在实际工作中，经常会遇到所选择的电阻器无法与要求一致，这时可按下面的方法来解决。

① 对于要求不高的电路，在选择电阻器时，其阻值和功率应与要求值尽量接近，并且额定功率只能大于要求值，若小于要求值，电阻器容易被烧坏。

② 若无法找到某个阻值的电阻器，可采用多个电阻器并联或串联的方式来解决。电阻器串联时阻值增大，并联时阻值减小。

③ 若某个电阻器功率不够，可采用多个大阻值的小功率电阻器并联，或采用多个小阻值小功率的电阻器串联，不管是采用并联还是串联，每个电阻器承受的功率都会变小。至于每个电阻器应选择多大功率，可用 $P=U^2/R$ 或 $P=I^2R$ 来计算，再考虑两倍左右的余量。

在图 3-10 中，如果无法找到 22kΩ、5W 的电阻器，可用两个 44kΩ 的电阻器并联来充当 22kΩ 的电阻器，由于这两个电阻器阻值相同，并联在电路中消耗的功率也相同，单个电阻器在电路中承受的功率 $P=U^2/R$=（220V）^{2}/44000Ω=1.1W，考虑两倍的余量，功率可选择 2.5W，也就是说将两个 44kΩ、2.5W 的电阻器并联，可替代一个 22kΩ、5W 的电阻器。

如果采用两个 11kΩ 电阻器串联来替代图 3-10 中的电阻器，两个阻值相同的电阻器串联

在电路中，它们消耗的功率相同，单个电阻器在电路中承受的功率 $P=(U/2)^2/R=(110V)^2/11000\Omega=1.1W$，考虑两倍的余量，功率选择 2.5W，也就是说将两个 11 kΩ、2.5W 的电阻器串联，同样可替代一个 22kΩ、5W 的电阻器。

3.1.7　用指针万用表检测固定电阻器

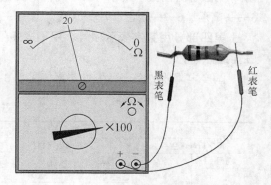

固定电阻器常见故障有开路、短路和变值。检测固定电阻器使用万用表的欧姆挡。

在检测时，先识读出电阻器上的标称阻值，然后选用合适的挡位并进行欧姆校零，才能开始检测电阻器。测量时为了减小测量误差，应尽量让万用表指针指在欧姆刻度线中央，若表针在刻度线上过于偏左或偏右时，应切换更大或更小的挡位重新测量。

固定电阻器的检测如图 3-11 所示。

固定电阻器的检测过程如下。

图 3-11　固定电阻器的检测

第一步：将万用表的挡位开关拨至 R×100 挡。

第二步：进行欧姆校零。将红、黑表笔短路，观察表针是否指在"Ω"刻度线的"0"刻度处，若未指在该处，应调节欧姆校零旋钮，让表针准确指在"0"刻度处。

第三步：将红、黑表笔分别接电阻器的两个引脚，再观察表针指在"Ω"刻度线的位置，图 3-11 中表针指在刻度"20"，那么被测电阻器的阻值为 20Ω×100=2kΩ。

若万用表测量出来的阻值与电阻器的标称阻值（2kΩ）相同，说明该电阻器正常（若测量出来的阻值与电阻器的标称阻值有些偏差，但在误差允许范围内，电阻器也算正常）。

若测量出来的阻值无穷大，说明电阻器开路。

若测量出来的阻值为 0，说明电阻器短路。

若测量出来的阻值大于或小于电阻器的标称阻值，并超出误差允许范围，说明电阻器变值。

3.1.8　用数字万用表检测固定电阻器

用数字万用表检测固定电阻器的方法如图 3-12 所示，被测电阻器的色环标注值为 1.5kΩ，测量时挡位开关选择 R×2kΩ 挡。

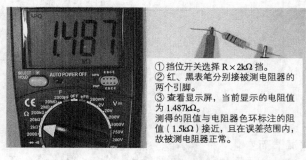

①挡位开关选择 R×2kΩ 挡。
②红、黑表笔分别接被测电阻器的两个引脚。
③查看显示屏，当前显示的电阻值为 1.487kΩ。
测得的阻值与电阻器色环标注的阻值（1.5kΩ）接近，且在误差范围内，故被测电阻器正常。

3-1：固定电阻器的检测

图 3-12　用数字万用表检测固定电阻器的方法

3.1.9　电阻器的型号命名方法

国产电阻器的型号由四部分组成（不适合敏感电阻器的命名）。

第一部分用字母表示元件的主称。R——电阻器，W（或RP）——电位器。

第二部分用字母表示电阻体的制作材料。T——碳膜、P——硼碳膜、H——合成碳膜、S——有机实心、N——无机实心、J——金属膜、Y——氮化膜、C——沉积膜、I——玻璃釉膜、U——硅碳膜、X——线绕、G——高敏。

第三部分用数字或字母表示元件的类型。1——普通、2——普通、3——超高频、4——高阻、5——高温、6——精密、7——精密、8——高压、9——特殊、G——高功率、T——可调。

第四部分用数字表示序号。用不同序号来区分同类产品中的不同参数，如元件的外形尺寸和性能指标等。

国产电阻器的型号命名方法具体见表3-4。

表3-4 国产电阻器的型号命名方法

第一部分		第二部分		第三部分		第四部分
用字母表示主称		用字母表示材料		用数字或字母表示分类		用数字表示序号
符号	意义	符号	意义	符号	意义	
R	电阻器	T	碳膜	1	普通	主称、材料相同，仅性能指标、尺寸大小有差别，但基本不影响互换使用的元件，给予同一序号；若性能指标、尺寸大小明显影响互换使用时，则在序号后面用大写字母作为区别代号
		P	硼碳膜	2	普通	
		U	硅碳膜	3	超高频	
		H	合成膜	4	高阻	
		I	玻璃釉膜	5	高温	
		J	金属膜（箔）	6、7	精密	
		Y	氧化膜	8	电阻：高压 电位器：特殊	
W（RP）	电位器	S	有机实心	9	特殊	
		N	无机实心	G	高功率	
		X	线绕	T	可调	
		C	沉积膜	X	电阻：小型	
		G	光敏	L	电阻：测量用	
				W	电位器：微调	
				D	电位器：多圈	

举例：

RJ75 表示精密金属膜电阻器	RT10 表示普通碳膜电阻器
R——电阻器（第一部分）	R——电阻器（第一部分）
J——金属膜（第二部分）	T——碳膜（第二部分）
7——精密（第三部分）	1——普通（第三部分）
5——序号（第四部分）	0——序号（第四部分）

3.2 电位器

3.2.1 外形与符号

电位器是一种阻值可以通过调节而变化的电阻器，又称可变电阻器。常见电位器的实物外形及电路符号如图3-13所示。

（a）实物外形　　　　（b）电路符号

图3-13 电位器外形与电路符号

3.2.2　结构与工作原理

　　电位器种类很多，但基本结构与原理是相同的，电位器的结构如图 3-14 所示。

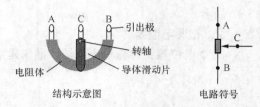

图 3-14　电位器的结构与电路符号

　　电位器有 A、C、B 三个引出极；在 A、B 极之间连接着一段电阻体，该电阻体的阻值用 R_{AB} 表示，对于一个电位器，R_{AB} 的值是固定不变的，该值为电位器的标称阻值，C 极连接一个导体滑动片，该滑动片与电阻体接触，A 极与 C 极之间电阻体的阻值用 R_{AC} 表示，B 极与 C 极之间电阻体的阻值用 R_{BC} 表示，$R_{AC}+R_{BC}=R_{AB}$。

　　当转轴逆时针旋转时，滑动片往 B 极滑动，R_{BC} 减小，R_{AC} 增大；当转轴顺时针旋转时，滑动片往 A 极滑动，R_{BC} 增大，R_{AC} 减小，当滑动片移到 A 极时，$R_{AC}=0$，而 $R_{BC}=R_{AB}$。

3.2.3　应用电路

　　电位器与固定电阻器一样，都具有降压、限流和分流的功能，不过由于电位器具有阻值可调性，故它可随时调节阻值来改变降压、限流和分流的程度。电位器的典型应用电路如图 3-15 所示。

　　（1）应用电路一

　　在图 3-15（a）电路中，电位器 RP 的滑动端与灯泡连接，当滑动端向下移动时，灯泡会变暗。灯泡变暗的原因如下。

　　① 当滑动端下移时，AC 段的阻体变长，R_{AC} 增大，对电流阻碍大，流经 AC 段阻体的电流减小，从 C 端流向灯泡的电流也随之减小，同时由于 R_{AC} 增大使 AC 段阻体降压增大，加到灯泡两端的电压 U 降低。

　　② 当滑动端下移时，在 AC 段阻体变长的同时，BC 段阻体变短，R_{BC} 减小，流经 AC 段的电流除了一路从 C 端流向灯泡时，还有一路经 BC 段阻体直接流回电源负极，由于 BC 段电阻变短，分流增大，使 C 端输出流向灯泡的电流减小。

　　电位器 AC 段的电阻起限流、降压作用，而 BC 段的电阻起分流作用。

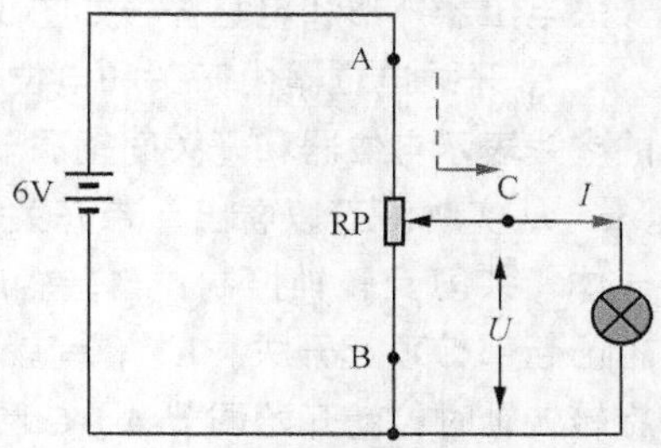

　　（2）应用电路二

　　在图 3-15（b）电路中，电位器 RP 的滑动端 C 与固定端 A 连接在一起，由于 AC 段阻体被 A、C 端直接连接的导线短路，电流不会流过 AC 段阻体，而是直接由 A 端经导线到 C 端，再经 BC 段阻体流向灯泡。当滑动端下移时，BC 段的阻体变短，R_{BC} 阻值变小，对电流阻碍小，流过的电流增大，灯泡变亮。

　　电位器 RP 在该电路中起降压、限流作用。

　　（a）应用电路一

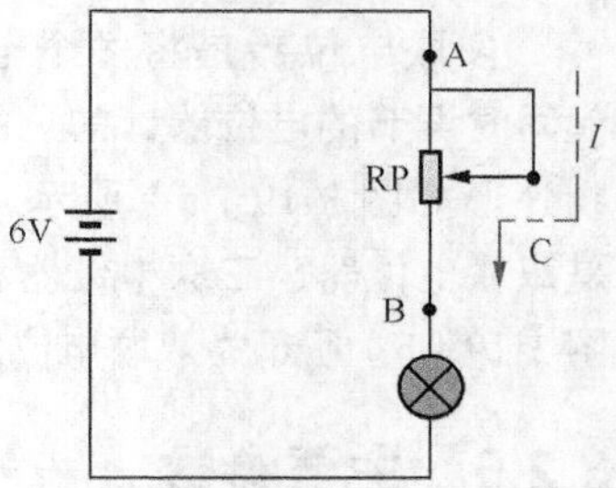

　　（b）应用电路二

图 3-15　电位器的典型应用电路

3.2.4　电位器的种类

　　电位器种类较多，通常可分为普通电位器、微调电位器、带开关电位器和多联电位器等。

1. 普通电位器

普通电位器一般是指带有调节手柄的电位器，常见的有旋转式电位器和直滑式电位器，如图

3-16 所示。

2. 微调电位器

微调电位器又称微调电阻器，通常是指没有调节手柄的电位器，并且不经常调节，如图 3-17 所示。

图 3-16　普通电位器

图 3-17　微调电位器

3. 带开关电位器

带开关电位器是一种将开关和电位器结合在一起的电位器，收音机中调音量兼开关机的部件就是带开关电位器。带开关电位器外形和电路符号如图 3-18 所示。

带开关电位器由开关和电位器组合而成，其电路符号中的虚线表示电位器和开关同轴调节。

从实物图可以看出，带开关电位器将开关和电位器连为一体，共同受转轴控制，当转轴顺时针旋到一定位置时，转轴凸起部分顶起开关，E、F 间就处于断开状态，当转轴逆时针旋转时，开关依靠弹力闭合，继续旋转转轴时，就开始调节 A、C 和 B、C 间的电阻。

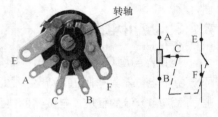

图 3-18　带开关电位器外形和电路符号

4. 多联电位器

多联电位器是将多个电位器结合在一起同时调节的电位器。常见的多联电位器实物外形如图 3-19（a）所示，从左至右依次是双联电位器、三联电位器和四联电位器，图 3-19（b）所示为双联电位器的电路符号。

（a）实物外形　　　　（b）双联电位器的电路符号

图 3-19　多联电位器和双联电位器的电路符号

3.2.5　主要参数

电位器的主要参数有标称阻值、额定功率和阻值变化特性。

1. 标称阻值

标称阻值是指电位器上标注的阻值，该值就是电位器两个固定端之间的阻值。与固定电阻器一样，电位器也有标称阻值系列，包括 E-12 和 E-6 系列。电位器有线绕和非线绕两种类型，对于线绕电位器，允许误差有 ±1%、±2%、±5% 和 ±10%；对于非线绕电位器，允许误差有 ±5%、±10% 和 ±20%。

2. 额定功率

额定功率是指在一定的条件下电位器长期使用允许承受的最大功率。电位器功率越大，允许流过的电流也越大。

电位器功率也要按国家标称系列进行标注，并且对非线绕和线绕电位器的标注有所不同，非线绕电位器的标称系列有 0.25W、0.5W、1W、1.6W、2W、3W、5W、0.5W、1W、2W、30W 等，线绕电位器的标称系列有 0.025W、0.05W、0.1W、0.25W、2W、3W、5W、10W、16W、25W、

40W、63W 和 100W 等。从标称系列可以看出，线绕电位器功率可以做得更大。

3. 阻值变化特性

阻值变化特性是指电位器阻值与转轴旋转角度（或触点滑动长度）的关系。根据阻值变化特性的不同，电位器可分为直线式（**X**）、指数式（**Z**）和对数式（**D**），三种类型电位器的转角与阻值变化规律如图3-20所示。

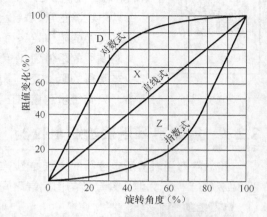

直线式电位器的阻值与旋转角度呈直线关系，当旋转转轴时，电位器的阻值会匀速变化，即电位器的阻值变化与旋转角度大小呈正比关系。直线式电位器阻体上的导电物质分布均匀，所以具有这种特性。

指数式电位器的阻值与旋转角度呈指数关系，在刚开始转动转轴时，阻值变化很慢，随着转动角度增大，阻值变化很大。指数式电位器的这种性质是因为阻体上的导电物质分布不均匀。指数式电位器通常用在音量调节电路中。

图 3-20　三种类型电位器的转角与阻值变化规律

对数式电位器的阻值与旋转角度呈对数关系，在刚开始转动转轴时，阻值变化很快，随着转动角度增大，阻值变化变慢。对数式电位器与指数式电位器性质正好相反，因此常用在与指数式电位器要求相反的电路中，如电视机的音调控制电路和对比度控制电路。

3.2.6　用指针万用表检测电位器

电位器检测使用指针万用表的欧姆挡。在检测时，先测量电位器两个固定端之间的阻值，正常测量值应与标称阻值一致，然后再测量一个固定端与滑动端之间的阻值，同时旋转转轴，正常测量值应在 0 至标称阻值范围内变化。若是带开关电位器，还要检测开关是否正常。电位器的检测如图 3-21 所示。

电位器的检测步骤如下。

第一步：测量电位器两个固定端之间的阻值。将万用表拨至 R×1k 挡（该电位器标称阻值为 20kΩ），红、黑表笔分别与电位器两个固定端接触，如图 3-21（a）所示，然后在刻度盘上读出阻值大小。

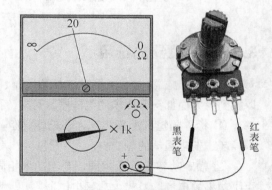

（a）测量电位器两个固定端之间的阻值

若电位器正常，测得的阻值应与电位器的标称阻值相同或相近（在误差范围内）。

若测得的阻值为 ∞，说明电位器两个固定端之间开路。

若测得的阻值为 0，说明电位器两个固定端之间短路。

若测得的阻值大于或小于标称阻值，说明电位器两个固定端之间阻体变值。

第二步：测量电位器一个固定端与滑动端之间的

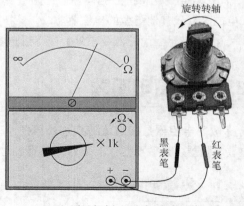

（b）测固定端与滑动端之间的阻值

图 3-21　电位器的检测

阻值。万用表仍置于 R×1k 挡，红、黑表笔分别与电位器任意一个固定端和滑动端接触，如图 3-21（b）所示，然后旋转电位器转轴，同时观察刻度盘表针。

若电位器正常，表针会发生摆动，指示的阻值应在 0 ~ 20kΩ 范围内连续变化。

若测得的阻值始终为 ∞，说明电位器固定端与滑动端之间开路。

若测得的阻值为 0，说明电位器固定端与滑动端之间短路。

若测得的阻值变化不连续、有跳变，说明电位器滑动端与阻体之间接触不良。

电位器检测分两步，只有每步测量均正常才能认为电位器正常。

3.2.7 用数字万用表检测电位器

用数字万用表检测电位器的方法如图 3-22 所示，图 3-22（a）所示为测量两个固定端之间的电阻，图 3-22（b）所示为测量滑动端与固定端之间的电阻。

①挡位开关选择 R×200kΩ 挡。
②红、黑表笔分别接电位器的两个固定端引脚。
③查看显示屏，当前显示阻值为 22.7kΩ，与电位器标称阻值 20kΩ 接近，在误差允许范围之内。

④一根表笔接固定端引脚不动，另一根表笔接滑动端引脚。
⑤转动电位器转轴，同时查看显示屏，发现显示值在 0 ~ 22.7kΩ 范围内变化，表明电位器滑动端与一个固定端之间正常。
⑥用同样的方法检测另一个固定端与滑动端之间的阻值，正常阻值也会有同样的变化。

（a）测量两个固定端之间的电阻　　　　　（b）测量滑动端与固定端之间的电阻

图 3-22　用数字万用表检测电位器的方法

3.2.8 电位器的选用

在选用电位器时，主要考虑标称阻值、额定功率和阻值变化特性应与电路要求一致，如果难以找到各方面都符合要求的电位器，可按下面的原则用其他电位器替代。

① 标称阻值应尽量相同，若无标称阻值相同的电位器，可以用阻值相近的替代，但标称阻值不能超过要求阻值的 ±20%。

② 额定功率应尽量相同，若无功率相同的电位器，可以用功率大的电位器替代，一般不允许用小功率的电位器替代大功率电位器。

③ 阻值变化特性应相同，若无阻值变化特性相同的电位器，在要求不高的情况下，可用直线式电位器替代其他类型的电位器。

④ 在满足上面三点要求外，应尽量选择外形和体积相同的电位器。

3.3　敏感电阻器

敏感电阻器是指阻值随某些外界条件改变而变化的电阻器。敏感电阻器种类很多，常见的有热敏电阻器、光敏电阻器、湿敏电阻器、力敏电阻器和磁敏电阻器等。

3.3.1　热敏电阻器

热敏电阻器是一种对温度敏感的电阻器，它一般由半导体材料制作而成，当温度变化时其阻值也会随之变化。

1. 外形与符号

热敏电阻器实物外形和电路符号如图 3-23 所示。

2. 种类

热敏电阻器种类很多，通常可分为正温度系数热敏电阻器（PTC）和负温度系数热敏电阻器（NTC）两类。

（1）正温度系数热敏电阻器（PTC）

新图形符号　　　旧图形符号

（a）实物外形　　（b）电路符号

图 3-23　热敏电阻器实物外形和电路符号

正温度系数热敏电阻器简称 PTC，其阻值随温度升高而增大。 PTC 是在钛酸钡（$BaTiO_3$）中掺入适量的稀土元素制作而成的。

3-3：热敏电阻器
的检测

PTC 可分为缓慢型和开关型。 缓慢型 PTC 的温度每升高 1℃，其阻值会增大 0.5% ~ 8%。开关型 PTC 有一个转折温度（又称居里点温度，钛酸钡材料 PTC 的居里点温度一般为 120℃左右），当温度低于居里点温度时，阻值较小，并且温度变化时阻值基本不变（相当于一个闭合的开关），一旦温度超过居里点温度，其阻值会急剧增大（相关于开关断开）。

缓慢型 PTC 常用在温度补偿电路中，开关型 PTC 由于具有开关特性，常用在开机瞬间接通而后又马上断开的电路中，如彩电的消磁电路和冰箱的压缩机启动电路。

（2）负温度系数热敏电阻器（NTC）

负温度系数热敏电阻器简称 NTC，其阻值随温度升高而减小。 NTC 是由氧化锰、氧化钴、氧化镍、氧化铜和氧化铝等金属氧化物为主要原料制作而成的。根据使用温度条件的不同，负温度系数热敏电阻器可分为低温（-60 ~ 300℃）、中温（300 ~ 600℃）、高温（>600℃）三种。

NTC 的温度每升高 1℃，阻值会减小 1% ~ 6%，阻值减小程度视不同型号而定。NTC 广泛用于温度补偿和温度自动控制电路，如冰箱、空调、温室等温控系统常采用 NTC 作为测温元件。

3. 应用电路

热敏电阻器具有阻值随温度变化而变化的特点，一般用在与温度有关的电路中。热敏电阻器的应用电路如图 3-24 所示。

在图 3-24（a）中，R_2（NTC）与灯泡相距很近，当开关 S 闭合后，流过 R_1 的电流分作两路，一路流过灯泡，另一路流过 R_2，由于开始 R_2 温度低，阻值大，经 R_2 分掉的电流小，灯泡流过的电流大而很亮，同时

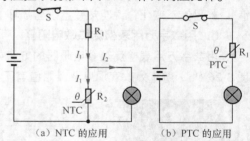

（a）NTC 的应用　　（b）PTC 的应用

图 3-24　热敏电阻器的应用电路

R_2 与灯泡距离近，受灯泡的烘烤而温度上升，阻值变小，分掉的电流增大，流过灯泡的电流减小，灯泡变暗，回到正常亮度。

在图 3-24（b）中，当合上开关 S 时，有电流流过 R_1（开关型 PTC）和灯泡，由于开始 R_1 温度低，阻值小（相当于开关闭合），流过电流大，灯泡很亮，随着电流流过 R_1，R_1 温度升高，当 R_1 温度达到居里点温度时，R_1 的阻值急剧增大（相当于开关断开），流过的电流很小，灯泡无法被继续点亮而熄灭，在此之后，流过的小电流维持 R_1 为高阻值，灯泡一直处于熄灭状态。如果要灯泡重新亮，可先断开 S，然后等待几分钟，让 R_1 冷却下来，再闭合 S，灯泡会亮一下又熄灭。

4. 用指针万用表检测热敏电阻器

热敏电阻器检测分两步，只有两步测量均正常才能说明热敏电阻器正常，在这两步测量时还可以判断出电阻器的类型（NTC 或 PTC）。热敏电阻器检测如图 3-25 所示。

热敏电阻器的检测步骤如下。

第一步：测量常温下（25℃左右）的标称阻值。根据标称阻值选择合适的欧姆挡，图 3-25（a）中的热敏电阻器的标称阻值为 25Ω，故选择 R×1 挡，将红、黑表笔分别接触热敏电阻器两个电极，然后在刻度盘上查看测得阻值的大小。

若阻值与标称阻值一致或接近，说明热敏电阻器正常。

若阻值为 0，说明热敏电阻器短路。

若阻值为无穷大，说明热敏电阻器开路。

若阻值与标称阻值偏差过大，说明热敏电阻器性能变差或损坏。

第二步：改变温度测量阻值。用火焰靠近热敏电阻器（不要让火焰接触电阻器，以免烧坏电阻器），如图 3-25(b)所示，让火焰的热量对热敏电阻器进行加热，然后将红、黑表笔分别接触热敏电阻器两个电极，再在刻度盘上查看测得阻值的大小。

若阻值与标称阻值比较有变化，说明热敏电阻器正常。

若阻值往大于标称阻值方向变化，说明热敏电阻器为 PTC。

若阻值往小于标称阻值方向变化，说明热敏电阻器为 NTC。

若阻值不变化，说明热敏电阻器损坏。

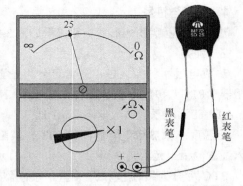

（a）测量常温下（25℃左右）的标称阻值

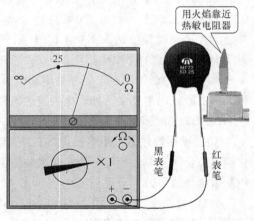

（b）改变温度测量阻值

图 3-25　热敏电阻器检测

5. 用数字万用表检测热敏电阻器

用数字万用表检测热敏电阻器的方法如图 3-26 所示，图 3-26（a）所示为测量常温时的阻值，图 3-26（b）所示为改变温度测量阻值有无变化。

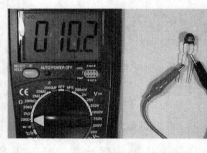

① 挡位开关选择 R×200 挡。
② 红、黑表笔分别接热敏电阻器的两个引脚。
③ 查看显示屏，发现显示的阻值为 10.2Ω，与标称阻值接近，正常。

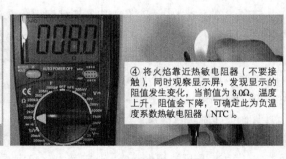

④ 将火焰靠近热敏电阻器（不要接触），同时观察显示屏，发现显示的阻值发生变化，当前值为 8.0Ω。温度上升，阻值会下降，可确定此为负温度系数热敏电阻器（NTC）。

（a）测量常温时的阻值　　　　　　　　（b）改变温度测量阻值有无变化

图 3-26　用数字万用表检测热敏电阻器的方法

3.3.2　光敏电阻器

光敏电阻器是一种对光线敏感的电阻器，当照射的光线强弱变化时，阻值也会随之变化，通常光线越强阻值越小。根据光的敏感性不同，光敏电阻器可分为可见光光敏电阻器（硫化镉材料）、红外光光敏电阻器（砷化镓材料）和紫外光光敏电阻器（硫化锌材料）。其中，硫化镉材料制成的可见光光敏电阻器应用最广泛。

1. 外形与符号

光敏电阻器外形与符号如图 3-27 所示。

2. 应用电路

光敏电阻器的功能与固定电阻器一样，不同之处在于它的阻值可以随光线强弱变化而变化。光敏电阻器的应用电路如图 3-28 所示。

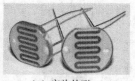
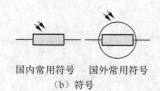

（a）实物外形　　　　国内常用符号　国外常用符号
　　　　　　　　　　　　　　（b）符号

图 3-27　光敏电阻器

在图 3-28（a）中，若光敏电阻器 R_2 无光线照射，R_2 的阻值会很大，流过灯泡的电流很小，灯泡很暗。若用光线照射 R_2，R_2 阻值变小，流过灯泡的电流增大，灯泡变亮。

在图 3-28（b）中，若光敏电阻器 R_2 无光线照射，R_2 的阻值会很大，经 R_2 分掉的电流少，流过灯泡的电流大，灯泡很亮。若用光线照射 R_2，R_2 阻值变小，经 R_2 分掉的电流多，流过灯泡的电流减小，灯泡变暗。

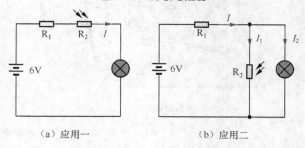

（a）应用一　　　　　　　（b）应用二

图 3-28　光敏电阻器的应用电路

3. 主要参数

光敏电阻器的参数很多，主要有暗电流和暗阻、亮电流与亮阻、额定功率、最大工作电压及光谱响应等。

（1）暗电流和暗阻

在两端加有电压的情况下，无光照射时流过光敏电阻器的电流称为暗电流；在无光照射时光敏电阻器的阻值称为暗阻，暗阻通常在几百千欧以上。

（2）亮电流和亮阻

在两端加有电压的情况下，有光照射时流过光敏电阻器的电流称为亮电流；在有光照时光敏电阻器的阻值称为亮阻，亮阻一般在几十千欧以下。

（3）额定功率

额定功率是指光敏电阻器长期使用时允许的最大功率。光敏电阻器的额定功率有 5 ~ 300mW 多种规格。

（4）最大工作电压

最大工作电压是指光敏电阻器工作时两端允许的最高电压，一般为几十伏至上百伏。

（5）光谱响应

光谱响应又称光谱灵敏度，它是指光敏电阻器在不同颜色光线照射下的灵敏度。

光敏电阻器除了有上述参数外，还有光照特性（阻值随光照强度变化的特性）、温度系数（阻值随温度变化的特性）和伏安特性（两端电压与流过电流的关系）等。

4. 用指针万用表检测光敏电阻器

光敏电阻器检测分两步，只有两步测量均正常才能说明光敏电阻器正常。光敏电阻器的检测如图 3-29 所示。

光敏电阻器的检测步骤如下。

第一步：测量暗阻。 万用表拨至 R×10k 挡，用黑色的布或纸将光敏电阻器的受光面遮住，如图 3-29（a）所示，再将红、黑表笔分别接光敏电阻器两个电极，然后在刻度盘上查看测得的暗阻的大小。

3–4：光敏电阻器
的检测

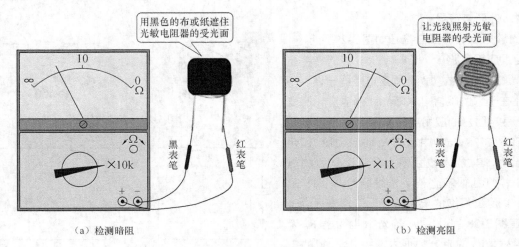

（a）检测暗阻 　　　　　　　　　　　　　　　（b）检测亮阻

图 3-29　光敏电阻器的检测

若暗阻大于 100kΩ，说明光敏电阻器正常。

若暗阻为 0，说明光敏电阻器短路损坏。

若暗阻小于 100kΩ，通常是光敏电阻器性能变差。

第二步：测量亮阻。 万用表拨至 R×1k 挡，让光线照射光敏电阻器的受光面，如图 3-29（b）所示，再将红、黑表笔分别接光敏电阻器两个电极，然后在刻度盘上查看测得的亮阻的大小。

若亮阻小于 10kΩ，说明光敏电阻器正常。

若亮阻大于 10kΩ，通常是光敏电阻器性能变差。

若亮阻为无穷大，说明光敏电阻器开路损坏。

5. 用数字万用表检测光敏电阻器

用数字万用表检测光敏电阻器的方法如图 3-30 所示，图 3-30(a)所示为测量光敏电阻器的亮阻，图 3-30（b）所示为测量暗阻。

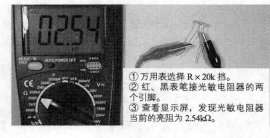

①万用表选择 R×20k 挡。
②红、黑表笔接光敏电阻器的两个引脚。
③查看显示屏，发现光敏电阻器当前的亮阻为 2.54kΩ。

④用黑纸片遮住光敏电阻器，同时观察显示屏，发现阻值变大，当前显示超出量程符号 "OL"，表示光敏电阻器的暗阻大于 20kΩ。

（a）测量亮阻 　　　　　　　　　　　　　　　（b）测量暗阻

图 3-30　用数字万用表检测光敏电阻器的方法

3.3.3　湿敏电阻器

湿敏电阻器是一种对湿度敏感的电阻器，当湿度变化时其阻值也会随之变化。湿敏电阻器可分为正特性湿敏电阻器（阻值随湿度增大而增大）和负特性湿敏电阻器（阻值随湿度增大而减小）。

1. 外形与符号

湿敏电阻器的外形与电路符号如图 3-31 所示。

2. 应用电路

湿敏电阻器具有阻值随湿度变化而变化的特点，利用该特点可以用湿敏电阻器作为传感器来检测环境湿度的大小。湿敏电阻器的典型应用电路如图 3-32 所示。

图 3-32 所示是一个用湿敏电阻器制作的简易湿度指示表。R_2 是一个正特性湿敏电阻器，将它放置在需检测湿度的环境中（如放在厨房内），当闭合开关 S 后，流过 R_1 的电流分作两路：一路经 R_2 流到电源负极，另一路流过电流表回到电源负极。若厨房的湿度较低，R_2 的阻值小，分流掉的电流大，流过电流表的电流较小，指示的电流值小；若厨房的湿度很大，R_2 的阻值变大，分流掉的电流小，流过电流表的电流增大，指示的电流值大。

3. 检测

湿敏电阻器检测分两步，在这两步测量时还可以检测出其类型（正特性或负特性），只有两步测量均正常才能说明湿敏电阻器正常。湿敏电阻器的检测如图 3-33 所示。

湿敏电阻器的检测步骤如下。

第一步：在正常条件下测量阻值。根据标称阻值选择合适的欧姆挡，如图 3-33（a）所示，图中的湿敏电阻器标称阻值为 200Ω，故选择 R×10 挡，将红、黑表笔分别接湿敏电阻器两个电极，然后在刻度盘上查看测得阻值的大小。

若湿敏电阻器正常，测得的阻值与标称阻值一致或接近。

若阻值为 0，说明湿敏电阻器短路。

若阻值为无穷大，说明湿敏电阻器开路。

若阻值与标称阻值偏差过大，说明湿敏电阻器性能变差或损坏。

第二步：改变湿度测量阻值。将红、黑表笔分别接湿敏电阻器两个电极，再把湿敏电阻器放在水蒸气上方（或者用嘴对湿敏电阻器哈气），如图 3-33（b）所示，然后再在刻度盘上查看测得阻值的大小。

若湿敏电阻器正常，测得的阻值与标称阻值比较应有变化。

若阻值往大于标称阻值方向变化，说明湿敏电阻器为正特性。

若阻值往小于标称阻值方向变化，说明湿敏电阻器为负特性。

若阻值不变化，说明湿敏电阻器损坏。

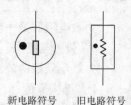

（a）外形　　　　　　（b）电路符号

图 3-31　湿敏电阻器外形和电路符号

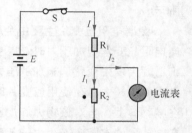

图 3-32　湿敏电阻器的典型
应用电路

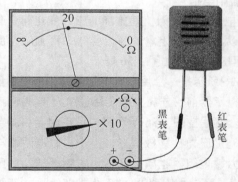

（a）在正常条件下测量阻值

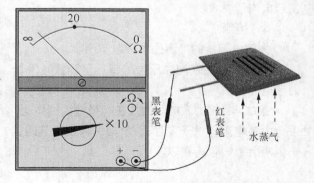

（b）改变湿度测量阻值

图 3-33　湿敏电阻器的检测

3.3.4　力敏电阻器

力敏电阻器是一种对压力敏感的电阻器，当施加给它的压力变化时，其阻值也会随之变化。

1. 外形与符号

力敏电阻器的外形与符号如图 3-34 所示。

2. 结构原理

力敏电阻器的压敏特性是由内部封装的电阻应变片来实现的。电阻应变片有金属电阻应变片和半导体应变片两种，这里简单介绍金属电阻应变片。金属电阻应变片的结构如图 3-35 所示。

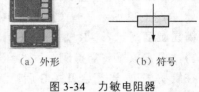

（a）外形　　　　（b）符号

图 3-34　力敏电阻器

金属电阻应变片主要由金属电阻应变丝构成，当对金属电阻应变丝施加压力时，应变丝的长度和截面面积（粗细）就会发生变化，施加的压力越大，应变丝越细越长，其阻值就越大。在使用应变片时，一般将电阻应变片粘贴在某物体上，当对该物体施加压力时，物体会变形，粘贴在物体上的电阻应变片也一起产生形变，应变片的阻值就会发生改变。

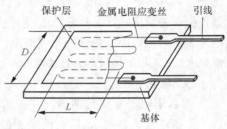

图 3-35　金属电阻应变片的结构

3. 应用电路

力敏电阻器具有阻值随施加的压力变化而变化的特点，利用该特点可以用力敏电阻器作为传感器来检测压力的大小。力敏电阻器的典型应用电路如图 3-36 所示。

图 3-36 所示是一个用力敏电阻器制作的简易压力指示器。在制作压力指示器前，先将力敏电阻器 R_2（电阻应变片）紧紧粘贴在钢板上，然后按图 3-36 所示将力敏电阻器引脚与电路连接好，再对钢板施加压力让钢板变形，由于力敏电阻器与钢板紧贴在一起，所以力敏电阻器也随之变形。对钢板施加的压力越大，钢板

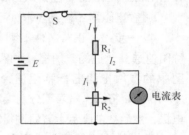

图 3-36　力敏电阻器的典型
应用电路

变形越严重，力敏电阻器 R_2 变形也越严重，R_2 阻值增大，对电流分流少，流过电流表的电流增大，指示电流值越大。

4. 检测

力敏电阻器的检测通常分以下两步。

第一步：在未施加压力的情况下测量其阻值。正常阻值应与标称阻值一致或接近，否则说明力敏电阻器损坏。

第二步：将力敏电阻器放在有弹性的物体上，然后用手轻轻挤压力敏电阻器（切不可用力过大，以免力敏电阻器过于变形而损坏），再测量其阻值。正常阻值应随施加的压力大小变化而变化，否则说明力敏电阻器损坏。

3.4　排阻

排阻又称网络电阻，它是由多个电阻器按一定的方式制作并封装在一起而构成的。排阻具有安装密度高和安装方便等优点，广泛用在数字电路系统中。

3.4.1 实物外形

常见的排阻实物外形如图 3-37 所示，前面
两种为直插封装式（SIP）排阻，后一种为表面
贴装式（SMD）排阻。

图 3-37 常见的排阻实物外形

3.4.2 命名方法

排阻命名一般由四部分组成。

第一部分为内部电路类型。

第二部分为引脚数（由于引脚数可直接看出，故该部分可省略）。

第三部分为阻值。

第四部分为阻值误差。

排阻命名方法见表 3-5。

表 3-5 排阻命名方法

第一部分 电路类型	第二部分 引脚数	第三部分 阻值	第四部分 误差
A：所有电阻共用一端，公共端从左端（第 1 引脚）引出 B：每个电阻有各自独立引脚，相互间无连接 C：各个电阻首尾相连，各连接端均有引出脚 D：所有电阻共用一端，公共端从中间引出 E、F、G、H、I：内部连接较为复杂，详见表 3-6	4 ~ 14	3 位数字 （第 1、2 位为有效数，第 3 位为有效数后面 0 的个数，如 102 表示 1000Ω）	F：±1% G：±2% J：±5%

举例：排阻 A08472J 表示 8 个引脚 4700（1±5%）Ω 的 A 类排阻。

3.4.3 种类与结构

根据内部电路结构的不同，排阻种类可分为 A、B、C、D、E、F、G、H 类。排阻虽然种类很多，
但最常用的为 A、B 类。排阻的种类及结构见表 3-6。

表 3-6 排阻的种类及结构

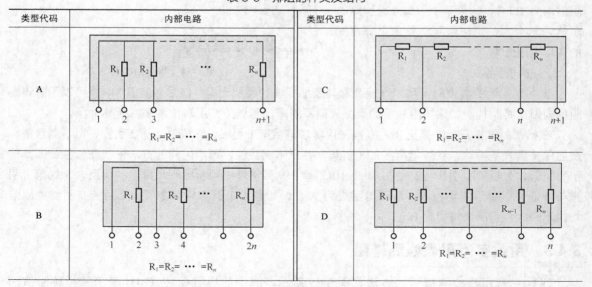

续表

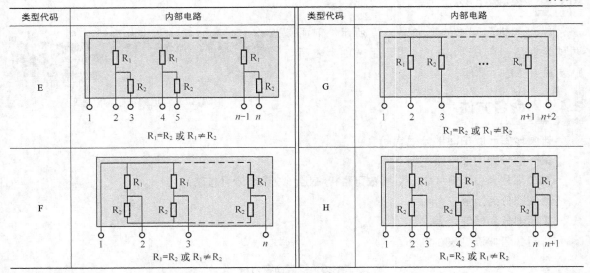

类型代码	内部电路	类型代码	内部电路
E	$R_1=R_2$ 或 $R_1 \neq R_2$	G	$R_1=R_2$ 或 $R_1 \neq R_2$
F	$R_1=R_2$ 或 $R_1 \neq R_2$	H	$R_1=R_2$ 或 $R_1 \neq R_2$

3.4.4 用指针万用表检测排阻

1. 好坏检测

排阻的检测如图 3-38 所示。

在检测排阻前，要先找到排阻的第 1 引脚，第 1 引脚旁一般有标记（如圆点），也可正对排阻字符，字符左下方第一个引脚即为第 1 引脚。

在检测时，根据排阻的标称阻值，将万用表置于合适的欧姆挡，图 3-38 是测量一只 $10k\Omega$ 的 A 型排阻（A103J），万用表选择 $R \times 1k$ 挡，将黑表笔接排阻的第 1 引脚不动，红表笔依次接第 2、3……8 引脚，如果排阻正常，第 1 引脚与其他各引脚的阻值均为 $10k\Omega$，如果第 1 引脚与某引脚的阻值为无穷大，则该引脚与第 1 引脚之间的内部电阻开路。

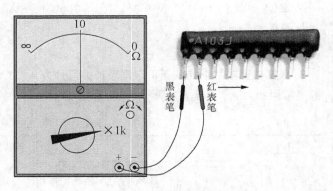

图 3-38 排阻的检测

2. 类型判别

在判别排阻的类型时，可以直接查看其表面标注的类型代码，然后对照表 3-6 就可以了解该排阻的内部电路结构。如果排阻表面的类型代码不清晰，可以用万用表检测来判断其类型。

在检测时，将万用表拨至 $R \times 10$ 挡，用黑表笔接第 1 引脚，红表笔接第 2 引脚，记下测量值，然后保持黑表笔不动，红表笔再接第 3 引脚，并记下测量值，再用同样的方法依次测量并记下其他引脚阻值，分析第 1 引脚与其他引脚的阻值规律，对照表 3-6 判断出所测排阻的类型，比如第 1 引脚与其他各引脚阻值均相等，所测排阻应为 A 型，如果第 1 引脚与第 2 引脚之后所有引脚的阻值均为无穷大，则所测排阻为 B 型。

3.4.5 用数字万用表检测排阻

用数字万用表检测排阻的方法如图 3-39 所示，图中的排阻标注 A103J 表示其标称阻值为

10kΩ，误差为 ±5%，图 3-39（a）所示是测量排阻第 1、2 引脚的电阻，图 3-39（b）所示是测量第 1、3 引脚的电阻。

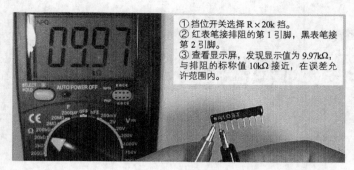

①挡位开关选择 R×20k 挡。
②红表笔接排阻的第 1 引脚，黑表笔接第 2 引脚。
③查看显示屏，发现显示值为 9.97kΩ，与排阻的标称值 10kΩ 接近，在误差允许范围内。

（a）测量第 1、2 引脚的电阻

3-5：排阻的检测

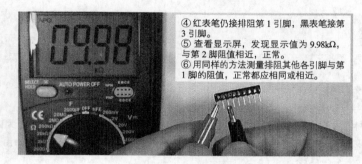

④红表笔仍接排阻第 1 引脚，黑表笔接第 3 引脚。
⑤查看显示屏，发现显示值为 9.98kΩ，与第 2 脚阻值相近，正常。
⑥用同样的方法测量排阻其他各引脚与第 1 脚的阻值，正常都应相同或相近。

（b）测量第 1、3 引脚的电阻

图 3-39 用数字万用表检测 A 型 10kΩ 排阻的方法

第 4 章

电容器

4.1　固定电容器

4.1.1　结构、外形与符号

电容器是一种可以储存电荷的元器件。相距很近且中间隔有绝缘介质（如空气、纸和陶瓷等）的两块导电极板就构成了电容器，电容器也简称电容。固定电容器是指容量固定不变的电容器。固定电容器的结构、外形与电路符号如图 4-1 所示。

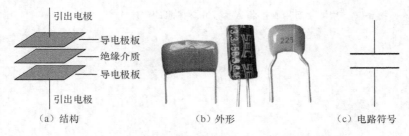

（a）结构　　　　　　　　　　　（b）外形　　　　　　　　（c）电路符号

图 4-1　固定电容器的结构、外形与电路符号

4.1.2　主要参数

电容器主要参数有标称容量、允许误差、额定电压和绝缘电阻等。

1. 容量与允许误差

电容器能储存电荷，其储存电荷的多少称为容量。这一点与蓄电池类似，不过蓄电池储存电荷的能力比电容器大得多。电容器的容量越大，储存的电荷越多。**电容器的容量大小与下面的因素有关。**

① 两导电极板的相对面积。相对面积越大，容量越大。

② 两极板之间的距离。极板相距越近，容量越大。

③ 两极板中间的绝缘介质。在极板相对面积和距离相同的情况下，绝缘介质不同的电容器，其容量不同。

电容器的容量单位有法拉（F）、毫法（mF）、微法（μF）、纳法（nF）和皮法（pF），它们的关系是：

$$1F=10^3mF=10^6\mu F=10^9nF=10^{12}pF$$

标注在电容器上的容量称为标称容量。允许误差是指电容器标称容量与实际容量之间允许的最大误差范围。

2. 额定电压

额定电压又称电容器的耐压值，是指在正常条件下电容器长时间使用两端允许承受的最高电压。一旦加到电容器两端的电压超过额定电压，两极板之间的绝缘介质就容易被击穿从而失去绝缘能力，造成两极板短路。

3. 绝缘电阻

电容器两极板之间隔着绝缘介质，绝缘电阻用来表示绝缘介质的绝缘程度。绝缘电阻越大，表明绝缘介质绝缘性能越好，如果绝缘电阻比较小，绝缘介质绝缘性能下降，就会出现一个极板上的电流通过绝缘介质流到另一个极板上，这种现象称为漏电。由于绝缘电阻小的电容器存在着漏电，故不能继续使用。

一般情况下，无极性电容器的绝缘电阻为无穷大，而有极性电容器（电解电容器）绝缘电阻很大，但一般达不到无穷大。

4.1.3 电容器"充电"和"放电"说明

"充电"和"放电"是电容器非常重要的性质。电容器的"充电"和"放电"说明图如图 4-2 所示。

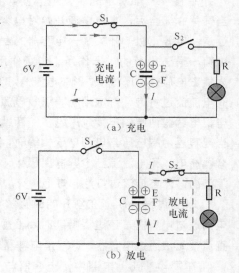

在图 4-2（a）电路中，当开关 S_1 闭合后，从电源正极输出电流经开关 S_1 流到电容器的金属极板 E 上，在极板 E 上聚集了大量的正电荷，由于金属极板 F 与极板 E 相距很近，又因为同性相斥，所以极板 F 上的正电荷受到很近的极板 E 上正电荷的排斥而流走，这些正电荷汇合形成电流到达电源的负极，极板 F 上就剩下很多负电荷，结果在电容器的上、下极板就储存了大量的上正下负的电荷。（注：在常态时，金属极板 E、F 不呈电性，但上、下极板上都有大量的正、负电荷，只是正负电荷数相等呈中性）

电源输出电流流经电容器，在电容器上获得大量电荷的过程称为电容器的"充电"。

图 4-2　电容器的"充电"和"放电"说明图

在图 4-2（b）电路中，先闭合开关 S_1，让电源对电容器 C 充得上正下负的电荷，然后断开 S_1，再闭合开关 S_2，电容器上的电荷开始释放，电荷流经的途径是：电容器极板 E 上的正电荷流出，形成电流→开关 S_2→电阻 R→灯泡→极板 F，中和极板 F 上的负电荷。大量的电荷移动形成电流，该电流流经灯泡，灯泡发光。随着极板 E 上的正电荷不断流走，正电荷的数量慢慢减少，流经灯泡的电流减少，灯泡慢慢变暗，当极板 E 上先前充得的正电荷全放完后，无电流流过灯泡，灯泡熄灭，此时极板 F 上的负电荷也完全被中和，电容器两极板上先前充得的电荷消失。

电容器一个极板上的正电荷经一定的途径流到另一个极板，中和该极板上负电荷的过程称为电容器的"放电"。

电容器充电后两极板上储存了电荷，两极板之间也就有了电压，这就像杯子装水后有水位一样。电容器极板上的电荷数与两极板之间的电压有一定的关系，具体可以这样概括：**在容量不变的情况**

下，电容器储存的电荷数与其两端电压成正比，即：

$$Q=CU$$

式中，Q 表示电荷数（单位：库仑），C 表示容量（单位：法拉），U 表示电容器两端的电压（单位：伏特）。

这个公式可以从以下几个方面来理解。

① 在容量不变的情况下（C 不变），电容器充得的电荷越多（Q 增大），其两端电压就越高（U 增大）。这就像杯子大小不变时，杯子中装的水越多，杯子的水位越高一样。

② 若向容量一大一小的两只电容器充相同数量的电荷（Q 不变），那么容量小的电容器两端的电压更高（C 小 U 大）。这就像往容量一大一小的两只杯子装入同样多的水时，小杯子中的水位更高一样。

4.1.4 电容器"隔直"和"通交"说明

电容器的"隔直"和"通交"是指直流不能通过电容器，而交流能通过电容器。电容器的"隔直"和"通交"说明图如图 4-3 所示。

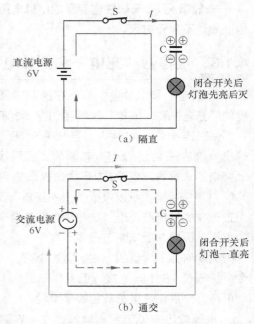

（a）隔直

（b）通交

图 4-3 电容器的"隔直"和"通交"说明图

在图 4-3（a）电路中，电容器与直流电源连接，当开关 S 闭合后，直流电源开始对电容器充电，充电途径是：电源正极→开关 S →电容器的上极板获得大量正电荷→通过电荷的排斥作用（电场作用），下极板上的大量正电荷被排斥流出，形成电流→灯泡→电源的负极，有电流流过灯泡，灯泡发光。随着电源对电容器不断充电，电容器两端的电荷越来越多，两端电压越来越高，当电容器两端电压与电源电压相等时，电源不能再对电容器充电，无电流流到电容器上极板，下极板也就无电流流出，无电流流过灯泡，灯泡熄灭。

以上过程说明：在刚开始时直流可以对电容器充电而通过电容器，该过程持续时间很短，充电结束后，直流就无法通过电容器，这就是电容器的"隔直"特性。

在图 4-3（b）电路中，电容器与交流电源连接，由于交流电的极性是经常变化的，一段时间极性是上正下负，下一段时间极性变为下正上负。开关 S 闭合后，当交流电源的极性是上正下负时，交流电源从上端输出电流，该电流对电容器充电，充电途径是：交流电源上端→开关 S →电容器→灯泡→交流电源下端，有电流流过灯泡，灯泡发光，同时交流电源对电容器充得上正下负的电荷；当交流电源的极性变为上负下正时，交流电源从下端输出电流，它经过灯泡对电容器反充电，电流途径是：交流电源下端→灯泡→电容器→开关 S →交流电源上端，有电流流过灯泡，灯泡发光，同时电流对电容器反充得上负下正的电荷，这次充得的电荷极性与先前充得电荷极性相反，它们相互中和抵消，电容器上的电荷消失。当交流电源极性重新变为上正下负时，又可以对电容器进行充电，以后不断重复上述过程。

从上面的分析可以看出，由于交流电源的极性不断变化，使得电容器充电和反充电（中和抵消）交替进行，从而始终有电流流过电容器，这就是电容器的"通交"特性。

电容器虽然能通过交流，但对交流也有一定的阻碍，这种阻碍称之为容抗，用 X_C 表示，容抗的单位是欧姆（Ω）。在图4-4电路中，两个电路中的交流电源电压相等，灯泡也一样，但由于电容器的容抗对交流起阻碍作用，故图4-4（b）中的灯泡要暗一些。

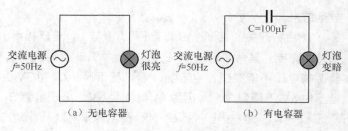

（a）无电容器　　　　（b）有电容器

图 4-4　容抗说明图

电容器的容抗与交流信号频率、电容器的容量有关，交流信号频率越高，电容器对交流信号的容抗越小，电容器容量越大，它对交流信号的容抗越小。在图4-4（b）电路中，若交流电源频率不变，当电容器容量越大，灯泡越亮；或电容器容量不变，交流电源频率越高灯泡越亮。这种关系可用下列式子表示：

$$X_C = \frac{1}{2\pi f C}$$

X_C 表示容抗，f 表示交流信号频率，π 为常数 3.14。

在图4-4（b）电路中，若交流电源的频率 f=50Hz，电容器的容量 C=100μF，那么该电容器对交流电的容抗为：

$$X_C = \frac{1}{2\pi f C} = \frac{1}{2 \times 3.14 \times 50 \times 100 \times 10^{-6}} \approx 31.8\Omega$$

4.1.5　电容器"两端电压不能突变"说明

电容器两端的电压是由电容器充得的电荷建立起来的，电容器充得的电荷越多，两端电压越高，电容器上没有电荷，电容器两端就没有电压。由于电容器充电（电荷增多）和放电（电荷减少）都需要一定的时间，不能瞬间完成，所以电容器两端的电压不能突然增大很多，也不能突然减小到零，这就是电容器的"两端电压不能突变"特性。下面以图4-5为例来说明电容器的"两端电压不能突变"特性。

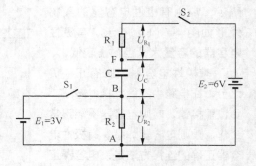

图 4-5　电容器"两端电压不能突变"
说明图

先将开关 S_2 闭合，在闭合 S_2 的瞬间，电容器 C 还未来得及充电，故两端电压 U_C 为 0V，随后电源 E_2 开始对电容器 C 充电，充电电流途径是 E_2 正极→开关 S_2→R_1→C→R_2→E_2 负极，随着充电的进行，电容器上充得的电荷慢慢增多，电容器两端的电压 U_C 慢慢增大，一段时间后，当 U_C 增大到 6V 与 E_2 电源电压相等时，充电过程结束，这时流过 R_1、R_2 的电流为 0，故 U_{R1}、U_{R2} 均为 0，A 点电压为 0（A 点接地固定为 0V），B 点电压 U_B 为 0V（$U_B = U_{R2}$），F 点电压 U_F 为 6V（$U_F = U_{R2} + U_C$）。

接着将开关 S_1 闭合，E_1 电源直接加到 B 点，B 点电压 U_B（等于 U_{R2} 电压）马上由 0V 变为 3V，由于电容器还没来得及放电，其两端电压 U_C 仍为 6V，那么 F 点电压（$U_F = U_{R2} + U_C = 3V + 6V$）变为 9V，也就是说，由于电容器两端电压不能突变，一端电压上升（U_B 由 0V 突然上升到 3V），另一端电压也上升（U_F 电压由 6V 上升到 9V）。因为 U_F 电压为 9V，大于电源 E_2 电压，电容器 C 开始放电，放电途径为 C 上正→R_1→S_2→电源 E_2 内阻→R_2→C 下负，随着放电的进行，电容器 C 两端电压 U_C 不断下降，当 U_C=3V 时，F 点电压 $U_F = U_{R2} + U_C = 3V + 3V = 6V$，与电源 E_2 电压相同，放电结束。

　　然后将开关 S_1 断开，B 点电压 U_B（与 U_{R2} 电压相等）马上由 3V 变为 0V，由于电容器还没有来得及充电，其两端电压 U_C 仍为 3V，那么 F 点电压（$U_F=U_{R2}+U_C=0V+3V$）变为 3V，即由于电容器两端电压不能突变，电容器一端电压下降（U_B 由 3V 突然下降到 0V），另一端电压也下降（U_F 电压由 6V 下降到 3V）。因为 U_F 电压为 3V，小于电源 E_2 电压，电容器 C 开始充电，充电途径为 E_2 正极→S_2→R_1→电容器 C→R_2→电源 E_2 负极，随着充电的进行，电容器 C 两端电压 U_C 不断上升，当 $U_C=6V$ 时，F 点电压 $U_F=U_{R2}+U_C=0V+6V=6V$，与电源 E_2 电压相同，充电结束。

　　综上所述，由于电容器充、放电都需要一定的时间（电容器容量越大，所需时间越长），电容器上的电荷数量不能突然变化，故电容器两端电压也不能突然变化，当电容器一端电压上升或下降时，另一端电压也随之上升或下降。

4.1.6　无极性电容器和有极性电容器

　　固定电容器可分为无极性电容器和有极性电容器。

1. 无极性电容器

　　无极性电容器的引脚无正、负极之分。无极性电容器的电路符号如图 4-6（a）所示，常见无极性电容器的实物外形如图 4-6（b）所示。**无极性电容器的容量小，但耐压高。**

（a）电路符号　　　（b）实物外形

图 4-6　无极性电容器

2. 有极性电容器

　　有极性电容器又称电解电容器，引脚有正、负之分。有极性电容器的电路符号如图 4-7（a）所示，常见有极性电容器的实物外形如图 4-7（b）所示。**有极性电容器的容量大，但耐压较低。**

　　有极性电容器引脚有正、负之分，在电路中不能乱接，若正、负位置接错，轻则电容器不能正常工作，重则电容器炸裂。**有极性电容器正确的连接方法是：电容器正**极接电路中的高电位，负极接电路中的低电位。有极性电容器正确和错误的接法分别如图 4-8 所示。

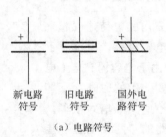

新电路　　旧电路　　国外电路
符号　　　符号　　　符号

（a）电路符号

（b）实物外形

图 4-7　有极性电容器的电路符号和实物外形

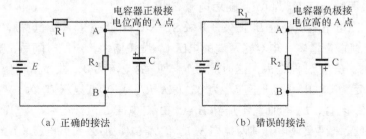

电容器正极接
电位高的 A 点

电容器负极接
电位高的 A 点

（a）正确的接法　　　　　　（b）错误的接法

图 4-8　有极性电容器在电路中的正确与错误的接法

3. 有极性电容器的引脚极性判别

　　由于有极性电容器有正、负之分，在电路中又不能乱接，所以在使用有极性电容器前需要先判别出正、负极。有极性电容器的正、负极判别方法如图 **4-9 ～图 4-11** 所示。

方法一：对于未使用过的新电容，可以根据引脚长短来判别。引脚长的为正极，引脚短的为负极，如图 4-9 所示。

方法二：根据电容器上标注的极性判别。电容器上标"+"的引脚为正极，标"–"的引脚为负极，如图 4-10 所示。

方法三：用万用表判别。万用表拨到 R×10k 挡，测量电容器两极之间的阻值，正、反各测一次，每次测量时表针都会先向右摆动，然后慢慢往左返回，待表针稳定不移动后再观察阻值大小，两次测量会出现阻值一大一小，如图 4-11 所示，以阻值大的那次为准，如图 4-11（b）所示，黑表笔接的为正极，红表笔接的为负极。

图 4-9　引脚长的为正极

图 4-10　标 "-" 的引脚为负极

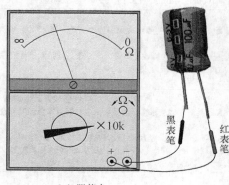

（a）阻值小　　　　　　　　　　　　　（b）阻值大

图 4-11　用万用表判别有极性电容器引脚的极性

4.1.7　固定电容器的种类

固定电容器种类很多，按极性可分为无极性电容器和有极性电容器；按应用材料可分为纸介电容器（CZ）、高频瓷片电容器（CC）、低频瓷片电容器（CT）、云母电容器（CY）、聚苯乙烯等薄膜电容器（CB）、玻璃釉电容器（CI）、漆膜电容器（CQ）、玻璃膜电容器（CO）、涤纶等薄膜电容器（CL）、云母纸电容器（CV）、金属化纸电容器（CJ）、复合介质电容器（CH）、铝电解电容器（CD）、钽电解电容器（CA）、铌电解电容器（CN）、合金电解电容器（CG）和其他材料电解电容器（CE）等。不同材料的电容器有不同的结构与特点，表 4-1 列出了常见类型电容器的结构与特点。

表 4-1　常见类型电容器的结构与特点

常见类型的电容器	结构与特点
纸介电容器	纸介电容器是以两片金属箔作为电极，中间夹有极薄的电容纸，再卷成圆柱形或扁柱形芯，然后密封在金属壳或绝缘材料壳（如陶瓷、火漆、玻璃釉等）中制成的。它的特点是体积较小，容量可以做得较大，但固有电感和损耗都比较大，用于低频比较合适。 金属化纸电容器和油浸纸介电容器是两种较特殊的纸介电容器。金属化纸介电容器是在电容器纸上覆上一层金属膜来代替金属箔，其体积小、容量较大，一般用在低频电路中。油浸纸介电容器是把纸介电容器浸在经过特别处理的油里，以增强它的耐压，其特点是耐压高、容量大，但体积也较大。
云母电容器	云母电容器是以金属箔或在云母片上喷涂的银层作为极板，极板和云母片一层一层叠合后，再压铸在胶木粉或封固在环氧树脂中制成的。 云母电容器的特点是介质损耗小、绝缘电阻大、温度系数小、体积较大。云母电容器的容量一般为 10pF ～ 0.1μF，额定电压为 100V ～ 7kV，由于其高稳定性和高可靠性特点，故常用于高频振荡等要求较高的电路中。

续表

常见类型的电容器	结构与特点
陶瓷电容器	陶瓷电容器是以陶瓷作为介质，在陶瓷基体两面喷涂银层，然后烧成银质薄膜作为极板制成的。陶瓷电容器的特点是体积小、耐热性好、损耗小、绝缘电阻高，但容量较小，一般用在高频电路中。高频瓷介的容量通常为 1 ~ 6800pF，额定电压为 63 ~ 500V。 铁电陶瓷电容器是一种特殊的陶瓷电容器，其容量较大，但是损耗和温度系数较大，适用于低频电路。低频瓷介电容器的容量为 10pF ~ 4.7μF，额定电压为 50 ~ 100V。
薄膜电容器	薄膜电容器的结构和纸介电容器相同，但介质是涤纶或聚苯乙烯。涤纶薄膜电容器的介电常数较高，稳定性较好，适宜作为旁路电容。 薄膜电容器可分为聚酯（涤纶）电容器、聚苯乙烯薄膜电容器和聚丙烯电容器。 聚酯（涤纶）电容器的容量为 40pF ~ 4μF，额定电压为 63 ~ 630V。 聚苯乙烯薄膜电容器的介质损耗小、绝缘电阻高，但温度系数较大，体积也较大，常用在高频电路中。聚苯乙烯电容器的容量为 10pF ~ 1μF，额定电压为 100V ~ 30kV。 聚丙烯电容器的性能与聚苯相似，但体积小，稳定性稍差，可代替大部分聚苯或云母电容器，常用于要求较高的电路。聚丙烯电容器的容量为 1000pF ~ 10μF，额定电压为 63 ~ 2000V。
玻璃釉电容器	玻璃釉电容器是由一种浓度适于喷涂的特殊混合物喷涂成薄膜作为介质，再以银层电极经烧结制成的。 玻璃釉电容器能耐受各种气候环境，一般可在 200℃ 或更高温度下工作，其特点是稳定性较好，损耗小。玻璃釉电容器的容量为 10pF ~ 0.1μF，额定电压为 63 ~ 400V。
独石电容器	独石电容器又称多层瓷介电容器，可分为 I、II 两种类型，I 型性能较好，但容量一般小于 0.2μF，II 型容量大但性能一般。独石电容器具有正温度系数，而聚丙烯电容器具有负温度系数，两者用适当比例并联使用，可使温度降到很小。 独石电容器具有容量大、体积小、可靠性高、容量稳定、耐湿性好等特点，广泛用于电子精密仪器和各种小型电子设备作为谐振、耦合、滤波、旁路。独石电容器的容量范围为 0.5pF ~ 1μF，耐压可为两倍额定电压。
铝电解电容器	铝电解电容器是由两片铝带和两层绝缘膜相互层叠，卷好后浸泡在电解液（含酸性的合成溶液）中，出厂前需要经过直流电压处理，使正极片上形成一层氧化膜作为介质制成的。 铝电解电容器的特点是体积小、容量大、损耗大、漏电较大且有正、负极性，常应用在电路中作为电源滤波、低频耦合、去耦合旁路。铝电解电容器的容量为 0.47 ~ 10000μF，额定电压为 6.3 ~ 450V。
钽、铌电解电容器	钽、铌电解电容器是以金属钽或铌作为正极，用稀硫酸等配液作为负极，再以钽或铌表面生成的氧化膜作为介质制成的。 钽、铌电解电容器的特点是体积小、容量大、性能稳定、寿命长、绝缘电阻大、温度特性好，并且损耗、漏电小于铝电解电容器，常用在要求高的电路中代替铝电解电容器。钽、铌电解电容器的容量为 0.1 ~ 1000μF，额定电压为 6.3 ~ 125V。

4.1.8　电容器的串联与并联

在使用电容器时，如果无法找到容量或耐压合适的电容器，可将多个电容器进行并联或串联来得到需要的电容器。

1. 电容器的并联

两个或两个以上电容器头头相连、尾尾相接称为电容器并联。电容器的并联如图 4-12 所示。

电容器并联后的总容量增大，总容量等于所有并联电容器的容量之和，以图 4-12（a）电路为例，并联后总容量：

$$C=C_1+C_2+C_3=5\mu F+5\mu F+10\mu F=20\mu F$$

电容器并联后的总耐压以耐压最小的电容器的耐压为准，仍以图 4-12（a）电路为例，C_1、

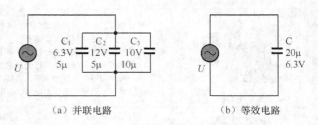

（a）并联电路　　　　（b）等效电路

图 4-12　电容器的并联

C_2、C_3 耐压不同，其中 C_1 的耐压最小，故并联后电容器的总耐压以 C_1 耐压 6.3V 为准，加在并联电容器两端的电压不能超过 6.3V。

根据上述原则，图 4-12（a）的电路可等效为图 4-12（b）所示的电路。

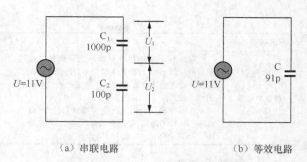

（a）串联电路　　　　　　　　　　（b）等效电路

图 4-13　电容器的串联

2．电容器的串联

两个或两个以上电容器在电路中头尾相连就是电容器的串联。电容器的串联如图 4-13 所示。

电容器串联后总容量减小，总容量比容量最小电容器的容量还小。电容器串联后总容量的计算公式是：总容量的倒数等于各电容器容量倒数之和，这与电阻器的并联计算相同，以图 4-13（a）电路为例，电容器串联后的总容量计算公式是：

$$\frac{1}{C} = \frac{1}{C_1} + \frac{1}{C_2} \Rightarrow C = \frac{C_1 \cdot C_2}{C_1 + C_2} = \frac{1\,000\text{pF} \times 100\text{pF}}{1\,000\text{pF} + 100\text{pF}} = 91\text{pF}$$

所以图 4-13（a）所示的电路与图 4-12（b）所示的电路是等效的。

在电路中，串联的各个电容器两端的电压与容量成反比，即容量越大，电容器两端电压越低，这个关系可用公式表示：

$$\frac{C_1}{C_2} = \frac{U_2}{U_1}$$

以图 4-13（a）所示电路为例，C_1 的容量是 C_2 容量的 10 倍，用上述公式计算可知，C_2 两端的电压 U_2 应是 C_1 两端电压 U_1 的 10 倍，如果交流电压 U 为 11V，则 U_1=1V，U_2=10V，若 C_1、C_2 都是耐压为 6.3V 的电容器，就会出现 C_2 先被击穿短路（因为它两端有 10V 电压），11V 电压马上全部加到 C_1 两端，接着 C_1 被击穿损坏。

当电容器串联时，容量小的电容器应尽量选用耐压大的，以接近或等于电源电压为佳，因为当电容器串联时，容量小的电容器两端电压较容量大的电容器两端电压大，容量越小，两端承受的电压越高。

4.1.9　容量与误差的标注方法

1．容量的标注方法

电容器容量标注方法很多，一些常用的容量标注方法见表 4-2。

表 4-2　电容器容量的常用标注方法

容量标注方法	说明	例图
直标法	直标法是指在电容器上直接标出容量值和容量单位。电解电容器常采用直标法。 　右图左边的电容器的容量为 2200μF，耐压为 63V，误差为 ±20%，右边的电容器容量为 68nF，J 表示误差为 ±5%。	
小数点标注法	容量较大的无极性电容器常采用小数点标注法。小数点标注法的容量单位是 μF。 　右图的两个实物电容器的容量分别是 0.01μF 和 0.033μF。有的电容器用 μ、n、p 来表示小数点，同时指明容量单位，如图中的 p1、4n7、3μ3 分别表示容量 0.1pF、4.7nF、3.3μF，如果用 R 表示小数点，单位则为 μF，如 R33 表示容量为 0.33μF。	

续表

容量标注方法	说明	例图
整数标注法	容量较小的无极性电容器常采用整数标注法，单位为 pF。若整数末位是 0，如标 "330"，则表示该电容器容量为 330pF；若整数末位不是 0，如标 "103"，则表示容量为 10×10^3 pF。 　　右图中的几个电容器的容量分别是 180pF、330pF 和 22000pF。如果整数末尾是 9，不是表示 10^9，而是表示 10^{-1}，如 339 表示 3.3pF。	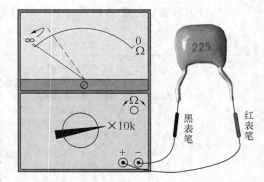

2．误差表示法

电容器误差表示方法主要有罗马数字表示法、字母表示法和直接表示法。

（1）罗马数字表示法

罗马数字表示法是在电容器上标注罗马数字来表示误差大小。这种方法用 0、Ⅰ、Ⅱ、Ⅲ分别表示误差 ±2%、±5%、±10% 和 ±20%。

（2）字母表示法

字母表示法是在电容器上标注字母来表示误差的大小。字母及其代表的误差数见表 4-3。例如，某电容器上标注 "K"，表示误差为 ±10%。

表 4-3　字母及其代表的误差数

字母	允许误差	字母	允许误差
L	±0.01%	B	±0.1%
D	±0.5%	C	±0.25%
F	±1%	K	±10%
G	±2%	M	±20%
J	±5%	N	±30%
P	±0.02%	不标注	±20%
W	±0.05%		

（3）直接表示法

直接表示法是指在电容器上直接标出误差数值。如标注 "68pF ± 5pF" 表示误差为 ±5pF，标注 "±20%" 表示误差为 ±20%，标注 "0.033/5" 表示误差为 ±5%（% 被省掉）。

4.1.10　用指针万用表检测电容器

电容器常见的故障有开路、短路和漏电。

1．无极性电容器的检测

无极性电容器的检测如图 4-14 所示。

检测无极性电容器时，万用表拨至 R×10k 或 R×1k 挡（对于容量小的电容器选择 R×10k 挡位），测量电容器两引脚之间的阻值。

如果电容器正常，表针先往右摆动，然后慢慢返回到无穷大处，容量越小向右摆动的幅度越小，该过程如图 4-14 所示。表针摆动过程实际上就是万用表内部电池通过表笔对被测电容器充电的过程，被测电容器容量越小充电越快，表针摆动幅度越小，充电完成后表针就停在无穷大处。

图 4-14　无极性电容器的检测

若检测时表针无摆动过程，而是始终停在无穷大处，说明电容器不能充电，该电容器开路。

若表针能往右摆动，也能返回，但回不到无穷大，说明电容器能充电，但绝缘电阻小，该电容器漏电。

若表针始终指在阻值小或 0 处不动，这说明电容器不能充电，并且绝缘电阻很小，该电容器短路。

注意：对于容量小于 0.01μF 的正常电容器，在测量时表针可能不会摆动，故无法用万用表判断是否开路，但可以判别是否短路和漏电。如果怀疑容量小的电容器开路，万用表又无法检测时，可找相同容量的电容器代换，如果故障消失，就说明原电容器开路。

2．有极性电容器的检测

在检测有极性电容器时，万用表拨至 R×1k 或 R×10k 挡（对于容量很大的电容器，可选择 R×100 挡），测量电容器正、反向电阻。

如果电容器正常，在测正向电阻（黑表笔接电容器正极引脚，红表笔接负极引脚）时，表针先向右做大幅度摆动，然后慢慢返回到无穷大处（用 R×10k 挡测量可能到不了无穷大处，但非常接近也是正常的），如图 4-15（a）所示；在测反向电阻时，表针也是先向右摆动，也能返回，但一般回不到无穷大处，如图 4-15（b）所示。也就是说，正常电解电容器的正向电阻大，反向电阻略小，它的检测过程与判别正、负极是一样的。

若正、反向电阻均为无穷大，表明电容器开路。

若正、反向电阻都很小，说明电容器漏电。

若正、反向电阻均为 0，说明电容器短路。

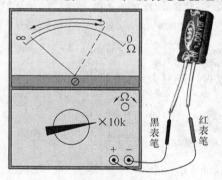
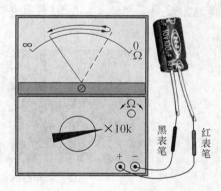

（a）测正向电阻　　　　　　　　　　　　　　　（b）测反向电阻

图 4-15　有极性电容器的检测

4.1.11　用数字万用表检测电容器

1．无极性电容器的检测

用数字万用表检测无极性电容器的方法如图 4-16 所示，图 4-16（a）为测量电容量，图 4-16（b）、图 4-16（c）为测量绝缘电阻。

4-1：电容器
的检测

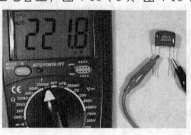

① 挡位开关选择 2000μF 挡（电容量挡）。
② 红、黑表笔分别接电容器的两个引脚。
③ 查看显示屏，当前显示电容量值为 221.8nF，与电容器的标称容量（224J）相近，在误差允许范围内，电容量正值。

① 挡位开关选择 20MΩ 挡。
② 红、黑表笔接电容器的两个引脚。
③ 查看显示屏，发现显示的阻值不稳定，由小迅速变大，当前值为 7.0MΩ。

（a）测量电容量　　　　　　　　　（b）测量绝缘电阻（开始阻值小且不断变大）

图 4-16　用数字万用表检测无极性电容器的方法

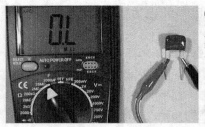

④ 显示屏最后显示溢出符号"OL"，表示电容器两个引脚间的绝缘电阻大于20MΩ，电容器正常。

电容器阻值由小变大的过程其实就是万用表对电容器充电的过程，电容器容量越大，阻值由小变到"OL"所需的时间越长。

（c）测量绝缘电阻（最后显示溢出符号"OL"）

图 4-16　用数字万用表检测无极性电容器的方法（续）

2. 有极性电容器的检测

用数字万用表检测有极性电容器的方法如图4-17所示，图4-17（a）为测量电容量，图4-17（b）和图4-17（c）为测量绝缘电阻。

① 挡位开关选择2000μF挡（电容量挡）。
② 红表笔接电容器的正极引脚，黑表笔接负极引脚。
③ 查看显示屏，显示电容量为31.83μF，与标称电容量33μF接近，在误差允许范围内。

（a）测量电容量

① 挡位开关选择2MΩ挡（电容量越大，选择的挡位应越小）。
② 红表笔接电容器的正极引脚，黑表笔接负极引脚。
③ 查看显示屏，发现阻值由小变大，当前阻值为0.183MΩ。

（b）测量绝缘电阻（开始阻值小且不断变大）

④ 显示屏最后显示溢出符号"OL"，表示电容器两个引脚间的绝缘电阻大于2MΩ，绝缘电阻正常。

显示屏显示的阻值由小变大的过程实际上是万用表对电容器充电的过程，电容量越大，该过程时间越长。

（c）测量绝缘电阻（最后显示溢出符号"OL"）

图 4-17　用数字万用表检测有极性电容器的方法

4.1.12　电容器的选用

电容器是一种较常用的电子元器件，在选用时可遵循以下原则。

（1）标称容量要符合电路的需要。对于一些对容量大小有严格要求的电路（如定时电路、延时电路和振荡电路等），选用的电容器其容量应与要求相同，对于一些对容量要求不高的电路（如耦合电路、旁路电路、电源滤波和电源退耦等），选用的电容器其容量与要求相近即可。

（2）工作电压要符合电路的需要。为了保证电容器能在电路中长时间正常工作，选用的电容器其额定电压应略大于电路可能出现的最高电压，大于的范围为 10% ~ 30%。

（3）电容器特性尽量符合电路需要。不同种类的电容器有不同的特性，为了让电路工作状态尽量最佳，可针对不同电路的特点来选择适合种类的电容器。下面是一些电路选择电容器的规律。

① 对于电源滤波、退耦电路和低频耦合、旁路电路，一般选择电解电容器。

② 对于中频电路，一般可选择薄膜电容器和金属化纸介电容器。

③ 对于高频电路，应选用高频特性良好的电容器，如瓷介电容器和云母电容器。

④ 对于高压电路，应选用工作电压高的电容器，如高压瓷介电容器。

⑤ 对于频率稳定性要求高的电路（如振荡电路、选频电路和移相电路），应选用温度系数小的电容器。

4.1.13 电容器的型号命名方法

国产电容器型号命名由四部分组成。

第一部分用字母"C"表示主称为电容器。

第二部分用字母表示电容器的介质材料。

第三部分用数字或字母表示电容器的类别。

第四部分用数字表示序号。

电容器的型号命名及含义见表 4-4。

表 4-4　电容器的型号命名及含义

第一部分：主称		第二部分：介质材料		第三部分：类别					第四部分：序号
字母	含义	字母	含义	数字或字母	含义				
					瓷介电容器	云母电容器	有机电容器	电解电容器	
C	电容器	A	钽电解	1	圆形	非密封	非密封	箔式	用数字表示序号，以区别电容器的外形尺寸及性能指标
		B	聚苯乙烯等非极性有机薄膜（常在"B"后面再加一字母，以区分具体材料。例如"BB"为聚丙烯，"BF"为聚四氟乙烯）	2	管形	非密封	非密封	箔式	
				3	叠片	密封	密封	烧结粉，非固体	
		C	高频陶瓷	4	独石	密封	密封	烧结粉，固体	
		D	铝电解	5	穿心		穿心		
		E	其他材料电解	6	支柱等				
		G	合金电解						
		H	纸膜复合	7				无级性	
		I	玻璃釉	8	高压	高压	高压		
		J	金属化纸介	9			特殊	特殊	
		L	涤纶等极性有机薄膜（常在"L"后面再加一字母，以区分具体材料。例如"LS"为聚碳酸酯）	G	高功率型				
				T	叠片式				
		N	铌电解	W	微调型				
		O	玻璃膜						
		Q	漆膜	J	金属化型				
		T	低频陶瓷						
		V	云母纸	Y	高压型				
		T	云母						
		Z	纸介						

4.2　可变电容器

可变电容器又称可调电容器，是指容量可以调节的电容器。可变电容器主要可分为微调电容器、单联电容器和多联电容器。

4.2.1 微调电容器

1. 外形与符号

微调电容器又称半可变电容器，其容量不经常调节。
图 4-18（a）所示是两种常见微调电容器的外形，微调电容器的电路符号如图 4-18（b）所示。

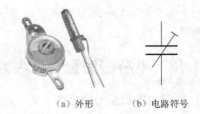

（a）外形　　　（b）电路符号

图 4-18　微调电容器的外形和电路符号

2. 结构

微调电容器的结构如图 4-19 所示。

微调电容器是由一片动片和一片定片构成的，动片与转轴连接在一起，当转动转轴时，动片也随之转动，动、定片的相对面积就会发生变化，电容器的容量就会变化。

3. 种类

微调电容器可分为云母微调电容器、瓷介微调电容器、薄膜微调电容器和拉线微调电容器等。

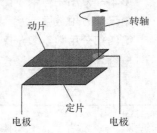

图 4-19　微调电容器的结构

云母微调电容器一般是通过螺钉调节动、定片之间的距离来改变容量。

瓷介微调电容器、薄膜微调电容器一般是通过改变动、定片之间的相对面积来改变容量。

拉线微调电容器是以瓷管内壁镀银层作为定片，外面缠绕的细金属丝作为动片，减小金属丝的圈数，就可改变容量。这种电容器的容量只能从大调到小。

4. 检测

微调电容器的检测如图 4-20 所示。

在检测微调电容器时，万用表拨至 R×10k 挡，测量微调电容器两个引脚之间的电阻，如图 4-20 所示。调节旋钮，同时观察阻值大小，正常阻值应始终为无穷大，若调节时出现阻值为 0 或阻值变小，说明电容器动、定片之间存在短路或漏电现象。

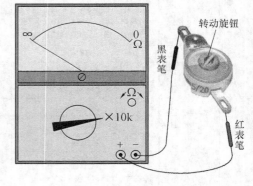

图 4-20　微调电容器的检测

4.2.2　单联电容器

1. 外形与符号

单联电容器是由多个连接在一起的金属片作为定片，以多个与金属转轴连接的金属片作为动片构成的。单联电容器的外形和电路符号如图 4-21 所示。

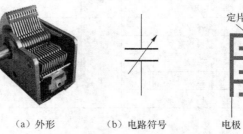

（a）外形　　　（b）电路符号

图 4-21　单联电容器的外形和电路符号

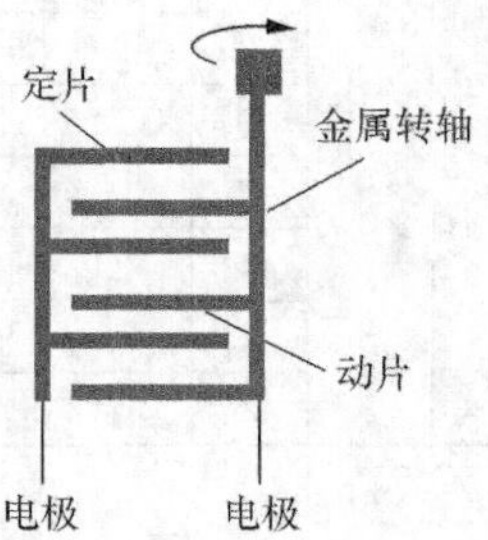

图 4-22　单联电容器的结构

2. 结构

单联电容器的结构如图 4-22 所示。

单联电容器是以多个连接在一起的金属片作为定片，而将多个与金属转轴连接的金属片作为动片，再将定片与动片的金属片交差且相互绝缘叠在一起，当转动转轴时，各个定片与动片之间的相对面积就会发生变化，整个电容器的容量就会变化。

4.2.3 多联电容器

1. 外形与符号

多联电容器是指将两个或两个以上的可变电容器结合在一起而构成的电容器，在调节时，这些电容器容量会同时变化。常见的多联电容器有双联电容器和四联电容器，多联电容器的外形和电路符号如图 4-23 所示。

2. 结构

多联电容器虽然种类较多，但结构大同小异，下面以图 4-24 所示的双联电容器为例进行说明。

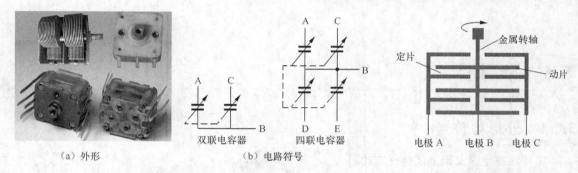

（a）外形 （b）电路符号

图 4-23　多联电容器外形和电路符号

图 4-24　双联电容器

双联电容器由两组动片和两组定片构成，两组动片都与金属转轴相连，而各组定片都是独立的，当转动转轴时，与转轴连动的两组动片都会移动，它们与各自对应定片的相对面积会同时变化，两个电容器的容量就被同时调节。

4-2：可变电容器的检测

3. 用数字万用表检测双联可变电容器

用数字万用表检测双联可变电容器的电容量的方法如图 4-25 所示，双联可变电容器内部有两个可变电容器，图 4-25 所示是测量其中一个可变电容器，另一个可变电容器可用同样的方法测量。

①挡位开关选择 2000μF 挡（电容量挡）。
②黑表笔接中间引脚，红表笔接左边引脚。
③查看显示屏，显示电容量为 0.147nF，这是双联可变电容器调节轴处于某位置时其中一个可变电容器的电容值。

④转动双联可变电容器的转轴，同时观察显示屏，发现电容量会发生变化，当前电容量为 0.012nF（最小值）。
⑤黑表笔不动，红表笔接右边引脚，用同样的方法测量双联可变电容器另一个可变电容器。

（a）测量双联电容器其中一个可变电容器的容量　　（b）调节转轴查看可变电容器的电容量是否变化

图 4-25　用数字万用表检测双联可变电容器的电容量的方法

第5章

电感器与变压器

5.1 电感器

5.1.1 外形与符号

　　将导线在绝缘支架上绕制一定的匝数（圈数）就构成了电感器。常见的电感器的实物外形如图 5-1（a）所示，根据绕制的支架不同，电感器可分为空芯电感器（无支架）、磁芯电感器（磁性材料支架）和铁芯电感器（硅钢片支架），电感器的电路符号如图 5-1（b）所示。

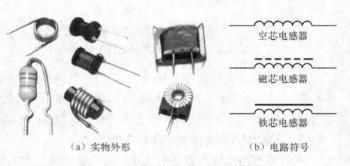

（a）实物外形　　　　　（b）电路符号

空芯电感器

磁芯电感器

铁芯电感器

图 5-1　电感器实物外形和电路符号

5.1.2 主要参数与标注方法

1. 主要参数

电感器的主要参数有电感量、误差、品质因数和额定电流等。

（1）电感量

　　电感器由线圈组成，当电感器通过电流时就会产生磁场，电流越大，产生的磁场越强，穿过电感器的磁场（又称为磁通量 φ）就越大。实验证明，通过电感器的磁通量 φ 和通入的电流 I 成正比关系。磁通量 φ 与电流的比值称为自感系数，又称电感量 L，用公式表示为

$$L = \frac{\varphi}{I}$$

　　电感量的基本单位为亨利（简称亨），用字母"H"表示，此外还有毫亨（mH）和微亨（μH），它们之间的关系是：

$$1H = 10^3 mH = 10^6 \mu H$$

　　电感器的电感量大小主要与线圈的匝数（圈数）、绕制方式和磁芯材料等有关。线圈匝数越多、绕制的线圈越密集，电感量就越大；有磁芯的电感器比无磁芯的电感量大；电感器的磁芯磁导率越高，电感量也就越大。

（2）误差

误差是指电感器上标称电感量与实际电感量的差距。对于精度要求高的电路，电感器的允许误差范围通常为 ±0.2% ~ ±0.5%，一般的电路可采用误差为 ±10% ~ ±15% 的电感器。

（3）品质因数（Q 值）

品质因数也称 Q 值，是衡量电感器质量的主要参数。品质因数是指当电感器两端加某一频率的交流电压时，其感抗 X_L（$X_L=2\pi fL$）与直流电阻 R 的比值。用公式表示为

$$Q = \frac{X_L}{R}$$

从上式可以看出，感抗越大或直流电阻越小，品质因数就越大。电感器对交流信号的阻碍称为感抗，其单位为欧姆。电感器的感抗大小与电感量有关，电感量越大，感抗越大。

提高品质因数既可通过提高电感器的电感量来实现，也可通过减小电感器线圈的直流电阻来实现。例如，粗线圈绕制而成的电感器，直流电阻较小，其 Q 值高；有磁芯的电感器较空芯电感器的电感量大，其 Q 值也高。

（4）额定电流

额定电流是指电感器在正常工作时允许通过的最大电流值。电感器在使用时，流过的电流不能超过额定电流，否则电感器就会因发热而使性能参数发生改变，甚至会因过流而烧坏。

2. 参数标注方法

电感器的参数标注方法见表 5-1。

表 5-1　电感器的参数标注方法

标注方法	说明	例图
直标法	电感器采用直标法标注时，一般会在外壳上标注电感量、误差和额定电流值。 右图列出了几个采用直标法标注的电感器。在标注电感量时，通常会将电感量值及单位直接标出。在标注误差时，分别用 I、II、III 表示 ±5%、±10%、±20%。在标注额定电流时，用 A、B、C、D、E 分别表示 50mA、150mA、300mA、0.7A 和 1.6A。	C II 330μH 电感量 330μH　误差±10% 额定电流 300mA A I 10μH 电感量 10μH　误差±5% 额定电流 50mA 3.2mH D II 电感量 3.3mH　误差±10% 额定电流 0.7A
色标法	色标法是采用色点或色环标在电感器上来表示电感量和误差的方法。色码电感器采用色标法标注，其电感量和误差标注方法同色环电阻器。色码电感器的各种颜色含义及代表的数值与色环电阻器相同。色码电感器颜色的排列顺序方法也与色环电阻器相同。色码电感器与色环电阻器识读的不同之处仅在于单位，色码电感器单位为 μH。 色码电感器的识别如右图所示，图中的色码电感器上标注"红棕黑银"表示电感量为 21μH，误差为 ±10%。	第一环 红色（代表"2"） 第二环 棕色（代表"1"） 第三环 黑色（代表"10⁰=1"） 第四环 银色（±10%） 电感量为 20×1μH（$1\pm 10\%$）=21μH（90% ~ 110%）

5.1.3　电感器"通直阻交"与感抗说明

电感器具有"通直阻交"的性质。电感器的"通直阻交"是指电感器对通过的直流信号阻碍很小，直流信号可以很容易通过电感器，而交流信号通过时会受到较大的阻碍。

电感器对通过的交流信号有较大的阻碍，这种阻碍称为感抗，感抗用 X_L 表示，感抗的单位是欧姆（Ω）。电感器的感抗大小与自身的电感量和交流信号的频率有关，感抗大小可以用以下公式计算：

$$X_L = 2\pi f L$$

X_L 表示感抗，单位为 Ω；f 表示交流信号的频率，单位为 Hz；L 表示电感器的电感量，单位为 H。

由上式可以看出，交流信号的频率越高，电感器对交流信号的感抗越大；电感器的电感量越大，对交流信号的感抗也越大。

例如：在图 5-2 所示的电路中，交流信号的频率为 50Hz，电感器的电感量为 200mH，那么电感器对交流信号的感抗就为：

$$X_L = 2\pi f L = 2 \times 3.14 \times 50 \times 200 \times 10^{-3} = 62.8 \text{（Ω）}$$

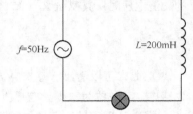

图 5-2　感抗计算例图

5.1.4　电感器"阻碍变化的电流"说明

电感器具有"阻碍变化的电流"的性质，当变化的电流流过电感器时，电感器会产生自感电动势来阻碍变化的电流。电感器"阻碍变化的电流"的性质说明如图 5-3 所示。

在图 5-3（a）中，当开关 S 闭合时，会发现灯泡不是马上亮起来，而是慢慢变亮。这是因为当开关闭合后，有电流流过电感器，这是一个增大的电流（从无到有），电感器马上产生自感电动势来阻碍电流增大，其极性是 A 正 B 负，该电动势使 A 点电位上升，电流从 A 点流入较困难，也就是说电感器产生的这种电动势对电流有阻碍作用。由于电感器产生 A 正 B 负自感电动势的阻碍，流过电感器的电流不能一下子增大，而是慢慢增大，所以灯泡慢慢变亮，当电流不再增大（即电流大小恒定）时，电感器上的电动势消失，灯泡亮度不再变化。

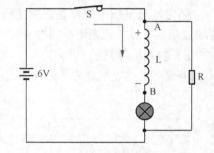

（a）开关闭合，灯泡慢慢变亮

如果将开关 S 断开，如图 5-3（b）所示，会发现灯泡不是马上熄灭，而是慢慢变暗。这是因为当开关断开后，流过电感器的电流突然变为 0，也就是说流过电感器的电流突然变小（从有到无），电感器马上产生 A 负 B 正的自感电动势，由于电感器、灯泡和电阻器 R 连接成闭合回路，电感器的自感电动势会产生电流流过灯泡，电流方向是：电感器 B 正→灯泡→电阻器 R→电感器 A 负，开关断开后，该电流维持灯泡继续发光，随着电感器上的电动势逐渐降低，流过灯泡的电流慢慢减小，灯泡也就慢慢变暗。

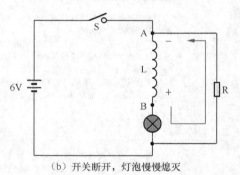

（b）开关断开，灯泡慢慢熄灭

图 5-3　电感器"阻碍变化的电流"
的性质说明

从上面的电路分析可知，只要流过电感器的电流发生变化（不管是增大还是减小），电感器都会产生自感电动势，电动势的方向总是阻碍电流的变化。

电感器"阻碍变化的电流"的性质非常重要，在以后的电路分析中经常要用到该性质。为了让大家能更透彻地理解电感器这个性质，再来看图 5-4 中的两个例子。

在图 5-4（a）中，流过电感器的电流是逐渐增大的，电感器会产生 A 正 B 负的电动势阻碍电流增大（可理解为 A 点为正，A 点电位升高，电流通过较困难）；在图 5-4（b）中，流过电感器的电流是逐渐减小的，电感器会产生 A 负 B 正的电动势阻碍电流减小（可理解为 A 点为负时，A 点电位低，吸引电流流过来，阻碍它减小）。

电感器产生的自感电动势大小与电感量及流过的电流变化有关，电流变化率（$\Delta I/\Delta t$）越大，产生的电动势越高，如果流过电感器的电流恒定不变，电感器就不会产生自感电动势，在电流变化率一定时，电感量越大，产生的电动势越高。

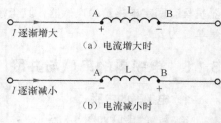

（a）电流增大时

（b）电流减小时

图 5-4　电感器性质解释图

5.1.5　电感器的种类

电感器的种类较多，下面主要介绍几种典型的电感器。

1. 可调电感器

可调电感器是指电感量可以调节的电感器。可调电感器的电路符号和实物外形如图 5-5 所示。可调电感器是通过调节磁芯在线圈中的位置来改变电感量，磁芯进入线圈内部越多，电感器的电感量越大。如果电感器没有磁芯，可以通过减少或增多线圈的匝数来降低或提高电感器的电感量，另外，改变线圈之间的疏密程度也能调节电感量。

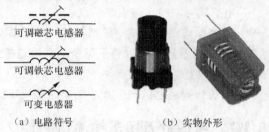

可调磁芯电感器

可调铁芯电感器

可变电感器

（a）电路符号　　　　（b）实物外形

图 5-5　可调电感器的电路符号和实物外形

2. 高频扼流圈

高频扼流圈又称高频阻流圈，它是一种电感量很小的电感器，常用在高频电路中，其电路符号如图 5-6（a）所示。

高频扼流圈又分为空芯和磁芯，空芯高频扼流圈多用较粗铜线或镀银铜线绕制而成，可以通过改变匝数或匝距来改变电感量；磁芯高频扼流圈用铜线在磁芯材料上绕制一定的匝数构成，其电感量可以通过调节磁芯在线圈中的位置来改变。

高频扼流圈在电路中的作用是"阻高频，通低频"。如图 5-6(b)所示，当高频扼流圈输入高、低频信号和直流信号时，高频信号不能通过，只有低频和直流信号能通过。

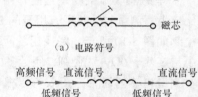

空芯

磁芯

（a）电路符号

（b）高频扼流圈在电路中的应用

图 5-6　高频扼流圈

3. 低频扼流圈

低频扼流圈又称低频阻流圈，是一种电感量很大的电感器，常用在低频电路（如音频电路和电源滤波电路）中，其电路符号如图 5-7（a）所示。

低频扼流圈是用较细的漆包线在铁芯（硅钢片）或铜芯上绕制很多匝数制成的。低频扼流圈在电路中的作用是"通直流，阻低频"。如图 5-7（b）所示，当低频扼流圈输入高、低频和直流信号时，高、低频信号均不能通过，只有直流信号才能通过。

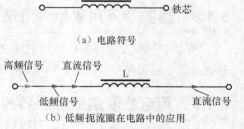

铁芯

（a）电路符号

（b）低频扼流圈在电路中的应用

图 5-7　低频扼流圈

4. 色码电感器

色码电感器是一种高频电感线圈，它是在磁芯上绕上一定匝数的漆包线，再用环氧树脂或塑料封装而制成的。色码电感器的工作频率范围一般为 10kHz ～ 200MHz，电感量在 0.1 ～ 3300μH 范围内。色码电感器是具有固定电感量的电感器，其电感量标注与识读方法与色环电阻器相同，但色码电感器的电感量单位为 μH。

5.1.6　电感器的串联与并联

1. 电感器的串联

电感器的串联如图 5-8 所示。

电感器串联时具有以下特点。

① 流过每个电感器的电流大小都相等。

② 总电感量等于每个电感器电感量之和，即 $L=L_1+L_2$。

③ 电感器两端电压大小与电感量成正比，即 $U_1/U_2=L_1/L_2$。

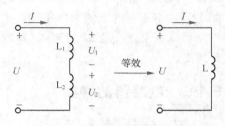

图 5-8　电感器的串联

2. 电感器的并联

电感器的并联如图 5-9 所示。

电感器并联时具有以下特点。

① 每个电感器两端电压都相等。

② 总电感量的倒数等于每个电感器电感量倒数之和，即 $1/L=1/L_1+1/L_2$。

③ 流过电感器的电流大小与电感量成反比，即 $I_1/I_2=L_2/L_1$。

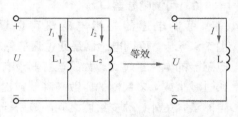

图 5-9　电感器的并联

5.1.7　用指针万用表检测电感器

电感器的电感量和 Q 值一般用专门的电感测量仪和 Q 表来测量，一些功能齐全的万用表也具有电感量测量功能。电感器常见的故障有开路和线圈匝间短路。

电感器实际上就是线圈，由于线圈的电阻一般比较小，测量时一般用万用表的 R×1 挡，电感器的检测如图 5-10 所示。线径粗、匝数少的电感器电阻小，接近于 0Ω，线径细、匝数多的电感器阻值较大。在测量电感器时，万用表可以很容易检测出是否开路（开路时测出的电阻为无穷大），但很难判断它是否匝间短路，因为电感器匝间短路时电阻减小很少，解决方法是：当怀疑电感器匝间有短路，万用表又无法检测出来时，可更换新的同型号电感器，故障排除则说明原电感器已损坏。

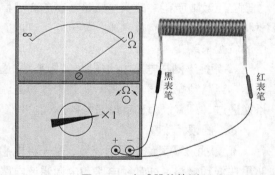

图 5-10　电感器的检测

5.1.8　用数字万用表检测电感器的通断

用数字万用表检测电感器的通断如图 5-11 所示，测得电感器的电阻值为 0.4Ω，电感器正常，若测量显示溢出符号 "OL"，则电感器开路。

5.1.9　用电感表测量电感器的电感量

测量电感器的电感量可使用电感表，也可以使用具有电感量测量功能的数字万用表。图 5-12 所示是用电感电容两用表测量电感器的电感量，测量时选择 2mH 挡，红、黑表笔接电感器的两个引脚，显示屏显示电感量为 0.343mH，即 343μH。

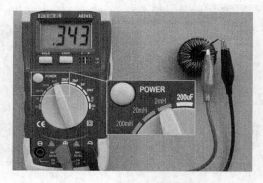

① 挡位开关选择200Ω挡。
② 红、黑表笔分别接电感器的两个引脚。
③ 查看显示屏，当前显示电感器的电阻值为 0.4Ω。
若显示溢出符号 "OL"，则为电感器开路或电阻值大于当前量程 200Ω，可换更高挡位测量。

图 5-11　用数字万用表测量电感器的通断　　　图 5-12　用电感电容表测量电感器的电感量

5.1.10　电感器的选用

5-1：电感器的检测

在选用电感器时，要注意以下几点。

（1）选用电感器的电感量必须与电路要求一致，额定电流选大一些不会影响电路。

（2）选用电感器的工作频率要适合电路。低频电路一般选用硅钢片铁芯或铁氧体磁芯的电感器，而高频电路一般选用高频铁氧体磁芯或空芯的电感器。

（3）对于不同的电路，应该选用相应性能的电感器，在检修电路时，如果遇到损坏的电感器，并且该电感器功能比较特殊，通常需要用同型号的电感器更换。

（4）在更换电感器时，不能随意改变电感器的线圈匝数、间距和形状等，以免电感器的电感量发生变化。

（5）对于可调电感器，为了让它在电路中达到较好的效果，可将电感器接在电路中进行调节。调节时可借助专门的仪器，也可以根据实际情况凭直觉调节，如调节电视机中与图像处理有关的电感器时，可一边调节电感器磁芯，一般观察画面质量，质量最佳时调节就最准确。

（6）对于色码电感器或小型固定电感器时，当电感量相同、额定电流相同时，一般可以代换。

（7）对于有屏蔽罩的电感器，在使用时需要将屏蔽罩与电路地连接，以提高电感器的抗干扰性。

5.2　变压器

5.2.1　外形与符号

变压器可以改变交流电压或交流电流的大小。常见变压器的实物外形及电路符号如图 5-13 所示。

（a）实物外形　　　　　　　　　　（b）电路符号

图 5-13　变压器的实物外形和电路符号

5.2.2 结构原理

1. 结构

两组相距很近、又相互绝缘的线圈就构成了变压器。变压器的结构如图 5-14 所示。

变压器主要是由绕组和铁芯组成的。绕组通常是由漆包线（在表面涂有绝缘层的导线）或纱包线绕制而成的，与输入信号连接的绕组称为一次绕组（或称为初级线圈），输出信号的绕组称为二次绕组（或称为次级线圈）。

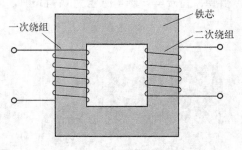

图 5-14 变压器的结构

2. 工作原理

变压器是利用电 - 磁和磁 - 电转换原理工作的。下面以图 5-15 所示的电路为例来说明变压器的工作原理。

当交流电压 U_1 送到变压器的一次绕组 L_1 两端时（L_1 的匝数为 N_1），有交流电流 I_1 流过 L_1，L_1 马上产生磁场，磁场的磁感线沿着导磁良好的铁芯穿过二次绕组 L_2（其匝数为 N_2），有磁感线穿过 L_2，L_2 上马上产生感应电动势，此时 L_2 相当一个电源，由于 L_2 与电阻 R 连接成闭合电路，L_2 就有交流电流 I_2 输出并流过电阻 R，R 两端的电压为 U_2。

变压器的一次绕组进行电 - 磁转换，而二次绕组进行磁 - 电转换。

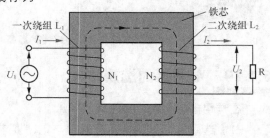

（a）结构图形式

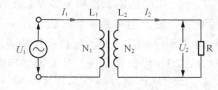

（b）电路图形式

图 5-15 变压器工作原理说明图

5.2.3 变压器"变压"和"变流"说明

变压器可以改变交流电压的大小，也可以改变交流电流的大小。

1. 改变交流电压

变压器既可以升高交流电压，也能降低交流电压。在忽略电能损耗的情况下，变压器一次电压 U_1、二次电压 U_2 与一次绕组匝数 N_1、二次绕组匝数 N_2 的关系为：

$$\frac{U_1}{U_2} = \frac{N_1}{N_2} = n$$

n 称为匝数比或电压比，由上面的式子可知如下几点。

① 当二次绕组匝数 N_2 多于一次绕组的匝数 N_1 时，二次电压 U_2 就会高于一次电压 U_1。当 $n = \frac{N_1}{N_2}$ 小于 1 时，变压器可以提升交流电压，故电压比 n 小于 1 的变压器称为升压变压器。

② 当二次绕组匝数 N_2 少于一次绕组的匝数 N_1 时，变压器能降低交流电压，故 $n>1$ 的变压器称为降压变压器。

③ 当二次绕组匝数 N_2 与一次绕组的匝数 N_1 相等时，变压器不会改变交流电压的大小，即一次电压 U_1 与二次电压 U_2 相等。这种变压器虽然不能改变电压大小，但能对一次、二次电路进行电气隔离，故 $n=1$ 的变压器常用作隔离变压器。

2. 改变交流电流

变压器不但能改变交流电压的大小，还能改变交流电流的大小。由于变压器对电能损耗很少，可忽略不计，故变压器的输入功率 P_1 与输出功率 P_2 相等，即：

$$P_1 = P_2$$
$$U_1 \cdot I_1 = U_2 \cdot I_2$$
$$\frac{U_1}{U_2} = \frac{I_2}{I_1}$$

从上面式子可知，变压器的一次、二次电压与一、二次电流成反比，若提升了二次电压，就会使二次电流减小，降低二次电压，二次电流会增大。

综上所述，对于变压器来说，匝数越多的线圈两端电压越高，流过的电流越小。例如，某个电源变压器上标注"输入电压 220V，输出电压 6V"，那么该变压器的一、二次绕组匝数比 $n = 220/6 = 110/3 \approx 37$，当将该变压器接在电路中时，二次绕组流出的电流是一次绕组流入电流的 37 倍。

5.2.4 变压器阻抗变换功能说明

1. 阻抗变换原理

根据最大功率传输定理可知：负载要从信号源获得最大功率的条件是负载的电阻（阻抗）与信号源的内阻相等。负载的电阻与信号源的内阻相等又称两者阻抗匹配。但很多电路的负载阻抗与信号源的内阻并不相等，这种情况下可采用变压器进行阻抗变换，同样可实现最大功率传输。下面以图 5-16 所示的电路为例来说明变压器的阻抗变换原理。

在图 5-16（a）中，要负载从信号源中获得最大功率，需让负载的阻抗 Z 与信号源内阻 R_0 相等，即 $Z = R_0$，这里的负载可以是一个元件，也可以是一个电路，它的阻抗可以用 $Z = \dfrac{U_1}{I_1}$ 表示。现假

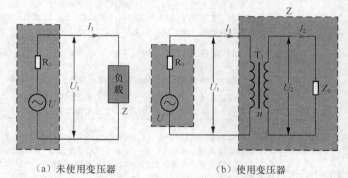

(a) 未使用变压器　　　　(b) 使用变压器

图 5-16　变压器的阻抗变换原理说明图

设负载是图 5-16（b）虚线框内由变压器和电阻组成的电路，该负载的阻抗 $Z = \dfrac{U_1}{I_1}$，变压器的匝数

比为 n，电阻的阻抗为 Z_L，根据变压器改变电压的规律 $\left(\dfrac{U_1}{U_2} = \dfrac{I_2}{I_1} = n \right)$ 可得到下式，即

$$Z = \frac{U_1}{I_1} = \frac{nU_2}{\frac{1}{n}I_2} = n^2 \frac{U_2}{I_2} = n^2 Z_L$$

从上式可以看出，变压器与电阻组成电路的总阻抗 Z 是电阻阻抗 Z_L 的 n^2 倍，即 $Z = n^2 Z_L$。如果让总阻抗 Z 等于信号源的内阻 R_0，变压器和电阻组成的电路就能从信号源获得最大功率，又因为变压器不消耗功率，所以功率全传送给真正负载（电阻），达到功率最大程度传送目的。由此可以看出：通过变压器的阻抗变换作用，真正负载的阻抗不需与信号源内阻相等，同样能实现功率的最

大传输。

2．变压器阻抗变换的应用举例

如图 5-17 所示，音频信号源内阻 R_0=72Ω，而扬声器的阻抗 Z_L=8Ω，如果将两者按图 5-17（a）的方法直接连接起来，扬声器将无法获得最大功率。这时可使用变压器进行阻抗变换来让扬声器获得最大功率，如图 5-17（b）所示，至于选择匝数比 n 为多少变压器，可用 R_0=n^2Z_L 计算，结果可得到 n=3。也就是说，只要在音频信号源和扬声器之间接一个匝数比 n=3 的变压器，扬声器就可以从音频信号源获得最大功率的音频信号，从而发出最大的声音。

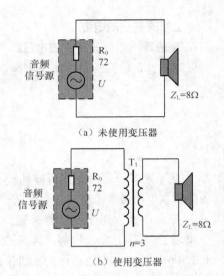

（a）未使用变压器

（b）使用变压器

图 5-17　变压器阻抗变换应用举例

5.2.5　特殊绕组变压器

前面介绍的变压器一、二次绕组分别只有一组绕组，实际应用中经常会遇到其他一些形式绕组的变压器，见表 5-2。

表 5-2　特殊绕组变压器

绕组类型	说明	例图
多绕组变压器	多绕组变压器的一、二次绕组由多个绕组组成，右图是一种典型的多个绕组的变压器，如果将 L_1 作为一次绕组，那么 L_2、L_3、L_4 都是二次绕组，L_1 绕组上的电压与其他绕组的电压关系都满足 $\frac{U_1}{U_2}=\frac{N_1}{N_2}$。 　　例如，$N_1$=1000、$N_2$=200、$N_3$=50、$N_4$=10，当 U_1=220V 时，U_2、U_3、U_4 电压分别是 44V、11V 和 2.2V。 　　对于多绕组变压器，各绕组的电流不能按 $\frac{U_1}{U_2}=\frac{I_2}{I_1}$ 来计算，而遵循 P_1=P_2+P_3+P_4，即 U_1I_1=U_2I_2+U_3I_3+U_4I_4，当某个二次绕组接的负载电阻很小时，该绕组流出的电流会很大，其输出功率就增大，其他二次绕组输出电流就会减小，功率也相应减小。	
多抽头变压器	多抽头变压器的一、二次绕组由两个绕组构成，除了本身具有 4 个引出线外，还在绕组内部接出抽头，将一个绕组分成多个绕组。右图是一种多抽头变压器。从图中可以看出，多抽头变压器由抽头分出的各绕组之间电气上是连通的，并且两个绕组之间共用一个引出线，而多绕组变压器各个绕组之间电气上是隔离的。如果将输入电压加到匝数为 N_1 的绕组两端，该绕组称为一次绕组，其他绕组就都是二次绕组，各绕组之间的电压关系都满足 $\frac{U_1}{U_2}=\frac{N_1}{N_2}$。	
单绕组变压器	单绕组变压器又称自耦变压器，它只有一个绕组，通过在绕组中引出抽头而产生一、二次绕组。单绕组变压器如右图所示。如果将输入电压 U_1 加到整个绕组上，那么整个绕组就为一次绕组，其匝数为（N_1+N_2），匝数为 N_2 的绕组为二次绕组，U_1、U_2 电压关系满足 $\frac{U_1}{U_2}=\frac{N_1+N_2}{N_2}$。	

5.2.6　变压器的种类

变压器的种类较多，可以根据铁芯、用途及工作频率等进行分类。

1．按铁芯种类分类

变压器按铁芯种类不同，可分为空芯变压器、磁芯变压器和铁芯变压器，它们的电路符号如图 5-18 所示。

空芯变压器是指一、二次绕组没有绕制支架的变压器。磁芯变压器是指一、二次绕组绕在磁芯（如铁氧体材料）上构成的变压器。铁芯变压器是指一、二次绕组绕在铁芯（如硅钢片）上构成的变压器。

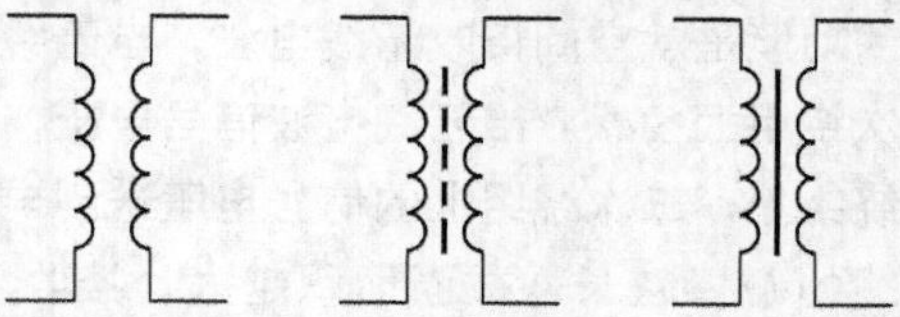

空芯变压器　　磁芯变压器　　铁芯变压器

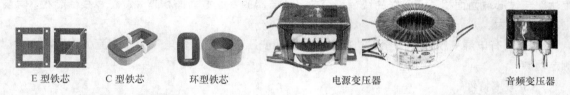

图 5-18　三种变压器的电路符号

2. 按用途分类

变压器按用途不同，可分为电源变压器、音频变压器、脉冲变压器、恒压变压器、自耦变压器和隔离变压器等。

3. 按工作频率分类

变压器按工作频率不同，可分为低频变压器、中频变压器和高频变压器。

（1）低频变压器

低频变压器是指用在低频电路中的变压器。低频变压器铁芯一般采用硅钢片，常见的铁芯形状有 E 型、C 型和环型，如图 5-19 所示。

E 型铁芯优点是成本低，缺点是磁路中的气隙较大，效率较低，工作时电噪声较大。C 型铁芯是由两块形状相同的 C 型铁芯组合而成，与 E 型铁芯相比，其磁路中气隙较小，性能有所提高。环型铁芯由冷轧硅钢带卷绕而成，磁路中无气隙，漏磁极小，工作时电噪声较小。

常见的低频变压器有电源变压器和音频变压器，如图 5-20 所示。

E 型铁芯　　C 型铁芯　　环型铁芯

图 5-19　常见的变压器铁芯

电源变压器　　音频变压器

图 5-20　常见的低频变压器

电源变压器的功能是提升或降低电源电压。其中降低电压的降压变压器最为常见，一些手机充电器、小型录音机的外置电源内部都采用降压电源变压器，这种变压器一次绕组匝数多，接 220V 交流电压，而二次绕组匝数少，输出较低的交流电压。在一些优质的功放机中，常采用环形电源变压器。

音频变压器用在音频信号电路中起阻抗变换作用，可让前级电路的音频信号能最大程度传送到后级电路。

（2）中频变压器

中频变压器是指用在中频电路中的变压器。无线电设备采用的中频变压器又称中周，中周是将一、二次绕组绕在尼龙支架（内部装有磁芯）上，并用金属屏蔽罩封装起来而构成的。中周的外形、结构与电路符号如图 5-21 所示。

中周常用在收音机和电视机等无线电设备中，主要用来选频（即从众多频率的信号中选出需要频率的信号），调节磁芯在绕组中的位置可以改变一、二次绕组的电感量，就能选取不同频率的信号。

外形　　结构　　电路符号

图 5-21　中周（中频变压器）

（3）高频变压器

高频变压器是指用在高频电路中的变压器。高频变压器一般采用磁芯或空芯，其中采用磁芯的更为多见。最常见的高频变压器就是收音机的磁性天线，其外形和电路符号如图 5-22 所示。

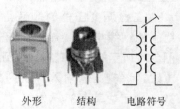

磁性天线的一、二次绕组都绕在磁棒上，一次绕组匝数很多，二次绕组匝数很少。磁性天线的功能是从空间接收无线电波，当无线电波穿过磁棒时，一次绕组上会感应出无线电波信号电压，该电压再感应到二次绕组上，二次绕组上的信号电压送到电路进行处理。磁性天线的磁棒越长，截面面积越大，接收下来的无线电波信号越强。

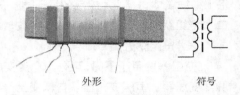

外形　　　　　　　符号

图 5-22　磁性天线（高频变压器）

5.2.7　主要参数

变压器的主要参数有电压比、额定功率、频率特性和效率等。

（1）电压比

变压器的电压比是指一次绕组电压 U_1 与二次绕组电压 U_2 之比，它等于一次绕组匝数 N_1 与二次绕组 N_2 的匝数比，即 $n = \dfrac{U_1}{U_2} = \dfrac{N_1}{N_2}$。

降压变压器的电压比 $n>1$，升压变压器的电压比 $n<1$，隔离变压器的电压比 $n=1$。

（2）额定功率

额定功率是指在规定工作频率和电压下，变压器能长期正常工作时的输出功率。变压器的额定功率与铁芯截面面积、漆包线的线径等有关，变压器的铁心截面面积越大、漆包线径越粗，其输出功率就越大。

一般只有电源变压器才有额定功率参数，其他变压器由于工作电压低、电流小，通常不考虑额定功率。

（3）频率特性

频率特性是指变压器有一定的工作频率范围。不同工作频率范围的变压器，一般不能互换使用，如不能用低频变压器代替高频变压器。当变压器在其频率范围外工作时，会出现温度升高或不能正常工作等现象。

（4）效率

效率是指在变压器接额定负载时，输出功率 P_2 与输入功率 P_1 的比值。变压器效率可用下面的公式计算：

$$\eta = \frac{P_2}{P_1} \times 100\%$$

η 值越大，表明变压器损耗越小，效率越高，变压器的效率值一般为 60% ~ 100%。

5.2.8　用指针万用表检测变压器

在检测变压器时，通常要测量各绕组的电阻、绕组间的绝缘电阻、绕组与铁芯之间的绝缘电阻。下面以图 5-23 所示的电源变压器为例来说明变压器的检测方法。（注：该变压器输入电压为 220V、输出电压为 3V-0V-3V、额定功率为 3V·A）。

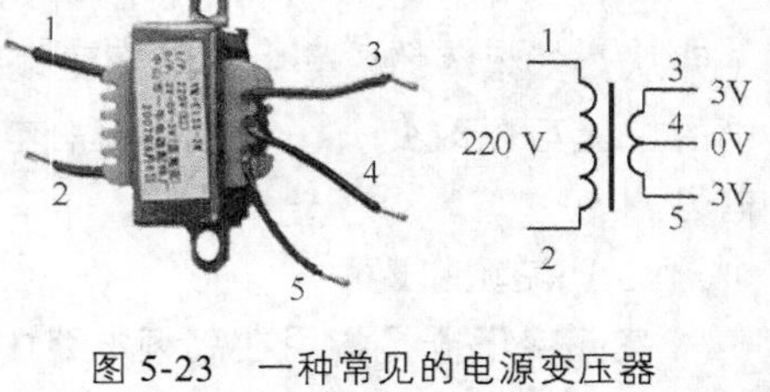

变压器的检测步骤如下。

第一步：测量各绕组的电阻。

图 5-23　一种常见的电源变压器

万用表拨至 R×100Ω 挡，红、黑表笔分别接变压器的 1、2 端，测量一次绕组的电阻，如图 5-24（a）

所示,然后在刻度盘上读出阻值大小。图 5-24(a)中显示的是一次绕组的正常阻值,为 1.7kΩ。

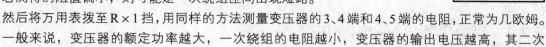

若测得的阻值为 ∞,说明一次绕组开路。

若测得的阻值为 0,说明一次绕组短路。

若测得的阻值偏小,则可能是一次绕组匝间出现短路。

然后将万用表拨至 R×1 挡,用同样的方法测量变压器的 3、4 端和 4、5 端的电阻,正常为几欧姆。

一般来说,变压器的额定功率越大,一次绕组的电阻越小,变压器的输出电压越高,其二次绕组电阻越大(因匝数多)。

第二步:测量绕组间绝缘电阻。

万用表拨至 R×10k 挡,红、黑表笔分别接变压器一、二次绕组的一端,如图 5-24(b)所示,然后在刻度盘上读出阻值大小。图 5-24(b)中显示的是阻值为无穷大,说明一、二次绕组间绝缘良好。

若测得的阻值小于无穷大,说明一、二次绕组间存在短路或漏电。

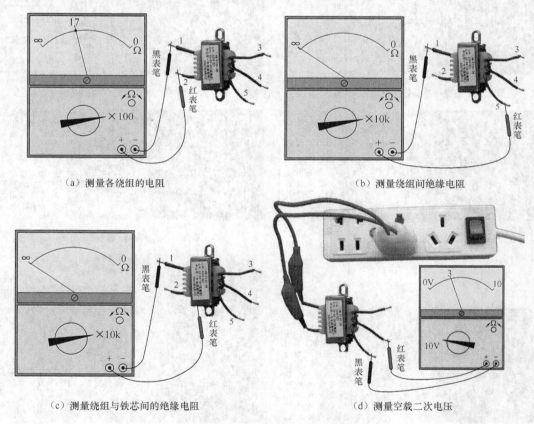

(a)测量各绕组的电阻

(b)测量绕组间绝缘电阻

(c)测量绕组与铁芯间的绝缘电阻

(d)测量空载二次电压

图 5-24 变压器的检测

第三步:测量绕组与铁芯间的绝缘电阻。

万用表拨至 R×10k 挡,红表笔接变压器铁芯或金属外壳、黑表笔接一次绕组的一端,如图 5-24(c)所示,然后在刻度盘上读出阻值大小。图 5-24(c)中显示的是阻值为无穷大,说明绕组与铁芯间绝缘良好。

若测得的阻值小于无穷大,说明一次绕组与铁芯间存在短路或漏电。

再用同样的方法测量二次绕组与铁芯间的绝缘电阻。

对于电源变压器，一般还要按图 5-24（d）所示方法测量其空载二次电压。先给变压器的一次绕组接 220V 交流电压，然后用万用表的 10V 交流挡测量二次绕组某两端的电压，测出的电压值应与变压器标称二次绕组电压相同或相近，允许有 5% ~ 10% 的误差。若二次绕组所有接线端间的电压都偏高，则一次绕组局部有短路。若二次绕组某两端电压偏低，则该两端间的绕组有短路。

5.2.9   用数字万用表检测变压器

用数字万用表检测变压器的方法如图 5-25 所示，测量内容有变压器一、二次绕组的电阻，一、二次绕组间的绝缘电阻，绕组与金属外壳间的绝缘电阻和二次绕组的输出电压。

① 挡位开关选择 20kΩ 挡。
② 红、黑表笔分别接变压器一次绕组的两个接线端。
③ 显示屏显示一次绕组的电阻值为 1.78kΩ。

（a）测量一次绕组的电阻

④ 挡位开关选择 200Ω 挡。
⑤ 红、黑表笔分别接二次半边绕组的两个接线端。
⑥ 显示屏显示二次半边绕组的电阻值为 1.5Ω。

（b）测量二次半边绕组的电阻

⑦ 红、黑表笔分别接变压器二次全部绕组的两个接线端。
⑧ 显示屏显示二次全部绕组的电阻值为 2.8Ω。

（c）测量二次全部绕组的电阻

⑨ 挡位开关选择 20MΩ 挡。
⑩ 红、黑表笔分别接一、二次绕组的一个接线端。
⑪ 显示屏显示一、二次绕组间的绝缘电阻大于 20MΩ（OL），正常。

（d）测量一、二次绕组间的绝缘电阻

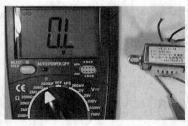

⑫ 挡位开关选择 20MΩ 挡。
⑬ 红表笔接一次绕组的接线端，黑表笔接变压器金属外壳。
⑭ 显示屏显示一次绕组与金属外壳的绝缘电阻大于 20MΩ（OL 表示超出当前量程），正常。

（e）测量一次绕组与金属外壳间的绝缘电阻

⑮ 挡位开关选择 20V 挡。
⑯ 红、黑表笔接变压器二次半边绕组的两个接线端。
⑰ 给一次绕组两个接线端接上 220V 交流电压。
⑱ 显示屏显示二次半边绕组的输出电压为 4.6V，正常。
⑲ 将红、黑表笔分别接变压器二次全部绕组的两个接线端，正常测得的电压应在 9V 左右。

（f）测量二次半边绕组的输出电压

图 5-25   用数字万用表检测变压器的方法

5.2.10   变压器的选用

1. 电源变压器的选用

选用电源变压器时，输入、输出电压要符合电路的需要，额定功率应大于电路所需的功率。电源变压器选用举例如图 5-26 所示。

图 5-26 所示的电路需要 6V 交流电压供电、最大输入电流为 0.4A，为了满足该电路的要求，可选用输入电压为 220V、输出电压为 6V、功率为 3V·A（3V·A>6V×0.4A）的电源变压器。

对于一般电源电路，可选用 E 型铁芯的电源变压器，若是高保真音频功率放大器的电源电路，则应选用 "C" 型或环型铁芯的变压器。对于输出电压、输出功率相同且都是铁芯材料的电源变压器，通常可以直接互换。

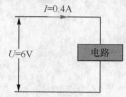

图 5-26　电源变压器选用举例

2．其他类型的变压器

虽然变压器的基本工作原理相同，但由于铁芯材料、绕组形式和引脚排列等不同，造成变压器种类繁多。在设计制作电路时，选用变压器时要根据电路的需要，从结构、电压比、频率特性、工作电压和额定功率等方面考虑。在检修电路中，最好用同型号的变压器代换已损坏的变压器，若无法找到同型号，尽量找到参数相似的变压器进行代换。

5.2.11　变压器的型号命名方法

国产变压器型号命名由三部分组成。

第一部分：用字母表示变压器的主称。

第二部分：用数字表示变压器的额定功率。

第三部分：用数字表示序号。

变压器的型号命名及含义见表 5-3。

表 5-3　变压器的型号命名及含义

第一部分：主称		第二部分：额定功率	第三部分：序号
字母	含义		
CB	音频输出变压器	用数字表示变压器的额定功率	用数字表示产品的序号
DB	电源变压器		
GB	高压变压器		
HB	灯丝变压器		
RB 或 JB	音频输入变压器		
SB 或 ZB	扩音机用定阻式音频输送变压器（线间变压器）		
SB 或 EB	扩音机用定压或自耦式音频输送变压器		
KB	开关变压器		

例如，DB-60-2 表示 60V·A 电源变压器。

第 6 章

二极管

6.1 半导体与二极管

6.1.1 半导体

导电性能介于导体与绝缘体之间的材料称为半导体。常见的半导体材料有硅、锗和硒等。利用半导体材料可以制作各种各样的半导体元器件，如二极管、三极管、场效应管和晶闸管等都是由半导体材料制作而成的。

1. 半导体的特性

半导体的主要特性如下。

① **掺杂性**。当往纯净的半导体中掺入少量某些物质时，半导体的导电性就会大大增强。二极管、三极管就是用掺入杂质的半导体制成的。

② **热敏性**。当温度上升时，半导体的导电能力会增强，利用该特性可以将某些半导体制成热敏器件。

③ **光敏性**。当有光线照射半导体时，半导体的导电能力也会显著增强，利用该特性可以将某些半导体制成光敏器件。

2．半导体的类型

半导体主要有三种类型：本征半导体、N 型半导体和 P 型半导体。

① 本征半导体。纯净的半导体称为本征半导体，它的导电能力是很弱的，在纯净的半导体中掺入杂质后，导电能力会大大增强。

② N 型半导体。在纯净半导体中掺入五价杂质（原子核最外层有 5 个电子的物质，如磷、砷和锑等）后，半导体中会有大量带负电荷的电子（因为半导体原子核最外层一般只有 4 个电子，所以可理解为当掺入五价元素后，半导体中的电子数偏多)，这种电子偏多的半导体叫作"N 型半导体"。

③ P 型半导体。在纯净半导体中掺入三价杂质（如硼、铝和镓）后，半导体中电子偏少，有大量的空穴（可以看作正电荷）产生，这种空穴偏多的半导体叫作 "P 型半导体"。

6.1.2 二极管的结构和符号

1. 构成

当 P 型半导体（含有大量的正电荷）和 N 型半导体（含有大量的电子）结合在一起时，P 型半导体中的正电荷向 N 型半导体中扩散，N 型半导体中的电子向 P 型半导体中扩散，于是在 P 型半导体和 N 型半导体中间就形成一个特殊的薄层，这个薄层称之为 PN 结，该过程如图 6-1 所示。

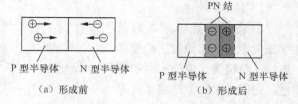

图 6-1　PN 结的形成

　　从含有 PN 结的 P 型半导体和 N 型半导体两端各引出一个电极并封装起来就构成了二极管，与 P 型半导体连接的电极称为正极（或阳极），用 "+" 或 "A" 表示；与 N 型半导体连接的电极称为负极（或阴极），用 "-" 或 "K" 表示。

2．结构、符号和外形

二极管内部结构、电路符号和实物外形如图 6-2 所示。

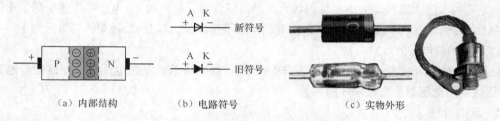

图 6-2　二极管内部结构、电路符号和实物外形

6.1.3　二极管的单向导电性和伏安特性曲线说明

1．单向导电性说明

下面通过分析图 6-3 中的两个电路来说明二极管的性质。

在图 6-3（a）电路中，当闭合开关 S 后，发现灯泡会发光，表明有电流流过二极管，二极管导通；而在图 6-3（b）电路中，当开关 S 闭合后灯泡不亮，说明无电流流过二极管，二极管不导通。通过观察这两个电路中二极管的接法可以发现：在图 6-3（a）中，二极管的正极通过开关 S 与电源的正极连接，二极管的负极通过灯泡与电源负极相连；而在图 6-3（b）中，

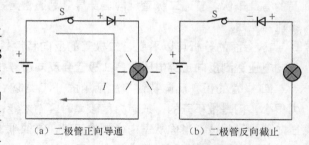

图 6-3　二极管的性质说明图

二极管的负极通过开关 S 与电源的正极连接，二极管的正极通过灯泡与电源负极相连。

由此可以得出这样的结论：当二极管的正极与电源正极连接，负极与电源负极相连时，二极管能导通，反之二极管不能导通。二极管这种单方向导通的性质称为二极管的单向导电性。

2．伏安特性曲线

在电子工程技术中，常采用伏安特性曲线来说明元器件的性质。伏安特性曲线又称电压电流特性曲线，它用来说明元器件两端电压与通过电流的变化规律。二极管的伏安特性曲线用来说明加到二极管两端的电压 U 与通过电流 I 之间的关系。

二极管的伏安特性曲线如图 6-4（a）所示，图 6-4（b）和图 6-4（c）则是为解释伏安特性曲线而画的电路。

在图 6-4（a）的坐标图中，第一象限内的曲线表示二极管的正向特性，第三象限内的曲线表示二极管的反向特性。下面从两方面来分析伏安特性曲线。

（1）正向特性

正向特性是指给二极管加正向电压（二极管正极接高电位，负极接低电位）时的特性。在图 6-4（b）电路中，电源直接接到二极管两端，此电源电压对二极管来说是正向电压。将电源电压 U 从 0V 开始慢慢调高，在刚开始时，由于

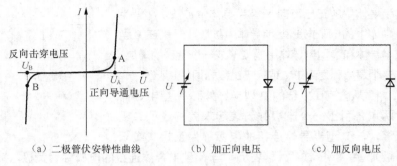

（a）二极管伏安特性曲线　　　（b）加正向电压　　　（c）加反向电压

图 6-4　二极管的伏安特性曲线

电压 U 很低，流过二极管的电流极小，可认为二极管没有导通，只有当正向电压达到图 6-4（a）所示的 U_A 电压时，流过二极管的电流急剧增大，二极管导通。这里的 U_A 电压称为正向导通电压，又称门电压（或阈值电压），不同材料的二极管，其门电压是不同的，硅材料二极管的门电压为 0.5 ~ 0.7V，锗材料二极管的门电压为 0.2 ~ 0.3V。

从上面的分析可以看出，**二极管的正向特性是：当二极管加正向电压时不一定能导通，只有正向电压达到门电压时，二极管才能导通。**

（2）反向特性

反向特性是指给二极管加反向电压（二极管正极接低电位，负极接高电位）时的特性。在图 6-4（c）电路中，电源直接接到二极管两端，此电源电压对二极管来说是反向电压。将电源电压 U 从 0V 开始慢慢调高，在反向电压不高时，没有电流流过二极管，二极管不能导通。当反向电压达到图 6-4（a）所示 U_B 电压时，流过二极管的电流急剧增大，二极管反向导通了，这里的 U_B 电压称为反向击穿电压，反向击穿电压一般很高，远大于正向导通电压，不同型号的二极管反向击穿电压不同，低的十几伏，高的有几千伏。普通二极管反向击穿导通后通常是损坏性的，所以反向击穿导通的普通二极管一般不能再使用。

从上面的分析可以看出，**二极管的反向特性是：当二极管加较低的反向电压时不能导通，但反向电压达到反向击穿电压时，二极管会反向击穿导通。**

二极管的正、反向特性与生活中的开门类似：当你从室外推门（门是朝室内开的）时，如果力很小，门是推不开的，只有力气较大时，门才能被推开，这与二极管加正向电压，只有达到门电压才能导通相似；当你从室内往外推门时，是很难推开的，但如果推门的力气非常大，门也会被推开，不过门被开的同时一般也就损坏了，这与二极管加反向电压时不能导通，但反向电压达到反向击穿电压（电压很高）时，二极管会击穿导通。

6.1.4　二极管的主要参数

（1）最大整流电流（I_F）

二极管长时间使用时允许流过的最大正向平均电流称为最大整流电流，或称作二极管的额定工作电流。当流过二极管的电流大于最大整流电流时，容易被烧坏。二极管的最大整流电流与 PN 结面积、散热条件有关。PN 结面积大的面接触型二极管的 I_F 大，点接触型二极管的 I_F 小；金属封装二极管的 I_F 大，而塑封二极管的 I_F 小。

（2）最高反向工作电压（U_R）

最高反向工作电压是指二极管正常工作时两端能承受的最高反向电压。最高反向工作电压一般为反向击穿电压的一半。在高压电路中需要采用 U_R 大的二极管，否则二极管易被击穿损坏。

（3）最大反向电流（I_R）

最大反向电流是指二极管两端加最高反向工作电压时流过的反向电流。该值越小，表明二极管的单向导电性越佳。

（4）最高工作频率（f_M）

最高工作频率是指二极管在正常工作条件下的最高频率。如果加给二极管的信号频率高于该频率，二极管将不能正常工作，f_M 的大小通常与二极管的 PN 结面积有关，PN 结面积越大，f_M 越低，故点接触型二极管的 f_M 较高，而面接触型二极管的 f_M 较低。

6.1.5 二极管正、负极性判别

二极管引脚有正、负之分，在电路中乱接，轻则不能正常工作，重则损坏。二极管极性判别可采用下面的一些方法。

1. 根据标注或外形判断极性

为了让人们更好地区分出二极管正、负极，有些二极管会在表面做一定的标识来指示正、负极，有些特殊的二极管，从外形也可找出正、负极。

在图 6-5 中，左上方的二极管表面标有二极管符号，其中三角形端对应的电极为正极，另一端为负极；左下方的

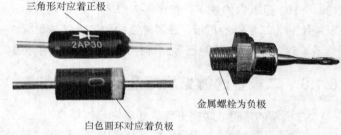

图 6-5　根据标注或外形判断二极管的极性

二极管标有白色圆环的一端为负极；右方的二极管金属螺栓为负极，另一端为正极。

2. 用指针万用表判断极性

对于没有标注极性或无明显外形特征的二极管，可用指针万用表的欧姆挡来判断极性。万用表拨至 R×100 或 R×1k 挡，测量二极管两个引脚之间的阻值，正、反各测一次，会出现阻值一大一小，如图 6-6 所示，以阻值小的一次为准，见图 6-6（a），黑表笔接的为二极管的正极，红表笔接的为二极管的负极。

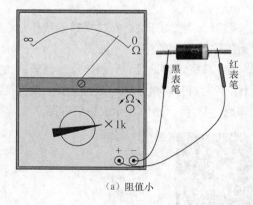
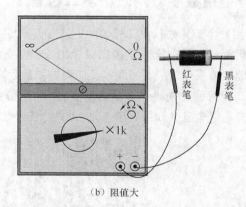

（a）阻值小　　　　　　　　　　　　（b）阻值大

图 6-6　用指针万用表判断二极管的极性

3. 用数字万用表判断极性

数字万用表与指针万用表一样，也有欧姆挡，但由于两者测量原理不同，数字万用表欧姆挡无法判断二极管的正、负极（数字万用表测量正、反向电阻时阻值都显示无穷大符号"1"），不过数字万用表有一个二极管专用测量挡，可以用该挡来判断二极管的极性。用数字万用表判断二极管的极性如图 6-7 所示。

（a）未导通　　　　　　　　　　　　（b）导通

图 6-7　用数字万用表判断二极管的极性

　　在检测判断时，数字万用表拨至""挡（二极管测量专用挡），然后红、黑表笔分别接被测二极管的两极，正反各测一次，测量会出现一次显示"1"，如图 6-7（a）所示，另一次显示100 ～ 800 范围内的数字，如图 6-7（b）所示，以显示 100 ～ 800 范围内数字的那次测量为准，红表笔接的为二极管的正极，黑表笔接的为二极管的负极。在图 6-7 中，显示"1"表示二极管未导通，显示"585"表示二极管已导通，并且二极管当前的导通电压为 585mV（即 0.585V）。

6.1.6　二极管的常见故障及检测

　　二极管的常见故障有开路、短路和性能不良。

　　在检测二极管时，万用表拨至 R×1k 挡，测量二极管正、反向电阻，测量方法与极性判断相同，可参见图 6-6。正常锗材料二极管正向阻值在 1kΩ 左右，反向阻值在 500kΩ 以上；正常硅材料二极管正向电阻为 1 ～ 10kΩ，反向电阻为无穷大（注：不同型号万用表测量值略有差距）。也就是说，正常二极管的正向电阻小、反向电阻很大。

　　若测得二极管正、反电阻均为 0，说明二极管短路。

　　若测得二极管正、反向电阻均为无穷大，说明二极管开路。

　　若测得正、反向电阻差距小（即正向电阻偏大，反向电阻偏小），说明二极管性能不良。

6.1.7　用数字万用表检测二极管

　　用数字万用表检测二极管的方法如图 6-8 所示。测量时，挡位开关选择二极管测量挡，红表笔接二极管的负极，黑表笔接二极管的正极，正常显示屏显示"OL"符号，如图 6-8（a）所示，显示其他数值表示二极管短路或反向漏电，然后将红表笔接二极管的正极，黑表笔接二极管的负极，正常二极管会正向导通，且显示 0.100 ～ 0.800V 范围内的数值，如图 6-8（b）所示，该值是二极管正向导通电压，如果显示值为 0.000，表示二极管短路，显示"OL"表示二极管开路。

（a）反向测量　　　　　　　　　　　　（b）正向测量

图 6-8　用数字万用表检测二极管的方法

6.2 整流二极管和开关二极管

6.2.1 整流二极管

整流二极管的功能是将交流电转换成直流电。整流二极管的功能说明如图 6-9 所示。

在图 6-9（a）中，将灯泡与 220V 交流电源直接连起来。当交流电为正半周时，其电压极性为上正下负，有正半周电流流过灯泡，电流途径为交流电源上正→灯泡→交流电源下负，如实线箭头所示；当交流电为负半周时，其电压极性变为上负下正，有负半周电流流过灯泡，电流途径为交流电源下正→灯泡→交流电源上负，如虚线箭头所示。由于正、负半周电流均流过灯泡，灯泡发光，并且光线很亮。

在图 6-9（b）中，在 220V 交流电源与灯泡之间串接一个二极管，会发现灯泡也亮，但亮度较暗，这是因为只有交流电源为正半周（极性为上正下负）时，二极管才导通，而交流电源为负半周（极性为上负下正）时，二极管不能导通，结果只有正半周交流电通过灯泡，故灯泡仍亮，

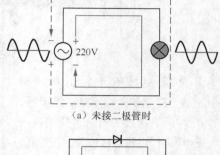

（a）未接二极管时

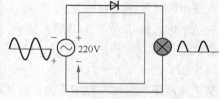

（b）接入二极管时

图 6-9　整流二极管的功能说明

但亮度较暗。图 6-9 中的**二极管允许交流电一个半周通过而阻止另一个半周通过**，其功能称为整流，该二极管称为整流二极管。

用作整流功能的二极管要求最大整流电流和最高反向工作电压满足电路要求，如图 6-9（b）中的整流二极管在交流电源负半周时截止，它两端要承受 300 多伏电压，如果选用的二极管最高反向工作电压低于该值，二极管会被反向击穿。

表 6-1 列出了一些常用整流二极管的主要参数。

6-1：整流二极管的检测

表 6-1　常用整流二极管的主要参数

电流规格系列	最高反向工作电压 /V								
	50	100	200	300	400	500	600	800	1000
1A 系列	1N4001	1N4002	1N4003		1N4004		1N4005	1N4006	1N4007
1.5A 系列	1N5391	1N5392	1N5393	1N5394	1N5395	1N5396	1N5397	1N5398	1N5399
2A 系列	PS200	PS201	PS202		PS204		PS206	PS208	PS2010
3A 系列	1N5400	1N5401	1N5402	1N5403	1N5404	1N5405	1N5406	1N5407	1N5408
6A 系列	P600A	P600B	P600D		P600G		P600J	P600K	P600L

6.2.2 整流桥堆

1. 外形与结构

桥式整流电路使用了 4 个二极管，为了方便起见，有些元件厂家将 4 个二极管放在一起并封装成一个器件，该器件称为整流全桥，其外形与内部电路如图 6-10 所示。全桥有 4 个引脚，标有 "～" 两个引脚为交流电压输入端，标有 "+" 和 "–" 分别为直流电压的 "+" 和 "–" 输出端。

2. 功能说明

整流桥堆是由 4 个整流二极管组成的桥式整流电路，其功能是将交流电压转换成直流电压。

整流桥堆功能说明如图 6-11 所示。

（a）外形　　　　　　　　　　　　（b）内部电路

图 6-10　整流全桥的外形和内部电路

整流桥堆有 4 个引脚，两个 ～ 端（交流输入端）接交流电压，"＋""－"端接负载。当交流电压为正半周时，电压的极性为上正下负，整流桥堆内的 VD_1、VD_3 导通，有电流流过负载（灯泡），电流途径是交流电压上正→ VD_1 →灯泡→ VD_3 →

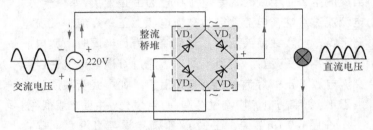

图 6-11　整流桥堆功能说明图

交流电压下负；当交流电压为负半周时，电压的极性为上负下正，整流桥堆内的 VD_2、VD_4 导通，有电流流过负载（灯泡），电流途径是交流电压下正→ VD_2 →灯泡→ VD_4 →交流电压上负。

从上述分析可以看出，由于交流电压正负极性反复变化，故流过整流桥堆 ～ 端的电流方向也反复变化（比如交流电压为正半周时电流从某个"～"端流入，那么负半周时电流则从该端流出），但整流桥堆"＋"端始终流出电流、"－"端始终流入电流，这种方向不变的电流即为直流电流，该电流流过负载时，负载上得到的电压即为直流电压。

3．引脚极性判别

整流全桥有 4 个引脚，两个为交流电压输入引脚（两个引脚不用区分），两个为直流电压输出引脚（分正引脚和负引脚），在使用时需要区分出各引脚，如果整流全桥上无引脚极性标注，可使用万用表欧姆挡测量判别。

整流全桥引脚极性判别如图 6-12 所示。

在判别引脚极性时，万用表选择 R×1k 挡，黑表笔固定接某个引脚不动，红表笔分别测其他 3 个引脚，有以下几种情况。

① 如果测得 3 个阻值均为无穷大，黑表笔接的为"＋"引脚，如图 6-12（a）所示，再将红表笔接已识别的"＋"引脚不动，黑表笔分别接其他 3 个引脚，测得 3 个阻值会出现两小一大（略大），测得阻值大的那次时，黑表笔接的为"－"引脚，测得阻值略小的两次时，黑表笔接的均为"～"引脚。

② 如果测得 3 个阻值一小两大（无穷大），黑表笔接的为一个"～"引脚，在测得阻值小的那次时，红表笔接的为"＋"引脚，如图 6-12（b）所示，再将红表笔接已识别出的"～"引脚，黑表笔分别接另外两个引脚，测得阻值一小一大（无穷大），在测得阻值小的那次时，黑表笔接的为"－"引脚，余下的那个引脚为另一个"～"引脚。

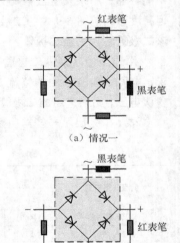

（a）情况一

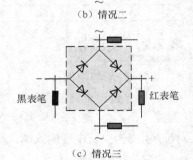

（b）情况二

（c）情况三

图 6-12　整流全桥引脚极性判别

③ 如果测得阻值两小一大（略大），黑表笔接的为"–"引脚，在测得阻值略大的那次时，红表笔接的为"+"引脚，测得阻值略小的两次时，黑表笔接的均为"～"引脚，如图 6-12（c）所示。

4. 好坏检测

整流全桥内部由 4 个整流二极管组成，在检测整流全桥好坏时，应先判明各引脚的极性（如查看全桥上的引脚极性标记），然后用万用表 R×10k 挡通过外部引脚测量 4 个二极管的正反向电阻，如果 4 个二极管均正向电阻小、反向电阻无穷大，则整流全桥正常。

5. 用数字万用表检测整流全桥

用数字万用表检测整流全桥的方法如图 6-13 所示，测量时挡位开关选择二极管测量挡，显示"OL"符号表示测量时内部未导通；显示"0.924（或相近数字）"表示测量时内部有两个二极管串联且均正向导通；显示"0.492（或相近数字）"表示测量时内部有一个二极管且正向导通。

6-2: 整流桥的检测

正、反向测量"～""～"端，正、反向均显示"OL"，表示测量时正、反向均不导通

（a）正、反向测量"～""～"端

正、反向测量"+""–"端，显示"0.924V"表示测量时内部有两个二极管串联且均正向导通

（b）正、反向测量"+""–"端

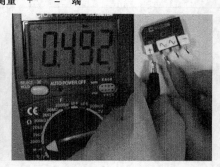

正、反向测量"+""～"端，显示"0.492V"表示测量时内部有一个二极管且正向导通

（c）正、反向测量"+""～"端

图 6-13　用数字万用表检测整流全桥的方法

正、反向测量"−""～"端，显示"0.495V"表示当前测量时内部有一个二极管且正向导通

(d) 正、反向测量"−""～"端

图 6-13 用数字万用表检测整流全桥的方法（续）

6.2.3 高压二极管和高压硅堆

1. 外形

高压二极管是一种耐压很高的二极管，在结构上相当于多个二极管串叠在一起构成的。高压硅堆是一种结构功能与高压二极管基本相同的元件，高压硅堆一般体积较大。高压二极管和高压硅堆的最高反向工作电压多在千伏以上，在电路中用作高压整流、隔离和保护。高压二极管和高压硅堆的符号与普通二极管一样，高压二极管和高压硅堆的外形如图 6-14 所示。

2. 应用电路

高压二极管的应用如图 6-15 所示，该电路为机械式微波炉电路，高压二极管 VD 用作高压整流。220V 交流电压经过一系列开关后加到高压变压器 T 的一次绕组 L_1 上，在 T 的二次绕组 L_2 上得到 3.3V 的交流低压，提供给磁控管灯丝，使其发热而易于发射电子，在 T 的二次绕组 L_3 上得到 2000V 左右的交流高压，该电压经高压电容 C 和高压二极管 VD 构成的倍压整流电路后得到 4000V 左右的直流高压，送到磁控管的灯丝，使灯丝发射电子，激发磁控管产生 2450MHz 的微波，对食物进行加热。

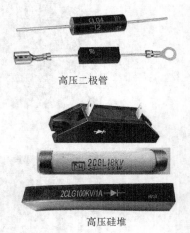

高压二极管

高压硅堆

图 6-14 高压二极管和高压硅堆的外形

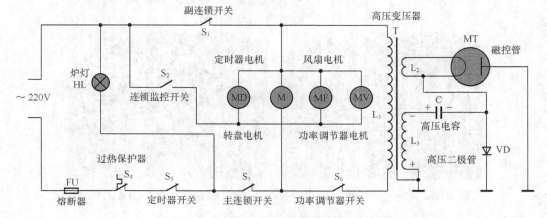

图 6-15 高压二极管在微波炉电路中用作高压整流

L₃、C、VD 构成的倍压整流电路工作原理：当 220V 交流电压为正半周时，T 的 L1 线圈的电压极性为上正下负，L₃ 上感应电压的极性也为上正下负，L₃ 的上正下负电压经高压二极管 VD 对高压电容 C 充电，充电途径是 L₃ 上正 → C → VD → L₃ 下负，在高压电容 C 上充得左正右负约 2000V 的电压；当 220V 交流电压为负半周时，T 的 L₁ 线圈的电压极性为上负下正，L₃ 上感应电压的极性为上负下正，L₃ 的上负下正约 2000V 的电压与高压电容 C 的左正右负 2000V 左右的电压叠加（可以看成两个电池叠加），得到约 4000V 的电压，送到磁控管的灯丝，该叠加电压对高压二极管 VD 是反向电压，故 VD 不会导通。在图 6-15 电路中，高压二极管最高反向工作电压不能低于 4000V，否则会被击穿损坏。

3. 检测

高压二极管极性判别和好坏检测使用指针万用表的 R×10k 挡（内部使用 9V 电池）。高压二极管的检测如图 6-16 所示，万用表选择 R×10k 挡，红、黑表笔分别接高压二极管两个引脚，正、反各测一次，正常一次阻值大（无穷大），另一次阻值较小，以阻值小的那次测量为准，如图 6-16（a）所示，黑表笔接的为高压二极管正极，红表笔接的为高压二极管负极。如果高压二极管正、反向电阻均为无穷大，则高压二极管开路；若高压二极管正、反向电阻均很小，则高压二极管短路。

注意：不能使用指针万用表 R×1 ～ R×1k 挡测量高压二极管，这是因为高压二极管结构上相当于多个二极管串叠在一起（单个二极管导通电压为 0.5 ～ 0.7V），使用 R×1 ～ R×1k 挡正、反向测量高压二极管时，都无法使高压二极管导通，即检测出来的高压二极管正、反向电阻都是无穷大，无法区分出正、负极和是否开路。高压硅堆的检测与高压二极管相同。

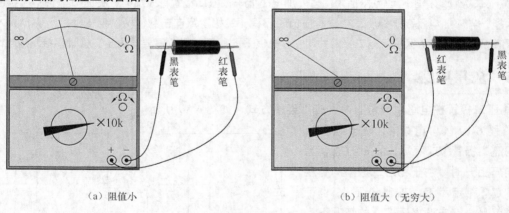

（a）阻值小　　　　　　　　　　　　（b）阻值大（无穷大）

图 6-16　高压二极管的检测

6.3 稳压二极管

6.3.1 外形与符号

稳压二极管又称齐纳二极管或反向击穿二极管，它在电路中起稳压作用。稳压二极管的实物外形和电路符号如图 6-17 所示。

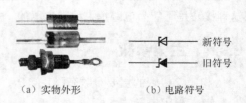

（a）实物外形　　（b）电路符号

6.3.2 工作原理

在电路中，稳压二极管可以稳定电压。要让稳压

图 6-17　稳压二极管的实物外形和电路符号

二极管起稳压作用，须将它反接在电路中（即稳压二极管的负极接电路中的高电位，正极接低电位），稳压二极管在电路中正接时的性质与普通二极管相同。下面以图6-18所示的电路为例来说明稳压二极管的稳压原理。

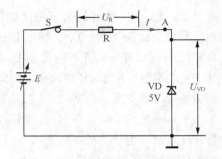

图6-18中的稳压二极管VD的稳压值为5V，若电源电压低于5V，当闭合开关S时，VD反向不能导通，无电流流过限流电阻R，$U_R=IR=0$，电源电压途经R时，R上没有压降，故A点电压与电源电压相等，VD两端的电压U_{VD}与电源电压也相等，如$E=4V$时，U_{VD}也为4V，电源电压

图6-18　稳压二极管的稳压原理说明图

在5V范围内变化时，U_{VD}也随之变化。也就是说，当加到稳压二极管两端电压低于它的稳压值时，稳压二极管处于截止状态，无稳压功能。

若电源电压超过稳压二极管稳压值，如$E=8V$，当闭合开关S时，8V电压通过电阻R送到A点，该电压超过稳压二极管的稳压值，VD反向击穿导通，马上有电流流过电阻R和稳压管VD，电流在流过电阻R时，R产生3V的压降（即$U_R=3V$），稳压管VD两端的电压$U_{VD}=5V$。

若调节电源E使电压由8V上升到10V时，由于电压的升高，流过R和VD的电流都会增大，因流过R的电流增大，R上的电压U_R也随之增大（由3V上升到5V），而稳压二极管VD上的电压U_{VD}维持5V不变。

稳压二极管的稳压原理可概括为：当外加电压低于稳压二极管稳压值时，稳压二极管不能导通，无稳压功能；当外加电压高于稳压二极管稳压值时，稳压二极管反向击穿，两端电压保持不变，其大小等于稳压值。（注：为了保护稳压二极管并使它具有良好的稳压效果，需要给稳压二极管串接限流电阻）。

6.3.3　应用电路

稳压二极管在电路中通常有两种应用连接方式，如图6-19所示。

在图6-19（a）电路中，输出电压U_o取自稳压二极管VD两端，故$U_o=U_{VD}$，当电源电压上升时，由于稳压二极管的稳压作用，U_{VD}稳定不变，输出电压U_o也不变。也就是说在电源电压变化的情况下，稳压二极管两端电压始终保持不变，该稳定不变的电压可供给其他电路，使电路能稳定正常工作。

在图6-19（b）电路中，输出电压取自限流电阻R两端，当电源电压上升时，

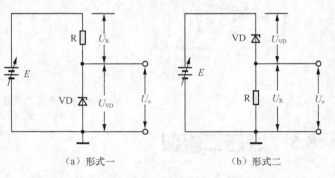

（a）形式一　　　　　（b）形式二

图6-19　稳压二极管在电路中的两种应用连接方式

稳压二极管两端电压U_{VD}不变，限流电阻R两端电压上升，故输出电压U_o也上升。稳压二极管按这种接法是不能为电路提供稳定电压的。

6.3.4　主要参数

稳压二极管的主要参数有稳定电压、最大稳定电流和最大耗散功率等。

（1）稳定电压

稳定电压是指稳压二极管工作在反向击穿时两端的电压值。同一型号的稳压二极管，稳定电

压可能为某一固定值，也可能在一定的数值范围内，如 2CW15 的稳定电压是 7 ~ 8.8V，说明它的稳定电压可能是 7V，可能是 8V，还可能是 8.8V 等。

（2）最大稳定电流

最大稳定电流是指稳压二极管正常工作时允许通过的最大电流。稳压管在工作时，实际工作电流要小于该电流，否则会因为长时间工作而损坏。

（3）最大耗散功率

最大耗散功率是指稳压二极管通过反向电流时允许消耗的最大功率，它等于稳定电压和最大稳定电流的乘积。在使用中，如果稳压二极管消耗的功率超过该功率就容易损坏。

6.3.5 用指针万用表检测稳压二极管

稳压二极管的检测包括极性判断、好坏检测和稳定电压检测。稳压二极管具有普通二极管的单向导电性，故极性检测与普通二极管相同，这里仅介绍稳压二极管的好坏检测和稳定电压检测。

1. 好坏检测

万用表拨至 R×100 或 R×1k 挡，测量稳压二极管正、反向电阻，如图 6-20 所示。正常的稳压二极管正向电阻小，反向电阻很大。

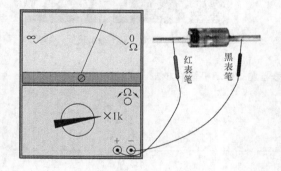
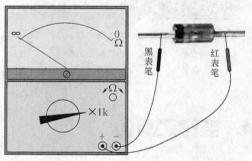

（a）测正向电阻 （b）测反向电阻

图 6-20　稳压二极管的好坏检测

若测得的正、反向电阻均为 0，说明稳压二极管短路。

若测得的正、反向电阻均为无穷大，说明稳压二极管开路。

若测得的正、反向电阻差距不大，说明稳压二极管性能不良。

注意：对于稳压值小于 9V 的稳压二极管，用万用表 R×10k 挡（此挡位万用表内接 9V 电池）测反向电阻时，稳压二极管会被反向击穿，此时测出的反向阻值较小，这属于正常情况。

6-3：稳压二极管的检测

2. 稳压值检测

稳压二极管稳压值的检测如图 6-21 所示。

稳压二极管稳压值的检测步骤如下。

第一步：按图 6-21 所示的方法将稳压二极管与电容、电阻和耐压大于 300V 的二极管接好，再与 220V 市电连接。

第二步：将万用表拨至直流 50V 挡，红、黑表笔分别接被测稳压二极管的负、正极，然后在表盘上读出测得的电压值，该值即为稳压二极

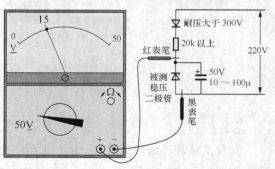

图 6-21　稳压二极管稳压值的检测

管的稳定电压值。图 6-21 中测得稳压二极管的稳压值为 15V。

6.3.6　用数字万用表检测稳压二极管

　　用数字万用表检测稳压二极管正、负极的方法如图 6-22 所示。测量时，挡位开关选择二极管测量挡，红、黑表笔分别接稳压二极管的一个引脚，当测量显示 0.300 ~ 0.800V 范围内的数字时，如图 6-22（a）所示，表示测量时稳压二极管已正向导通，显示的数字为正向导通电压，此时红表笔接的引脚为正极，黑表笔接的为负极，红、黑表笔互换引脚测量时，稳压二极管不会导通，正常显示溢出符号"OL"，如图 6-22（b）所示。

（a）测量时导通（显示正向导通电压，红表笔接的引脚　　　（b）更换表笔测量时不导通（显示溢出符号"OL"）
　　为正极，黑表笔接的引脚为负极）

图 6-22　用数字万用表检测稳压二极管的方法

6.4　变容二极管

6.4.1　外形与符号

　　变容二极管在电路中可以相当于电容，并且容量可调。变容二极管的实物外形和电路符号如图 6-23 所示。

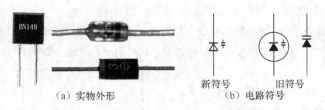

（a）实物外形　　　　　　　（b）电路符号

图 6-23　变容二极管的实物外形和电路符号

6.4.2　性质

　　变容二极管与普通二极管一样，加正向电压时导通，加反向电压时截止。在变容二极管两端加反向电压时，除了截止外，还可以相当于电容。变容二极管的性质说明如图 6-24 所示。

（1）两端加正向电压

当变容二极管两端加正向电压时，内部的 PN 结变薄，如图 6-24（a）所示，当正向电压达到导通电压时，PN 结消失，对电流的阻碍消失，变容二极管像普通二极管一样正向导通。

（2）两端加反向电压

当变容二极管两端加反向电压时，内部的 PN 结变厚，如图 6-24（b）所示，PN 结阻止电流通过，故变容二极管处于截止状态，反向电压越高，PN 结越厚。PN 结阻止电流通过，相当于绝缘介质，而 P 型半导体和 N 型半导体分别相当于两个极板，也就是说处于截止状态的变容二极管内部会形成电容的结构，这种电容称为结电容。普通二极管的 P 型半导体和 N 型半导体都比较小，形成的结电容很小，可以忽略，而变容二极管在制造时特意增大 P 型半导体和 N 型半导体的面积，从而增大结电容。

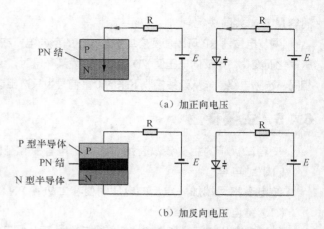

（a）加正向电压

（b）加反向电压

图 6-24　变容二极管的性质说明

总之，当变容二极管两端加反向电压时，处于截止状态，内部会形成电容器的结构，此状态下的变容二极管可以看成是电容器。

6.4.3　容量变化规律

变容二极管加反向电压时可以相当于电容器，当反向电压改变时，其容量就会发生变化。下面以图 6-25 所示的电路和曲线为例来说明变容二极管的容量变化规律。

在图 6-25（a）电路中，变容二极

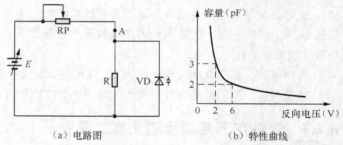

（a）电路图　　　（b）特性曲线

图 6-25　变容二极管的容量变化规律

管 VD 加有反向电压，电位器 RP 用来调节反向电压的大小。当 RP 滑动端右移时，加到变容二极管负端的电压升高，即反向电压增大，VD 内部的 PN 结变厚，内部的 P、N 型半导体距离变远，形成的电容容量变小；当 RP 滑动端左移时，变容二极管反向电压减小，VD 内部的 PN 结变薄，内部的 P、N 型半导体距离变近，形成的电容容量增大。

也就是说，当调节变容二极管反向电压大小时，其容量会发生变化，反向电压越高，容量越小；反向电压越低，容量越大。

图 6-25（b）所示为变容二极管的特性曲线，它直观地表示出变容二极管两端反向电压与容量变化规律，如当反向电压为 2V 时，容量为 3pF，当反向电压增大到 6V 时，容量减小到 2pF。

6.4.4　应用电路

变容二极管的应用电路如图 6-26 所示。

图 6-26 所示的电路为彩色电视机电调谐高频头的选频电路，其选频频率 f 由电感 L、电容 C 和变容二极管 VD

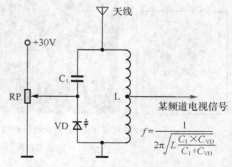

$$f = \frac{1}{2\pi\sqrt{L\dfrac{C_1 \times C_{VD}}{C_1 + C_{VD}}}}$$

图 6-26　变容二极管的应用电路

的容量 C_{VD} 共同决定。

调节电位器 RP 可以使变容二极管 VD 的反向电压在 0 ~ 30V 范围内变化，VD 的容量会随着反向电压变化而变化，当反向电压使 VD 容量 C_{VD} 为某一值时，恰好使选频电路的频率 f 与某一频道电视节目频率相同，选频电路就能从天线接收下来的众多信号中只选出该频道的电视信号，再送往后级电路进行处理。

6.4.5　主要参数

变容二极管的主要参数有结电容、结电容变化范围和最高反向电压等。

（1）结电容

结电容指两端加一定反向电压时变容二极管 **PN** 结的容量。

（2）结电容变化范围

结电容变化范围是指变容二极管的反向电压从零开始变化到某一电压值时，其结电容的变化范围。

（3）最高反向电压

最高反向电压是指变容二极管正常工作时两端允许施加的最高反向电压值。使用时若超过该值，变容二极管容易被击穿。

6.4.6　用指针万用表检测变容二极管

变容二极管的检测方法与普通二极管基本相同。检测时，将万用表拨至 R×10k 挡，测量变容二极管正、反向电阻，正常的变容二极管反向电阻为无穷大，正向电阻一般在 200kΩ 左右（不同型号该值略有差距）。

若测得正、反向电阻均很小或为 0，说明变容二极管漏电或短路。

若测得正、反向电阻均为无穷大，说明变容二极管开路。

6.4.7　用数字万用表检测变容二极管

用数字万用表检测变容二极管的方法如图 6-27 所示。测量时挡位开关选择二极管测量挡，红、黑表笔分别接变容二极管的一个引脚，当测量显示 0.100 ~ 0.800V 范围内的数字时，如图 6-27（a）所示，表示测量时变容二极管已正向导通，显示的数字为正向导通电压，此时红表笔接的引脚为正极，黑表笔接的引脚为负极，红、黑表笔互换引脚测量时，变容二极管不会导通，正常显示溢出符号"OL"，如图 6-27（b）所示。

6-4：变容二极管的检测

（a）测量时导通（显示正向导通电压，红表笔接的引脚为　　　（b）更换表笔测量时不导通（显示溢出符号"OL"）
正极，黑表笔接的引脚为负极）

图 6-27　用数字万用表检测变容二极管的方法

6.5 双向触发二极管

6.5.1 外形与符号

双向触发二极管简称双向二极管，它在电路中可以双向导通。双向触发二极管的实物外形和电路符号如图 6-28 所示。

6.5.2 双向触发导通性质说明

普通二极管具有单向导电性，而双向触发二极管具有双向导电性，但它的导通电压通常比较高。下面以图 6-29 所示电路为例来说明双向触发二极管的性质。

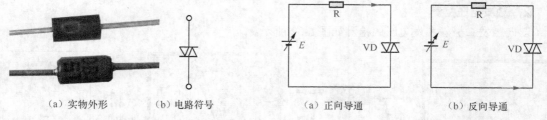

（a）实物外形　　（b）电路符号　　　　　　　　（a）正向导通　　　　　　（b）反向导通

图 6-28　双向触发二极管的实物外形和电路符号　　　　　　图 6-29　双向触发二极管的性质

（1）两端加正向电压。在图 6-29（a）电路中，将双向触发二极管 VD 与可调电源 E 连接起来。当电源电压较低时，VD 并不能导通，随着电源电压逐渐调高，当调到某一值时（如 30V），VD 马上导通，有从上往下的电流流过双向触发二极管。

（2）两端加反向电压。在图 6-29（b）电路中，将电源的极性调换后再与双向触发二极管 VD 连接起来。当电源电压较低时，VD 不能导通，随着电源电压逐渐调高，当调到某一值时（如 30V），VD 马上导通，有从下向上的电流流过双向触发二极管。

综上所述，不管加正向电压还是反向电压，只要电压达到一定值，双向触发二极管就能导通。

6.5.3 特性曲线说明

双向触发二极管的性质可用图 6-30 所示的特性曲线来表示，坐标中的横轴表示双向触发二极管两端的电压，纵坐标表示流过双向触发二极管的电流。

从图 6-30 可以看出，当触发二极管两端加正向电压时，如果两端电压低于 U_{B1} 电压，流过的电流很小，双向触发二极管不能导通，一旦两端的正向电压达到 U_{B1}（称为触发电压），马上导通，有很大的电流流过双向触发二极管，同时双向触发二极管两端的电压会下降（低于 U_{B1}）。

同样，当触发二极管两端加反向电压时，在两端电压低于 U_{B2} 电压时也不能导通，只有两端的反向电压达到 U_{B2} 时才能导通，导通后的双向触发二极管两端的电压会下降（低于 U_{B2}）。

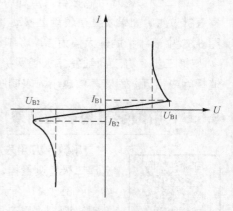

图 6-30　双向触发二极管的特性曲线

从图 6-30 中还可以看出，双向触发二极管正、反向特性相同，具有对称性，故双向触发二极管极性没有正、负之分。

双向触发二极管的触发电压较高，30V 左右最为常见，双向触发二极管的触发电压一般有 20～60V、100～150V 和 200～250V 三个等级。

6.5.4 用指针万用表检测双向触发二极管

双向触发二极管的检测包括好坏检测和触发电压检测。

1. 好坏检测

万用表拨至 R×1k 挡，测量双向触发二极管正、反向电阻，如图 6-31 所示。若双向触发二极管正常，正、反向电阻均为无穷大；若测得的正、反向电阻很小或为 0，说明双向触发二极管漏电或短路，不能使用。

2. 触发电压检测

双向触发二极管触发电压的检测如图 6-32 所示。

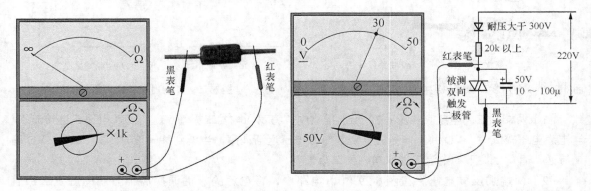

图 6-31 双向触发二极管的好坏检测　　　　图 6-32 触发二极管触发电压的检测

双向触发二极管触发电压的检测如下。

第一步：按图 6-32 所示的方法将双向触发二极管与电容、电阻和耐压大于 300V 的二极管接好，再与 220V 市电连接。

第二步：将万用表拨至直流 50V 挡，红、黑表笔分别接被测双向触发二极管的两极，然后观察表针位置，如果表针在表盘上摆动（时大时小），表针所指最大电压即为触发二极管的触发电压。图 6-32 中表针指的最大值为 30V，则触发二极管的触发电压值约为 30V。

第三步：将双向触发二极管两极对调，再测两端电压，正常该电压值应与第二步测得的电压值相等或相近。两者差值越小，表明触发二极管对称性越好，即性能越好。

6.5.5 用数字万用表检测双向触发二极管

6-5：双向触发
二极管的检测

用数字万用表检测双向触发二极管的方法如图 6-33 所示，测量时挡位开关选择二极管测量挡，红、黑表笔分别接变容二极管的一个引脚，显示屏显示 "OL"，如图 6-33（a）所示，表示当前测量双向触发二极管不导通，然后红、黑表笔互换引脚测量，显示屏仍显示 "OL"，如图 6-33（b）所示，表示双向触发二极管仍不导通。也就是说，用数字万用表二极管测量挡正、反向测量双向触发二极管时，正常均不导通。

（a）当前测量不导通 　　　　　　　　　（b）互换表笔测量时仍不导通

图 6-33　用数字万用表检测双向触发二极管的方法

6.6　双基极二极管（单结晶体管）

双基极二极管又称单结晶体管，内部只有一个 PN 结，它有三个引脚，分别为发射极 E、基极 B1 和基极 B2。

6.6.1　外形、符号、结构和等效图

双基极二极管的外形、符号、结构和等效图如图 6-34 所示。

双基极二极管的制作过程：在一块高阻率的 N 型半导体基片的两端各引出一个铝电极，如图 6-34（c）所示，分别称作第一基极 B1 和第二基极 B2，然后在 N 型半导体基片一侧埋入 P 型半导

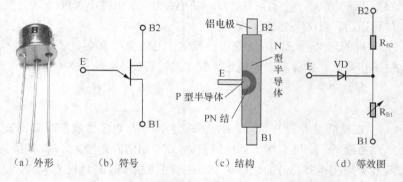

（a）外形　　（b）符号　　　（c）结构　　　　（d）等效图

图 6-34　双基极二极管的外形、符号、结构和等效图

体，在两种半导体的结合部位就形成了一个 PN 结，再在 P 型半导体端引出一个电极，称为发射极 E。

双基极二极管的等效图如图 6-34（d）所示。双基极二极管 B1、B2 极之间为高阻率的 N 型半导体，故两极之间的电阻 R_{BB} 较大（4 ~ 12kΩ），以 PN 结为中心，将 N 型半导体分作两部分，PN 结与 B1 极之间的电阻用 R_{B1} 表示，PN 结与 B2 极之间的电阻用 R_{B2} 表示，$R_{BB}=R_{B1}+R_{B2}$，E 极与 N 型半导体之间的 PN 结可等效为一个二极管，用 VD 表示。

6.6.2　工作原理

为了分析双基极二极管的工作原理，在发射极 E 和第一基极 B1 之间加 U_E 电压，在第二基极 B2 和第一基极 B1 之间加 U_{BB} 电压，具体如图 6-35（a）所示。下面分几种情况来分析双基极二极管的工作原理。

（1）当 $U_E=0$ 时，双基极二极管内部的 PN 结截止，由于 B2、B1 之间加有 U_{BB} 电压，有 I_B

电流流过 R_{B2} 和 R_{B1}，这两个等效电阻上都有电压，分别是 $U_{R_{B2}}$ 和 $U_{R_{B1}}$，从图 6-35（a）中可以不难看出，$U_{R_{B1}}$ 与 U_{BB} 之比等于 R_{B1} 与（$R_{B1}+R_{B2}$）之比，即

$$\frac{U_{R_{B1}}}{U_{BB}} = \frac{R_{B1}}{R_{B1}+R_{B2}}$$

$$U_{R_{B1}} = U_{BB}\frac{R_{B1}}{R_{B1}+R_{B2}}$$

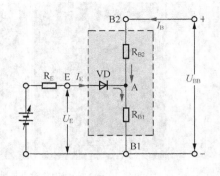

（a）原理说明图

式子中的 $\dfrac{R_{B1}}{R_{B1}+R_{B2}}$ 称为双基极二极管的分压系数（或称分压比），常用 η 表示，不同的双基极二极管的 η 有所不同，η 通常在 0.3 ~ 0.9 范围内。

（2）当 $0<U_E<$（$U_{VD}+U_{R_{B1}}$）时，由于 U_E 电压小于 PN 结的导通电压 U_{VD} 与 R_{B1} 上的电压 $U_{R_{B1}}$ 之和，所以仍无法使 PN 结导通。

（3）当 $U_E=$（$U_{VD}+U_{R_{B1}}$）$=U_P$ 时，PN 结导通，有 I_E 电流流过 R_{B1}，由于 R_{B1} 呈负阻性，流过 R_{B1} 的电流增大，其阻值减小，R_{B1} 的阻值减小，R_{B1} 上的电压 $U_{R_{B1}}$ 也减小，根据 $U_E=$（$U_{VD}+U_{R_{B1}}$）可知，$U_{R_{B1}}$ 减小会使 U_E 也减小（PN 结导通后，其 U_{VD} 基本不变）。

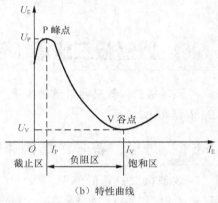

（b）特性曲线

图 6-35 双基极二极管工作原理说明

I_E 的增大使 R_{B1} 阻值变小，而 R_{B1} 阻值变小又会使 I_E 进一步增大，这样就会形成正反馈，其过程如下：

正反馈使 I_E 越来越大，R_{B1} 越来越小，U_E 电压也越来越低，该过程如图 6-35（b）中的 P 点至 V 点曲线所示。当 I_E 增大到一定值时，R_{B1} 阻值开始增大，R_{B1} 又呈正阻性，U_E 电压开始缓慢回升，其变化如图 6-35（b）曲线中的 V 点右方曲线所示。若此时 $U_E<U_V$，双基极二极管又会进入截止状态。

综上所述，双基极二极管具有以下特点。

① 当发射极 U_E 电压小于峰值电压 U_P（也即小于 $U_{VD}+U_{R_{B1}}$）时，双基极二极管 E、B1 极之间不能导通。

② 当发射极 U_E 电压等于峰值电压 U_P 时，双基极二极管 E、B1 极之间导通，两极之间的电阻变得很小，U_E 电压的大小马上由峰值电压 U_P 下降至谷值电压 U_V。

③ 双基极二极管导通后，若 $U_E<U_V$，双基极二极管会由导通状态进入截止状态。

④ 双基极二极管内部等效电阻 R_{B1} 的阻值是随 I_E 电流变化而变化的，而 R_{B2} 阻值则与 I_E 电流无关。

⑤ 不同的双基极二极管具有不同的 U_P、U_V 值，对于同一个双基极二极管，其 U_{BB} 电压变化，其 U_P、U_V 值也会发生变化。

6.6.3 应用电路

图 6-36 所示是由双基极二极管（单结晶管）构成的振荡电路。该电路主要由双基极二极管、

电容和一些电阻等元件构成，当合上电源开关 S 后，电路会工作，在电容 C 上会形成图 6-36（b）所示的锯齿波电压 U_E，而在双基极二极管的第一基极 B1 会输出图 6-36（b）所示的触发脉冲 U_o。

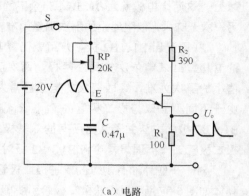

（a）电路

电路的工作过程说明如下。

（1）在 $t_0 \sim t_1$ 期间。在 t_0 时刻合上电源开关 S，20V 的电源通过电位器 RP 对电容 C 充电，充电使电容上的电压逐渐上升，E 点电压也逐渐升高，在 t_1 时刻，E 点电压上升到 U_P 值，双基极二极管导通，有较大的电流从双基极二极管 E 极流入，B1 极流出，并流经 R_1，R_1 上有很高的电压，U_o 端输出脉冲的尖峰。

（2）在 $t_1 \sim t_2$ 期间。t_1 时刻双基极二极管导通后，电容 C 开始通过双基极二极管的 E、B1 极、R_1 放电，放电使电容 C 上的电压慢慢减小，随着电容放电的进行，放电电流逐渐减小，流过 R_1 的电流减小，R_1 上的电压也不断减小，输出电压 U_o 也不断下降。在 t_2 时刻，电容上的电压下降到 U_V 值，双基极二极管截止，电容 C 无法再放电，此时 U_o 端电压很低。

（3）在 $t_2 \sim t_3$ 期间。t_2 时刻双基极二极管截止后，20V 的电源又通过开关 S、电阻 R 对电容 C 充电，充电使电容上的电压又开始上升，E 点电压也升高，在 t_3 时刻，E 点电压又上升到 U_P，双基极二极管又开始导通，U_o 端又输出脉冲的尖峰。

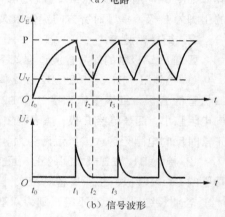

（b）信号波形

图 6-36　由双基极二极管振荡电路及信号波形

以后不断重复上述过程，从而在 E 点形成图 6-36（b）所示的锯齿波电压，在 U_o 端输出图 6-36（b）所示的触发脉冲电压。

在图 6-36（a）中，改变 RP 的阻值和电容 C 的容量，可以改变触发脉冲的频率和相位，如将 RP 的阻值增大，那么电源通过 RP 对电容 C 充电电流小，电容 C 上的电压升到 U_P 值所需的时间会延长，即 $t_0 \sim t_1$ 时间会延长（$t_2 \sim t_3$ 同样会延长），$t_1 \sim t_2$ 时间基本不变（因为增大 R 的值不会影响电容 C 的放电），电容 C 上得到的锯齿波电压的周期延长，其频率会降低，振荡电路输出触发脉冲会后移，同时频率也会降低。

6.6.4　用指针万用表检测双基极二极管

双基极二极管检测包括极性检测和好坏检测。

1. 极性检测

双基极二极管有 E、B1、B2 三个电极，从图 6-34（c）所示的内部等效图可以看出，双基极二极管的 E、B1 极之间和 E、B2 极之间都相当于一个二极管与电阻串联，B2、B1 极之间相当于两个电阻串联。

双基极二极管的极性检测过程如下。

① 检测出 E 极。万用表拨至 R×1k 挡，红、黑表笔测量双基极二极管任意两极之间的阻值，每两极之间都正、反各测一次。若测得某两极之间的正、反向电阻相等或接近时（阻值一般在 2kΩ

以上），这两个电极就为 B1、B2 极，余下的电极为 E 极；若测得某两极之间的正、反向电阻一次阻值小，另一次无穷大，以阻值小的那次测量为准，黑表笔接的电极为 E 极，余下的两个电极就为 B1、B2 极。

② 检测出 B1、B2 极。万用表仍置于 R×1k 挡，黑表笔接已判断出的 E 极，红表笔依次接另外两极，两次测得阻值会出现一大一小，以阻值小的那次为准，红表笔接的电极通常为 B1 极，余下的电极为 B2 极。由于不同型号双基极二极管的 R_{B1}、R_{B2} 阻值会有所不同，因此这种检测 B1、B2 极的方法并不适合所有的双基极二极管，如果在使用时发现双基极二极管工作不理想，可将 B1、B2 极对换。

对于一些外形有规律的双基极二极管，其电极也可以根据外形判断，具体如图 6-37 所示。双基极二极管引脚朝上，最接近管子管键（突出部分）的引脚为 E 极，按顺时针方向旋转依次为 B1、B2 极。

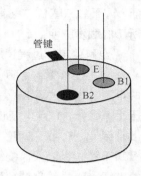

图 6-37 从双基极二极管
外形判别电极

2. 好坏检测

双基极二极管的好坏检测过程如下。

① 检测 E、B1 极和 E、B2 极之间的正、反向电阻。万用表拨至 R×1k 挡，黑表笔接双基极二极管的 E 极，红表笔依次接 B1、B2 极，测量 E、B1 极和 E、B2 极之间的正向电阻，正常时正向电阻较小；红表笔接 E 极，黑表笔依次接 B1、B2 极，测量 E、B1 极和 E、B2 极之间的反向电阻，正常时反向电阻无穷大或接近无穷大。

② 检测 B1、B2 极之间的正、反向电阻。万用表拨至 R×1k 挡，红、黑表笔分别接双基极二极管的 B1、B2 极，正、反各测一次，正常时 B1、B2 极之间的正、反向电阻通常为 2 ~ 200kΩ。

若测量结果与上述不符，则为双基极二极管损坏或性能不良。

6.6.5　用数字万用表检测双基极二极管

用数字万用表检测双基极二极管的方法如图 6-38 所示。测量时万用表选择二极管测量挡，红、黑表笔测量双基极二极管任意两极之间的阻值，每两极之间都正、反向各测一次，若正、反向测量某两极时显示的数字接近，如图 6-38（a）所示，这两个电极就为 B1、B2 极，余下的电极为 E 极；将红表笔接已判明的 E 极，黑表笔先后接另外两极，测量值会一小一大（稍大），如图 6-38（b）所示，以阻值小的那次测量为准，黑表笔接的为 B1 极，余下的极为 B2 极。若将黑表笔接已判明的 E 极，红表笔先后接另外两极，测量时均为显示溢出符号 "OL"，如图 6-38（c）所示。

6-6：双基极二极管
（单结晶管）的检测

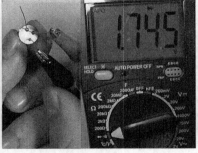

当正、反向测量某两极时出现测量值接近，此两极为 B1、B2 极，余下的极为 E 极

（a）正、反向测量某两极时出现测量值接近

图 6-38　用数字万用表检测双基极二极管的方法

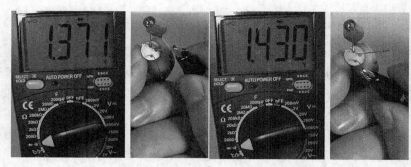

红表笔固定接 E 极，黑表笔先后接另外两极，以测量值稍小的测量为准，黑表笔接的为 B1 极，余下的极为 B2 极

（b）红表笔固定接 E 极，黑表笔先后接另外两极

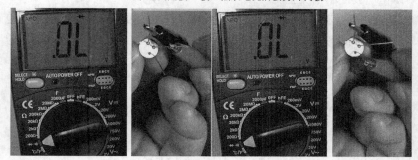

黑表笔固定接 E 极，红表笔先后接另外两极，显示均为溢出符号"OL"，即两次测量均不导通

（c）黑表笔固定接 E 极，红表笔先后接另外两极

图 6-38　用数字万用表检测双基极二极管的方法（续）

6.7　肖特基二极管

6.7.1　外形与图形符号

肖特基二极管又称肖特基势垒二极管（SBD），其图形符号与普通二极管相同。常见的肖特基二极管实物外形如图 6-39（a）所示，三引脚的肖特基二极管内部由两个二极管组成，其连接有多种方式，如图 6-39（b）所示。

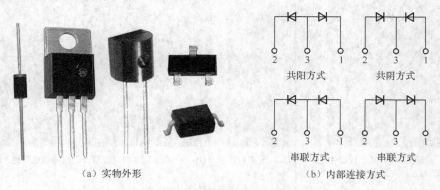

（a）实物外形　　　　　　　　　（b）内部连接方式

图 6-39　肖特基二极管的实物外形和内部连接方式

6.7.2 特点、应用和检测

肖特基二极管是一种低功耗、大电流、超高速的半导体整流二极管，其工作电流可达几千安，而反向恢复时间可短至几纳秒。二极管的反向恢复时间越短，从截止转为导通的切换速度越快，普通整流二极管反向恢复时间长，无法在高速整流电路中正常工作。另外，肖特基二极管的正向导通电压较普通硅二极管低，约 0.4V。

由于肖特基二极管导通、截止状态可高速切换，主要用在高频电路中。由于面接触型的肖特基二极管工作电流大，故变频器、电机驱动器、逆变器和开关电源等设备中整流二极管、续流二极管和保护二极管常采用面接触型的肖特基二极管；对于点接触型的肖特基二极管，其工作电流稍小，常在高频电路中用作检波或小电流整流。

肖特基二极管的缺点是反向耐压低，一般在 100V 以下，因此不能用在高电压电路中。肖特基二极管与普通二极管一样具有单向导电性，其极性和好坏检测方法与普通二极管相同。

6.7.3 常用肖特基二极管的主要参数

表 6-2 列出了一些肖特基二极管的主要参数。

表 6-2 一些肖特基二极管的主要参数

型号	参数						
	额定整流电流 /A	峰值电流 /A	最大正向压降 /V	反向峰值电压 /V	反向恢复时间 /ns	封装形式	内部结构
D80–004	15	250	0.55	40	<10	T0–3P	单管
D82–004	5	100	0.55	40	<10	T0–220	共阴对管
MBR1545	15	150	0.7	45	<10	T0–220	共阴对管
MBR2535	30	300	0.73	35	<10	T0–220	共阴对管

6.7.4 用数字万用表检测肖特基二极管

用数字万用表检测肖特基二极管的方法如图 6-40 所示，该肖特基二极管内部有两个二极管，由于有两极连接在一起接出一个引脚，所以只有三个引脚，测量时万用表选择二极管测量挡，肖特基二极管的正向导通电压较普通二极管要低。

正、反测量肖特基二极管任意两个引脚，当测量显示 0.100 ～ 0.600 范围内的数值（正向导通电压值）时，红表笔接的为正极，黑表笔接的为负极

（a）正、反向测量任意两个引脚

图 6-40 用数字万用表检测双肖特基二极管的方法

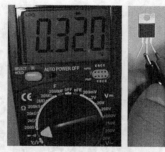

6-7：肖特基二极管
的检测

黑表笔不动，红表笔换接另一个引脚，如果测量显示 0.100 ～ 0.600 范围内的数值，表明红表笔接的引脚也是正极，肖特基二极管为双二极管共阴型，如果测量显示值为溢出符号"OL"，表明红表笔接的引脚为负极，肖特基二极管为双二极管串联型

（b）测量导通时红表笔接的为二极管的正极

图 6-40　用数字万用表检测双肖特基二极管的方法（续）

6.8　快恢复二极管

6.8.1　外形与图形符号

快恢复二极管（FRD）、超快恢复二极管（SRD）的图形符号与普通二极管相同。常见的快恢复二极管实物外形如图 6-41（a）所示。三引脚的快恢复二极管内部由两个二极管组成，其连接有共阳和共阴两种方式，如图 6-41（b）所示。

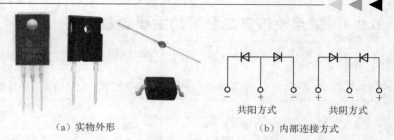

（a）实物外形　　　（b）内部连接方式

图 6-41　快恢复二极管的实物外形和内部连接方式

6.8.2　特点、应用和检测

快恢复二极管是一种反向工作电压高、工作电流较大的高速半导体二极管，其反向击穿电压可达几千伏，反向恢复时间一般为几百纳秒（超快恢复二极管可达几十纳秒）。快恢复二极管广泛应用于开关电源、不间断电源、变频器和电机驱动器中，主要用作高频、高压和大电流整流或续流。

快恢复二极管与肖特基二极管的区别主要有如下几个。

① 快恢复二极管的反向恢复时间为几百纳秒，肖特基二极管更快，可达几纳秒。

② 快恢复二极管的反向击穿电压高（可达几千伏），肖特基二极管的反向击穿电压低（一般在 100V 以下）。

③ 快恢复二极管的功耗较大，而肖特基二极管功耗相对较小。

因此，快恢复二极管主要用在高电压、小电流的高频电路中，肖特基二极管主要用在低电压、大电流的高频电路中。

快恢复二极管与普通二极管一样具有单向导电性，其极性和好坏检测方法与普通二极管相同。

6-8：快恢复二极管
的检测

6.8.3　用数字万用表检测快恢复二极管

用数字万用表检测快恢复二极管的方法如图 6-42 所示，测量时万用表选择二极管测量挡，当某次测量显示 0.100 ～ 0.800 范围内的数值时，如图 6-42（b）所示，表明快恢复二极管已导通，显示的数值为导通电压，红表笔接的引脚为正极，黑表笔接的引脚为负极。

（a）测量时不导通　　　　　　　　　（b）测量时导通并显示导通电压（红表笔接的引脚为正极，
黑表笔接的引脚为负极）

图 6-42　用数字万用表检测快恢复二极管的方法

6.8.4　常用快恢复二极管的主要参数

表 6-3 列出了一些快恢复二极管、超快恢复二极管的主要参数。

表 6-3　一些快恢复二极管、超快恢复二极管的主要参数

型号	参数				
	反向恢复时间 t_{rr}/ns	额定电流 I_d/A	最大整流电流 I_F/A	最大反向电压 U_R/V	结构形式
C20-04	400	5	70	400	单管
C92-02	35	10	20	200	共阴
MUR1680A	35	16	100	800	共阳
MUR3040PT	35	30	300	400	共阴
MUR30100	35	30	400	1000	共阳

6.8.5　肖特基二极管、快恢复二极管、高速整流二极管和开关二极管比较

表 6-4 列出了一些典型肖特基二极管、快恢复二极管、高速整流二极管和开关二极管的参数。从表 6-4 中列出的参数可以看出各元件的一些特点，比如肖特基二极管平均整流电流（工作电流）最大，正向导通电压低，反向恢复时间短，反向峰值电压（反向最高工作电压）低，开关二极管反向恢复时间很短，但工作电流很小，故只适合小电流整流或用作开关。

表 6-4　一些典型肖特基二极管、快恢复二极管、高速整流二极管和开关二极管的参数

半导体器件名称	典型产品型号	平均整流电流 I_d/A	正向导通电压		反向恢复时间 t_{rr}/ns	反向峰值电压 U_{RM}/V
			典型值 U_F/V	最大值 U_{FM}/V		
肖特基二极管	161CMQ050	160	0.4	0.8	<10	50
超快恢复二极管	MUR30100A	30	0.6	1.0	35	1000
快恢复二极管	D25-02	15	0.6	1.0	400	200
硅高频整流管	PR3006	8	0.6	1.2	400	800
硅高速开关二极管	1N4148	0.15	0.6	1.0	4	100

第 7 章

三极管

三极管是一种电子电路中应用广泛的半导体元器件。它有放大、饱和和截止三种状态，因此不但可在电路中用来放大信号，还可当作电子开关使用。

7.1 三极管

7.1.1 外形与符号

三极管又称晶体三极管，是一种具有放大功能的半导体器件。图 7-1（a）所示是一些常见的三极管实物外形，电路符号如图 7-1（b）所示。

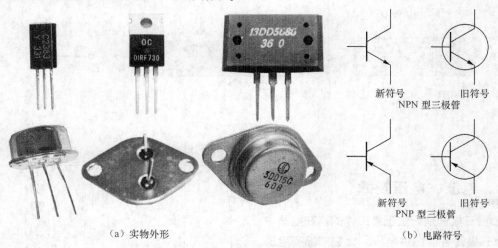

（a）实物外形　　　　　　　　　　　　　　　　（b）电路符号

图 7-1　三极管的实物外形和电路符号

7.1.2 结构

三极管有 **PNP** 型和 **NPN** 型两种。PNP 型三极管的构成如图 7-2 所示。

将两个 P 型半导体和一个 N 型半导体按图 7-2（a）所示的方式结合在一起，两个 P 型半导体中的正电荷会向中间的 N 型半导体移动，N 型半导体中的负电荷会向两个 P 型半导体移动，结果在 P、

N型半导体的交界处形成PN结，如图7-2（b）所示。

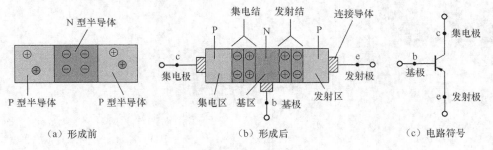

| （a）形成前 | （b）形成后 | （c）电路符号 |

图7-2　PNP型三极管的构成

在两个P型半导体和一个N型半导体上通过连接导体各引出一个电极，然后封装起来就构成了三极管。三极管的三个电极分别称为集电极（用**c**或**C**表示）、基极（用**b**或**B**表示）和发射极（用**e**或**E**表示）。PNP型三极管的电路符号如图7-2（c）所示。

三极管内部有两个**PN**结，其中基极和发射极之间的**PN**结称为发射结，基极与集电极之间的**PN**结称为集电结。两个PN结将三极管内部分作三个区，与发射极相连的区称为发射区，与基极相连的区称为基区，与集电极相连的区称为集电区。发射区的半导体掺入杂质多，故有大量的电荷，便于发射电荷；集电区掺入的杂质少且面积大，便于收集发射区送来的电荷；基区处于两者之间，发射区流向集电区的电荷要经过基区，故基区可控制发射区流向集电区电荷的数量，基区就像设在发射区与集电区之间的关卡。

NPN型三极管的构成与PNP型三极管类似，它是由两个N型半导体和一个P型半导体构成的。具体如图7-3所示。

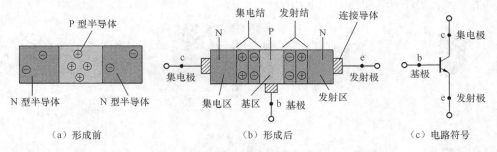

| （a）形成前 | （b）形成后 | （c）电路符号 |

图7-3　NPN型三极管的构成

7.1.3　电流、电压规律

单独三极管是无法正常工作的，在电路中需要为三极管各极提供电压，让它内部有电流流过，这样的三极管才具有放大能力。为三极管各极提供电压的电路称为偏置电路。

1. PNP型三极管的电流、电压规律

图7-4（a）所示为PNP型三极管的偏置电路，从图7-4（b）可以清楚地看出三极管内部电流情况。

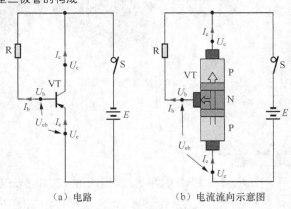

（a）电路　　　（b）电流流向示意图

图7-4　PNP型三极管的偏置电路

（1）电流关系

在图 7-4（a）所示的电路中，当闭合电源开关 S 后，电源输出的电流马上流过三极管，三极管导通。**流经发射极的电流称为 I_e 电流，流经基极的电流称为 I_b 电流，流经集电极的电流称为 I_c 电流。**

I_e、I_b、I_c 电流的途径分别如下所示。

① I_e 电流的途径：电源的正极输出→流入三极管 VT 的发射极→在三极管内部分作两路：一路从 VT 的基极流出，此为 I_b 电流；另一路从 VT 的集电极流出，此为 I_c 电流。

② I_b 电流的途径：VT 基极流出→流经电阻 R →开关 S →电源的负极。

③ I_c 电流的途径：VT 集电极流出→开关 S →电源的负极。

从图 7-4（b）可以看出，流入三极管的 I_e 电流在内部分成 I_b 和 I_c 电流，即发射极流入的 I_e 电流在内部分成 I_b 和 I_c 电流分别从基极和发射极流出。

不难看出，**PNP 型三极管的 I_e、I_b、I_c 电流的关系是：$I_b+I_c=I_e$，并且 I_c 电流要远大于 I_b 电流。**

（2）电压关系

在图 7-4 电路中，PNP 型三极管 VT 的发射极直接接电源的正极，集电极直接接电源的负极，基极通过电阻 R 接电源的负极。根据电路中电源正极电压最高、负极电压最低可判断出，三极管发射极电压 U_e 最高，集电极电压 U_c 最低，基极电压 U_b 处于两者之间。

PNP 型三极管 U_e、U_b、U_c 电压之间的关系是：

$$U_e>U_b>U_c$$

$U_e>U_b$ 可以使发射区的电压较基区的电压高，两区之间的发射结（PN 结）导通，这样发射区大量的电荷才能穿过发射结到达基区。PNP 型三极管发射极与基极之间的电压（电位差）U_{eb}（$U_{eb}=U_e-U_b$）称为发射结正向电压。

$U_b>U_c$ 可以使集电区电压较基区电压低，这样才能使集电区有足够的吸引力（电压越低，对正电荷吸引力越大），将基区内大量电荷吸引穿过集电结而到达集电区。

2. NPN 型三极管的电流、电压规律

图 7-5（a）所示为 NPN 型三极管的偏置电路。从图 7-5（a）中可以看出，NPN 型三极管的集电极接电源的正极，发射极接电源的负极，基极通过电阻接电源的正极，这与 PNP 型三极管的连接正好相反。

（1）电流关系

在图 7-5（a）电路中，当开关 S 闭合后，电源输出的电流马上流过三极管，三极管导通。流经发射极的电流称为 I_e 电流，流经基极的电流称为 I_b 电流，流经集电极的电流称为 I_c 电流。

I_e、I_b、I_c 电流的途径分别如下所示。

① I_b 电流的途径：电源的正极输出→开关 S →电阻 R →流入三极管 VT 的基极→基区。

② I_c 电流的途径：电源的正极输出→流入三极管 VT 的集电极→集电区→基区。

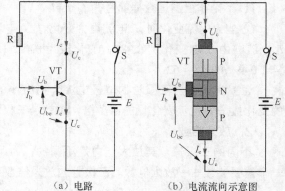

（a）电路　　　　（b）电流流向示意图

图 7-5　NPN 型三极管的偏置电路

③ I_e 电流的途径：三极管集电极和基极流入的 I_b、I_c 在基区汇合→发射区→从发射极输出→电源的负极。

不难看出，**NPN 型三极管 I_e、I_b、I_c 电流的关系是：$I_b+I_c=I_e$，并且 I_c 电流要远大于 I_b 电流。**

（2）电压关系

在图7-5电路中，NPN型三极管的集电极接电源的正极，发射极接电源的负极，基极通过电阻接电源的正极。故 **NPN 型三极管 U_e、U_b、U_c 电压之间的关系是**：

$$U_e < U_b < U_c$$

$U_c > U_b$ 可以使基区电压较集电区电压低，这样基区才能将集电区的电荷吸引穿过集电结而到达基区。

$U_b > U_e$ 可以使发射区的电压较基极的电压低，两区之间的发射结（PN结）导通，基区的电荷才能穿过发射结到达发射区。

NPN 型三极管基极与发射极之间的电压 U_{be}（$U_{be} = U_b - U_e$）称为发射结正向电压。

7.1.4　放大原理

三极管在电路中主要起放大作用，下面以图7-6所示的电路为例来说明三极管的放大原理。

1. 放大原理

给三极管的 3 个极接上 3 个毫安表 mA_1、mA_2 和 mA_3，分别用来测量 I_e、I_b、I_c 电流的大小。RP 电位器用来调节 I_b 的大小，如 RP 滑动端下移时阻值变小，RP 对三极管基极流出的 I_b 电流阻碍减小，I_b 增大。当调节 RP 改变 I_b 大小时，I_c、I_e 也会随之变化，表7-1列出了调节 RP 时毫安表测得的三组数据。

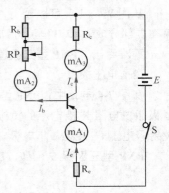

图 7-6　三极管的放大原理说明图

表 7-1　三组 I_e、I_b、I_c 电流数据

	第一组	第二组	第三组
基极电流（I_b）	0.01	0.018	0.028
集电极电流（I_c）	0.49	0.982	1.972
发射极电流（I_e）	0.5	1	2

从表7-1可以看出如下几点。

① 不论哪组测量数据都遵循 $I_b + I_c = I_e$。

② 当 I_b 电流变化时，I_c 电流也会变化。如 I_b 电流由 0.01 增大到 0.018，变化量为 0.008（0.018-0.01），I_c 电流则由 0.49 变化到 0.982，变化量为 0.492（0.982－0.49），I_c 电流变化量是 I_b 电流变化量的 62 倍（0.492/0.008 ≈ 62）。

也就是说，当三极管的基极电流 I_b 有微小的变化时，集电极电流 I_c 会有很大的变化，I_c 电流的变化量是 I_b 电流变化量的很多倍，这就是三极管的放大原理。

2. 放大倍数

不同的三极管，其放大能力是不同的，为了衡量三极管放大能力的大小，需要用到三极管的一个重要参数——放大倍数。三极管的放大倍数可分为直流放大倍数和交流放大倍数。

三极管集电极电流 I_c 与基极电流 I_b 的比值称为三极管的直流放大倍数（用 $\overline{\beta}$ 或 h_{FE} 表示），即：

$$\overline{\beta} = \frac{集电极电流 I_c}{基极电流 I_b}$$

例如，在表7-1中，当 $I_b = 0.018mA$ 时，$I_c = 0.982mA$，三极管直流放大倍数为：

$$\overline{\beta} = \frac{0.982}{0.018} = 55$$

万用表可测量三极管的放大倍数，它测得的放大倍数 h_{FE} 值实际上就是三极管的直流放大倍数。

三极管的集电极电流变化量 ΔI_c 与基极电流变化量 ΔI_b 的比值称为交流放大倍数（用 β 或 h_{FE} 表示），即：

$$\beta = \frac{\text{集电极电流变化量}\Delta I_c}{\text{基极电流变化量}\Delta I_b}$$

以表 7-1 的第一、二组数据为例：

$$\beta = \frac{\Delta I_c}{\Delta I_b} = \frac{0.982 - 0.49}{0.018 - 0.01} = \frac{0.492}{0.008} = 62$$

测量三极管的交流放大倍数至少需要知道两组数据，这样比较麻烦，而测量直流放大倍数比较简单（只要测一组数据即可），又因为直流放大倍数与交流放大倍数相近，所以通常只用万用表测量直流放大倍数来判断三极管放大能力的大小。

7.1.5 截止、放大和饱和状态说明

三极管的状态有三种：截止、放大和饱和。下面以图 7-7 所示的电路为例来说明三极管的三种状态。

1. 三种状态下的电流特点

当开关 S 处于断开状态时，三极管 VT 的基极供电切断，无 I_b 电流流入，三极管内部无法导通，I_c 电流无法流入三极管，三极管发射极也就没有 I_e 电流流出。

三极管无 I_b、I_c、I_e 电流流过的状态（即 I_b、I_c、I_e 都为 0）称为截止状态。

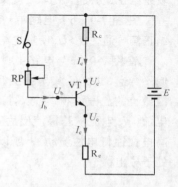

图 7-7 三极管的三种状态
说明图

当开关 S 闭合后，三极管 VT 的基极有 I_b 电流流入，三极管内部导通，I_c 电流从集电极流入三极管，在内部 I_b、I_c 电流汇合后形成 I_e 电流从发射极流出。此时调节电位器 RP，I_b 电流变化，I_c 电流也会随之变化，如当 RP 滑动端下移时，其阻值减小，I_b 电流增大，I_c 也增大，两者满足 $I_c=\beta I_b$ 的关系。

三极管有 I_b、I_c、I_e 电流流过且满足 $I_c=\beta I_b$ 的状态称为放大状态。

在开关 S 处于闭合状态时，如果将电位器 RP 的阻值不断调小，三极管 VT 的基极电流 I_b 就会不断增大，I_c 电流也随之不断增大，当 I_b、I_c 电流增大到一定程度时，I_b 再增大，I_c 不会随之再增大，而是保持不变，此时 $I_c<\beta I_b$。

三极管有很大的 I_b、I_c、I_e 电流流过且满足 $I_c<\beta I_b$ 的状态称为饱和状态。

综上所述，当三极管处于截止状态时，无 I_b、I_c、I_e 电流通过；当三极管处于放大状态时，有 I_b、I_c、I_e 电流通过，并且 I_b 变化时 I_c 也会变化（即 I_b 电流可以控制 I_c 电流），三极管具有放大功能；当三极管处于饱和状态时，有很大的 I_b、I_c、I_e 电流通过，I_b 变化时 I_c 不会变化（即 I_b 电流无法控制 I_c 电流）。

2. 三种状态下 PN 结的特点和各极电压关系

三极管内部有集电结和发射结，在不同状态下这两个 PN 结的特点是不同的。由于 PN 结的结构与二极管相同，在分析时为了方便，可将三极管的两个 PN 结画成二极管的符号。图 7-8 为 NPN 型和 PNP 型三极管的 PN 结示意图。

当三极管处于不同状态时，集电结和发射结也有相对应的特点。**不论是 NPN 型还是 PNP 型三极管，在三种状态下，其发射结和集电结都有如下特点。**

① 处于放大状态时，发射结正偏导通，集电结反偏。

② 处于饱和状态时，发射结正偏导通，集电结也正偏。

③ 处于截止状态时，发射结反偏或正偏但不导通，集电结反偏。

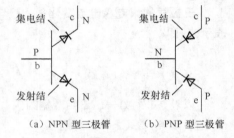

（a）NPN 型三极管　　（b）PNP 型三极管

图 7-8　三极管的 PN 结示意图

正偏是指 PN 结的 P 端电压高于 N 端电压，正偏导通除了要满足 PN 结的 P 端电压大于 N 端电压外，还要求电压要大于门电压（ 0.2 ~ 0.3V 或 0.5 ~ 0.7V ），这样才能让 PN 结导通。反偏是指 PN 结的 N 端电压高于 P 端电压。

不管哪种类型的三极管，只要记住三极管某种状态下两个 PN 结的特点，就可以很容易推断出三极管在该状态下的电压关系，反之，也可以根据三极管的各极电压关系推断出该三极管处于什么状态。

在图 7-9（a）电路中，NPN 型三极管 VT 的 U_c=4V、U_b=2.5V、U_e=1.8V，其中 U_b-U_e=0.7V 使发射结正偏导通，U_c>U_b 使集电结反偏，该三极管处于放大状态。

在图 7-9（b）电路中，NPN 型三极管 VT 的 U_c=4.7V、U_b=5V、U_e=4.3V，U_b-U_e=0.7V 使发射结正偏导通，U_b>U_c 使集电结正偏，三极管处于饱和状态。

在图 7-9（c）电路中，PNP 型三极管 VT 的 U_c=6V、U_b=6V、U_e=0V，U_e-U_b=0V 使发射结零偏不导通，U_b>U_c 集电结反偏，三极管处于截止状态。从该电路的电流情况也可以判断出三极管是截止的，假设 VT 可以导通，从电源正极输出的 I_e 电流经 R_e 从发射极流入，在内部分成 I_b、I_c 电流，I_b 电流从基极流出后就无法继续流动（不能通过 RP 返回到电源的正极，因为电流只能从高电位往低电位流动），所以 VT 的 I_b 电流实际上是不存在的，无 I_b 电流，也就无 I_c 电流，故 VT 处于截止状态。

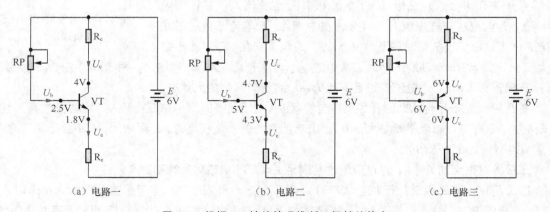

（a）电路一　　　　　　　　（b）电路二　　　　　　　　（c）电路三

图 7-9　根据 PN 结的情况推断三极管的状态

三极管三种状态的特点见表 7-2。

表 7-2　三极管三种状态的特点

项目	放大	饱和	截止
电流关系	I_b、I_c、I_e 大小正常，且 I_c=βI_b	I_b、I_b、I_e 很大，且 I_c<βI_b	I_b、I_c、I_e 都为 0
PN 结特点	发射结正偏导通，集电结反偏	发射结正偏导通，集电结正偏	发射结反偏或正偏不导通，集电结反偏
电压关系	对于 NPN 型三极管，U_c>U_b>U_e 对于 PNP 型三极管，U_e>U_b>U_c	对于 NPN 型三极管，U_b>U_c>U_e 对于 PNP 型三极管，U_e>U_c>U_b	对于 NPN 型三极管，U_c>U_b，U_b<U_e 或 U_{be} 小于门电压 对于 PNP 型三极管，U_c<U_b，U_b>U_e 或 U_{eb} 小于门电压

3. 三种状态的应用电路

三极管可以工作在三种状态，处于不同状态时可以实现不同的功能。当三极管处于放大状态时，可以对信号进行放大，当三极管处于饱和与截止状态时，可以当成电子开关使用。

（1）放大状态的应用电路

在图 7-10（a）电路中，电阻 R_1 的阻值很大，流进三极管基极的电流 I_b 较小，从集电极流入的 I_c 电流也不是很大，I_b 电流变化时 I_c 也会随之变化，故三极管处于放大状态。

当闭合开关 S 后，有 I_b 电流通过 R_1 流入三极管 VT 的基极，马上有 I_c 电流流入 VT 的集电极，从 VT 的发射极流出 I_e 电流，三极管有正常大小的 I_b、I_c、I_e 流过，处于放大状态。这时如果将一个微弱的交流信号经 C_1 送到三极管的基极，三极管就会对它进行放大，然后从集电极输出幅度大的信号，该信号经 C_2 送往后级电路。

要注意的是，当交流信号从基极输入，经三极管放大后从集电极输出时，三极管除了对信号放大外，还会对信号进行倒相再从集电极输出。若交流信号从基极输入、从发射极输出时，三极管会对信号进行放大但不会倒相，如图 7-10（b）所示。

（2）饱和与截止状态的应用电路

三极管饱和与截止状态的应用电路如图 7-11 所示。

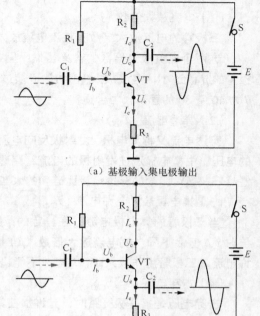

（a）基极输入集电极输出

（b）基极输入发射极输出

图 7-10　三极管放大状态的应用电路

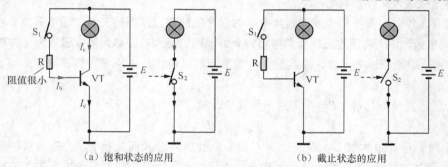

（a）饱和状态的应用　　　　　（b）截止状态的应用

图 7-11　三极管饱和与截止状态的应用电路

在图 7-11（a）中，当闭合开关 S_1 后，有 I_b 电流经 S_1、R 流入三极管 VT 的基极，马上有 I_c 电流流入 VT 的集电极，然后从发射极输出 I_e 电流，由于 R 的阻值很小，故 VT 基极电压很高，I_b 电流很大，I_c 电流也很大，并且 $I_c < \beta I_b$，三极管处于饱和状态。三极管进入饱和状态后，从集电极流入、发射极流出的电流很大，三极管集射极之间就相当于一个闭合的开关。

在图 7-11（b）中，当开关 S_1 断开后，三极管基极无电压，基极无 I_b 电流流入，集电极无 I_c 电流流入，发射极也就没有 I_e 电流流出，三极管处于截止状态。三极管进入截止状态后，集电极电流无法流入、发射极无电流流出，三极管集射极之间就相当于一个断开的开关。

三极管处于饱和与截止状态时，集射极之间分别相当于开关闭合与断开，由于三极管具有这种性质，故在电路中可以当作电子开关（依靠电压来控制通断）使用，当三极管基极加较高的电压时，集射极之间通，当基极不加电压时，集射极之间断。

7.1.6 主要参数

三极管的主要参数如下。

（1）电流放大倍数

三极管的电流放大倍数有直流电流放大倍数和交流电流放大倍数。具体介绍如前面所述。

这两个电流放大倍数的含义虽然不同，但两者近似相等，故在以后应用时一般不加区分。三极管的 β 值过小，电流放大作用小；β 值过大，三极管的稳定性会变差。在实际使用时，一般选用 β 为 40 ~ 80 的管子较为合适。

（2）穿透电流（I_{CEO}）

穿透电流又称集电极 - 发射极反向电流，它是指在基极开路时，给集电极与发射极之间加一定的电压，由集电极流往发射极的电流。穿透电流的大小受温度的影响较大，穿透电流越小，热稳定性越好，通常锗管的穿透电流比硅管的大些。

（3）集电极最大允许电流（I_{CM}）

当三极管的集电极电流 I_c 在一定的范围内变化时，其 β 值基本保持不变，但当 I_c 增大到某一值时，β 值会下降。**使电流放大倍数（β）明显减小（约减小到 2/3β）的 I_c 电流称为集电极最大允许电流。**三极管用作放大时，I_c 电流不能超过 I_{CM}。

（4）击穿电压 [$U_{BR(CEO)}$]

击穿电压是指基极开路时，允许加在集 - 射极之间的最高电压。在使用时，若三极管集 - 射极之间的电压 $U_{CE} > U_{BR(CEO)}$，集电极电流 I_c 将急剧增大，这种现象称为击穿。击穿的三极管属于永久损坏，故选用三极管时要注意其反向击穿电压不能低于电路的电源电压，一般三极管的反向击穿电压应是电源电压的两倍。

（5）集电极最大允许功耗（P_{CM}）

三极管在工作时，集电极电流流过集电结时会产生热量，从而使三极管温度升高。**在规定的散热条件下，集电极电流 I_c 在流过三极管集电极时允许消耗的最大功率称为集电极最大允许功耗（P_{CM}）。**当三极管的实际功耗超过 P_{CM} 时，温度会上升很高而其被烧坏。三极管散热良好时的 P_{CM} 较正常时要大。

集电极的最大允许功耗（P_{CM}）可用下面式子计算：

$$P_{CM}=I_c \cdot U_{CE}$$

三极管的 I_c 电流过大或 U_{CE} 电压过高，都会导致功耗过大而超出 P_{CM}。三极管手册上列出的 P_{CM} 值是在常温下 25℃时测得的。硅管的集电结上限温度为 150℃左右，锗管为 70℃左右，使用时应注意不要超过此值，否则管子将损坏。

（6）特征频率（f_T）

在工作时，三极管的放大倍数 β 会随着信号的频率升高而减小。**使三极管的放大倍数（β）下降到 1 的频率称为三极管的特征频率。**当信号频率等于 f_T 时，三极管对该信号将失去电流放大功能；信号频率大于 f_T 时，三极管将不能正常工作。

7.1.7 用指针万用表检测三极管

三极管的检测包括类型检测、电极检测和好坏检测。

1. 类型检测

三极管类型有 NPN 型和 PNP 型，三极管的类型可用万用表欧姆挡进行检测。

（1）检测规律

NPN 型和 PNP 型三极管的内部都有两个 PN 结，故三极管可视为两个二极管的组合，万用表在测量三极管任意两个引脚之间的阻值时有 6 种情况，如图 7-12 所示。

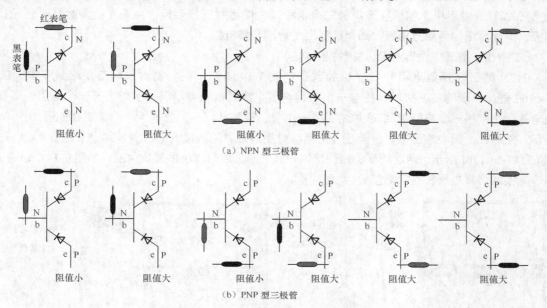

（a）NPN 型三极管

（b）PNP 型三极管

图 7-12　万用表检测三极管任意两脚的 6 种情况

从图 7-12 中不难得出这样的规律：当黑表笔接 P 端、红表笔接 N 端时，测得的是 PN 结的正向电阻，该阻值小；当黑表笔接 N 端，红表笔接 P 端时，测得的是 PN 结的反向电阻，该阻值很大（接近无穷大）；当黑、红表笔接的两极都为 P 端（或两极都为 N 端）时，测得的阻值大（两个 PN 结不会导通）。

（2）类型检测

三极管的类型检测如图 7-13 所示。在检测时，将万用表拨至 R×100 或 R×1k 挡，测量三极管任意两脚之间的电阻，当测量出现一次阻值小时，黑表笔接的为 P 极，红表笔接的为 N 极，如图 7-13（a）所示；然后黑表笔不动（即让黑表笔仍接 P），将红表笔接到另外一个极，有两种可能：若测得的阻值很大，红表笔接的极一

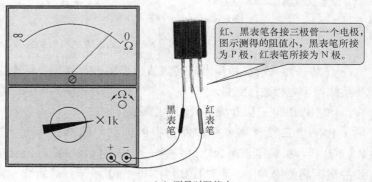

红、黑表笔各接三极管一个电极，图示测得的阻值小，黑表笔所接为 P 极，红表笔所接为 N 极。

（a）测量时阻值小

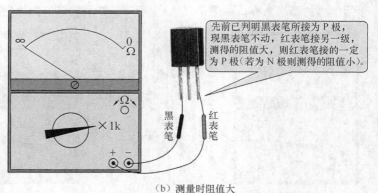

先前已判明黑表笔所接为 P 极，现黑表笔不动，红表笔接另一级，测得的阻值大，则红表笔接的一定为 P 极（若为 N 极则测得的阻值小）。

（b）测量时阻值大

图 7-13　三极管类型的检测

定是 P 极，该三极管为 PNP 型，红表笔先前接的极为基极，如图 7-13（b）所示；若测得的阻值小，则红表笔接的为 N 极，则该三极管为 NPN 型，黑表笔所接为基极。

2. 集电极与发射极的检测

三极管有发射极、基极和集电极三个电极，在使用时不能混用，由于在检测类型时已经找出基极，下面介绍如何用万用表欧姆挡检测出发射极和集电极。

（1）NPN 型三极管集电极和发射极的判别

NPN 型三极管集电极和发射极的判别如图 7-14 所示。在判别时，将万用表置于 R×1k 或 R×100 挡，黑表笔接基极以外任意一个极，再用手接触该极与基极（手相当于一个电阻，即在该极与基极之间接一个电阻），红表笔接另外一个极，测量并记下阻值的大小，该过程如图 7-14（a）所示；然后红、黑表笔互换，手再捏住基极与对换后黑表笔所接的极，测量并记下阻值大小，该过程如图 7-14（b）所示。两次测量会出现阻值一大一小，以阻值小的那次为准，如图 7-14（a）所示，黑表笔接的为集电极，红表笔接的为发射极。

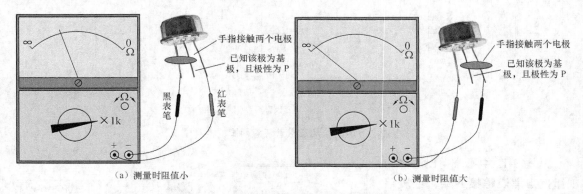

图 7-14　NPN 型三极管的发射极和集电极的判别

注意：如果两次测量出来的阻值大小区别不明显，可先将手沾点水，让手的电阻减小，再用手接触两个电极进行测量。

（2）PNP 型三极管集电极和发射极的判别

PNP 型三极管集电极和发射极的判别如图 7-15 所示。在判别时，将万用表置于 R×1k 或 R×100 挡，红表笔接基极以外任意一个极，再用手接触该极与基极，黑表笔接余下的一个极，测量并记下阻值的大小，该过程如图 7-15（a）所示；然后红、黑表笔互换，手再接触基极与对换后红表笔所接的极，测量并记下阻值大小，该过程如图 7-15（b）所示。两次测量会出现阻值一大一小，以阻值小的那次为准，如图 7-15（a）所示，红表笔接的为集电极，黑表笔接的为发射极。

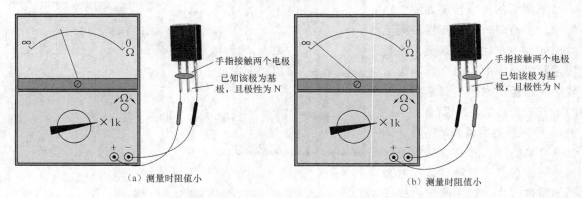

图 7-15　PNP 型三极管的发射极和集电极的判别

（3）利用 hFE 挡来判别发射极和集电极

如果万用表有 hFE 挡（三极管放大倍数测量挡），可利用该挡判别三极管的电极，这种方法应在已检测出三极管的类型和基极时使用。

利用万用表的三极管放大倍数挡来判别极性的测量过程如图 7-16 所示。在测量时，将万用表拨至 hFE 挡（三极管放大倍数测量挡），再根据三极管类型选择相应的插孔，并将基极插入基极插孔中，另外两个未知极分别插入另外两个插孔中，记下此时测得的放大倍数值，如图 7-16(a)所示；然后让三极管的基极不动，将另外两个未知极互换插孔，观察这次测得的放大倍数，如图 7-16（b）所示，两次测得的放大倍数会出现一大一小，以放大倍数大的那次为准，如图 7-16（b）所示，c 极插孔对应的电极是集电极，e 极插孔对应的电极为发射极。

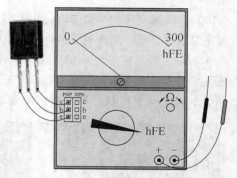

（a）测得的放大倍数小

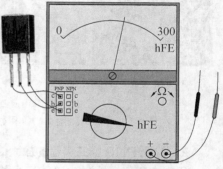

（b）测得的放大倍数大

图 7-16　利用万用表的三极管放大倍数挡来判别发射极和集电极

3. 好坏检测

三极管的好坏检测具体包括下面内容。

① 测量集电结和发射结的正、反向电阻。

三极管内部有两个 PN 结，任意一个 PN 结损坏，三极管就不能使用，所以三极管检测先要测量两个 PN 结是否正常。检测时，将万用表拨至 R×100 或 R×1k 挡，测量 PNP 型或 NPN 型三极管集电极和基极之间的正、反向电阻（即测量集电结的正、反向电阻），然后再测量发射极与基极之间的正、反向电阻（即测量发射结的正、反向电阻）。正常时，集电结和发射结正向电阻都比较小，几百欧姆至几千欧姆，反向电阻都很大，几百千欧姆至无穷大。

② 测量集电极与发射极之间的正、反向电阻。

对于 PNP 管，红表笔接集电极，黑表笔接发射极，测得的为正向电阻，正常为十几千欧姆至几百千欧姆（用 R×1k 挡测得），互换表笔测得的为反向电阻，与正向电阻阻值相近；对于 NPN 型三极管，黑表笔接集电极，红表笔接发射极，测得的为正向电阻，互换表笔测得的为反向电阻，正常时正、反向电阻阻值相近，几百千欧姆至无穷大。

如果三极管任意一个 PN 结的正、反向电阻不正常，或发射极与集电极之间正、反向电阻不正常，说明三极管损坏。如发射结正、反向电阻阻值均为无穷大，说明发射结开路；集射极之间阻值为 0，说明集射极之间击穿短路。

综上所述，一个三极管的好坏检测需要进行 6 次测量：其中测发射结正、反向电阻各一次（两次），集电结正、反向电阻各一次（两次）和集射极之间的正、反向电阻各一次（两次）。只有这 6 次检测都正常才能说明三极管是正常的，只要有一次测量发现不正常，该三极管就不能使用。

7.1.8　用数字万用表检测三极管

1. 检测三极管的类型并找出基极

用数字万用表检测三极管的类型并找出基极如图 7-17 所示。测量时万用表选择二极管测量挡，正、反向测量三极管任意两个引脚，当某次测量显示

7-1：PNP 型三极管的检测

0.100 ~ 0.800 范围内的数值时，如图 7-17（b）所示，红表笔接的为三极管的 P 极，黑表笔接的为 N 极；然后红表笔不动，黑表笔接另外一个引脚，若测量显示 0.100 ~ 0.800 范围内的数值，如图 7-17（c）所示，则黑表笔所接为 N 极，该三极管有两个 N 极和一个 P 极，类型为 NPN 型，红表笔接的为 P 极且为基极；如果测量显示"OL"符号（表示测量时未导通），则黑表笔所接为 P 极，该三极管有两个 P 极和一个 N 极，类型为 PNP 型，黑表笔先前接的极为基极。

（a）测量某两个引脚时不导通　　（b）测量时导通（红表笔接的为 P 极，　　（c）测量时导通（红表笔接的
　　　　　　　　　　　　　　　　　　黑表笔接的为 N 极）　　　　　　　为 P 极，黑表笔接的为 N 极）

图 7-17　用数字万用表检测三极管的类型并找出基极

2. 检测 PNP 型三极管的放大倍数并区分出集电极和发射极

用数字万用表检测 PNP 型三极管的放大倍数并区分出集电极和发射极如图 7-18 所示。测量时万用表选择 hFE 挡（三极管放大倍数挡），然后将 PNP 型三极管的基极插入 PNP 型三极管测量孔的 B 插孔，另外两极分别插入 E、C 插孔，如果测量显示的放大倍数很小，如图 7-18（a）所示，可将三极管基极以外的两极互换插孔，正常会显示较大的放大倍数，如图 7-18（b）所示，此时 E 插孔插入的为三极管的 E 极（发射极），C 插孔插入的为 C 极（集电极），因为三极管各个引脚的极性只有与三极管测量插孔极性完全对应，三极管的放大倍数才最大。

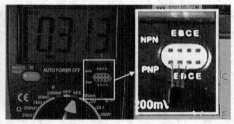

（a）测得的放大倍数小　　　　　　　　　（b）测得的放大倍数大

图 7-18　用数字万用表检测 PNP 型三极管的放大倍数并区分出集电极和发射极

3. 检测 NPN 型三极管的放大倍数并区分出集电极和发射极

用数字万用表检测 NPN 型三极管的放大倍数并区分出集电极和发射极如图 7-19 所示。测量时万用表选择 hFE 挡（三极管放大倍数挡），然后将 NPN 型三极管的基极插入 NPN 型三极管测量孔的 B 插孔，另外两极分别插入 E、C 插孔，如果显示的放大倍数很大，图 7-19 中显示的放大倍数为 220 倍，该值是三极管的正常放大倍数，此

图 7-19　用数字万用表检测 NPN 型三极管的放大倍数并区分出集电极和发射极

时 E 插孔插入的为三极管的 E 极（发射极），C 插孔插入的为 C 极（集电极）。

7.2 特殊三极管

7.2.1 带阻三极管

1. 外形与符号

带阻三极管是指基极和发射极接有电阻并封装为一体的三极管。带阻三极管常用在电路中作为电子开关。带阻三极管的外形和电路符号如图 7-20 所示。

2. 检测

带阻三极管的检测与普通三极管检测基本类似，但由于内部接有电阻，故检测出来的阻值大小稍有不同。以图 7-20（b）中的 NPN 型带阻三极管为例，检测时万用表选择 R×1k 挡，测量 B、E、C 极任意两极之间的正、反向电阻，若带阻三极管正常，则有下面的规律。

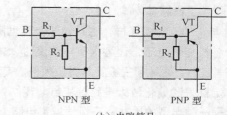

（a）外形

（b）电路符号

图 7-20　带阻三极管外形和电路符号

B、E 极之间正、反向电阻都比较小（具体大小与 R_1、R_2 值有关），但 B、E 极之间的正向电阻（黑表笔接 B 极、红表笔接 E 极测得）会略小一点，因为测正向电阻时发射结会导通。

B、C 极之间正向电阻（黑表笔接 B 极，红表笔接 C 极）小，反向电阻接近无穷大。

C、E 极之间正、反向电阻都接近无穷大。

检测时如果与上述结果不符，则为带阻三极管损坏。

7.2.2 带阻尼三极管

1. 外形与符号

带阻尼三极管是指在集电极和发射极之间接有二极管并封装为一体的三极管。带阻尼三极管功率很大，常用在彩色电视机和电脑显示器的扫描输出电路中。带阻尼三极管的外形和电路符号如图 7-21 所示。

2. 检测

在检测带阻尼三极管时，万用表选择 R×1k 挡，测量 B、E、C 极任意两极之间的正、反向电阻，若带阻尼三极管正常，则有下面的规律。

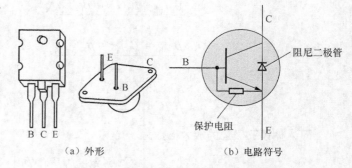

（a）外形　　　　　　（b）电路符号

图 7-21　带阻尼三极管的外形和电路符号

B、E 极之间正、反向电阻都比较小，但 B、E 极之间的正向电阻（黑表笔接 B 极，红表笔接 E 极）

会略小一点。

B、C 极之间正向电阻（黑表笔接 B 极，红表笔接 C 极）小，反向电阻接近无穷大。

C、E 极之间正向电阻（黑表笔接 C 极，红表笔接 E 极）接近无穷大，反向电阻很小（因为阻尼二极管会导通）。

检测时如果与上述结果不符，则为带阻尼三极管损坏。

7.2.3　达林顿三极管

1. 外形与符号

达林顿三极管又称复合三极管，它是由两只或两只以上的三极管组成并封装为一体的三极管。达林顿三极管的外形和电路符号如图 7-22 所示。

2. 工作原理

与普通三极管一样，达林顿三极管也需要给各极提供电压，让各极有电流流过，才能正常工作。达林顿三极管具有放大倍数高、热稳定性好和简化放大电路等优点。图 7-23 所示是一种典型的达林顿三极管偏置电路。

接通电源后，达林顿三极管 C、B、E 极得到供电，内部的 VT_1、VT_2 均导通，VT_1 的 I_{b1}、I_{c1}、I_{e1} 电流和 $VT2$ 的 I_{b2}、I_{c2}、I_{e2} 电流途径见图 7-23 中箭头所示。达林顿三极管的放大倍数 β 与 VT_1、VT_2 的放大倍数 β_1、β_2 有如下的关系。

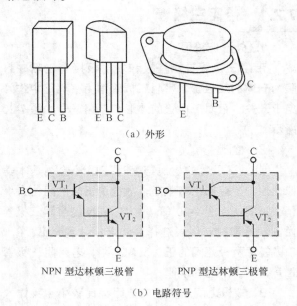

（a）外形

NPN 型达林顿三极管　　　　PNP 型达林顿三极管

（b）电路符号

图 7-22　达林顿三极管的外形和电路符号

$$\beta = \frac{I_c}{I_b} = \frac{I_{c1} + I_{c2}}{I_{b1}} = \frac{\beta_1 I_{b1} + \beta_2 I_{b2}}{I_{b1}}$$

$$= \frac{\beta_1 I_{b1} + \beta_2 I_{e2}}{I_{b1}}$$

$$= \frac{\beta_1 I_{b1} + \beta_2 (I_{b1} + \beta_1 I_{b1})}{I_{b1}}$$

$$= \frac{\beta_1 I_{b1} + \beta_2 I_{b1} + \beta_2 \beta_1 I_{b1}}{I_{b1}}$$

$$= \beta_1 + \beta_2 + \beta_2 \beta_1$$

$$\approx \beta_2 \beta_1$$

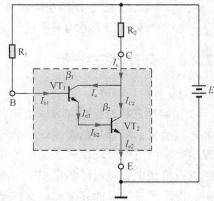

图 7-23　达林顿三极管偏置电路

即达林顿三极管的放大倍数为

$$\beta = \beta_1 \beta_2 \cdots \beta_n$$

3. 用指针万用表检测达林顿三极管

以检测图 7-22（b）所示的 NPN 型达林顿三极管为例，在检测时，万用表选择 R×10k 挡，测量 B、E、C 极任意两极之间的正、反向电阻，若达林顿三极管正常，则有下面的规律。

B、E 极之间正向电阻（黑表笔接 B 极，红表笔接 E 极）小，反向电阻接近无穷大。

B、C 极之间正向电阻（黑表笔接 B 极，红表笔接 C 极）小，反向电阻接近无穷大。

C、E 极之间正、反向电阻都接近无穷大。

检测时如果与上述结果不符，则为达林顿三极管损坏。

4．用数字万用表检测达林顿三极管

（1）检测类型和各电极

用数字万用表检测达林顿三极管的类型和各电极如图 7-24 所示。测量时万用表选择二极管测量挡，正、反向测量任意两个引脚，当某次测量时显示 0.800 ～ 1.400 范围内的数值，如图 7-24（a）所示，表明有两个 PN 结串联导通，红表笔接的引脚为 P 极，黑表笔接的引脚为 N 极；然后红表笔不动，黑表笔接另外一个引脚，如果测量显示 0.400 ～ 0.700 范围内的数值，如图 7-24（b）所示，则黑表笔接的引脚为 N 极，该达林顿三极管为 NPN 型，红表笔接的引脚为基极；如果测量显示溢出符号 "OL"，则黑表笔接的引脚为 P 极，该达林顿三极管为 PNP 型，黑表笔先前接的引脚为基极。

7-3：达林顿（复合）三极管的检测

（2）检测 B、E 极之间有无电阻

有些达林顿三极管在 B、E 极之间接有电阻，可利用数字万用表的电阻挡来检测两极之间有无电阻，同时还能检测出电阻阻值的大小，在用数字万用表的电阻挡测量 PN 结时，PN 结一般不会导通。

用数字万用表检测达林顿三极管 B、E 极之间有无电阻如图 7-25 所示。测量时万用表选择 20kΩ 挡，红表笔接达林顿三极管 B 极，黑表笔接 E 极，测量显示阻值为 8.18kΩ，如图 7-25（a）所示；再将红、黑表笔互换测量，测量显示阻值为 8.17kΩ，如图 7-25（b）所示，经上述两步测量可知，达林顿三极管 B、E 极之间有电阻，阻值为 8.17kΩ。

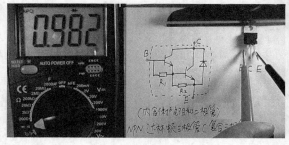

（a）显示 0.800 ～ 1.400 范围内的数值表示有两个 PN 结串联导通

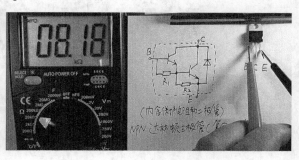

（a）正向测量 B、E 极

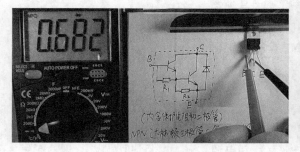

（b）显示 0.400 ～ 0.700 范围内的数值表示一个 PN 结导通

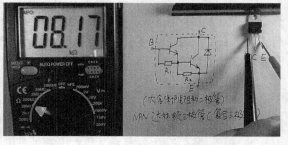

（b）反向测量 B、E 极

图 7-24　用数字万用表检测达林顿三极管的类型和各电极

图 7-25　用数字万用表检测达林顿三极管 B、E 极之间有无电阻

第8章

晶闸管

8.1 单向晶闸管

8.1.1 外形与符号

单向晶闸管又称单向可控硅（**SCR**），它有三个电极，分别是阳极（**A**）、阴极（**K**）和门极（**G**）。
图 8-1（a）所示为一些常见的单向晶闸管的实物外形，图 8-1（b）所示为单向晶闸管的电路符号。

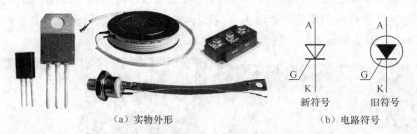

（a）实物外形　　　　　　（b）电路符号

图 8-1　单向晶闸管的实物外形和电路符号

8.1.2 结构原理

1. 结构

单向晶闸管的内部结构和等效图如图 8-2 所示。单向晶闸管
有三个极：A 极（阳极）、G 极（门极）和 K 极（阴极）。单向
晶闸管内部结构如图 8-2（a）所示，它相当于 PNP 型三极管和
NPN 型三极管以图 8-2（b）所示的方式连接而成。

2. 工作原理

下面以图 8-3 所示的电路为例来说明单向晶闸管的工作
原理。

电源 E_2 通过 R_2 为晶闸管 A、K 极提供正向电压 U_{AK}，电源
E_1 经电阻 R_1 和开关 S 为晶闸管 G、K 极提供正向电压 U_{GK}，当
开关 S 处于断开状态时，VT_1 无 I_{b1} 电流而无法导通，VT_2 也无
法导通，晶闸管处于截止状态，I_2 电流为 0。

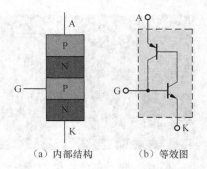

（a）内部结构　　（b）等效图

图 8-2　单向晶闸管的内部结构和等
效图

如果将开关 S 闭合，电源 E_1 马上通过 R_1、S 为 VT_1 提供 I_{b1} 电流，VT_1 导通，VT_2 也导通（VT_2 的 I_{b2} 电流经过 VT_1 的 c、e 极），VT_2 导通后，它的 I_{c2} 电流与 E_1 提供的电流汇合形成更大的 I_{b1} 电流流经 VT_1 的发射结，VT_1 导通更深，I_{c1} 电流更大，VT_2 的 I_{b2} 也增大（VT_2 的 I_{b2} 与 VT_1 的 I_{c1} 相等），I_{c2} 增大，这样会形成强烈的正反馈，正反馈过程是：

$$I_{b1}\uparrow \rightarrow I_{c1}\uparrow \rightarrow I_{b2}\uparrow \rightarrow I_{c2}\uparrow$$

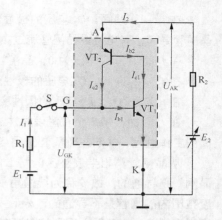

图 8-3　单向晶闸管的工作原理

正反馈使 VT_1、VT_2 都进入饱和状态，I_{b2}、I_{c2} 都很大，I_{b2}、I_{c2} 都由 VT_2 的发射极流入，也即晶闸管 A 极流入，I_{b2}、I_{c2} 电流在内部流经 VT_1、VT_2 后从 K 极输出。很大的电流从晶闸管 A 极流入，然后从 K 极流出，相当于晶闸管导通。

晶闸管导通后，若断开开关 S，I_{b2}、I_{c2} 电流继续存在，晶闸管继续导通。这时如果慢慢调低电源 E_2 的电压，流入晶闸管 A 极的电流（即图 8-3 中的 I_2 电流）也慢慢减小，当电源电压调到很低时（接近 0V），流入 A 极的电流接近 0，晶闸管进入截止状态。

综上所述，晶闸管具有以下性质。

① 无论 A、K 极之间加什么电压，只要 G、K 极之间没有加正向电压，晶闸管就无法导通。

② 只有 A、K 极之间加正向电压，并且 G、K 极之间也加一定的正向电压，晶闸管才能导通。

③ 晶闸管导通后，撤掉 G、K 极之间的正向电压后晶闸管仍继续导通。要让导通的晶闸管截止，可采用两种方法：一是让流入晶闸管 A 极的电流减小到某一值 I_H（维持电流），晶闸管会截止；二是让 A、K 极之间的正向电压 U_{AK} 减小到 0 或为反向电压，也可以使晶闸管由导通转为截止。

8.1.3　应用电路

1. 由单向晶闸管构成的可控整流电路

图 8-4 所示是由单向晶闸管构成的单相可控整流电路。

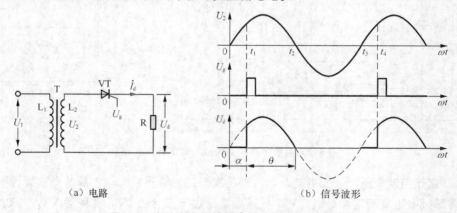

（a）电路　　　　　　　　　　（b）信号波形

图 8-4　由单向晶闸管构成的单相可控整流电路

单相交流电压 U_1 经变压器 T 降压后，在二次侧线圈 L_2 上得到 U_2 电压，该电压送到晶闸管 VT 的 A 极，在晶闸管的 G 极加有 U_g 触发信号（由触发电路产生）。电路工作过程说明如下。

在 0 ~ t_1 期间，U_2 电压的极性是上正下负，上正电压送到晶闸管的 A 极，由于无触发信号到晶闸管的 G 极，晶闸管不导通。

在 t_1 ~ t_2 期间，U_2 电压的极性仍是上正下负，t_1 时刻有一个正触发脉冲送到晶闸管的 G 极，晶闸管导通，有电流经晶闸管流过负载 R。

在 t_2 时刻，U_2 电压为 0，晶闸管由导通转为截止（称作过零关断）。

在 t_2 ~ t_3 期间，U_2 电压的极性变为上负下正，晶闸管仍处于截止。

在 t_3 ~ t_4 时刻，U_2 电压的极性变为上正下负，因无触发信号送到晶闸管的 G 极，晶闸管不导通。

在 t_4 时刻，第二个正触发脉冲送到晶闸管的 G 极，晶闸管又导通。以后电路会重复 0 ~ t_4 期间的工作过程，从而在负载 R 上得到图 8-4（b）所示的直流电压 U_d。

从晶闸管单相半波整流电路工作过程可知，**触发信号能控制晶闸管的导通**，在 θ 角度范围内晶闸管是导通的，故 θ 称为导通角（$0° \leqslant \theta \leqslant 180°$ 或 $0 \leqslant \theta \leqslant \pi$），如图 8-4（b）所示，而在 α 角度范围内晶闸管是不导通的，$\alpha = \pi - \theta$，α 称为控制角。控制角 α 越大，导通角 θ 越小，晶闸管导通时间越短，在负载上得到的直流电压越低。控制角 α 的大小与触发信号出现的时间有关。

单相半波可控整流电路输出电压的平均值 U_d 可用下面公式计算：

$$U_d = 0.45 U_2 \frac{(1 + \cos\alpha)}{2}$$

2．由单向晶闸管构成的交流开关

晶闸管不但有通断状态，而且还有可控性，这与开关性质相似，利用该性质可将晶闸管与一些元件结合起来制成晶闸管开关。与普通开关相比，**晶闸管开关具有动作迅速、无触点、寿命长、没有电弧和噪声等优点**。近年来，晶闸管开关逐渐得到广泛的应用。

图 8-5 所示是由单向晶闸管构成的交流开关电路，虚线框内的电路相当于一个开关，3、4 端接交流电压和负载，交流开关的通断受 1、2 端的控制电压控制（该电压来自控制电路）。

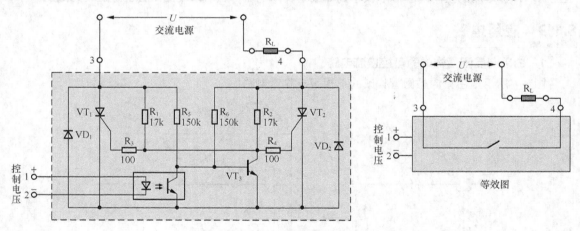

图 8-5　由单向晶闸管构成的交流开关电路

当 1、2 端无控制电压时，光电耦合器内部的发光二极管不发光，内部的光敏管也不导通，三极管 VT_3 因基极电压高而饱和导通，VT_3 导通后集电极电压接近 0V，晶闸管 VT_1、VT_2 的 G 极无触发电压均截止。这时 3、4 端处于开路状态，相当于开关断开。

当 1、2 端有控制电压时，光电耦合器内部的发光二极管发光，内部的光敏管导通，三极管 VT_3 的基极电压被旁路，VT_3 截止，集电极电压很高，该较高的触发电压送到晶闸管 VT_1、VT_2 的 G 极。VT_1、VT_2 导通分下面两种情况。

① 若交流电压 U 的极性是左正右负，该电压对 VT_1 来说是正向电压（$U+$ 对应 VT_1 的 A 极），

对 VT$_2$ 来说是反向电压（U 对应 VT$_2$ 的 A 极），VT$_1$、VT$_2$ 虽然 G 极都有触发电压，但只有 VT$_1$ 导通。VT$_1$ 导通后，有电流流过负载 R$_L$，电流途径是：U 左正 → VT$_1$ → VD$_2$ → R$_L$ → U 右负。

② 若交流电压 U 的极性是左负右正，该电压对 VT$_1$ 来说是负向电压，对 VT$_2$ 来说是正向电压，在触发电压的作用下，只有 VT$_2$ 导通。VT$_2$ 导通后，有电流流过负载 R$_L$，电流途径是：U 右正 → R$_L$ → VT$_2$ → VD$_1$ → U 右负。

也就是说，当 1、2 端无控制电压时，3、4 端之间处于断开状态，电流无法通过；当 1、2 端加有控制电压时，3、4 端之间处于接通状态，电流可以通过 3、4 端。

3. 由单向晶闸管构成的交流调压电路

图 8-6 所示是由单向晶闸管与单结晶体管（双基极二极管）构成的交流调压电路。

电路工作过程说明如下。

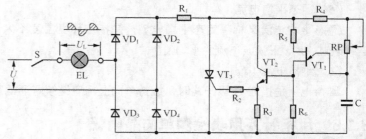

图 8-6　由单向晶闸管构成的交流调压电路

在合上电源开关 S 后，交流电压 U 通过 S、灯泡 EL 加到桥式整流电路输入端。当交流电压为正半周时，U 电压的极性是上正下负，VD$_1$、VD$_4$ 导通，有较小的电流对电容 C 充电，电流途径是：U 上正 → EL → VD$_1$ → R$_1$ → R$_4$ → RP → C → VD$_4$ → U 下负；当交流电压为负半周时，U 电压的极性是上负下正，VD$_2$、VD$_3$ 导通，有较小的电流对电容 C 充电，电流途径是：U 下正 → VD$_2$ → R$_1$ → R$_4$ → RP → C → VD$_3$ → EL → U 上负。交流电压 U 经整流电路对 C 充得上正下负电压，随着充电的进行，C 上的电压逐渐上升，当电压达到单结晶体管 VT$_1$ 的峰值电压时，VT$_1$ 的 E 极与 B1 极之间马上导通，C 通过 VT$_1$ 的 EB1 极、R$_6$ 和 VT$_2$ 的发射结、R$_3$ 放电，放电电流使 VT$_2$ 的发射结导通，VT$_2$ 的集 – 射极之间也导通，VT$_2$ 发射极电压 U_{e2} 升高，U_{e2} 电压经 R$_2$ 加到晶闸管 VT$_3$ 的 G 极，VT$_3$ 导通。VT$_3$ 导通后，有大电流经整流电路和晶闸管 VT$_3$ 流过灯泡 EL，在交流电压 U 过零时，流过 VT$_3$ 的电流为 0，VT$_3$ 自动关断。

从上面的分析可知，只有晶闸管导通时才有大电流流过负载，晶闸管导通时间越长，负载上的有效电压值 U_L 越大，也就是说，只要改变晶闸管的导通时间，就可以调节负载上交流电压有效值的大小。调节电位器 RP 可以改变晶闸管的导通时间，如 RP 滑动端上移，RP 阻值变大，对 C 充电电流减小，C 上电压升高到 VT$_1$ 的峰值电压所需时间延长，晶闸管 VT$_3$ 截止时间会维持较长的时间，即晶闸管截止时间长，导通时间相对会缩短，负载上交流电压有效值会减小。

图 8-6 所示的电路中的灯泡 EL 两端为交流可调电压，如果将 EL 与晶闸管 VT$_3$ 直接串接在一起（接在 VT$_3$ 的 A 极或 K 极），EL 两端得到的将会是直流可调电压。

8.1.4　主要参数

单向晶闸管的主要参数有如下几个。

（1）正向断态重复峰值电压（U_{DRM}）

正向断态重复峰值电压是指在 G 极开路和单向晶闸管阻断的条件下，允许重复加到 A、K 极之间的最大正向峰值电压。一般所说电压为多少伏的单向晶闸管指的就是该值。

（2）反向重复峰值电压（U_{RRM}）

反向重复峰值电压是指在 G 极开路，允许加到单向晶闸管 A、K 极之间的最大反向峰值电压。一般 U_{RRM} 与 U_{DRM} 接近或相等。

（3）控制极触发电压（U_{GT}）

在室温条件下，A、K极之间加6V电压时，使晶闸管从截止转为导通所需的最小控制极（G极）直流电压。

（4）控制极触发电流（I_{GT}）

在室温条件下，A、K极之间加6V电压时，使晶闸管从截止变为导通所需的控制极最小直流电流。

（5）通态平均电流（I_T）

通态平均电流又称额定态平均电流，是指在环境温度不大于40℃和标准的散热条件下，可以连续通过50Hz正弦波电流的平均值。

（6）维持电流（I_H）

维持电流是指在G极开路时，维持单向晶闸管继续导通的最小正向电流。

8.1.5 用指针万用表检测单向晶闸管

单向晶闸管的检测包括判别电极、好坏检测和触发能力的检测。

1. 电极判别

单向晶闸管的电极判别如图8-7所示。

单向晶闸管有A、G、K三个电极，三者不能混用，在使用单向晶闸管前要先检测出各个电极。单向晶闸管的G、K极之间有一个PN结，它具有单向导电性（即正向电阻小、反向电阻大），而A、K极与A、G极之间的正反向电阻都是很大的。根据这个原则，可采用下面的方法来判别单向晶闸管的电极。

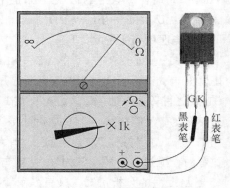

万用表拨至R×100或R×1k挡，测量任意两个电极之间的阻值，如图8-7所示，当测量出现阻值小时，以这次测量为准，黑表笔接的电极为G极，红表笔接的电极为K极，剩下的一个电极为A极。

图8-7 单向晶闸管的电极判别

2. 好坏检测

正常的单向晶闸管除了G、K极之间的正向电阻小、反向电阻大外，其他各极之间的正、反向电阻均接近无穷大。在检测单向晶闸管时，将万用表拨至R×1k挡，测量单向晶闸管任意两极之间的正、反向电阻。

若出现两次或两次以上阻值小，说明单向晶闸管内部有短路。

若G、K极之间的正、反向电阻均为无穷大，说明单向晶闸管G、K极之间开路。

若测量时只出现一次阻值小，并不能确定单向晶闸管一定正常（如G、K极之间正常，A、G极之间出现开路），在这种情况下，需要进一步测量单向晶闸管的触发能力。

3. 触发能力检测

检测单向晶闸管的触发能力实际上就是检测G极控制A、K极之间导通的能力。单向晶闸管触发能力的检测如图8-8所示。

单向晶闸管触发能力的检测如下。

将万用表拨至R×1挡，测量单向晶闸管A、K极之间的正向电阻（黑表笔接A极，红表笔接K极），A、K极之间的阻值正常应接近无穷大，然后用一根导线将A、G极短路，为G极提供触发电压，如果单向晶闸管良好，A、K 极之间应导通，A、K 极之间的阻值马上变小，再将导线移开，让 G 极失去触发电压，此时单向晶闸管还应处于导通状态，A、K 极之间阻值仍很小。

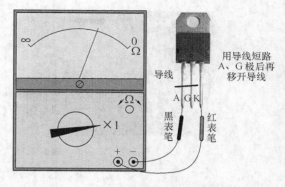

在上面的检测中，若导线短路 A、G 极前后，A、K 极之间的阻值变化不大，说明 G 极失去触发能力，单向晶闸管损坏；若移开导线后，单向晶闸管 A、K 极之间阻值又变大，则为单向晶闸管开路。

注意： 即使单向晶闸管正常，如果使用万用表

图 8-8 单向晶闸管触发能力的检测

高阻挡测量，由于在高阻挡时万用表提供给单向晶闸管的维持电流比较小，有可能不足以维持单向晶闸管继续导通，也会出现移开导线后 A、K 极之间阻值变大，为了避免检测判断失误，应采用 R×1 或 R×10 挡测量。

8.1.6　用数字万用表检测单向晶闸管

1. 电极判别

用数字万用表判别单向晶闸管的电极如图 8-9 所示。测量时，万用表选择二极管测量挡，红、黑表笔测量单向晶闸管任意两引脚，当某次测量值在 0.400 ～ 0.800 范围内，该数值为 PN 结导通电压，如图 8-9（b）所示，红表笔接的为单向晶闸管的 G 极，黑表笔接的为 K 极，余下的电极为 A 极。

8-1：单向晶闸管的检测

（a）测量时未导通

（b）测量时 PN 结导通（红表笔接为 G 极，黑表笔接为 K 极，余下为 A 极）

图 8-9　用数字万用表判别单向晶闸管的电极

2. 触发能力检测

用数字万用表检测单向晶闸管的触发能力如图 8-10 所示。测量时，万用表选择 hFE 挡，将单向晶闸管的 A、K 极分别插入 NPN 型插孔的 C、E 极，如图 8-10（a）所示，此时单向晶闸管的 A、K 极之间不导通，显示屏显示值为 0000，然后用一只金属镊子将 A、G 极短接一下，将 A 极电压加到 G 极，显示屏数值马上变大（3354）且保持，如图 8-10（b）所示，表明单向晶闸管已触发导通，即 A、K 极之间导通且维持，单向晶闸管触发性能正常，如果镊子拿开后，显示的数值又变为 0000，则单向晶闸管性能不良。

| （a）G极无电压时，A、K极之间不导通 | （b）短接A、G极时，A、K极之间导通 |

图 8-10　用数字万用表检测单向晶闸管的触发能力

8.1.7　晶闸管的型号命名方法

国产晶闸管的型号命名主要由下面四部分组成。

第一部分：用字母"**K**"表示主称为晶闸管。

第二部分：用字母表示晶闸管的类别。

第三部分：用数字表示晶闸管的额定通态电流值。

第四部分：用数字表示重复峰值电压级数。

国产晶闸管型号命名及含义见表 8-1。

表 8-1　国产晶闸管的型号命名及含义

第一部分：主称		第二部分：类别		第三部分：额定通态电流		第四部分：重复峰值电压级数	
字母	含义	字母	含义	数字	含义	数字	含义
K	晶闸管（可控硅）	P	普通反向阻断型	1	1A	1	100V
				5	5A	2	200V
				10	10A	3	300V
				20	20A	4	400V
		K	快速反向阻断型	30	30A	5	500V
				50	50A	6	600V
				100	100A	7	700V
				200	200A	8	800V
		S	双向型	300	300A	9	900V
				400	400A	10	1000V
				500	500A	12	1200V
						14	1400V

例如：

KP1-2（1A 200V 普通反向阻断型晶闸管）	KS5-4（5A 400V 双向晶闸管）
K—晶闸管	K—晶闸管
P—普通反向阻断型	S—双向型
1—通态电流 1A	5—通态电流 5A
2—重复峰值电压 200V	4—重复峰值电压 400V

8.2　门极可关断晶闸管

　　门极可关断晶闸管是晶闸管的一种派生器件，简称 **GTO**。它除了具有普通晶闸管的触发导通功能外，还可以通过在 **G**、**K** 极之间加反向电压将晶闸管关断。

8.2.1 外形、结构与符号

门极可关断晶闸管如图 8-11 所示，从图中可以看出，GTO 与普通的晶闸管（SCR）结构相似，但为了实现关断功能，GTO 的两个等效三极管的放大倍数较 SCR 的小，另外制造工艺上也有所改进。

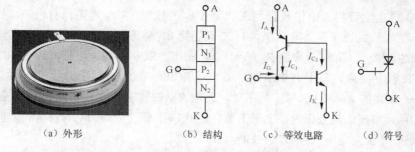

（a）外形 　（b）结构 　（c）等效电路 　（d）符号

图 8-11　门极可关断晶闸管的外形、结构、等效电路和符号

8.2.2 工作原理

门极可关断晶闸管的工作原理说明如图 8-12 所示。

电源 E_3 通过 R_3 为 GTO 的 A、K 极之间提供正向电压 U_{AK}，电源 E_1、E_2 通过开关 S 为 GTO 的 G 极提供正压或负压。当开关 S 置于"1"时，电源 E_1 为 GTO 的 G 极提供正压（$U_{GK}>0$），GTO 导通，有电流从 A 极流入，从 K 极流出；当开关 S 置于"2"时，电源 E_2 为 GTO 的 G 极提供负压（$U_{GK}<0$），GTO 马上关断，电流无法从 A 极流入。

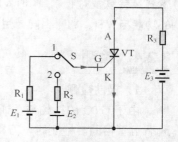

图 8-12　门极可关断晶闸管的工作原理说明

普通晶闸管和 GTO 共同点是给 G 极加正压后都会触发导通，撤去 G 极电压会继续处于导通状态；不同点在于 SCR 的 G 极加负压时仍会导通，而 GTO 的 G 极加负压时会关断。

8.2.3 应用电路

门极可关断晶闸管主要用于高电压、大功率的直流交换电路（斩波电路）和逆变电路中。GTO 导通需要开通信号，截止需要关断信号，图 8-13 所示是一种典型的门极可关断晶闸管驱动电路。

（1）开通控制

要让 GTO 导通，可将开通信号送到三极管 VT_1 的基极，VT_1 导通，有电流流过变压器 T_1 的一次绕组 L_{11}，L_{11} 产生上负下正电动势，T_1 二次绕组 L_{12} 感应出上

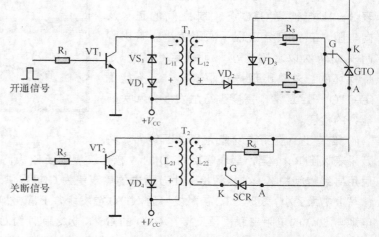

图 8-13　一种典型的门极可关断晶闸管（GTO）驱动电路

负下正的电动势（标小圆点的同名端电压极性相同），该电动势使二极管 VD$_2$ 导通，有电流流过电阻 R$_3$，电流途径是：L$_{12}$ 下正→ VD$_2$ → R$_4$ → R$_3$ → L$_{12}$ 上负，该电流从右往左流过 R$_3$，R$_3$ 上得到左负右正电压，该电压即为 GTO 的 U_{GK} 电压，其对 G、K 极而言是一个正向电压，故 GTO 导通。

（2）关断控制

要让 GTO 截止，可将关断信号送到三极管 VT$_2$ 的基极，VT$_2$ 导通，有电流流过变压器 T$_2$ 的一次绕组 L$_{21}$，L$_{21}$ 产生上正下负电动势，T$_2$ 二次绕组 L$_{22}$ 感应出上正下负的电动势（标小圆点的同名端电压极性相同），该电动势经 R$_6$ 加到单向晶闸管 SCR 的 G、K 极，为 SCR 提供一个正向 U_{GK} 电压，SCR 触发导通，马上有电流流过 GTO、SCR，电流途径是 L$_{22}$ 上正→ GTO 的 A、K 极 → VD$_3$ → R$_4$ → SCR 的 A、K 极→ L$_{22}$ 的下负，此电流从左往右流过 R$_4$，R$_4$ 上得到左正右负电压，该电压与 VD$_3$ 两端电压（电压极性是上正下负，约 0.7V）叠加后即为 GTO 的 U_{GK} 电压，该电压对 G、K 极而言是一个反向电压，故 GTO 关断。

VS$_1$、VD$_1$ 为阻尼吸收电路，开通信号去除后，三极管 VT$_1$ 由导通转为截止，流过 L$_{11}$ 的电流突然减小（变为 0），L$_{11}$ 马上产生上正下负的反电动势（又称反峰电压），该电动势很高，容易击穿 VT$_1$，在 L$_{11}$ 两端并联 VS$_1$ 和 VD$_1$ 后，反电动势先击穿稳压二极管 VS$_1$（VS$_1$ 击穿导通后，电压下降又会恢复截止），同时 VD$_1$ 也导通，反电动势迅速被消耗而下降，不会击穿三极管 VT$_1$。VD$_4$ 的功能与 VS$_1$、VD$_1$ 相同，用于保护三极管 VT$_2$ 不被 L$_{21}$ 产生的反电动势击穿。

8.2.4 检测

1. 极性检测

由于 GTO 的结构与普通晶闸管相似，G、K 极之间都有一个 PN 结，故两者的极性检测与普通晶闸管相同。检测时，万用表选择 R×100 挡，测量 GTO 各引脚之间的正、反向电阻，当出现一次阻值小时，以这次测量为准，黑表笔接的是门极 G，红表笔接的是阴极 K，剩下的一只引脚为阳极 A。

2. 好坏检测

GTO 的好坏检测如图 8-14 所示。

GTO 的好坏检测步骤如下。

第一步：检测各引脚间的阻值。用万用表 R×1k 挡检测 GTO 各引脚之间的正、反向电阻，正常只会出现一次阻值小。若出现两次或两次以上阻值小，可确定 GTO 一定是损坏的；若只出现一次阻值小，还不能确定 GTO 一定正常，需要进行触发能力和关断能力的检测。

第二步：检测触发能力和关断能力。将

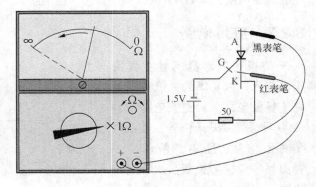

图 8-14 检测 GTO 的好坏

万用表拨至 R×1 挡，黑表笔接 GTO 的 A 极，红表笔接 K 极，此时表针指示的阻值为无穷大，然后用导线瞬间将 A、G 极短接，让万用表的黑表笔为 G 极提供正向触发电压，如果表针指示的阻值马上由大变小，表明 GTO 被触发导通，GTO 触发能力正常。然后按图 8-14 所示的方法将一节 1.5V 电池与 50Ω 的电阻串联，再反接在 GTO 的 G、K 极之间，给 GTO 的 G 极提供负压，如果表针指示的阻值马上由小变大（无穷大），表明 GTO 被关断，GTO 关断能力正常。

检测时，如果测量结果与上述不符，则为 GTO 损坏或性能不良。

8.3　双向晶闸管

8.3.1　符号与结构

双向晶闸管的电路符号与结构如图 8-15 所示，双向晶闸管有三个电极：主电极 **T1**、主电极 **T2** 和控制极 **G**。

8.3.2　工作原理

单向晶闸管只能单向导通，而双向晶闸管可以双向导通。下面以图 8-16（a）所示电路为例来说明双向晶闸管的工作原理。

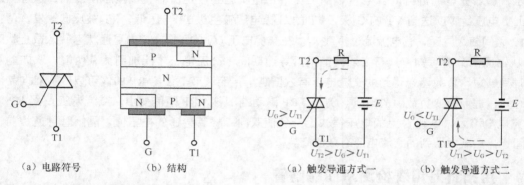

（a）电路符号　　（b）结构

图 8-15　双向晶闸管的电路符号与结构

（a）触发导通方式一　　（b）触发导通方式二

图 8-16　双向晶闸管的两种触发导通方式

• 当 T2、T1 极之间加正向电压（即 $U_{T2}>U_{T1}$）时，如图 8-16（a）所示。

在这种情况下，若 G 极无电压，则 T2、T1 极之间不导通；若在 G、T1 极之间加正向电压（即 $U_G>U_{T1}$），T2、T1 极之间马上导通，电流由 T2 极流入，从 T1 极流出，此时撤去 G 极电压，T2、T1 极之间仍处于导通状态。

也就是说，当 $U_{T2}>U_G>U_{T1}$ 时，双向晶闸管导通，电流由 **T2** 极流向 **T1** 极，撤去 **G** 极电压后，晶闸管继续处于导通状态。

• 当 T2、T1 极之间加反向电压（即 $U_{T2}<U_{T1}$）时，如图 8-16（b）所示。

在这种情况下，若 G 极无电压，则 T2、T1 极之间不导通；若在 G、T1 极之间加反向电压（即 $U_G<U_{T1}$），T2、T1 极之间马上导通，电流由 T1 极流入，从 T2 极流出，此时撤去 G 极电压，T2、T1 极之间仍处于导通状态。

也就是说，当 $U_{T1}>U_G>U_{T2}$ 时，双向晶闸管导通，电流由 **T1** 极流向 **T2** 极，撤去 **G** 极电压后，晶闸管继续处于导通状态。

双向晶闸管导通后，撤去 **G** 极电压，会继续处于导通状态，在这种情况下，要使双向晶闸管由导通状态进入截止状态，可采用以下任意一种方法。

① 让流过主电极 **T1**、**T2** 的电流减小至维持电流以下。

② 让主电极 **T1**、**T2** 之间电压为 **0** 或改变两极间电压的极性。

8.3.3　应用电路

图 8-17 所示是一种由双向晶闸管和双向触发二极管构成的交流调压电路。

电路工作过程说明如下。

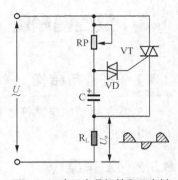

当交流电压 U 正半周到来时，U 的极性是上正下负，该电压经负载 R_L、电位器 RP 对电容 C 充得上正下负的电压，随着充电的进行，当电容 C 的上正下负电压达到一定值时，该电压使双向二极管 VD 导通，电容 C 的正电压经 VD 送到 VT 的 G 极，VT 的 G 极电压较主极 T1 的电压高，VT 被正向触发，两主极 T2、T1 之间随之导通，有电流流过负载 R_L。在交流电压 U 过零时，流过晶闸管 VT 的电流为 0，VT 由导通状态转入截止状态。

当交流电压 U 负半周到来时，U 的极性是上负下正，该电压对电容 C 反向充电，先将上正下负的电压中和，然后再充得上负下正电压，随着充电的进行，当电容 C 的上负下正电压达到一定值时，该电压使双向二极管 VD 导通，上负电压经 VD 送到 VT 的 G 极，VT 的 G 极电压较主极 T1 电压低，VT 被反向触发，两主极 T1、T2 之间随之导通，有电流流过负载 R_L。在交流电压 U 过零时，VT 由导通状态转入截止状态。

图 8-17 由双向晶闸管和双向触发二极管构成的交流调压电路

从上面的分析可知，只有在双向晶闸管导通期间，交流电压才能加到负载两端，双向晶闸管导通时间越短，负载两端得到的交流电压有效值越小，而调节电位器 RP 的值可以改变双向晶闸管导通时间，进而改变负载上的电压。例如，RP 滑动端下移，RP 阻值变小，交流电压 U 经 RP 对电容 C 充电电流大，电容 C 上的电压很快上升到使双向二极管导通的电压值，晶闸管导通提前，导通时间长，负载上得到的交流电压有效值高。

8.3.4 用指针万用表检测双向晶闸管

双向晶闸管的检测包括电极检测、好坏检测和触发能力检测。

1. 电极检测

双向晶闸管的电极检测分两步。

第一步：找出 T2 极。从图 8-15 所示的双向晶闸管内部结构可以看出，T1、G 极之间为 P 型半导体，而 P 型半导体的电阻很小，几十欧姆，而 T2 极距离 G 极和 T1 极都较远，故它们之间的正、反向电阻都接近无穷大。在检测时，将万用表拨至 R×1 挡，测量任意两个电极之间的正、反向电阻，当测得某两个极之间的正、反向电阻均很小（几十欧姆），则这两个极为 T1 和 G 极，另一个电极为 T2 极。

第二步：判断 T1 极和 G 极。找出双向晶闸管的 T2 极后，才能判断 T1 极和 G 极。在测量时，将万用表拨至 R×10 挡，先假定一个电极为 T1 极，另一个电极为 G 极，将黑表笔接假定的 T1 极，红表笔接 T2 极，测量的阻值应为无穷大。接着用红表笔笔尖把 T2 与 G 短路，如图 8-18 所示，给 G 极加上负触发信号，阻值应为几十欧姆，说明晶闸管已经导通，再将红表笔尖与 G 极脱开（但仍接 T2），如果阻值变化不大，仍很小，表明晶闸管在触发之后仍能维持导通状态，先前的假设正确，即黑表笔接的电极为 T1 极，红表笔

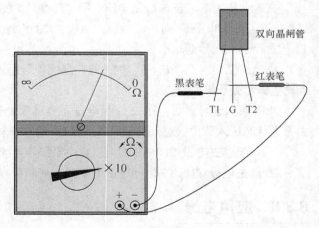

图 8-18 检测双向晶闸管的 T1 极和 G 极

接的为 T2 极（先前已判明），另一个电极为 G 极。如果红表笔尖与 G 极脱开后，阻值马上由小变为无穷大，说明先前假设错误，即先前假定的 T1 极实为 G 极，假定的 G 极实为 T1 极。

2. 好坏检测

正常的双向晶闸管除了 T1、G 极之间的正、反向电阻较小外，T1、T2 极和 T2、G 极之间的正、反向电阻均接近无穷大。双向晶闸管的好坏检测分两步。

第一步：测量双向晶闸管 T1、G 极之间的电阻。将万用表拨至 R×10 挡，测量晶闸管 T1、G 极之间的正、反向电阻，正常时正、反向电阻都很小，几十欧姆；若正、反向电阻均为 0，则 T1、G 极之间短路；若正、反向电阻均为无穷大，则 T1、G 极之间开路。

第二步：测量 T2、G 极和 T2、T1 极之间的正、反向电阻。将万用表拨至 R×1k 挡，测量晶闸管 T2、G 极和 T2、T1 极之间的正、反向电阻，正常它们之间的电阻均接近无穷大，若某两极之间出现阻值小，表明它们之间有短路。

如果检测时发现 T1、G 极之间的正、反向电阻小，T1、T2 极和 T2、G 极之间的正、反向电阻均接近无穷大，不能说明双向晶闸管一定正常，还应检测它的触发能力。

3. 触发能力检测

双向晶闸管的触发能力检测分两步。

第一步：将万用表拨至 R×10 挡，红表笔接 T1 极，黑表笔接 T2 极，测量的阻值应为无穷大，再用导线将 T1 极与 G 极短路，如图 8-19（a）所示，给 G 极加上触发信号，若晶闸管触发能力正常，晶闸管马上导通，T1、T2 极之间的阻值应为几十欧姆，移开导线后，晶闸管仍维持导通状态。

第二步：将万用表拨至 R×10 挡，黑表笔接 T1 极，红表笔接 T2 极，测量的阻值应为无穷大，再用导线将 T2 极与 G 极短路，如图 8-19（b）所示，给 G 极加上触发信号，若晶闸管触发能力正常，晶闸管马上导通，T1、T2 极之间的阻值应为几十欧姆，移开导线后，晶闸管维持导通状态。

对双向晶闸管进行两步测量后，若测量结果都表现正常，说明晶闸管触发能力正常，否则晶闸管损坏或性能不良。

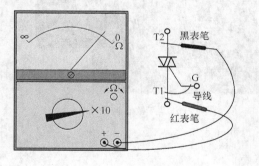 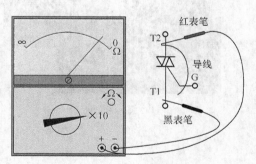

（a）短路 T1、G 极　　　　　　　　（b）短路 T2、G 极

图 8-19　检测双向晶闸管的触发能力

8.3.5　用数字万用表检测双向晶闸管

用数字万用表区分双向晶闸管的各电极时，先找出 T2 极，然后区分出 T1 极和 G 极。

1. 找出 T2 极

万用表选择 2kΩ 挡，红、黑表笔测量双向晶闸管任意两个引脚，正、反各测一次，当测得某两个引脚正、反向电阻相近时，如图 8-20 所示，则该两

8-2: 双向晶闸管的检测

123

个引脚为 T1、G 极，余下的引脚为 T2 极。

图 8-20　找出 T2 极

2. 区分 T1、G 极

万用表选择 hFE 挡，将已找出的双向晶闸管 T2 极引脚插入 NPN 型 C 插孔，将另外任意一个引脚插入 E 插孔，余下的引脚悬空，这时双向晶闸管是不导通的，显示屏会显示"0000"，接着用金属镊子短接一下 T2 极与悬空极，双向晶闸管会导通，显示屏会显示一个数值，如图 8-21（a）所示，然后将悬空引脚与 E 插孔的引脚互换（即将 E 插孔的引脚拔出悬空，原悬空的引脚插入 E 插孔），T2 极仍插在 C 插孔，此时双向晶闸管也不会导通（显示屏会显示"0000"），用金属镊子短接一下 T2 极与现在的悬空极，双向晶闸管会导通，显示屏会显示一个数值，如图 8-21（b）所示，两次测量显示的数值有一个稍大一些，以显示数值稍大的那次测量为准，如图 8-21（a）所示，插入 E 插孔的为 T1 电极，悬空的为 G 电极。

（a）显示数值大　　　　　　　　　　（b）显示数值小

图 8-21　区分 T1 极和 G 极

第 9 章

场效应管与 IGBT

9.1 结型场效应管（JFET）

场效应管与三极管一样具有放大能力，三极管是电流控制型元器件，而场效应管是电压控制型器件。场效应管主要有结型场效应管和绝缘栅型场效应管，它们除了可参与构成放大电路外，还可当作电子开关使用。

9.1.1 外形与符号

结型场效应管的外形与电路符号如图 9-1 所示。

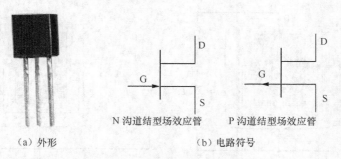

（a）外形   （b）电路符号

图 9-1   场效应管的外形与电路符号

9.1.2 结构与原理

1. 结构

与三极管一样，结型场效应管也是由 P 型半导体和 N 型半导体组成，三极管有 PNP 型和 NPN 型两种，场效应管则分为 P 沟道和 N 沟道两种。两种沟道的结型场效应管的结构如图 9-2 所示。

图 9-2（a）所示为 N 沟道结型场效应管的结构图，从图中可以看出，场效应管内部有两块 P 型半导体，它们通过导线内部相连，再引出一个电极，该电极称为栅极 G，两块 P 型半导体以外的部分均为 N 型半导体，在 P 型半导体与 N 型半导体交界处形成两个耗尽层（即 PN 结），耗尽层中间区域为沟道，由于沟道由 N 型半导体构成，所以称为 N 沟道，漏极 D 与源极 S 分别接在沟道两端。

图 9-2（b）所示为 P 沟道结型场效应管的结构图，P 沟道场效应管内部有两块 N 型半导体，

栅极 G 与它们连接，两块 N 型半导体与邻近的 P 型半导体在交界处形成两个耗尽层，耗尽层中间区域为 P 沟道。

如果在 N 沟道场效应管 D、S 极之间加电压，如图 9-2（c）所示，电源正极输出的电流就会由场效应管 D 极流入，在内部通过沟道从 S 极流出，回到电源的负极。场效应管流过电流的大小与沟道的宽窄有关，沟道越宽，能通过的电流越大。

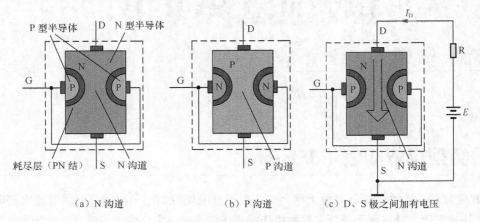

| （a）N 沟道 | （b）P 沟道 | （c）D、S 极之间加有电压 |

图 9-2　结型场效应管的结构

2. 工作原理

结型场效应管在电路中主要用于放大信号电压。下面以图 9-3 为例来说明结型场效应管的工作原理。

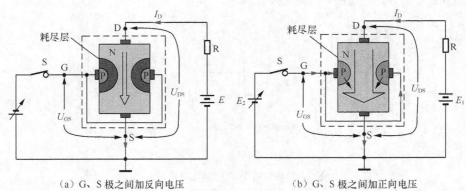

| （a）G、S 极之间加反向电压 | （b）G、S 极之间加正向电压 |

图 9-3　结型场效应管的工作原理

图 9-3 的虚线框内为 N 沟道结型场效应管结构图。当在 D、S 极之间加上正向电压 U_{DS}，会有电流从 D 极流向 S 极，若再在 G、S 极之间加上反向电压 U_{GS}（P 型半导体接低电位，N 型半导体接高电位），场效应管内部的两个耗尽层变厚，沟道变窄，由 D 极流向 S 极的电流 I_D 就会变小，反向电压越高，沟道越窄，I_D 电流越小。

由此可见，改变 G、S 极之间的电压 U_{GS}，就能改变从 D 极流向 S 极的电流 I_D 的大小，并且 I_D 电流变化较 U_{GS} 电压变化大得多，这就是场效应管的放大原理。场效应管的放大能力大小用跨导 g_m 表示，即

$$g_m = \frac{\Delta I_D}{\Delta U}$$

g_m 反映了栅源电压 U_{GS} 对漏极电流 I_D 的控制能力，是表征场效应管放大能力的一个重要的参数（相当于三极管的 β），g_m 的单位是西门子（S），也可以用 A/V 表示。

若给 N 沟道结型场效应管的 G、S 极之间加正向电压，如图 9-3（b）所示，场效应管内部两个耗尽层都会导通，耗尽层消失，不管如何增大 G、S 间的正向电压，沟道宽度都不变，I_D 电流也不变化。也就是说，当给 N 沟道结型场效应管 G、S 极之间加正向电压时，无法控制 I_D 电流变化。

在正常工作时，**N 沟道结型场效应管 G、S 极之间应加反向电压，即 $U_G < U_S$，$U_{GS} = U_G - U_S$ 为负压；P 沟道结型场效应管 G、S 极之间应加正向电压，即 $U_G > U_S$，$U_{GS} = U_G - U_S$ 为正压。**

9.1.3　应用电路

结型场效应管工作时不需要输入信号提供电流，具有很高的输入阻抗，通常用于对微弱信号进行放大（如对话筒信号进行放大）。图 9-4 所示是两种常见的结型场效应管放大电路。

在图 9-4（a）电路中，结型场效应管 VT 的 G 极通过 R_1 接地，G 极电压 $U_G = 0V$，而 VT 的 I_D 电流不为 0（结型场效应管在 G 极不加电压时，内部就有沟道存在），I_D 电流在流过电阻 R_2 时，R_2 上有电压 U_{R_2}；VT 的 S 极电压 U_S 不为 0，$U_S = U_{R_2}$，场效应管的栅源电压 $U_{GS} = U_G - U_S$ 为负压，该电压满足场效应管工作需要。如果交流信号电压 U_i 经 C_1 送到 VT 的 G 极，G 极电压 U_G 会发生变化，场效应管内部沟道宽度就会变化，I_D 的大小就会变化，VT 的 D 极电压有很大的变化（如 I_D 增大时，U_D 会下降），该变化的电压就是放大的交流信号电压，它通过 C_2 送到负载。

在图 9-4（b）电路中，电源通过 R_1 为结型场效应管 VT 的 G 极提供 U_G 电压，此电压较 VT 的 S 极电压 U_S 低，这里的 U_S 电压是 I_D 电流流过 R_4，在 R_4 上得到的电压，VT 的栅源电压 $U_{GS} = U_G - U_S$ 为负压，该电压能让场效应管正常工作。

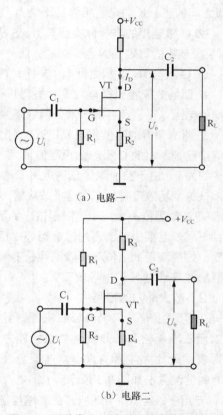

（a）电路一

（b）电路二

图 9-4　两种常见的结型场效应管放大电路

9.1.4　主要参数

场效应管的主要参数有如下几个。

（1）跨导（g_m）

跨导是指当 U_{DS} 为某一定值时，I_D 电流的变化量与 U_{GS} 电压变化量的比值，如前面所述。

（2）夹断电压（U_P）

夹断电压是指当 U_{DS} 为某一定值，让 I_D 电流减小到近似为 0 时的 U_{GS} 电压值。

（3）饱和漏极电流（I_{DSS}）

饱和漏极电流是指当 $U_{GS} = 0$ 且 $U_{DS} > U_P$ 时的漏极电流。

（4）最大漏 - 源电压（U_{DS}）

最大漏 - 源电压是指漏极与源极之间的最大反向击穿电压，即当 I_D 急剧增大时的 U_{DS} 值。

9.1.5 检测

结型场效应管的检测包括类型与极性检测、放大能力检测和好坏检测。

1. 类型与电极的检测

结型场效应管的源极和漏极在制造工艺上是对称的，故两极可互换使用，并不影响正常工作，所以一般不判别漏极和源极（漏源之间的正、反向电阻相等，均为几十欧姆至几千欧姆），只判断栅极和沟道的类型。

在判断栅极和沟道的类型前，首先要了解下面几点。

① 与 D、S 极连接的半导体类型总是相同的（要么都是 P，要么都是 N），如图 9-2 所示，D、S 极之间的正、反向电阻相等且比较小。

② G 极连接的半导体类型与 D、S 极连接的半导体类型总是不同的，如 G 极连接的为 P 型时，D、S 极连接的肯定是 N 型。

③ G 极与 D、S 极之间有 PN 结，PN 结的正向电阻小、反向电阻大。

结型场效应管栅极与沟道的类型判别方法是：万用表拨至 R×100 挡，测量场效应管任意两极之间的电阻，正、反各测一次，两次测量阻值有以下情况。

若两次测得的阻值相同或相近，则这两极是 D、S 极，剩下的极为栅极，然后红表笔不动，黑表笔接已判断出的 G 极。如果阻值很大，此测得的为 PN 结的反向电阻，黑表笔接的应为 N，红表笔接的为 P，由于前面测量已确定黑表笔接的是 G 极，而现在测量又确定 G 极为 N，故沟道应为 P，所以该结型场效应管为 P 沟道场效应管；如果测得的阻值小，该结型场效应管则为 N 沟道场效应管。

若两次阻值一大一小，以阻值小的那次为准，红表笔不动，黑表笔接另一个极，如果阻值小，并且与黑表笔换极前测得的阻值相等或相近，则红表笔接的为栅极，该结型场效应管为 P 沟道场效应管；如果测得的阻值与黑表笔换极前测得的阻值有较大差距，则黑表笔换极前接的极为栅极，该结型场效应管为 N 沟道场效应管。

2. 放大能力的检测

万用表没有专门测量场效应管跨导的挡位，所以无法准确检测场效应管的放大能力，但可用万用表估计放大能力的大小。结型场效应管放大能力的估测方法如图 9-5 所示。

万用表拨至 R×100 挡，红表笔接源极 S，黑表笔接漏极 D，由于测量阻值时万用表内接 1.5V 电池，这样相当于给场效应管 D、S 极加上一个正向电压，然后用手接触栅极 G，将人体的感应电压作为输入信号加到栅极上。由于场效应管的放大作用，表针会摆动（I_D 电流变化引起），表针摆动幅度越大（不论向左或向右摆动均正常），表明场效应管的放大能力越大，若表针不动说明场效应管已经损坏。

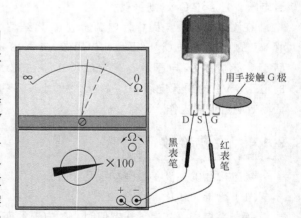

图 9-5　结型场效应管放大能力的估测方法

3. 好坏检测

结型场效应管的好坏检测包括漏源极之间的正、反向电阻，栅漏极之间的正、反向电阻和栅源极之间的正、反向电阻。这些检测共有 6 步，只有每步检测都通过才能确定场效应管是正常的。

在检测漏源极之间的正、反向电阻时，将万用表置于 R×10 或 R×100 挡，正常阻值应在几十欧姆至几千欧姆（不同型号有所不同）。若超出这个阻值范围，则可能是漏源之间短路、开路或性能不良。

在检测栅漏极或栅源极之间的正、反向电阻时，将万用表置于 R×1k 挡，正常时正向电阻小，反向电阻无穷大或接近无穷大。若不符合，则可能是栅漏极或栅源极之间短路、开路或性能不良。

9.1.6 场效应管型号命名方法

场效应管型号命名有以下两种方法。

第一种方法与三极管相同。第一位"3"表示电极数；第二位字母代表材料，"D"是 P 型硅 N 沟道，"C"是 N 型硅 P 沟道；第三位字母"J"代表结型场效应管，"O"代表绝缘栅型场效应管。例如，3DJ6D 是结型 N 沟道场效应三极管，3DO6C 是绝缘栅型 N 沟道场效应三极管。

第二种命名方法是 CS××#，CS 代表场效应管，×× 以数字代表型号的序号，# 以字母代表同一型号中的不同规格，如 CS14A、CS45G 等。

9.2 绝缘栅型场效应管（MOS 管）

绝缘栅型场效应管（MOSFET）简称 MOS 管，绝缘栅型场效应管分为耗尽型和增强型，每种类型又分为 P 沟道和 N 沟道。

9.2.1 增强型 MOS 管

1. 外形与符号

增强型 MOS 管分为 N 沟道 MOS 管和 P 沟道 MOS 管，增强型 MOS 管的外形与电路符号如图 9-6 所示。

2. 结构与原理

增强型 MOS 管有 N 沟道和 P 沟道之分，分别称作增强型 NMOS 管和增强型 PMOS 管，其结构与工作原理基本相似，在实际中增强型 NMOS 管更为常用。下面以增强型 NMOS 管为例来说明增强型 MOS 管的结构与工作原理。

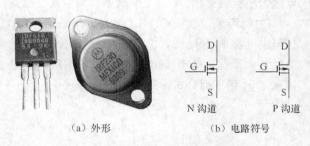

（a）外形   （b）电路符号

图 9-6 增强型 MOS 管的外形与电路符号

（1）结构

增强型 NMOS 管的结构与等效电路符号如图 9-7 所示。增强型 NMOS 管是以 P 型硅片作为基片（又称衬底），在基片上制作两个含很多杂质的 N 型半导体材料，再在上面制作一层很薄的二氧化硅（SiO$_2$）绝缘层，在两个 N 型半导体材料上引出两个铝电极，分别称为漏极（D）和源极（S），在两极中间的二氧化硅绝缘层上制作一层铝制导电

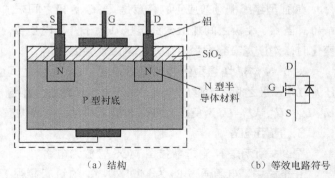

（a）结构   （b）等效电路符号

图 9-7 增强型 NMOS 管的结构与等效电路符号

层，从该导电层上引出的电极称为 G 极。**P 型衬底与 D 极连接的 N 型半导体会形成二极管结构**（称之为寄生二极管），由于 P 型衬底通常与 S 极连接在一起，所以增强型 NMOS 管又可用图 9-7（b）所示的电路符号表示。

（2）工作原理

增强型 NMOS 场效应管需要加合适的电压才能工作。加有电压的增强型 NMOS 场效应管如图 9-8 所示，图 9-8（a）为结构图形式，图 9-8（b）为电路图形式。

如图 9-8（a）所示，电源 E_1 通过 R_1 接场效应

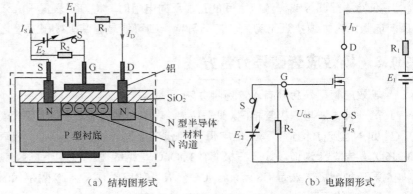

（a）结构图形式　　　　　　　　（b）电路图形式

图 9-8　加有电压的增强型 NMOS 场效应管

管的 D、S 极，电源 E_2 通过开关 S 接场效应管的 G、S 极。在开关 S 断开时，场效应管的 G 极无电压，D、S 极所接的两个 N 区之间没有导电沟道，所以两个 N 区之间不能导通，I_D 电流为 0；如果将开关 S 闭合，场效应管的 G 极获得正电压，与 G 极连接的铝电极有正电荷，它产生的电场穿过 SiO_2 层，将 P 衬底很多电子吸引靠近 SiO_2 层，从而在两个 N 区之间出现导电沟道，由于此时 D、S 极之间加上正向电压，就有 I_D 电流从 D 极流入，再经导电沟道从 S 极流出。

如果改变 E_2 电压的大小，也即是改变 G、S 极之间的电压 U_{GS}，与 G 极相通的铝层产生的电场大小就会变化，SiO_2 下面的电子数量就会变化，两个 N 区之间的沟道宽度就会变化，流过的 I_D 电流大小就会变化。U_{GS} 电压越高，沟道就会越宽，I_D 电流就会越大。

由此可见，改变 G、S 极之间的电压 U_{GS}，D、S 极之间的内部沟道宽窄就会发生变化，从 D 极流向 S 极的 I_D 电流大小也就发生变化，并且 I_D 电流变化较 U_{GS} 电压变化大得多，这就是场效应管的放大原理（即电压控制电流变化原理）。为了表示场效应管的放大能力，引入一个参数——跨导 g_m，g_m 用下面公式计算：

$$g_m = \frac{\Delta I_D}{\Delta U_{GS}}$$

g_m 反映了栅源电压 U_{GS} 对漏极电流 I_D 的控制能力，是表述场效应管放大能力的一个重要的参数（相当于三极管的 β），g_m 的单位是西门子（S），也可以用 A/V 表示。

增强型绝缘栅场效应管的特点是：当 G、S 极之间未加电压（即 $U_{GS}=0$）时，D、S 极之间没有沟道，$I_D=0$；当 G、S 极之间加上合适电压（大于开启电压 U_T）时，D、S 极之间有沟道形成，U_{GS} 电压变化时，沟道宽窄会发生变化，I_D 电流也会变化。

对于 N 沟道增强型绝缘栅场效应管，G、S 极之间应加正电压（即 $U_G > U_S$，$U_{GS} = U_G - U_S$ 为正压），D、S 极之间才会形成沟道；对于 P 沟道增强型绝缘栅场效应管，G、S 极之间须加负电压（即 $U_G < U_S$，$U_{GS} = U_G - U_S$ 为负压），D、S 极之间才会形成沟道。

3. 应用电路

图 9-9 所示是 N 沟道增强型 MOS 管放大电路。

在电路中，电源通过 R_1 为 MOS 管 VT 的 G 极提供 U_G 电压，此电压较 VT 的 S 极电压 U_S 高，VT 的栅源电压 $U_{GS} = U_G - U_S$ 为正压，该电压能让场效应管正常工作。

如果交流信号通过 C_1 加到 VT 的 G 极，U_G 电压会发生变化，VT 内部沟道宽窄也会变化，

I_D 电流的大小会有很大的变化，电阻 R_3 上的电压 U_{R_3}（$U_{R_3}=I_D R_3$）有很大的变化，VT 的 D 极电压 U_D 也会有很大的变化（$U_D=V_{CC}-U_{R_3}$，U_{R_3} 变化，U_D 就会变化），该变化很大的电压即为放大的信号电压，它通过 C_2 送到负载。

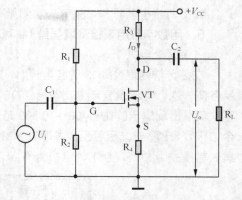

图 9-9　N 沟道增强型 MOS 管放大电路

4. 用指针万用表检测增强型 NMOS 管

（1）区分电极

增强型 NMOS 管有 G、D、S 三个电极，可用万用表区分这三个电极，如图 9-10 所示。

正常的增强型 NMOS 管的 G 极与 D、S 极之间均无法导通，它们之间的正、反向电阻均为无穷大。在 G 极无电压时，增强型 NMOS 管 D、S 极之间无沟道形成，故 D、S 极之间也无法导通，但由于 D、S 极之间存在一个反向寄生二极管，如图 9-7 所示，所以 D、S 极之间反向电阻较小。

在检测增强型 NMOS 管的电极时，万用表选择 R×1k 挡，测量 NMOS 管各引脚之间的正、反向电阻，当出现一次阻值小时（测得的为寄生二极管正向电阻），红表笔接的引脚为 D 极，黑表笔接的引脚为 S 极，余下的引脚为 G 极，如图 9-10 所示。

（2）好坏检测

增强型 NMOS 管的好坏检测可按下面的步骤进行。

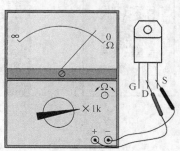

图 9-10　增强型 NMOS 管的电极区分

第一步：用万用表 R×1k 挡检测 NMOS 管各引脚之间的正、反向电阻，正常只会出现一次阻值小。若出现两次或两次以上阻值小，可确定 NMOS 管一定损坏；若只出现一次阻值小，还不能确定 NMOS 管一定正常，需要进行第二步测量。

第二步：先用导线将 NMOS 管的 G、S 极短接，释放 G 极上的电荷（G 极与其他两极间的绝缘电阻很大，感应或测量充得的电荷很难释放，故 G 极易积累较多的电荷而带有很高的电压），再将万用表拨至 R×10k 挡（该挡内接 9V 电源），红表笔接 NMOS 管的 S 极，黑表笔接 D 极，此时表针指示的阻值为无穷大或接近无穷大，然后用导线瞬间将 D、G 极短接，这样万用表内电池的正电压经黑表笔和导线加给 G 极，如果 NMOS 管正常，在 G 极有正电压时会形成沟道，表针指示的阻值马上由大变小，如图 9-11（a）所示，再用导线将 G、S 极短路，释放 G 极上的电荷来消除 G 极电压，如果 NMOS 管正常，内部沟道会消失，表针指示的阻值马上由小变为无穷大，如图 9-11（b）所示。

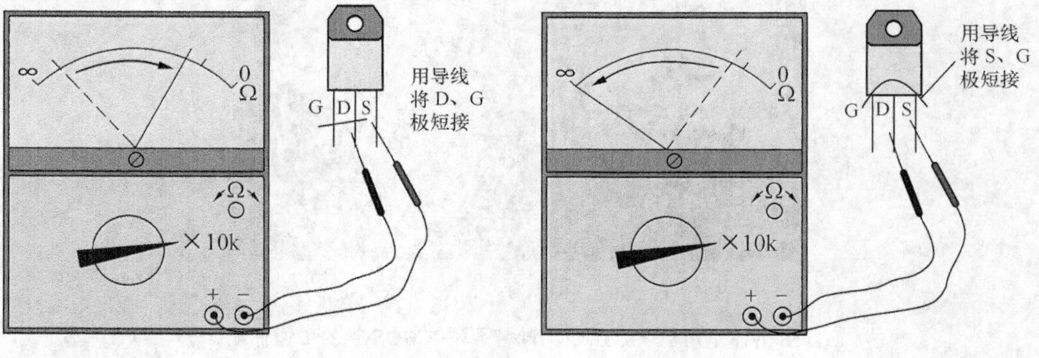

（a）短路 G、D 极　　　　　　　　　　　　（b）短路 G、S 极

图 9-11　检测增强型 NMOS 管的好坏

以上两步检测时，如果有一次测量不正常，则 NMOS 管损坏或性能不良。

5. 用数字万用表检测增强型 NMOS 管

（1）区分电极

在区分增强型 NMOS 管各电极时，万用表选择二极管测量挡，红、黑表笔接任意两个引脚，正、反各测一次，当测量显示溢出符号"OL"时，表明两个引脚内部不导通，如图 9-12（a）所示；当某次测量出现显示值在 0.400 ~ 0.800 范围的数值时，如图 9-12（b）所示，表明两个引脚内部有一个二极管导通，该二极管反向并联在 NMOS 管的 D、S 极之间，所以红表笔接的为 NMOS 管的 D 极，黑表笔接的为 S 极，余下的电极为 G 极。

9-1：N 沟道增强型
MOS 管的检测

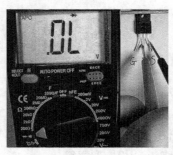

（a）测量时两个引脚内部不导通

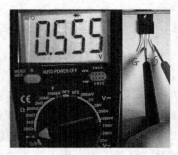

（b）测量时两个引脚内部有一个二极管导通

图 9-12　用数字万用表区分增强型 NMOS 管的电极

（2）工作性能测试

增强型 NMOS 管的工作性能测试如图 9-13 所示。

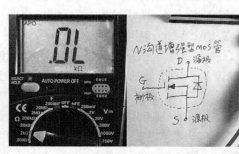

（a）在 G 极无电压时，D、S 极之间不导通

（b）用指针万用表提供 U_{GS} 电压时，D、S 极之间导通

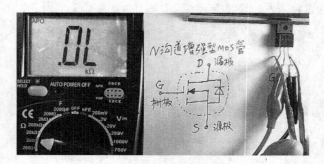

（c）当 $U_{GS}=0$ 时，D、S 极之间会截止

图 9-13　用数字万用表测试增强型 NMOS 管的工作性能

在测试增强型 NMOS 管的工作性能时，万用表选择 2kΩ 挡，先将 NMOS 管三个电极短接在一起，释放 G 极上可能存在的静电，然后将红表笔接 D 极、黑表笔接 S 极，正常 D、S 极之间不会导通，

显示屏显示"OL"符号，如图 9-13（a）所示，再找一台指针万用表并选择 R×10k 挡（此挡内部使用一只 9V 电池），将指针万用表的红、黑表笔分别接 NMOS 管的 S、G 极，为其提供 U_{GS} 电压，正常 NMOS 管的 D、S 极之间马上导通，显示屏会显示很小的阻值，如图 9-13（b）所示，由于 NMOS 管的 G、S 极之间存在寄生电容，在测量时指针万用表会对寄生电容充电，当指针万用表红、黑表笔移开后，G、S 极之间的寄生电容上的电压会使 NMOS 管继续导通，显示屏仍显示很小的阻值，这时可用金属镊子将 G、S 极短路，将 G、S 极之间的寄生电容上的电荷放掉，使 G、S 极之间无电压，NMOS 管马上截止（不导通），显示屏显示"OL"符号，如图 9-13（c）所示。

9.2.2　耗尽型 MOS 管

1. 外形与符号

耗尽型 MOS 管也有 N 沟道和 P 沟道之分。耗尽型 MOS 管的外形与电路符号如图 9-14 所示。

2. 结构与原理

P 沟道和 N 沟道的耗尽型场效应管工作原理基本相同，下面以 N 沟道耗尽型 MOS 管（简称耗尽型 NMOS 管）为例来说明耗尽型 MOS 管的结构与原理。耗尽型 NMOS 管的结构与等效电路符号如图 9-15 所示。

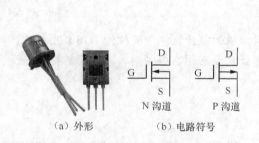

（a）外形　　　　（b）电路符号

图 9-14　耗尽型 MOS 管的外形与电路符号

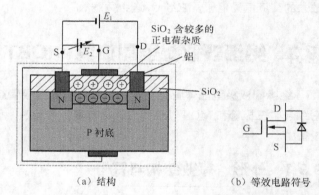

（a）结构　　　　　　（b）等效电路符号

图 9-15　耗尽型 NMOS 管的结构与等效电路符号

N 沟道耗尽型绝缘栅场效应管是以 P 型硅片作为基片（又称衬底），在基片上制作两个含很多杂质的 N 型半导体材料，再在上面制作一层很薄的二氧化硅（SiO_2）绝缘层，在两个 N 型半导体材料上引出两个铝电极，分别称为漏极（D）和源极（S），在两极中间的二氧化硅绝缘层上制作一层铝制导电层，从该导电层上引出的电极称为 G 极。

与增强型绝缘栅场效应管不同的是，在耗尽型绝缘栅场效应管内的二氧化硅中掺入大量的杂质，其中含有大量的正电荷，它将衬底中大量的电子吸引靠近 SiO_2 层，从而在两个 N 区之间出现导电沟道。

当场效应管 D、S 极之间加上电源 E_1 时，由于 D、S 极所接的两个 N 区之间有导电沟道存在，所以有 I_D 电流流过沟道；如果再在 G、S 极之间加上电源 E_2，E_2 的正极除了接 S 极外，还与下面的 P 衬底相连，E_2 的负极则与 G 极的铝层相通，铝层负电荷电场穿过 SiO_2 层，排斥 SiO_2 层下方的电子，从而使导电沟道变窄，流过导电沟道的 I_D 电流减小。

如果改变 E_2 电压的大小，与 G 极相通的铝层产生的电场大小就会变化，SiO_2 下面的电子数量就会变化，两个 N 区之间的沟道宽度就会变化，流过的 I_D 电流大小就会变化。例如，E_2 电压增大，G 极负电压更低，沟道就会变窄，I_D 电流就会减小。

耗尽型绝缘栅场效应管的特点是：当 G、S 极之间未加电压（即 U_{GS}=0）时，D、S 极之间就有沟道存在，I_D 不为 0；当 G、S 极之间加上负电压 U_{GS} 时，如果 U_{GS} 电压变化，沟道宽窄会发生变化，I_D 电流就会变化。

在工作时，N 沟道耗尽型绝缘栅场效应管 G、S 极之间应加负电压，即 $U_G<U_S$，$U_{GS}=U_G-U_S$ 为负压；P 沟道耗尽型绝缘栅场效应管 G、S 极之间应加正电压，即 $U_G>U_S$，$U_{GS}=U_G-U_S$ 为正压。

3. 应用电路

图 9-16 所示是 N 沟道耗尽型绝缘栅场效应管放大电路。

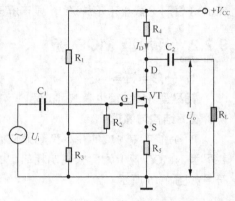

在电路中，电源通过 R_1、R_2 为场效应管 VT 的 G 极提供 U_G 电压，VT 的 I_D 电流在流过电阻 R_5 时，在 R_5 上得到电压 U_{R_5}，U_{R_5} 与 S 极电压 U_S 相等，这里让 $U_S>U_G$，VT 的栅源电压 $U_{GS}=U_G-U_S$ 为负压，该电压能让场效应管正常工作。

如果交流信号通过 C_1 加到 VT 的 G 极，U_G 电压会发生变化，VT 的导通沟道宽窄也会变化，I_D 电流会有很大的变化，电阻 R_4 上的电压 U_{R_4}（$U_{R_4}=I_D \cdot R_4$）也有很大的变化，VT 的 D 极电压 U_D 会有很大变化，该变化的 U_D 电压即为放大的交流信号电压，它经 C_2 送给负载 R_L。

图 9-16　N 沟道耗尽型绝缘栅场效应管放大电路

9.3　绝缘栅双极型晶体管（IGBT）

绝缘栅双极型晶体管是一种由场效应管和三极管组合成的复合元件，简称为 **IGBT** 或 **IGT**，它综合了三极管和 MOS 管的优点，故有很好的特性，因此广泛应用在各种中、小功率的电力电子设备中。

9.3.1　外形、等效结构与符号

IGBT 的外形、等效结构和电路符号如图 9-17 所示，从等效结构图中可以看出，**IGBT 相当于一个 PNP 型三极管和增强型 NMOS 管以图 9-17（b）所示的方式组合而成**。IGBT 有三个极：C 极（集电极）、G 极（栅极）和 E 极（发射极）。

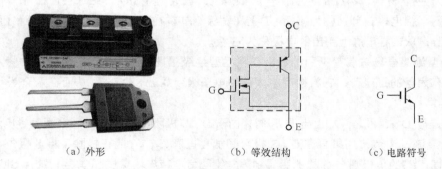

（a）外形　　　　　　　（b）等效结构　　　　　（c）电路符号

图 9-17　IGBT 的外形、等效结构和电路符号

9.3.2　工作原理

图 9-17 中的 IGBT 是由 PNP 型三极管和 N 沟道 MOS 管组合而成，这种 IGBT 称作 N-IGBT，

用图 9-17（c）所示符号表示，相应的还有 P 沟道 IGBT，称作 P-IGBT，将图 9-17（c）符号中的箭头改为由 E 极指向 G 极即为 P-IGBT 的电路符号。由于电力电子设备中主要采用 N-IGBT，下面以图 9-18 所示的电路为例来说明 N-IGBT 的工作原理。

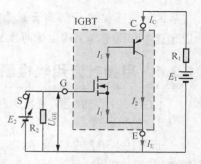

图 9-18　N-IGBT 的工作原理说明

电源 E_2 通过开关 S 为 IGBT 提供 U_{GE} 电压，电源 E_1 经 R_1 为 IGBT 提供 U_{CE} 电压。当开关 S 闭合时，IGBT 的 G、E 极之间获得电压 U_{GE}，只要 U_{GE} 电压大于开启电压（2 ~ 6V），IGBT 内部的 NMOS 管就有导电沟道形成，MOS 管 D、S 极之间导通，为三极管 I_b 电流提供通路，三极管导通，有电流 I_C 从 IGBT 的 C 极流入，经三极管发射极后分成 I_1 和 I_2 两路电流，I_1 电流流经 MOS 管的 D、S 极，I_2 电流从三极管的集电极流出，I_1、I_2 电流汇合成 I_E 电流从 IGBT 的 E 极流出，即 IGBT 处于导通状态。当开关 S 断开后，U_{GE} 电压为 0，MOS 管导电沟道夹断（消失），I_1、I_2 都为 0，I_C、I_E 电流也为 0，即 IGBT 处于截止状态。

调节电源 E_2 可以改变 U_{GE} 电压的大小，IGBT 内部的 MOS 管的导电沟道宽度会随之变化，I_1 电流大小会发生变化，由于 I_1 电流实际上是三极管的 I_b 电流，I_1 细小的变化会引起 I_2 电流（I_2 为三极管的 I_c 电流）的急剧变化。例如，当 U_{GE} 增大时，MOS 管的导通沟道变宽，I_1 电流增大，I_2 电流也增大，即 IGBT 的 C 极流入、E 极流出的电流增大。

9.3.3　应用电路

IGBT 在电路中大多工作在开关状态（导通截止状态），工作时需要脉冲信号驱动。图 9-19 所示是一种典型的 IGBT 驱动电路。

开关电源工作时，在开关变压器 T_1 的一次绕组 L_1 上有电动势产生，该电动势感应到二次绕组 L_2，

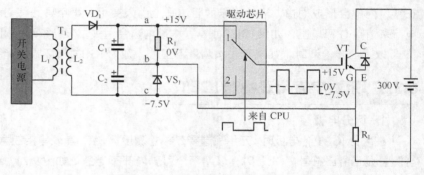

图 9-19　一种典型的 IGBT 驱动电路

当 L_2 电动势为上正下负时，会经 VD_1 对 C_1、C_2 充电，在 C_1、C_2 两端充得的总电压约为 22.5V，稳压二极管 VS_1 的稳压值为 7.5V，VS_1 两端电压维持 7.5V 不变（超过该值 VS_1 会反向击穿导通），电阻 R_1 两端电压则为 15V，a、b、c 点电压关系为 $U_a>U_b>U_c$，如果将 b 点电位当作 0V，那么 a 点电压为 +15V，c 点电压为 -7.5V。

在电路工作时，CPU 产生的驱动脉冲送到驱动芯片内部，当脉冲高电平来时，驱动芯片内部等效开关接 "1"，a 点电压经开关送到 IGBT 的 G 极，IGBT 的 E 极固定接 b 点，IGBT 的 G、E 之间电压 $U_{GE}=+15V$，正电压 U_{GE} 使 IGBT 导通；当脉冲低电平来时，驱动芯片内部等效开关接 "2"，c 点电压经开关送到 IGBT 的 G 极，IGBT 的 E 极固定接 b 点，故 IGBT 的 G、E 之间的 $U_{GE}=-7.5V$，负电压 U_{GE} 可以有效地使 IGBT 截止。

从理论上讲，IGBT 的 $U_{GE}=0V$ 时就能截止，但实际上 IGBT 的 G、E 极之间存在结电容，当正驱动脉冲加到 IGBT 的 G 极时，正的 U_{GE} 电压会对结电容充得一定的电压，正驱动脉冲过后，结

电容上的电压使 G 极仍高于 E 极，IGBT 会继续导通，这时如果送负驱动脉冲到 IGBT 的 G 极，可以迅速中和结电容上的电荷而让 IGBT 由导通状态转为截止状态。

9.3.4　用指针万用表检测 IGBT

IGBT 的检测包括极性检测和好坏检测，检测方法与增强型 NMOS 管相似。

1. 极性检测

正常的 IGBT 的 G 极与 C、E 极之间不能导通，正、反向电阻均为无穷大。在 G 极无电压时，IGBT 的 C、E 极之间不能正向导通，但由于 C、E 极之间存在一个反向寄生二极管，所以 C、E 极之间正向电阻无穷大，反向电阻较小。

在检测 IGBT 时，万用表选择 R×1k 挡，测量 IGBT 各引脚之间的正、反向电阻，当出现一次阻值小时，红表笔接的引脚为 C 极，黑表笔接的引脚为 E 极，余下的引脚为 G 极。

2. 好坏检测

IGBT 的好坏检测可按下面的步骤进行。

第一步：用万用表 R×1k 挡检测 IGBT 各引脚之间的正、反向电阻，正常只会出现一次阻值小。若出现两次或两次以上阻值小，可确定 IGBT 一定损坏；若只出现一次阻值小，还不能确定 IGBT 一定正常，需要进行第二步测量。

第二步：用导线将 IGBT 的 G、E 极短接，释放 G 极上的电荷，再将万用表拨至 R×10k 挡，红表笔接 IGBT 的 E 极，黑表笔接 C 极，此时表针指示的阻值为无穷大或接近无穷大，然后用导线瞬间将 C、G 极短接，让万用表内部电池经黑表笔和导线给 G 极充电，让 G 极获得电压，如果 IGBT 正常，内部会形成沟道，表针指示的阻值马上由大变小，再用导线将 G、E 极短路，释放 G 极上的电荷来消除 G 极电压，如果 IGBT 正常，内部沟道会消失，表针指示的阻值马上由小变为无穷大。

以上两步检测时，如果有一次测量不正常，则为 IGBT 损坏或性能不良。

9.3.5　用数字万用表检测 IGBT

1. 区分电极

在区分 IGBT 各电极时，万用表选择二极管测量挡，红、黑表笔接任意两个引脚，正、反各测一次，当测量显示溢出符号"OL"时，表明两个引脚内部不导通，如图 9-20（a）所示；当某次测量出现显示值在 0.400 ~ 0.800 范围的数值时，如图 9-20（b）所示，表明两个引脚内部有一个二极管导通，该二极管反向并联在 IGBT 管的 C、E 极之间，此时红表笔接的为 IGBT 的 E 极，黑表笔接的为 C 极，余下的电极为 G 极。

9-2: IGBT（绝缘栅双极型晶体管）的检测

（a）测量时两个引脚内部不导通

（b）测量时两个引脚内部有一个二极管导通

图 9-20　用数字万用表区分 IGBT 的电极

2．工作性能测试

IGBT 的工作性能测试如图 9-21 所示。

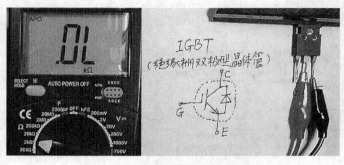

（a）在 G 极无电压时，C、E 极之间不导通

（b）用指针万用表提供 U_{GE} 电压时，C、E 极之间导通

（c）让 U_{GE}=0 时，C、E 极之间会截止

图 9-21　用数字万用表测试 IGBT 的工作性能

在测试 IGBT 的工作性能时，万用表选择 2kΩ 挡，先将 IGBT 三个电极短接在一起，释放 G 极上可能存在的静电，然后将红表笔接 C 极、黑表笔接 E 极，正常 C、E 极之间不会导通，显示屏显示"OL"符号，如图 9-21（a）所示，再找一台指针万用表并选择 R×10k 挡（此挡内部使用一只 9V 电池），将指针万用表的红、黑表笔分别接 IGBT 的 E、G 极，为其提供 U_{GE} 电压，正常 IGBT 的 C、E 极之间马上导通，显示屏会显示较小的阻值，如图 9-21（b）所示。

由于 IGBT 的 G、E 极之间存在寄生电容，在测量时指针万用表会对寄生电容充电，当指针万用表红、黑表笔移开后，G、E 极之间的寄生电容上的电压会使 IGBT 继续导通，显示屏仍显示较小的阻值，这时可用金属镊子将 G、E 极短路，将 G、E 极之间的寄生电容上的电荷放掉，使 G、E 极之间无电压，IGBT 马上截止（不导通），显示屏显示"OL"符号，如图 9-21（c）所示。

第 10 章

继电器与干簧管

继电器可分为电磁继电器和固态继电器。电磁继电器是一种利用线圈通电产生磁场来吸合衔铁而带动触点开关通、断的元器件。固态继电器简称 SSR，它是由半导体晶体管为主要器件的电子电路组成的，通过给控制端施加电压来控制内部电子开关通、断，从而接通或关断输出端的外接电路。

干簧管是一种利用磁场直接磁化触点而让触点开关产生接通或断开动作的器件。干簧继电器由干簧管和线圈组成，当线圈通电时会产生磁场来磁化触点开关，使之接通或断开。

10.1 电磁继电器

电磁继电器是一种利用线圈通电产生磁场来吸合衔铁而带动触点开关通、断的元器件。

10.1.1 外形与图形符号

电磁继电器的外形和电路符号如图 10-1 所示。

（a）外形　　　　　　　　　　　　　　　　　　　　　　（b）电路符号

图 10-1　电磁继电器的外形和电路符号

10.1.2 结构

电磁继电器是利用线圈通过电流产生磁场来吸合衔铁而使触点断开或接通的。电磁继电器内部结构如图 10-2 所示，从图中可以看出，电磁继电器主要由线圈、铁芯、衔铁、弹簧、动触点、常闭触点（动断触点）、常开触点（动合触点）和一些接线端等组成。当线圈接线端 1、2 脚未通电

138

时，依靠弹簧的拉力将动触点与常闭触点接触，4、5 脚接通；当线圈接线端 1、2 脚通电时，有电流流过线圈，线圈产生磁场吸合衔铁，衔铁移动，将动触点与常开触点接触，3、4 脚接通。

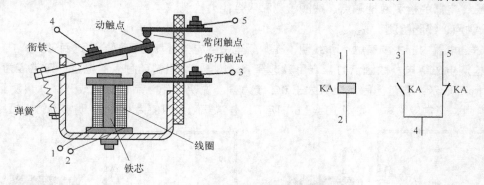

图 10-2　继电器的内部结构示意图

10.1.3　应用电路

电磁继电器典型的应用电路如图 10-3 所示。

当开关 S 断开时，继电器线圈无电流流过，线圈没有磁场产生，继电器的常开触点断开，常闭触点闭合，灯泡 HL_1 不亮，灯泡 HL_2 亮。

当开关 S 闭合时，继电器的线圈有电流流过，线圈产生磁场吸合内部衔铁，使常开触点闭合、常闭触点断开，结果灯泡 HL_1 亮，灯泡 HL_2 熄灭。

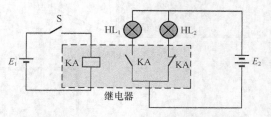

图 10-3　电磁继电器典型的应用电路

10.1.4　主要参数

电磁继电器的主要参数有以下几个。

（1）额定工作电压

额定工作电压是指继电器正常工作时线圈所需要的电压。根据继电器的型号不同，可以是交流电压，也可以是直流电压。继电器线圈所加的工作电压，一般不要超过额定工作电压的 1.5 倍。

（2）吸合电流

吸合电流是指继电器能够产生吸合动作的最小电流。在正常使用时，通过线圈的电流必须略大于吸合电流，这样继电器才能稳定地工作。

（3）直流电阻

直流电阻是指继电器中线圈的直流电阻。直流电阻的大小可以用万用表来测量。

（4）释放电流

释放电流是指继电器产生释放动作的最大电流。当继电器线圈的电流减小到释放电流值时，继电器就会恢复到释放状态。释放电流远小于吸合电流。

（5）触点电压和电流

触点电压和电流又称触点负荷，是指继电器触点允许承受的电压和电流。在使用时，不能超过此值，否则继电器的触点容易损坏。

10.1.5 用指针万用表检测电磁继电器

电磁继电器的检测包括触点、线圈检测和吸合能力检测。

1. 触点、线圈检测

电磁继电器内部主要有触点和线圈，在判断电磁继电器好坏时需要检测这两部分。

在检测电磁继电器的触点时，万用表选择 R×1 挡，测量常闭触点的电阻，正常应为 0Ω，如图 10-4（a）所示；若常闭触点阻值大于 0Ω 或为 ∞，说明常闭触点已氧化或开路。再测量常开触点间的电阻，正常应为 ∞，如图 10-4（b）所示；若常开触点阻值为 0Ω，说明常开触点短路。

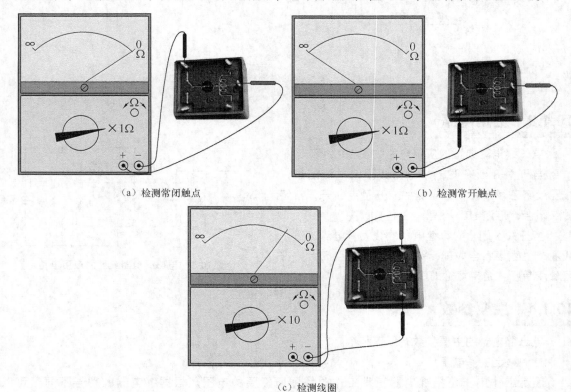

（a）检测常闭触点　　　　　　　　　　　　　　　　（b）检测常开触点

（c）检测线圈

图 10-4　触点、线圈检测

在检测电磁继电器的线圈时，万用表选择 R×10 或 R×100 挡，测量线圈两引脚之间的电阻，正常阻值应为 25Ω ~ 2kΩ，如图 10-4（c）所示。一般电磁继电器线圈额定电压越高，线圈电阻越大。

若线圈电阻为 ∞，则线圈开路；若线圈电阻小于正常值或为 0W，则线圈存在短路故障。

2. 吸合能力检测

在检测电磁继电器时，如果测量后确定触点和线圈的电阻基本正常，并不能完全确定电磁继电器就能正常工作，还需要通电检测线圈控制触点的吸合能力。电磁继电器的吸合能力检测如图 10-5 所示。

在检测电磁继电器的吸合能力时，给电磁继电器线圈端加额定工作电压，如图 10-5

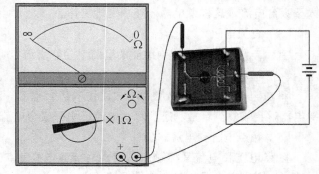

图 10-5　电磁继电器的吸合能力检测

所示，将万用表拨至 R×1 挡，测量常闭触点的阻值，正常应为 ∞（线圈通电后常闭触点应断开），再测量常开触点的阻值，正常应为 0Ω（线圈通电后常开触点应闭合）。

若测得常闭触点阻值为 0Ω，常开触点阻值为 ∞，则可能是线圈因局部短路而导致产生的吸合力不够，或者电磁继电器内部触点切换部件损坏。

10.1.6 用数字万用表检测电磁继电器

1. 触点与线圈检测

用数字万用表检测电磁继电器的触点如图 10-6 所示。测量时，万用表选择 200Ω 挡，红、黑表笔接电磁继电器常闭触点的两个引脚，正常显示屏会显示很小的电阻值，如图 10-6（a）所示，然后将红、黑表笔接电磁继电器常开

10-1：电磁继电器的检测

触点的两个引脚，正常显示屏会显示溢出符号"OL"，如图 10-6（b）所示。

用数字万用表检测电磁继电器的线圈如图 10-7 所示，测量时，万用表选择 2kΩ 挡，红、黑表笔接电磁继电器线圈的两个引脚，显示屏会显示线圈的电阻值，图 10-7 中显示线圈的电阻值为 71Ω。一般来说，电磁继电器线圈的额定电压越高，其电阻值越大。

（a）测量常闭触点　　　　　（b）测量常开触点

图 10-6　用数字万用表检测电磁继电器的触点

2. 通电检测吸合能力

在检测电磁继电器的吸合能力时，数字万用表选择 200Ω 挡，红、黑表笔分别接常开触点的两个引脚，正常显示屏会显示"OL"符号，然后给线圈的两个引脚加上额定电压（图 10-8 中的电磁继电器线圈额定电压为 5V，可使用手机充电器为线圈供电），正常线圈通电时常开触点会闭合，显示屏显示很小的电阻值，如图 10-8（a）所示，再用同样的方法检测常闭触点，正常线圈通电时常闭触点会断开，显示屏会显示溢出符号"OL"，如图 10-8（b）所示。

图 10-7　用数字万用表检测电磁继电器的线圈

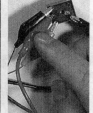

（a）通电测量常开触点　　　　　（b）通电测量常闭触点

图 10-8　通电检测电磁继电器的吸合能力

10.2　固态继电器

10.2.1　固态继电器的主要特点

固态继电器简称 SSR，它是由半导体晶体管为主要器件的电子电路组成的。固态继电器与一般的电磁继电器相比，主要具有以下特点。

① 寿命长。电磁继电器的触点存在机械磨损，它的寿命一般为 $10^5 \sim 10^6$ 次，而固态继电器的寿命可高达 $10^8 \sim 10^{12}$ 次。

② 工作频率高。电磁继电器开合频率很低，一般不超过 20 次 /s，而固态继电器没有机械触点，故可以达到很高的开合频率。

③ 可靠性高。电磁继电器的触点由于受火花和表面氧化膜层的影响，容易出现接触不良，而固态继电器没有机械触点，不易出现接触不良。

④ 使用安全。电磁继电器在工作时会产生火花，如果应用在一些特殊的环境下（如矿山、化工行业），可能会点燃一些易燃气体而导致事故的发生，而固态继电器由于没有机械触点，不会产生火花，使用比较安全。

由于固态继电器有很多优点，所以在国外已经得到广泛应用，我国也逐渐开始应用。固态继电器种类很多，一般可分为直流固态继电器和交流固态继电器。

10.2.2　直流固态继电器的外形与符号

直流固态继电器（DC-SSR）的输入端 INPUT（相当于线圈端）接直流控制电压，输出端 OUTPUT 或 LOAD（相当于触点开关端）接直流负载。直流固态继电器的外形与电路符号如图 10-9 所示。

（a）外形　　　　　　　　　　　　　　（b）电路符号

图 10-9　直流固态继电器的外形和电路符号

10.2.3　直流固态继电器的内部电路与工作原理

图 10-10 所示是一种典型的 5 个引脚直流固态继电器的内部电路结构及等效图。

如图 10-10（a）所示，当 3、4 端未加控制电压时，光电耦合器中的光敏管截止，VT_1 基极电压很高而饱和导通，VT_1 集电极电压被旁路，VT_2 因基极电压低而截止，1、5 端处于开路状态，相当于触点开关断开；当 3、4 端加控制电压时，光电耦合器中的光敏管导通，VT_1 基极电压被旁路而截止，VT_1 集电极电压很高，该电压加到 VT_2 基极，使 VT_2 饱和导通，1、5 端处于短路状态，相当于触点开关闭合。

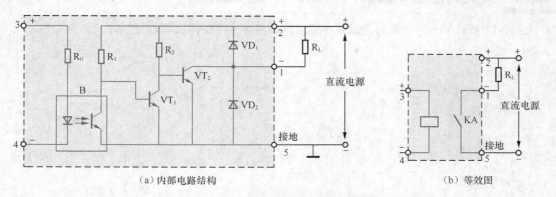

（a）内部电路结构　　　　　　　　　　　　　（b）等效图

图 10-10　典型的 5 个引脚直流固态继电器的内部电路结构及等效图

VD_1、VD_2 为保护二极管，若负载是感性负载，在 VT_2 由导通转为截止时，负载会产生很高的反峰电压，该电压极性是下正上负，VD_1 导通，迅速降低负载上的反峰电压，防止其击穿 VT_2，如果 VD_1 出现开路损坏，不能降低反峰电压，该电压会先击穿 VD_2（VD_2 耐压较 VT_2 低），也可避免 VT_2 被击穿。

图 10-11 所示是一种典型的四个引脚直流固态继电器的内部电路结构及等效图。

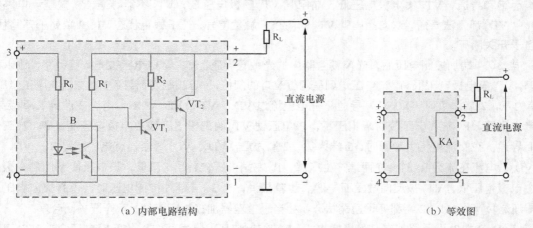

（a）内部电路结构　　　　　　　　　　　　　（b）等效图

图 10-11　典型的四个引脚直流固态继电器的内部电路结构及等效图

10.2.4　交流固态继电器的外形与符号

交流固态继电器（AC-SSR）的输入端接直流控制电压，输出端接交流负载。交流固态继电器的外形与电路符号如图 10-12 所示。

（a）外形　　　　　　　　　　　　　（b）电路符号

图 10-12　交流固态继电器的外形与电路符号

10.2.5　交流固态继电器的内部电路与工作原理

图10-13所示是一种典型的交流固态继电器的内部电路结构及等效图。

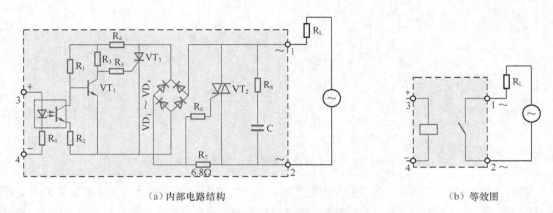

（a）内部电路结构　　　　　　　　　　　　　　　　（b）等效图

图10-13　典型的交流固态继电器的内部电路结构及等效图

如图10-13（a）所示，当3、4端未加控制电压时，光电耦合器内的光敏管截止，VT_1基极电压高而饱和导通，VT_1集电极电压低，晶闸管VT_3门极电压低，VT_3不能导通，桥式整流电路中的$VD_1 \sim VD_4$都无法导通，双向晶闸管VT_2的门极无触发信号，处于截止状态，1、2端处于开路状态，相当于开关断开。

当3、4端加控制电压后，光电耦合器内的光敏管导通，VT_1基极电压被光敏管旁路，进入截止状态，VT_1集电极电压很高，该电压送到晶闸管VT_3的门极，VT_3被触发而导通。在交流电压正半周时，1端为正，2端为负，VD_1、VD_3导通，有电流流过VD_1、VT_3、VD_3和R_7，电流在流经R_7时会在两端产生压降，R_7左端电压较右端电压高，该电压使VT_2的门极电压较主电极电压高，VT_2被正向触发而导通；在交流电压负半周时，1端为负，2端为正，VD_2、VD_4导通，有电流流过R_7、VD_2、VT_3和VD_4，电流在流经R_7时会在两端产生压降，R_7左端电压较右端电压低，该电压使VT_2的门极电压较主电极电压低，VT_2被反向触发而导通。也就是说，当3、4端加控制电压时，不管交流电压是正半周还是负半周，1、2端都处于通路状态，相当于继电器加控制电压时，常开开关闭合。

若1、2端处于通路状态，如果撤去3、4端控制电压，晶闸管VT_3的门极电压会被VT_1旁路，在1、2端交流电压过零时，流过VT_3的电流为0，VT_3被关断，R_7上的压降为0，双向晶闸管VT_2会因门、主极电压相等而关断。

10.2.6　固态继电器的识别与检测

1. 类型及引脚识别

固态继电器的类型及引脚可通过外表标注的字符来识别。交、直流固态继电器输入端标注基本相同，一般都含有"INPUT（或IN）、DC、+、-"字样，两者的区别在于输出端标注不同，交流固态继电器输出端通常标有"AC、～、～"字样，直流固态继电器输出端通常标有"DC、+、一"字样。

2. 好坏检测

交、直流固态继电器的常态（未通电时的状态）好坏检测方法相同。在检测输入端时，将万用表拨至R×10k挡，测量输入端两个引脚之间的阻值，若固态继电器正常，黑表笔接"+"端、红表笔接"一"端时，测得的阻值较小，反之阻值为无穷大或接近无穷大，这是因为固态继电器输入端通常为电阻与发光二极管的串联电路；在检测输出端时，将万用表仍拨至 R×10k 挡，测量输出端两个引脚之间的阻值，正、反各测一次，正常时正、反向电阻均为无穷大，有的 DC-SSR 输出端的晶体管会反接一只二极管，反向测量（红表笔接"+"端、黑表笔接"-"端）时阻值小。

固态继电器的常态检测正常，还无法确定它一定是好的，如输出端开路时，正、反向阻值也会无穷大，这时就需要通电检查。下面以图 10-14 所示的交流固态继电器 GTJ3-3DA 为例说明通电检查的方法。先给交流固态继电器输入端接 5V 直流电源，然后在输出端接上 220V 交流电源和一只 60W 的灯泡，如果继电器正常，输出端两个引脚之间内部应该相通，灯泡发光，否则继电器损坏。在连接输入、输出端电源时，电源电压应在规定的范围之间，否则会损坏固态继电器。

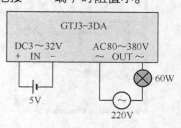

图 10-14　交流固态继电器的
　　　　　通电检测

10.3　干簧管与干簧继电器

10.3.1　干簧管的外形与符号

干簧管是一种利用磁场直接磁化触点而让触点开关产生接通或断开动作的器件。图 10-15（a）所示是一些常见干簧管的外形，图 10-15（b）所示为干簧管的电路符号。

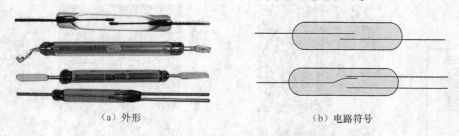

（a）外形　　　　　　　　　　（b）电路符号

图 10-15　干簧管的外形和电路符号

10.3.2　干簧管的工作原理

干簧管的工作原理如图 10-16 所示。

当干簧管未加磁场时，内部两个簧片不带磁性，处于断开状态。若将磁铁靠近干簧管，内部两个簧片被磁化而带上磁性，一个簧片磁性为 N，另一个簧片磁性为 S，两个簧片磁性相异产生吸引，从而使两个簧片的触点接触。

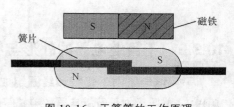

图 10-16　干簧管的工作原理

10.3.3　用指针万用表检测干簧管

干簧管的检测如图 10-17 所示。干簧管的检测包括常态检测和施加磁场检测。

常态检测是指未施加磁场时对干簧管进行检测。在常态检测时，万用表选择 R×1 挡，测量干簧管两个引脚之间的电阻，如图 10-17（a）所示，对于常开触点正常阻值应为 ∞，若阻值为 0Ω，说明干簧管簧片触点短路。

在施加磁场检测时，万用表选择 R×1 挡，测量干簧管两个引脚之间的电阻，同时用一块磁铁靠近干簧管，如图 10-17（b）所示，正常阻值应由 ∞ 变为 0Ω，若阻值始终为 ∞，说明干簧管触点无法闭合。

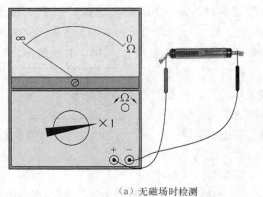

（a）无磁场时检测　　　　　　　　　　　　　　（b）加磁场时检测

图 10-17　干簧管的检测

10.3.4　用数字万用表检测干簧管

在检测干簧管时，数字万用表选择200Ω挡，红、黑表笔接干簧管的两个引脚，显示屏显示"OL"符号，表示干簧管处于断开状态，如图 10-18（a）所示，然后将一块磁铁靠近干簧管，显示屏显示很小的电阻值，表示干簧管处于闭合状态，如图 10-18（b）所示。

10-2：干簧管的检测

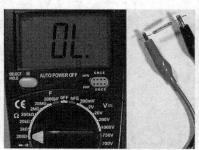

（a）干簧管处于断开　　　　　　　　　　（b）磁铁靠近时干簧管闭合

图 10-18　用数字万用表检测干簧管

10.3.5　干簧继电器的外形与符号

干簧继电器由干簧管和线圈组成。图 10-19（a）所示为一些常见的干簧继电器的外形，图 10-19（b）所示为干簧继电器的电路符号。

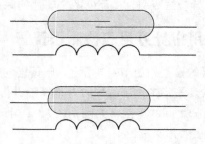

（a）实物外形　　　　　　　　　　　　　　（b）电路符号

图 10-19　干簧继电器的外形和电路符号

10.3.6　干簧继电器的工作原理

干簧继电器的工作原理如图 10-20 所示。

当干簧继电器线圈未加电压时，内部两个簧片不带磁性，处于断开状态，给线圈加电压后，线圈产生磁场，线圈的磁场将内部两个簧片磁化而带上磁性，一个簧片磁性为 N，另一个簧片磁性为 S，两个簧片磁性相异产生吸引，从而使两个簧片的触点接触。

10.3.7　干簧继电器的应用电路

图 10-21 所示是一个光控开门控制电路，它可根据有无光线来启动电动机工作，让电动机驱动大门打开。图 10-21 中的光控开门控制电路主要是由干簧继电器 GHG、继电器 K_1 和安装在大门口的光敏电阻 RG 及电动机组成的。

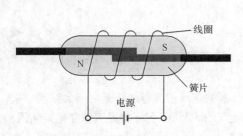

图 10-20　干簧继电器的工作原理

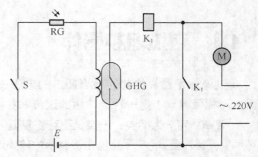

图 10-21　光控开门控制电路

在白天，将开关 S 断开，自动光控开门电路不工作。在晚上，将 S 闭合，在没有光线照射大门时，光敏电阻 RG 阻值很大，流过干簧继电器线圈的电流很小，干簧继电器不工作，若有光线照射大门（如汽车灯）时，光敏电阻 RG 阻值变小，流过干簧继电器线圈的电流很大，线圈产生磁场将管内的两个簧片磁化，两个簧片吸引而使触点接触，有电流流过继电器 K_1 线圈，线圈产生磁场吸合常开触点 K_1，K_1 闭合，有电流流过电动机，电动机运转，通过传动机构将大门打开。

10.3.8　干簧继电器的检测

干簧继电器的检测如图 10-22 所示。

对于干簧继电器，在常态检测时，除了要检测触点引脚间的电阻外，还要检测线圈引脚间的电阻，正常触点间的电阻应为 ∞，线圈引脚间的电阻应为十几欧姆至几十千欧姆。

干簧继电器常态检测正常后，还需要给线圈通电进行检测。干簧继电器通电检测如图 10-22 所示，将万用表拨至 R×1 挡，测量干簧继电器触点引脚之间的电阻，然后给线圈引脚加额定工作电压，正常触点引脚间的阻值应由 ∞ 变为 0Ω，若阻值始终为 ∞，说明干簧管触点无法闭合。

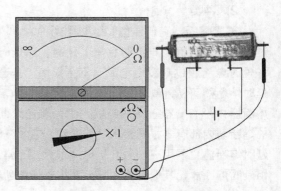

图 10-22　干簧继电器的检测

第11章

过流、过压保护器件

11.1　过流保护器件

过流保护器件的功能是当通过的电流过大时切断电路，从而避免过大的电流损坏电路。熔断器（又称保险丝）是一种最常用的过流保护器件。

熔断器可分为两类：一类是不可恢复型熔断器，这种熔断器的熔丝被大电流烧断后不会恢复，损坏后需要重新更换，电子电器中最常用的玻壳熔断器就属于该类型的熔断器；另一类是可恢复型熔断器，这种熔断器在通过大电流时温度升高，阻值急剧变大，呈开路状态，断电后温度降低，其阻值会自动恢复变小，自恢复熔断器就属于该类型的熔断器。熔断器的常用符号如图 11-1 所示。

图 11-1　熔断器的常用符号

11.1.1　玻壳熔断器

1. 外形

玻壳熔断器是一种不可恢复型熔断器，其外形如图 11-2 所示。

2. 种类

玻壳熔断器有普通型和延时型两种，普通熔断器通过的电流超过额定电流时会马上烧断，而延时熔断器允许短时电流超过其额定电流而不会损坏。普通熔断器和延时熔断器可从外观识别出来，如图 11-3 所示，左方的熔断器内部有一根直线熔断器，它为普通熔断器，右方的熔断器内部有一根螺旋状的熔断丝，它为延时熔断器。

图 11-2　玻壳熔断器外形

延时熔断器主要用在一些开机电流很大、正常工作时电流小的电路中，彩色电视机的电源电路就使用延时熔断器，其他电器大部分使用普通熔断器。

图 11-3　普通熔断器和延时熔断器

3. 选用

玻壳熔断器一般会标注额定电压值或额定电流值，如某熔断器标注 250V/2A，表示该熔断器应用在 250V 电压以下、电流不超过 2A 的电路中。在选用时，要先了解电路的电压和电流情况，所选熔断器的额定电压应高于电路可能有的最高电压、额定电流应略大于电路可能有的最大电流。

4. 好坏检测

在判别玻壳熔断器的好坏时，可先查看玻壳内部的熔断器是否断开，若断开则熔断器开路。如果要准确判断熔断器是否损坏，应使用万用表来检测，检测时，将万用表拨至 R×1 挡，红、黑表笔分别接熔断器两端的金属帽，正常熔断器的阻值应为 0Ω，若阻值为无穷大，则内部熔丝开路。

11.1.2 自恢复熔断器

1. 外形

自恢复熔断器是一种可恢复型熔断器，它采用高分子有机聚合物在高压、高温、硫化反应的条件下，掺加导电粒子材料后，经过特殊的工艺加工而成。自恢复熔断器的外形如图 11-4 所示。

图 11-4 自恢复熔断器的外形

2. 工作原理

自恢复熔断器是在经特殊处理的高分子聚合树脂中掺加导电粒子材料后制成的。在正常情况下，聚合树脂与导电粒子紧密结合在一起，此时的自恢复熔断器呈低阻状态，如果流过的电流在允许范围内，其产生的热量较小，不会改变导电树脂结构。当电路发生短路或过载时，流经自恢复熔断器的电流很大，其产生的热量使聚合树脂融化，体积迅速增大，自恢复熔断器呈高阻状态，工作电流迅速减小，从而对电路进行过流保护。当故障排除后，聚合树脂重新冷却缩小，导电粒子重新紧密接触而形成导电通路，自恢复熔断器重新恢复为低阻状态，从而完成对电路的保护，由于具有自恢复功能，不需要人工更换。

自恢复熔断器是否动作与本身热量有关，如果电流使本身产生的热量大于其向外界散发的热量，其温度会不断升高，内部聚合树脂体积增大而使熔断器阻值变大，流过的电流减小，该电流用于维持聚合树脂的温度，让熔断器保持高阻状态。当故障排除后或切断电源后，通过自恢复熔断器的电流减小到维持电流以下，其内部聚合物温度下降而恢复为低阻状态。一般来说，体积大、散热条件好的自恢复熔断器动作电流更大些。

3. 主要参数

自恢复熔断器的主要参数有如下几个。

① I_h—最大工作电流（额定电流、维持电流）。元件在 25℃ 环境温度下保持不动作的最大工作电流。

② I_t—最小动作电流。元件在 25℃ 环境温度下启动保护的最小电流。I_t 为 I_h 的 1.7 ~ 3 倍，一般为 2。

③ I_{max}—最大过载电流。元件能承受的最大电流。

④ P_{max}—最大允许功耗。元件在工作状态下的允许消耗最大功率。

⑤ U_{max}—最大工作电压（耐压、额定电压）。元件的最大工作电压。

⑥ U_{maxi}—最大过载电压。元件在阻断状态下所承受的最大电压。

⑦ R_{min}——最小阻值。元件在工作前的初始最小阻值。

⑧ R_{max}——最大阻值。元件在工作前的初始最大阻值，自恢复熔断器的初始阻值应在 R_{min} ~ R_{max} 范围内。

表 11-1 列出了 RXE 系列自恢复熔断器的主要参数。

表 11-1 RXE 系列自恢复熔断器的主要参数（20℃）

型号	保持电流 /A	触发断开的最大时间（5倍保持电流）/s	原始阻抗		型号	保持电流 /A	触发断开的最大时间（5倍保持电流）/s	原始阻抗	
			最低电阻 / Ω	最高电阻 / Ω				最低电阻 / Ω	最高电阻 / Ω
RXE010	0.10	4.0	2.50	4.50	RXE090	0.90	7.2	0.20	0.31
RXE017	0.17	3.0	3.30	5.21	RXE110	1.10	8.2	0.15	0.25
RXE020	0.20	2.2	1.83	2.84	RXE135	1.35	9.6	0.12	0.19
RXE025	0.25	2.5	1.25	1.95	RXE160	1.60	11.4	0.09	0.14
RXE030	0.30	3.0	0.88	1.36	RXE185	1.85	12.6	0.08	0.12
RXE040	0.40	3.8	0.55	0.86	RXE250	2.50	15.6	0.05	0.08
RXE050	0.50	4.0	0.50	0.77	RXE300	3.00	19.8	0.04	0.06
RXE065	0.65	5.3	0.31	0.48	RXE375	3.75	24.0	0.03	0.05
RXE075	0.75	6.3	0.25	0.40					

4. 型号含义

自恢复熔断器无统一的命名方法，较常用的 RF/WH 系列自恢复熔断器的型号含义如下所示。

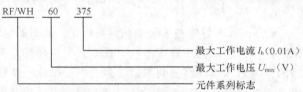

RF/WH 60375 表示该元件为 RF/WH 系列自恢复熔断器，其最大工作电压为 60V，最大工作电流为 3.75A。

5. 选用

（1）选用说明

选用熔断器的要点如下。

① 根据电路的需要，选择合适类型的熔断器（如自恢复型、贴片安装方式熔断器）。

② 在确定熔断器的额定电压时，要求熔断器额定电压应大于熔断器安装电路处可能有的最高电压。

③ 在确定熔断器的额定电流 I 时，可按以下公式计算：

$$I = I_t / (f_0 f_1)$$

式中 I_t——保护电流（动作电流）；

f_0——不同规范熔断器的折减率，对于 ICE 规范的熔断器，折减率 f_0=1，对于 UL 规范的熔断器，折减率 f_0=0.75；

f_1——不同温度下的折减率，环境温度（熔断器周围的温度）越高，熔断器工作时越容易发热，寿命就越短，熔断器在不同温度下的折减率 f_1 值如图 11-5 所示，曲线 A 为玻壳熔断器（慢熔断，低分辨力）的温度折减率，曲线 B 为陶瓷管熔断器（快熔断器和螺旋式绕制熔断器，高分辨力）的温度折减率，曲线 C 为自恢复熔断器的温度折减率，在室温 25℃时，三种类型的熔断器的温度

折减率 f_1 均为 1。

（2）选用举例

某电路额定电压为 12V，正常工作电流为 2A，熔断器长期工作在 90℃，如果选用 UL 规范的自恢复熔断器，则熔断器的温度折减率 f_1 为 40%、规范折减率 f_0=0.75，那么熔断器的额定电流 $I=I_1/(f_0f_1)=2/(0.75×0.4)=6.6（A）$，故可选用 RF/WH16-700 型自恢复熔断器。

如果选用 ICE 规范的自恢复熔断器，熔断器长期工作在 25℃，则要求熔断器的额定电流 $I=I_1/(f_0f_1)=2/(1×1)$ =2A，那么可选用 RF/WH16-200 型自恢复熔断器。

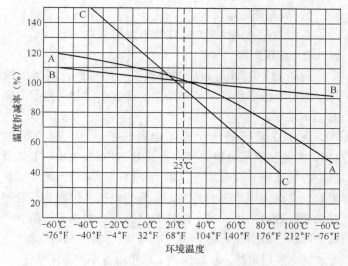

图 11-5　熔断器在不同温度下的折减率 f_1 值

6. 检测

自恢复熔断器的检测如图 11-6 所示。

自恢复熔断器的阻值很小，大多数在 10Ω 以下，通常额定电压（耐压）越高的阻值越大，额定电流（维持电流）越大的阻值越小。由于自恢复熔断器的阻值很小，在检测时，使用万用表 R×1 挡测量其阻值，正常阻值一般在几十欧姆以下，如果阻值为无穷大，则熔断器开路。

如果要检测自恢复熔断器的动作电流，可按图 11-6 所示方式将熔断器与电源、开关连接起来，在测量时，将可调电压调到最低，万用表拨至大电流挡，让开关处于断开状态，红、黑表笔接开关两端，然后将电源电压慢慢调高，同时观察万用表指示电流值，当出现电流突然减小时，则减小前的最大电流值即为自恢复熔断

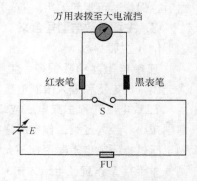

图 11-6　自恢复熔断器的检测

器的动作电流值。可调电源也可以用多节干电池（最好为新的优质电池，以便能输出大电流）来代替，以电池逐个叠加来慢慢增高电压。

11.2 过压保护器件

过压保护器件的功能是当电路中的电压过高时，器件马上由高阻状态转变成低阻状态，将高压泄放掉，从而避免过高的电压损坏电路。过压保护器件种类较多，常用的有压敏电阻器和瞬态电压抑制二极管。

11.2.1 压敏电阻器

压敏电阻器是一种对电压敏感的特殊电阻器，当两端电压低于标称电压时，其阻值接近无穷大；当两端电压超过压敏电压值时，阻值急剧变小；如果两端电压回落至压敏电压值以下时，其阻值又恢复到接近无穷大。压敏电阻器种类较多，以氧化锌（ZnO）为材料制作而成的压敏电阻器应用最为广泛。

1. 外形与符号

压敏电阻器的外形与电路符号如图 11-7 所示。

2. 应用电路

压敏电阻器具有过压时阻值变小的性质，利用该性质可以将压敏电阻器应用在保护电路中。压敏电阻器的典型应用电路如图 11-8 所示。

图 11-8 所示是一个家用电器保护器，在使用时将它接在 220V 市电和家用电器之间。在正常工作时，220V 市电通过保护器中的熔断器 F 和导线送给家用电器。当某些因素（如雷电窜入电网）造成市电电压上升时，上升的电压通过插头、导线和熔断器加到压敏电阻器两端，压敏电阻器马上击穿而阻值变小，流过熔断器和压敏电阻器的电流急剧增大，熔断器瞬间熔断，高电压无法到达家用电器，从而保护了家用电器不被高压损坏。

在熔断器熔断后，有较小的电流流过高阻值的电阻 R 和灯泡，灯泡亮，指示熔断器损坏。由于压敏电阻器具有自我恢复功能，在电压下降后阻值又变为无穷大，当更换熔断器后，保护器可重新使用。

3. 主要参数与型号含义

（1）主要参数

压敏电阻器参数很多，主要参数有压敏电压、最大连续工作电压和最大限制电压。

压敏电压又称击穿电压或阈值电压，当加到压敏电阻器两端的电压超过压敏电压时，阻值会急剧减小。最大连续工作电压是指压敏电阻器长期使用时两端允许的最高交流或直流电压。最大限制电压是指压敏电阻器两端不允许超过的电压。对于压敏电阻器，若最大连续工作交流电压为 U，则最大连续工作直流电压为 1.3U 左右，压敏电压为 1.6U 左右，最大限制电压为 2.6U 左右。压敏电阻器的压敏电压可在 10 ～ 9000V 范围选择。

（2）型号含义

MY 表示压敏电阻器。

压敏电压用三位数字表示：前两位数字为有效数字，第三位数字表示 0 的个数。如 470 表示 47V，471 表示 470V。

电压误差用字母表示：J 表示 ±5%、K 表示 ±10%、L 表示 ±15%、M 表示 ±20%。

瓷片直径用数字表示：有 $\varphi5$、$\varphi7$、$\varphi10$、$\varphi14$、$\varphi20$ 等，单位为 mm。

型号分类用字母表示：D——通用型、H——灭弧型、L——防雷型、T——特殊型、G——浪涌抑制型、Z——组合型、S——元器件保护用。

细分类用数字表示：表示型号分类中更细的分类号。例如，MYDO7K680 表示标称电压 68V，电压误差为 ±10%，瓷片直径 7mm 的通用型压敏电阻；MYG20G05K151 表示压敏电压（标称电压）为 150V，电压误差为 ±10%，瓷片直径为 5mm 的浪涌抑制型压敏电阻器。

在图 11-9 中，压敏电阻器标注"621K"，其中"621"表示压敏电压为 $62 \times 10^1 = 620V$，"K"表示误差为 ±10%，若标注为"620"则表示压敏电压为 $62 \times 10^0 = 62V$。

（a）外形

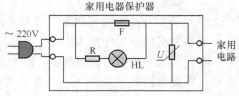

（b）电路符号

图 11-7　压敏电阻器的外形与电路符号

图 11-8　压敏电阻器的典型应用电路

4. 用指针万用表检测压敏电阻器

由于压敏电阻器两端电压低于压敏电压时不会导通，故可以用万用表欧姆挡检测其好坏。用指针万用表检测压敏电阻器的方法如图 11-10 所示。

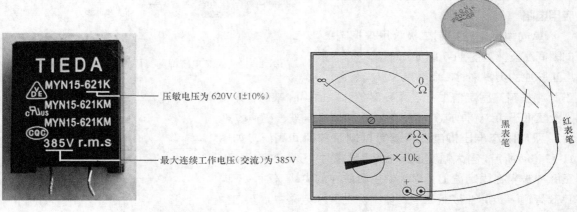

图 11-9　压敏电阻器的参数识别　　　　　图 11-10　用指针万用表检测压敏电阻器的方法

万用表置于 R×10k 挡，将红、黑表笔分别接压敏电阻器两个引脚，然后在刻度盘上查看测得阻值的大小。

若压敏电阻器正常，阻值应为无穷大或接近无穷大。

若阻值为 0，说明压敏电阻器短路。

若阻值偏小，说明压敏电阻器漏电，不能使用。

5. 用数字万用表检测压敏电阻器

用数字万用表检测压敏电阻器的方法如图 11-11 所示，挡位开关选择 20MΩ挡，红、黑表笔接压敏电阻器的两个引脚，显示屏显示溢出符号 "OL"，表示压敏电阻器的两个引脚间的电阻超过 20MΩ，压敏电阻器正常。

11-1：压敏电阻器的检测

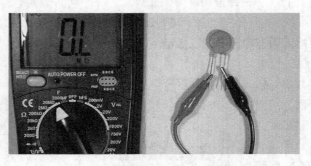

图 11-11　用数字万用表检测压敏电阻器的方法

11.2.2　瞬态电压抑制二极管

1. 外形与图形符号

瞬态电压抑制二极管又称瞬态抑制二极管，简称 **TVS**，是一种二极管形式的高效能保护器件，当它两极间的电压超过一定值时，能以极快的速度导通，吸收高达几百到几千瓦的浪涌功率，将两极间的电压固定在一个预定值上，从而有效地保护电子线路中的精密元器件。常见的瞬态电压抑制

二极管外形如图 11-12（a）所示。瞬态电压
抑制二极管有单向型和双向型之分，其电路
符号如图 11-12（b）所示。

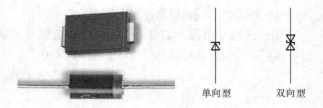

（a）外形 　　　　　（b）电路符号

图 11-12　瞬态电压抑制二极管的外形和电路符号

2. 单向和双向瞬态电压抑制二极管的应用电路

单向瞬态电压抑制二极管用来抑制单
向瞬间高压，如图 11-13（a）所示，当大幅
度正脉冲的尖峰来时，单向 TVS 反向导通，
正脉冲被箝在固定值上；当大幅度负脉冲的尖峰来时，若 B
点电压低于 -0.7V，单向 TVS 正向导通，B 点电压被箝在 -0.7V。

双向瞬态电压抑制二极管可抑制双向瞬间高压，如图
11-13（b）所示，当大幅度正脉冲的尖峰来时，双向 TVS 导通，
正脉冲被箝在固定值上；当大幅度负脉冲的尖峰来时，双向
TVS 导通，负脉冲被箝在固定值上。在实际电路中，双向瞬
态电压抑制二极管更为常用，如无特别说明，瞬态电压抑制
二极管均是指双向。

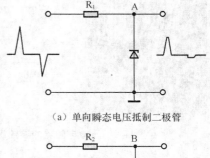

（a）单向瞬态电压抑制二极管

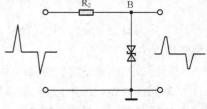

（b）双向瞬态电压抑制二极管

图 11-13　两种类型瞬态电压抑制二极管的应用电路

3. 选用

在选用瞬态电压抑制二极管时，主要考虑极性、反向击
穿电压和峰值功率，在峰值功率一定的情况下，反向击穿电
压越高，允许的峰值电流越小。

从型号可以了解瞬态电压抑制二极管的主要参数。

① 型号 P6SMB6.8A：P6——峰值功率为 600W，6.8——
反向击穿电压为 6.8V，A——单向。

② 型号 P6SMB18CA：P6——峰值功率为 600W，18——反向击穿电压为 18V，CA——双向。

③ 型号 1.5KE10A：1.5K——峰值功率为 1.5kW，10——反向击穿电压为 10V，A——单向。

④ 型号 P6KE33CA：P6——峰值功率为 600W，33——反向击穿电压为 33V，CA——双向。

4. 用指针万用表检测瞬态电压抑制二极管

单向瞬态电压抑制二极管
具有单向导电性，极性与好坏检
测方法与稳压二极管相同。用指
针万用表检测瞬态电压抑制二
极管如图 11-14 所示。

双向瞬态电压抑制二极管
两个引脚无极性之分，用万用表
R×10k 挡检测时，正、反向阻
值应均为无穷大。双向瞬态电压
抑制二极管的击穿电压的检测
如图 11-14 所示，二极管 VD 为

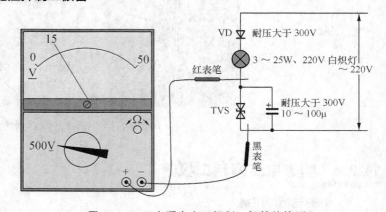

图 11-14　双向瞬态电压抑制二极管的检测

整流二极管，白炽灯用作降压限流，在 220V 电压正半周时 VD 导通，对电容充得上正下负的电压，
当电容两端电压上升到 TVS 的击穿电压时，TVS 击穿导通，两端电压不再升高，万用表测得的电

压近似为 TVS 的击穿电压。

该方法适用于检测击穿电压小于 300V 的瞬态电压抑制二极管，因为 220V 电压对电容充电最高达 300 多伏。

5. 用数字万用表检测瞬态电压抑制二极管

用数字万用表检测单向瞬态电压抑制二极管如图 11-15 所示，挡位开关选择二极管测量挡，红、黑表笔接单向瞬态电压抑制二极管，正、反各测一次，正常会出现一次显示"OL"符号（不导通），如图 11-15（a）所示；一次显示 0.400 ~ 0.800 范围内的数值，如图 11-15（b）所示，以这次测量为准，红表笔接的为单向瞬态电压抑制二极管的正极，黑表笔接的为负极。

11-2：单向瞬态电压
抑制二极管的检测

（a）显示"OL"　　　　　（b）显示正常范围内的数值

图 11-15　用数字万用表检测单向瞬态电压抑制二极管

第12章

光电器件

12.1 发光二极管（LED）

12.1.1 普通发光二极管

1. 外形与符号

发光二极管是一种电 - 光转换器件，能将电信号转换成光信号。图 12-1（a）所示是一些常见的发光二极管的实物外形，图 12-1（b）所示为发光二极管的电路符号。

2. 应用电路

发光二极管在电路中需要正接才能工作。下面以图 12-2 所示的电路为例来说明发光二极管的性质。

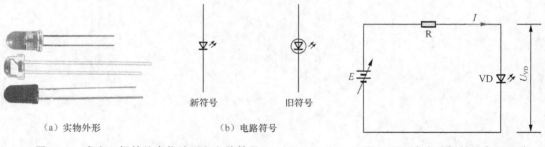

（a）实物外形　　　　　　　（b）电路符号

图 12-1　发光二极管的实物外形和电路符号　　　　　　图 12-2　发光二极管的应用电路

在图 12-2 中，可调电源 E 通过电阻 R 将电压加到发光二极管 VD 两端，电源正极对应 VD 的正极，负极对应 VD 的负极。将电源 E 的电压由 0 开始慢慢调高，发光二极管两端电压 U_{VD} 也随之升高，在电压较低时发光二极管并不导通，只有 U_{VD} 达到一定值时，VD 才导通，此时的 U_{VD} 电压称为发光二极管的导通电压。发光二极管导通后有电流流过，就开始发光，流过的电流越大，发出的光线越强。

不同颜色的发光二极管，其导通电压有所不同，红外线发光二极管最低，导通电压略高于 1V，红光二极管导通电压为 1.5 ～ 2V，黄光二极管导通电压为 2V 左右，绿光二极管导通电压为 2.5 ～ 2.9V，高亮度蓝光、白光二极管导通电压一般达到 3V 以上。

发光二极管正常工作时的电流较小，小功率的发光二极管工作电流一般在 **3 ～ 20mA**，若流过发光二极管的电流过大，容易被烧坏。发光二极管的反向耐压也较低，一般在 **10V 以下**。在焊接发光二极管时，应选用功率在 25W 以下的电烙铁，焊接点应离管帽 4mm 以上。焊接时间不要超过 4s，最好用镊子夹住管脚散热。

3. 限流电阻的阻值计算

由于发光二极管的工作电流小、耐压低，故使用时需要连接限流电阻，图 12-3 所示是发光二极管的两种常用驱动电路，在采用图 12-3（b）所示的晶体管驱动时，晶体管相当于一个开关（电子开关），当基极为高电平时三极管会导通，相当于开关闭合，发光二极管有电流通过而发光。

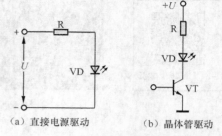

（a）直接电源驱动　　（b）晶体管驱动

图 12-3　发光二极管的两种常用驱动电路

发光二极管的限流电阻的阻值可按 $R=(U-U_F)/I_F$ 计算，U 为加到发光二极管和限流电阻两端的电压，U_F 为发光二极管的正向导通电压（1.5 ～ 3.5V，可通过数字万用表二极管测量挡测量获得），I_F 为发光二极管的正向工作电流（3 ～ 20mA，一般取 10mA）。

4. 引脚极性判别

（1）从外观判别极性

对于未使用过的发光二极管，引脚长的为正极，引脚短的为负极，也可以通过观察发光二极管内电极来判别引脚极性，内电极较大的引脚为负极，如图 12-4 所示。

（2）用指针万用表检测极性

发光二极管与普通二极管一样具有单向导电性，即正向电阻小，反向电阻大。根据这一点可以用万用表检测发光二极管的极性。

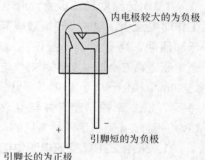

内电极较大的为负极

引脚短的为负极

引脚长的为正极

图 12-4　从外观判别引脚极性

由于发光二极管的导通电压在 1.5V 以上，而万用表选择 R×1 ～ R×1k 挡时，内部使用 1.5V 电池，它所提供的电压无法使发光二极管正向导通，故检测发光二极管极性时，万用表选择 **R×10k 挡**（内部使用 9V 电池），红、黑表笔分别接发光二极管的两个电极，正、反各测一次，两次测量的阻值会出现一大一小，以阻值小的那次为准，黑表笔接的为正极，红表笔接的为负极。

（3）用数字万用表检测极性

用数字万用表检测发光二极管的极性如图 12-5 所示。测量时万用表选择二极管测量挡，红、黑表笔分别接发光二极管的一个引脚，正、反各测一次，当某次测量显示 1.000 ～ 3.500 范围内的数值（同时发光二极管可能会发光）时，如图 12-5（b）所示，表明发光二极管已导通，显示值为其导通电压值，此时红表笔接的为发光二极管的正极，黑表笔接的为负极。

5. 好坏检测

在检测发光二极管好坏时，万用表选择 R×10k 挡，测量两个引脚之间的正、反向电阻。若发光二极管正常，正向电阻小，反向电阻大（接近 ∞）。

若正、反向电阻均为 ∞，则发光二极管开路；若正、反向电阻均为 0Ω，则发光二极管短路；若反向电阻偏小，则发光二极管反向漏电。

12-1：发光二极管的检测

（a）测量时发光二极管未导通　　　　　（b）测量时发光二极管导通

图 12-5　用数字万用表检测发光二极管的极性

12.1.2　LED 及交直流供电电路

　　LED 又称发光二极管，通电后会发光，其工作时电流小，电 - 光转换效率高，主要用于指示和照明。用作照明一般使用高亮 LED，其导通电压通常在 2.0 ～ 3.5V，工作电流一般不能超过 20mA，由于单个 LED 发光亮度不高，故常将多个 LED 串并联起来并与电源电路一起构成 LED。图 12-6 列出了几种常见的 LED。

图 12-6　几种常见的 LED

1. 采用 220V 交流电源供电的 4 种 LED 电路

（1）直接电阻降压式 LED 电路

　　图 12-7 所示是两种简单的电阻降压式 LED 电路。对于图 12-7（a）电路，当 220V 电源极性为上正下负时，有电流流过 R 和 LED，当 220V 电源极性为上负下正时，有电流流过 R 和二极管 VD，在 LED 支路两端反向并联一只二极管，目的是防止在 220V 电源极性为上负下正时 LED 被反向击穿，由于 LED 只在交流电源半个周期内工作，故这种电路效率低。图 12-7（b）电路克服了图 12-7（a）电路的缺点，两个支路的 LED 交替工作。

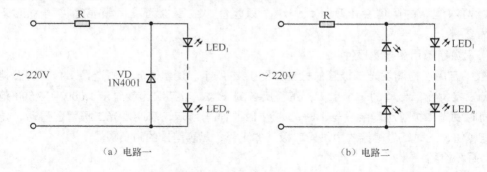

（a）电路一　　　　　　　　　　　　　　　　（b）电路二

图 12-7　两种简单的电阻降压式 LED 电路

　　在图 12-7 电路中，支路串接的 LED 数量应不超过 70 只，并联支路的条数应结合 R 的功率来考虑。以图 12-7（b）为例，设两支路串接的 LED 数量都是 60 只，R 的阻值应为：（220 − 60×3）/0.02=2000（Ω），R 的功率应为：（220 − 60×3）×0.02=0.8（W），支路串联的 LED 数量越多，要求 R 的阻值越小、功率越高。对于图 12-7（a）电路，由于电源负半周时，R 两端有 220V 电压，若其阻值小则要求功率大，比如支路串接 60 只 LED，R 的阻值应选择 2000Ω，R 的功率应为：（220×220）/2000=24.2（W），由于大功率的电阻难找且成本高，故对图 12-7（a）电路支路不要串接太多的 LED。

（2）直接整流式 LED 电路

直接整流式 LED 电路如图 12-8 所示。220V 电压经 VD$_1$ ~ VD$_4$ 构成的桥式整流电路对电容 C 充电，在 C 上得到 300 左右的电压，该电压经电阻 R 降压限流后提供给 LED，由于 LED 的导通电压为 3V，故该电路最多只能串接 100 只 LED，如

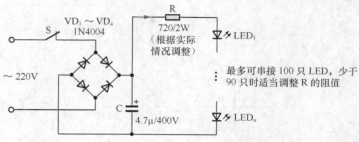

图 12-8　直接整流式 LED 电路

果串接 LED 数量少于 90 只，应适当调整 R 的阻值和功率，以串接 70 只 LED 为例，R 的阻值应为：（300 − 70×3）/0.02=4500（Ω），R 的功率应为：（300 − 70×3）×0.02=1.8（W）。

对于图 12-8 所示的电路，也可以增加 LED 支路的数量，每条支路电流不能超过 20mA，在增加 LED 支路数量时，应减少 R 的阻值，同时让 R 的功率也符合要求（按计算功率的 1.5 或 2 倍选择），另外要增大电容 C 的容量，以确保 C 两端的电压稳定（C 容量越大，两端电压越稳定）。

（3）电容降压整流式 LED 电路

电容降压整流式 LED 电路如图 12-9 所示。220V 交流电源经 C$_1$ 降压和 VD$_1$ ~ VD$_4$ 整流后，对 C$_2$ 得到上正下负电压，该电压再经 R$_3$ 降压限流后提供给 LED。C$_2$ 上的电压大小与 C$_1$ 容量有关，C$_1$ 容量越小，C$_2$ 上的电压越低，提供给 LED 的电流越小，C$_1$ 容量为 0.33μF 时，电路适合串接 20 只以内的 LED，提供给 LED 的电流不超过 20mA（LED 数量越多，电流越小），如果要串接 30 只以上的 LED，C1 的容量应换成 0.47μF，R$_2$、R$_3$ 功率应选择 1W 以上。

在 R$_3$ 或 LED 开路的情况下，闭合开关 S 后，C$_2$ 两端会有 300V 左右的电压，如果这时接上 LED。LED 易被高压损坏，所以应在接好 LED 时再闭合开关 S。

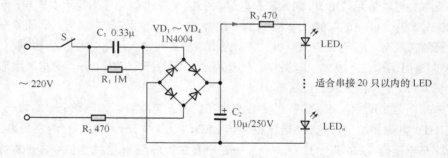

图 12-9　电容降压整流式 LED 电路

（4）整流及恒流供电的 LED 电路

整流及恒流供电的 LED 电路如图 12-10 所示。220V 交流电源经 VD$_1$ ~ VD$_4$ 构成的桥式整流电路对电容 C 充电，在 C 上得到 300V 左右的电压，该电压经 R 降压后为三极管 VT 提供基极电压，VT 导通，有电流流过 LED，LED 发光。VT 集电极串接的 LED 至少十几只，也可以为九十多只，当串接的 LED 数量较少时，VT 集电极电压很高，其功耗（$P=UI$）大，因此 VT 应选功率大的三极管（如 MJE13003、MJE13005 等），并且安装散热片。VD$_5$ 为 6.2V 的稳压二极管，可以将 VT 的基极电压稳定在 6.2V，在未调节 RP 时，VT 的 I_b 电流保持不变，I_c 电流也不变，即流过 LED 的电流

为恒流，如果要改变 LED 的电流，可以调节 RP，当 RP 滑动端上移时，VT 的发射极电压下降，I_b 增大，I_c 增大，流过 LED 的电流增大。

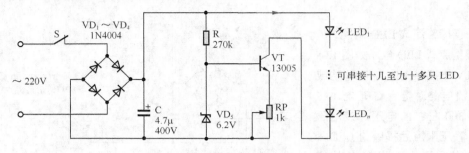

图 12-10　整流及恒流供电的 LED 电路

2. 采用直流电源供电的 3 种 LED 电路

（1）采用 1.5V 电池供电的 LED 电路

采用 1.5V 电池供电的 LED 电路如图 12-11 所示，该电路实际上是一个简单的振荡电路，在振荡期间将电池的 1.5V 与电感 L 产生的左负右正电动势叠加，得到 3V 提供给 LED（可 8 只并联）。

电路分析过程如下。

开关 S 闭合后，三极管 VT_1 有 I_{b1} 电流流过而导通，I_{b1} 电流的途径是：电源 $E+ \rightarrow VT_1$

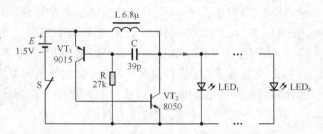

图 12-11　采用 1.5V 电池供电的 LED 电路

的 e、b 极 → R → 开关 S → E-，VT_1 导通后的 I_{c1} 电流流过 VT_2 的发射结，VT_2 导通，VT_2 的 U_{c2} 下降，由于电容两端电压不能突变（电容充放电都需要一定的时间），当电容一端电压下降时，另一端也随之下降，故 VT_1 的 U_{b1} 也下降，I_{b1} 增大，VT_1 的 U_{c1} 上升（三极管基极与集电极是反相关系），VT_2 的 U_{b2} 上升，I_{b2} 增大，U_{c2} 下降，这样会形成正反馈，正反馈结果使 VT_1、VT_2 都进入饱和状态。

在 VT_1、VT_2 饱和期间，有电流流过电感 L（电流途径是：$E+ \rightarrow L \rightarrow VT_2$ 的 c、e 极 → S → E-），L 产生左正右负电动势阻碍电流，同时储存能量，另外，VT_1 的 I_{b1} 电流对电容 C 充电（电流途径是：$E+ \rightarrow VT_1$ 的 e、b 极 → C → VT_2 的 c、e 极 → S → E-），在 C 上充得左正右负电压，随着充电的进行，C 的左正电压越来越高，I_{b1} 电流越来越小，VT_1 退出饱和进入放大，I_{b1} 减小，I_{c1} 也减小，U_{c1} 下降，U_{b2} 下降，VT_2 退出饱和进入放大，I_{b2} 减小，I_{c2} 也减小，U_{c2} 上升，U_{b1} 上升，这样又会形成正反馈，正反馈结果使 VT_1、VT_2 都进入截止状态。

在 VT_1、VT_2 截止期间，VT_2 的截止使 L 产生左负右正电动势，该电动势（约为一个左负右正的电池）与 1.5V 电源叠加，得到 3V 电压提供给 LED，LED 发光，另外，L 的左负右正电动势还会对 C 充电（充电途径：L 右正 → C → R → S → E → L 左负），该充电将 C 的原左正右负电压抵消，C 上的电压抵消后，VT_1 的 U_{b1} 电压下降，又有 I_{b1} 电流流过 VT_1，VT_1 导通，开始下一次振荡。

（2）采用 4.2 ～ 12V 直流电源供电的 LED 电路

采用 4.2 ～ 12V 直流电源（如蓄电池和充电器等）供电的 LED 电路如图 12-12 所示，每条支路可串接 1 ～ 3 只 LED，由于 LED 的导通电压为 3V，串接 LED 的导通总电压不能高于电源电压，电路并联支路的条数与电源输出电流大小有关，输出电流越大，可并联更多的支路。

支路的降压限流电阻大小与电源电压值及支路 LED 的只数有关。若电源 $E=5V$，支路可串接一只 LED，串接的降压限流电阻 $R=(5-3)/0.02=100$（Ω）；若电源 $E=12V$，支路可串接 3 只 LED，串接的降压限流电阻 $R=(12-3\times3)/0.02=150$（Ω）。

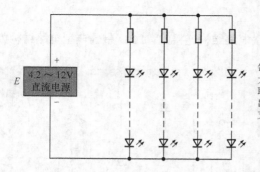

图 12-12　采用 4.2 ～ 12V 直流电源供电的 LED 电路

（3）采用 36V/48V 蓄电池供电的 LED 电路

电动自行车一般采用 36V 或 48V 蓄电池作为电源，若将车灯改为 LED，可以延长电池的使用时间。

图 12-13 所示是一种采用 36V/48V 蓄电池恒流供电的 LED 电路，它有 5 条支路，每条支路串接 10 只 LED，为避免某个 LED 开路使整条支路 LED 不亮，还将各个 LED 并联起来构成串并阵列。R_1、R_2、VD 和 VT 构成恒流电路，调节 R_2 值让 VT 的 I_c 电流为 90mA，则每个 LED 流过的电流为 90mA/5=18mA。

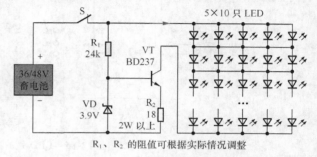

R_1、R_2 的阻值可根据实际情况调整

图 12-13　一种采用 36V/48V 蓄电池恒流供电的 LED 电路

12.1.3　LED 带

LED 带简称灯带，它是一种将 **LED**（发光二极管）组装在带状 **FPC**（柔性线路板）或 **PCB** 硬板上而构成的形似带子一样的光源。LED 带具有节能环保、使用寿命长（可达 8 万～ 10 万小时）等优点。

1. 外形与配件

LED 带外形如图 12-14（a）所示，安装灯带需要用到电源转换器、插针、中接头、固定夹和尾塞，如图 12-14（b）所示。**电源转换器的功能是将 220V 交流电转换成低压直流电（通常为 +12V）**，为灯带供电；插针用于连接电源转换器与灯带；中接头用于将两段灯带连接起来；尾塞用于封闭和保护灯带的尾端；固定夹配合钉子可用来固定灯带。

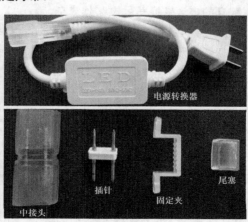

中接头　　　插针　　　固定夹　　　尾塞

（a）灯带　　　　　　　　　　（b）配件

图 12-14　灯带与配件

2．电路结构

灯带内部的 **LED** 通常是以串并联电路结构连接的。LED 带的典型电路结构如图 12-15 所示。

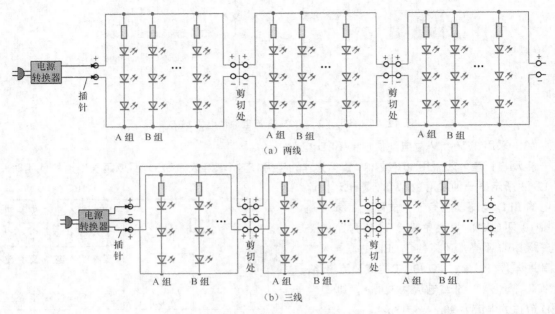

（a）两线

（b）三线

图 12-15　LED 带的典型电路结构

图 12-15（a）所示为两线灯带电路，它以 3 个同色或异色发光二极管和 1 个限流电阻构成一个发光组，多个发光组并联组成一个单元，一个灯带由一个或多个单元组成，每个单元的电路结构相同，其长度一般在 1m 或 1m 以下。如果不需要很长的灯带，可以对灯带进行剪切，在剪切时，需在两个单元之间的剪切处剪切，这样才能保证剪断后两条灯带上都有与电源转换器插针连接的接触点。

图 12-15（b）所示为三线灯带电路，这种灯带用 3 根电源线输入两组电源（单独正极、负极共用），两组电源提供到不同类型的发光组，如 A 组为红光 LED、B 组为绿光 LED，如果电源转换器同时输出两组电源，则灯带的红光 LED 和绿光 LED 同时发光，如果电源转换器交替输出两组电源，则灯带的红光 LED 与绿光 LED 交替发光。此外，还有四线、五线灯带，线数越多的灯带，其光线色彩变化越多样，配套的电源转换器的电路越复杂。

在工作时，LED 带的每个 LED 都会消耗一定的功率（0.05W 左右），而电源转换器的输出功率有限，故一个电源转换器只能接一定长度的灯带，如果连接的灯带过长，灯带亮度会明显下降，因此可剪断灯带，增配电源转换器。

3．安装

灯带的安装如图 12-16 所示。

灯带安装的具体过程如下。

① 用剪刀从灯带的剪切处剪断灯带，如图 12-16（a）所示。

② 准备好插针。将插针对准灯带内的导线插入，让插针与灯带内的导线良好接触，如图 12-16（b）和图 12-16（c）所示。

③ 将插针的另一端插入电源转换器的专用插头，如图 12-16（d）所示。

④ 给电源转换器接通 220V 交流电源，灯带变亮，如图 12-16（e）所示，如果灯带不亮，可

能是提供给灯带的电源极性不对，可将插针与专用插头两极调换。

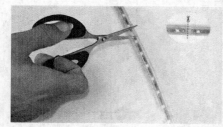
（a）用剪刀从灯带的剪切处剪断灯带，整米剪开

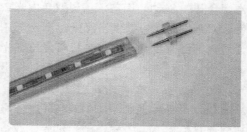
（b）准备好插针

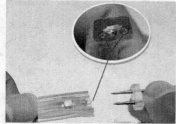
（c）对准两根导线，将
插针一端插入灯带

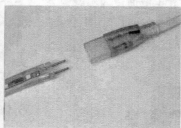
（d）将插针另一端插入电源转换器的专用插头（e）给电源转换器接通 220V 交流电源

图 12-16 LED 带的安装

在安装灯带时，一般将灯带放在灯槽里摆直就可以了，也可以用细绳或细铁丝固定。如果外装或竖装，需要用固定夹固定，并在灯带尾端安装尾塞，若是安装在户外，最好在尾塞和插头处打上防水玻璃胶，以提高防水性能。

12.1.4 双色发光二极管

1. 外形与符号

双色发光二极管可以发出多种颜色的光线。双色发光二极管有两个引脚和三个引脚之分，常见的双色发光二极管的外形和电路符号如图 12-17 所示。

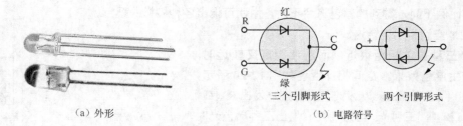
（a）外形　　　　　　　　　　　　　　　　（b）电路符号

图 12-17 双色发光二极管的外形和电路符号

2. 应用电路

双色发光二极管是将两种颜色的发光二极管制作封装在一起构成的，常见的有红绿双色发光二极管。双色发光二极管内部两个二极管的连接方式有两种：一是共阳或共阴式（即正极或负极连接成公共端）；二是正负连接式（即一只二极管正极与另一只二极管负极连接）。共阳或共阴式双色二极管有三个引脚，正负连接式双色二极管有两个引脚。

下面以图 12-18 所示的电路为例来说明双色发光二极管工作原理。

图 12-18（a）所示为三个引脚的双色发光二极管应用电路。当闭合开关 S_1 时，有电流流过双色发光二极管内部的绿管，双色发光二极管发出绿光；当闭合开关 S_2 时，电流通过内部红管，双色发光二极管发出红光；若两个开关都闭合，红、绿管都亮，双色二极管发出混合色光—黄光。

图 12-18（b）所示为两个引脚的双色发光二极管应用电路。当闭合开关 S_1 时，有电流流过红管，双色发光二极管发出红光；当闭合开关 S_2 时，电流通过内部绿管，双色发光二极管发出绿光；当闭合开关 S_3 时，由于交流电源极性周期性变化，它产生的电流交替流过红、绿管，红、绿管都亮，双色二极管发出的光呈红、绿混合色——黄色。

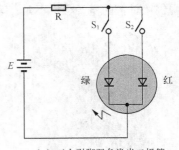

（a）三个引脚双色发光二极管

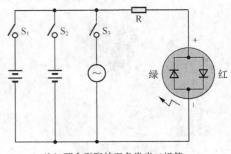

（b）两个引脚的双色发光二极管

图 12-18　双色发光二极管的应用电路

12.1.5　三基色与全彩发光二极管

1. 三基色与混色方法

实践证明，自然界几乎所有的颜色都可以由红、绿、蓝三种颜色按不同的比例混合而成，反之，自然界大多数颜色都可以分解成红、绿、蓝三种颜色，因此将红（R）、绿（G）、蓝（B）三种的颜色称为三基色。

用三基色几乎可以混合出自然界几乎所有的颜色。常见的混色方法如下。

（1）直接相加混色法

直接相加混色法是指将两种或三种基色按一定的比例混合而得到另一种颜色的方法。图 12-19 所示为三基色混色环。

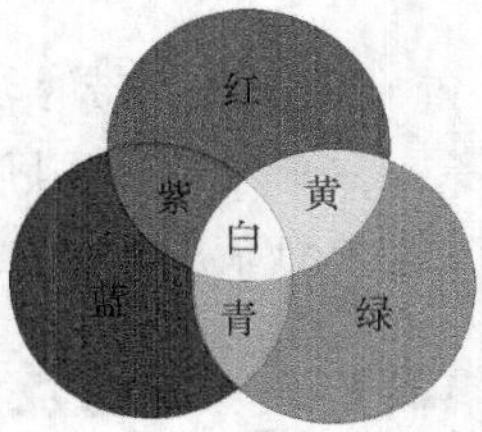

图 12-19　三基色混色环

三基色混色环的三个大圆环分别表示红、绿、蓝三种基色，圆环重叠表示颜色混合，例如将红色和绿色等量直接混合在一起可以得到黄色，将红色和蓝色等量直接混合在一起可以得到紫色，将红、绿、蓝三种颜色等量直接混合在一起可得到白色。三种基色在混合时，若混合比例不同，得到的颜色将会不同，由此可混出各种各样的颜色。

（2）空间相加混色法

当三种基色相距很近，而观察距离又较远时，就会产生混色效果。空间相加混色如图 12-20 所示，图 12-20（a）为三个点状发光体，分别可发出 R（红）、G（绿）、B（蓝）三种光，当它们同时发出三种颜色光时，如果观察距离较远，无法区分出三个点，会觉得是一个大点，那么感觉该点为白色，如果 R、G 发光体同

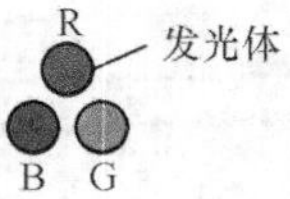

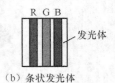

（a）点状发光体　　　　（b）条状发光体

图 12-20　空间相加混色

时发光时，会觉得该点为黄色；图 12-20（b）为三个条状发光体，当它们同时发出三种颜色光时，如果观察距离较远，会觉得是一个粗条，那么该粗条为白色，如果 R、G 发光体同时发光时，会觉得粗条为黄色。彩色电视机、液晶显示器等就是利用空间相加混色法来显示彩色图像的。

（3）时间相加混色法

如果将三种基色光按先后顺序照射到同一表面上，只要基色光切换速度足够快，由于人眼的

视觉暂留特性（物体在人眼前消失后，人眼会觉得该物体还
在眼前，这种印象能保留约 **0.04s**），人眼就会获得三种基色
直接混合而形成的混色感觉。如图 12-21 所示，先将一束红
光照射到一个圆上，让它呈红色，然后迅速移开红光，再将

图 12-21　时间相加混色

绿光照射到该圆上，只要两者切换速度足够快（不超过 0.04s），绿光与人眼印象中保留的红色相混
合，会觉得该圆为黄色。

2．全彩发光二极管的外形与电路符号

全彩发光二极管的外形和电路符号如图 12-22 所示。

（a）外形

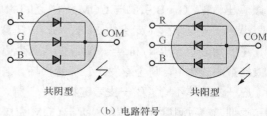

共阴型　　　　　　共阳型

（b）电路符号

图 12-22　全彩发光二极管的外形和电路符号

3．全彩发光二极管的应用电路

全彩发光二极管是将红、绿、蓝三种颜色的发光
二极管制作并封装在一起构成的，在内部将三个发光二
极管的负极（共阴型）或正极（共阳型）连接在一起，
再接一个公共引脚。下面以图 12-23 所示的电路为例来
说明共阴极全彩发光二极管的工作原理。

当闭合开关 S_1 时，有电流流过内部的 R 发光二极
管，全彩发光二极管发出红光；当闭合开关 S_2 时，有
电流流过内部的 G 发光二极管，全彩发光二极管发出
绿光；当 S_1、S_3 两个开关都闭合时，R、B 发光二极管
都亮，三基色二极管发出混合色光——紫光。

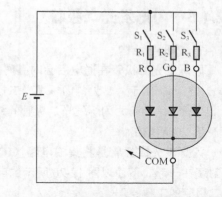

图 12-23　共阴极全彩发光二极管的应用电路

4．全彩发光二极管的检测

（1）类型及公共引脚的检测

全彩发光二极管有共阴、共阳之分，使用时要区分开来。在检测时，将万用表拨至 R×10k 挡，
测量任意两个引脚之间的阻值，当出现阻值小时，红表笔不动，黑表笔接剩下两个引脚中的任意一
个，若测得的阻值小，则红表笔接的为公共引脚且该脚内接发光二极管的负极，该管为共阴型全彩
发光二极管，若测得的阻值为无穷大或接近无穷大，则该管为共阳型全彩发光二极管。

（2）引脚极性检测

全彩发光二极管除了公共引脚外，还有 R、G、B 三个引脚，在区分这些引脚时，将万用表拨
至 R×10k 挡，对于共阴型全彩发光二极管，红表笔接公共引脚，黑表笔接某个引脚，二极管中有
微弱的光线发出，观察光线的颜色，若为红色，则黑表笔接的为 R 引脚，若为绿色，则黑表笔接
的为 G 引脚，若为蓝色，则黑表笔接的为 G 引脚。

由于万用表的 R×10k 挡提供的电流很小，因此测量时有可能无法让全彩发光二极管内部的发

光二极管正常发光，虽然万用表使用R×1 ~ R×1k
挡时提供的电流大，但内部使用1.5V电池，无法使
发光二极管导通发光，解决这个问题的方法是将万
用表拨至R×10挡，如图12-24所示，给红表笔串
接1.5V或3V电池，电池的负极接全彩发光二极管
的公共引脚，黑表笔接其他引脚，根据二极管中发
出的光线判别引脚的极性。

（3）好坏检测

从全彩发光二极管内部三只发光二极管的连接
方式可以看出，R、G、B引脚与COM引脚之间的

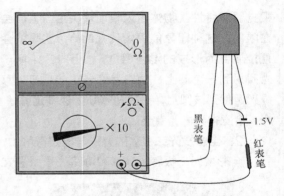

图12-24　全彩发光二极管的引脚极性检测

正向电阻小，反向电阻大（无穷大），R、G、B任意两个引脚之间的正、反向电阻均为无穷大。在
检测时，将万用表拨至R×10k挡，测量任意两个引脚之间的阻值，正、反向各测一次，若两次测
得的阻值均很小或为0，则全彩发光二极管损坏，若两次阻值均为无穷大，无法确定全彩发光二极
管好坏，应一支表笔不动，另一支表笔接其他引脚，再进行正、反向电阻测量。也可以先检测出公
共引脚和类型，然后测量R、G、B引脚与COM引脚之间的正、反向阻值，正常应该是正向电阻小、
反向电阻无穷大，R、G、B任意两个引脚之间的正、反向电阻也均为无穷大，否则全彩发光二极
管损坏。

12.1.6　闪烁发光二极管

1. 外形与结构

闪烁发光二极管在通电后会时亮时暗闪烁发光。
图12-25（a）所示为常见的闪烁发光二极管的外形，
图12-25（b）所示为闪烁发光二极管的结构。

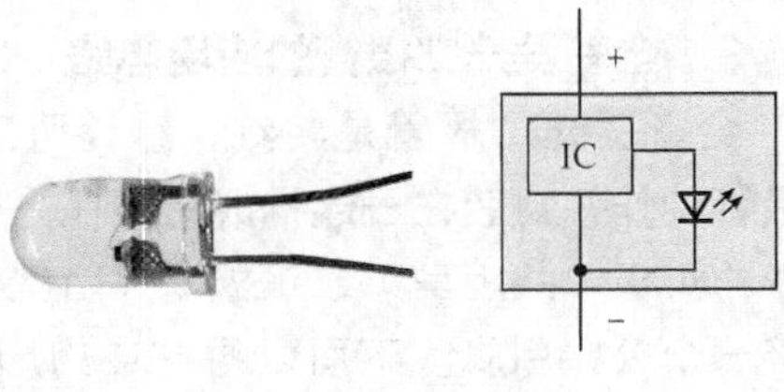

（a）外形　　　　（b）结构

图12-25　闪烁发光二极管的外形和结构

2. 应用电路

闪烁发光二极管是将集成电路（IC）和发光二极管制作
并封装在一起。下面以图12-26所示的电路为例来说明闪烁发
光二极管的工作原理。

当闭合开关S后，电源电压通过电阻R和开关S加到闪烁
发光二极管两端，该电压提供给内部的IC作为电源，IC马上
开始工作，工作后输出时高时低的电压（即脉冲信号），发光
二极管时亮时暗，闪烁发光。常见的闪烁发光二极管有红、绿、橙、
黄四种颜色，它们的正常工作电压为3 ~ 5.5V。

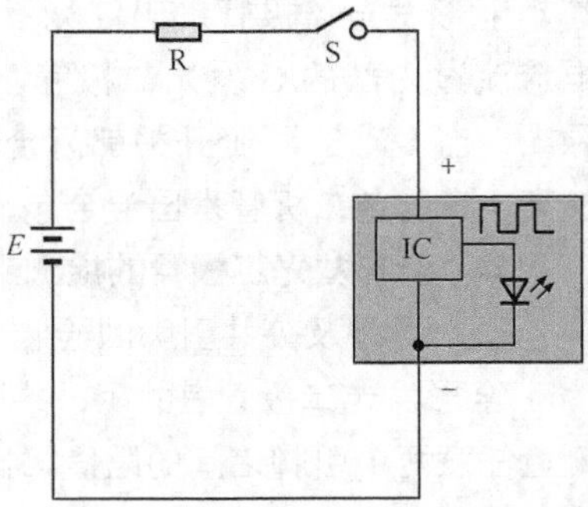

图12-26　闪烁发光二极管应用电路

3. 用指针万用表检测闪烁发光二极管

闪烁发光二极管的电极有正、负之分，在电路中不能接错。闪烁发光二极管的正、负极检测
如图12-27所示。

12-2: 闪烁发光二极
管的检测

在检测闪烁发光二极管时，将万用表拨至R×1k挡，红、黑表笔分别接
两个电极，正、反各测一次，其中一次测量表针会往右摆动到一定的位置，
然后在该位置轻微地摆动（内部的IC在万用表提供的1.5V电压下开始微弱地
工作），如图12-27所示，以这次测量为准，黑表笔接的为正极，红表笔接的
为负极。

4. 用数字万用表检测闪烁发光二极管

用数字万用表检测闪烁发光二极管的方法如图 12-28 所示。测量时，万用表选择二极管测量挡，红、黑表笔分别接闪烁发光二极管的一个引脚，正、反各测一次，当测量出现 1.000～3.500 范围内的数值，同时闪烁发光二极管有微弱的闪烁光发出时，如图 12-28（a）所示，表明闪烁发光二极管已工作，此时红表笔接的为闪烁发光二极管正极，黑表笔接的为负极，互换表笔测量时显示屏出现图 12-28（b）所示的数值，表明闪烁发光二极管反向并联一只二极管，数值为该二极管的导通电压值。

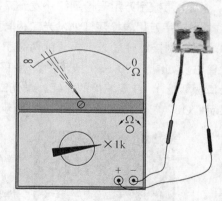

图 12-27　闪烁发光二极管的正、负极检测

（a）测量时显示当前值表明闪烁发光二极管正向导通工作

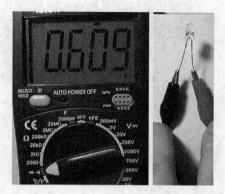

（b）测量时显示当前值表明发光二极管反向并联了一只二极管

图 12-28　用数字万用表检测闪烁发光二极管的方法

12.1.7　红外发光二极管

1. 外形与电路符号

红外发光二极管通电后会发出人眼无法看见的红外光，家用电器的遥控器采用红外发光二极管发射遥控信号。红外发光二极管的外形与电路符号如图 12-29 所示。

2. 检测

（1）用指针万用表检测红外发光二极管

（a）外形　　　　　　　（b）电路符号

图 12-29　红外发光二极管的外形和电路符号

红外发光二极管具有单向导电性，其正向导通电压略高于 1V。在检测时，将万用表拨至 R×1k 挡，红、黑表笔分别接两个电极，正、反各测一次，以阻值小的一次测量为准，红表笔接的为负极，黑表笔接的为正极。对于未使用过的红外发光二极管，引脚长的为正极，引脚短的为负极。

在检测红外发光二极管好坏时，使用万用表的 R×1k 挡测量正、反向电阻，正常时正向电阻在 20～40kΩ，反向电阻为 500kΩ 以上，若正向电阻偏大或反向电阻偏小，表明红外发光二极管性能不良，若正、反向电阻均为 0 或无穷大，表明红外发光二极管短路或开路。

（2）用数字万用表检测红外发光二极管

用数字万用表检测红外发光二极管如图 12-30 所示，测量时，万用表选择二极管测量挡，红、黑表笔分别接红外发光二极管的两个引脚，正、反各测一次，当测量出现 0.800 ~ 2.000 范围内的数值时，如图 12-30（a）所示，表明红外发光二极管已导通（红外发光二极管的导通电压较普通发光二极管低），红表笔接的为红外发光二极管正极，黑表笔接的为负极，互换表笔测量时显示屏会显示"OL"符号，如图 12-30（b）所示，表明红外发光二极管未导通。

（a）测量时已导通　　　　　　　　　　　（b）测量时未导通

图 12-30　用数字万用表检测红外发光二极管

（3）区分红外发光二极管与普通发光二极管

红外发光二极管的起始导通电压为 1 ~ 1.3V，普通发光二极管的为 1.6 ~ 2V，万用表选择 R×1 ~ R×1k 挡时，内部使用 1.5V 电池，根据这些规律可使用万用表 R×100 挡来测量二极管的正、反向电阻。若正、反向电阻均为无穷大或接近无穷大，所测二极管为普通发光二极管，若正向电阻小反向电阻大，所测二极管为红外发光二极管。由于红外线为不可见光，故也可使用 R×10k 挡正、反向测量二极管，同时观察二极管是否有光发出，有光发出者为普通二极管，无光发出者为红外发光二极管。

3. 用手机摄像头判断遥控器的红外发光二极管是否发光

如果遥控器正常，按压按键时，遥控器会发出红外光信号，由于人眼无法看见红外光，但可借助手机的摄像头或数码相机来观察遥控器能否发出红外光。启动手机的摄像头功能，将遥控器有红外线发光二极管的一端朝向摄像头，再按压遥控器上的按键，若遥控器正常，可以在手机屏幕上看到遥控器发光二极管发出的红外光，如图 12-31 所示。如果遥控器有红外光发出，一般可认为遥控器是正常的。

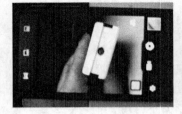

遥控器的发射管发出红外光

图 12-31　用手机摄像头查看遥控器发光二极管是否发出红外光

12.1.8　激光与激光二极管

1. 激光

激光是继核能、半导体、计算机之后人类的又一重大发明，激光被称为"最快的刀""最准的尺""最亮的光"。激光主要有以下特性。

① 单色性好。普通的光单色性差，白光是由很多种颜色的光组成的，普通单色光或多或少含有其他颜色的光，而激光颜色极纯。

② 定向性好。普通的光在传播时容易发散，一个小手电筒射出的光线照射到不远的距离会发散成一个很大的光束；而激光光束照射出来后发散极小。

③ 亮度极高。由于激光的发散极小，大量光子集中在一个极小的空间范围内射出，所以亮度极高。

④ 能量密度极大。因为激光定向性好，可以将能量集中在一个很小的点上，故能量密度极大，很容易使照射处发热、熔化。

能发射激光的装置称为激光器，常见的激光器有红宝石激光器和半导体激光器。激光应用很广泛，主要有激光打标、激光焊接、激光切割、光纤通信、激光光谱、激光测距、激光雷达、激光武器、激光影碟机、激光指示器、激光矫视、激光美容、激光扫描、激光灭蚊器等。

2．小型半导体激光器

小型半导体激光器如图 12-32 所示，它由激光二极管、限流电阻、聚光透镜、铜材料外壳和引线等组成。激光是由内部的激光二极管发出的，当激光器的红、蓝引线接 3 ~ 5V 直流电源时，经限流电阻后流过内部的激光二极管，使之发出激光，经聚光透镜后射出。图 12-32 所示的小型半导体激光器的主要参数见表 12-1。

图 12-32　小型半导体激光器

表 12-1　小型半导体激光器的主要参数

发射功率	150mW
标准尺寸	$\Phi6*10.5$
工作寿命	1000h 以上
光斑模式	点状光斑，连续输出
激光波长	650nm（红色）
出光功率	<5mW
供电电压	3 ~ 5V DC
工作电流	<25mA
工作温度	-36 ~ 65℃
贮存温度	-36 ~ 65℃
光点大小	15 米处光点为 ϕ10mm ~ ϕ15mm

小型半导体激光器应用广泛，不但可以用于激光类玩具，还可用作以下用途。

① 制作电子教鞭笔：老师讲课时，用激光投射点提示学生观察思考。

② 电子水平尺：让电动机带动光头转动或者扭动，投射成直线在墙壁上，供装修或张贴画像时做水平参考。

③ 微型液晶投影：拆除聚光镜，让激光透过可控制的液晶屏，可以在墙壁产生清晰的投影。

④ 远距激光监听器：让激光照射在被偷听的房间玻璃上，然后接收玻璃反射回的激光束，检测出玻璃的振动还原出房间内的声音。

⑤ 远距光控防盗报警器：在需要保护的鱼塘或西瓜田的一角安装激光发射管和光敏电阻，在另外三个角装上反面镜，就形成了防护区。

⑥ 远距激光无线通信：用一对激光收发装置分别在两间较远的房顶互相对应，运用单片机的串行通信协议就可以收发文件，甚至联网。

3. 激光二极管

在 VCD、DVD 影碟机和计算机的光驱中都有一个激光头，其功能是发射激光照射光盘上的信息轨迹，再将信息轨迹反射回来的激光转换成电信号，从而实现从光盘上读取信息。影碟机中的激光头如图 12-33 所示，在工作时，可以看见激光头的聚光透镜处有一个细小的激光点（不要用眼睛直视，以免激光伤害人眼）。

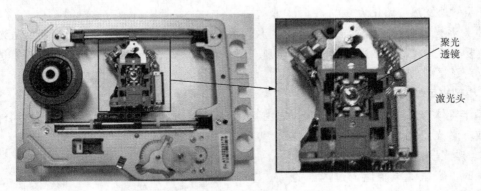

图 12-33　影碟机中的激光头

（1）外形与内部电路结构类型

影碟机的激光头是依靠内部的激光二极管发出激光，为了防止激光二极管发光过强损坏，有的激光二极管内部除了有激光二极管（LD）外，还有一个用于检测激光强弱的光电二极管（PD）。常见的激光二极管外形及内部电路结构如图 12-34 所示，A、B、C 型激光二极管内部只有一个激光二极管，而 D、E、F 型激光二极管内部除了有一个激光二极管外，还有一个用作检测激光强弱的光电二极管。在使用时，应给激光二极管加限流电阻或使用供电电路，如果直接将高电压电源接到激光二极管的两端，激光二极管会因电流过大而烧坏。

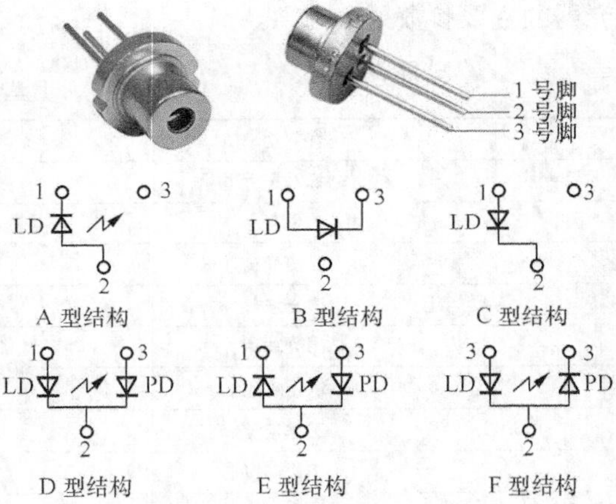

图 12-34　常见的激光二极管外形及内部电路结构

（2）应用电路

激光二极管的应用电路如图 12-35 所示。

图 12-35 中的激光二极管内部含用监控光电二极管。+5V 电源经供电电路降压限流后提供给激光二极管 LD，LD 发出激光，激光一部分射向内部的光电二极管 PD，激光越强，PD 反向导通越深，PD 通过 APC（自动功率控制）电路，控制 LD 的供电电路，使之将提供给 LD 的电流减小，让 LD 发出的激光变弱，从而避免激光二极管因电流过大而烧坏。

（3）检测

激光二极管与普通二极管一样，具有单向导电性。在检测

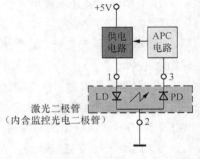

图 12-35　激光二极管的应用电路

激光二极管时，万用表选择 R×1k 挡，测量各引脚与其他引脚的正、反向电阻（3 个引脚测量 6 次），若只出现一次阻值小（其他测量均为无穷大），则该激光二极管内部只有一个激光二极管，没有光电二极管；若测量时出现两次阻值小（此为激光二极管和光电二极管的正向电阻），则表明该激光二极管内部既有激光二极管，也有光电二极管。激光二极管正向电阻较光电二极管的正向电阻大，根据这一点，可以在测量时区分出激光二极管和光电二极管的引脚。

12.2 光敏二极管

12.2.1 普通光敏二极管

1. 外形与符号

光敏二极管又称光电二极管，它是一种光 - 电转换器件，能将光信号转换成电信号。图 12-36（a）所示是一些常见的光敏二极管的实物外形，图 12-36（b）所示为光敏二极管的电路符号。

2. 应用电路

光敏二极管在电路中需要反向连接才能正常工作。下面以图 12-37 所示的电路为例来说明光敏二极管的性质。

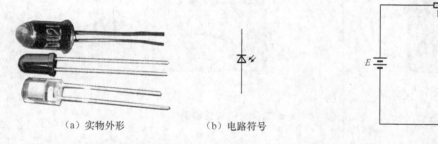

（a）实物外形　　　（b）电路符号

图 12-36　光敏二极管的实物外形和电路符号

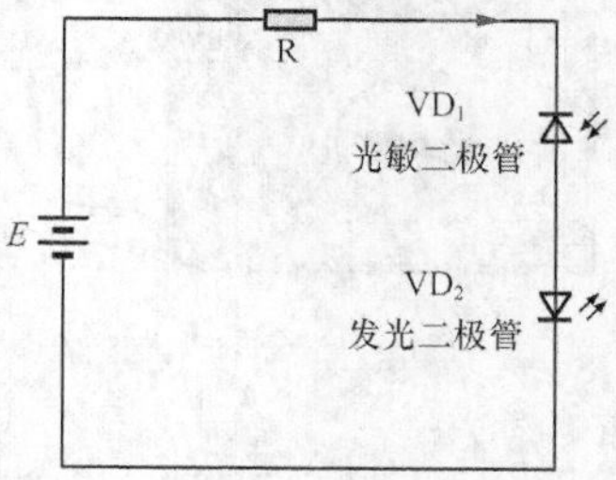

图 12-37　光敏二极管的应用电路

在图 12-37 中，当无光线照射时，光敏二极管 VD_1 不导通，无电流流过发光二极管 VD_2，VD_2 不亮。如果用光线照射 VD_1，VD_1 导通，电源输出的电流通过 VD_1 流经发光二极管 VD_2，VD_2 亮，照射光敏二极管的光线越强，光敏二极管导通程度越深，自身的电阻变得越小，经它流到发光二极管的电流越大，发光二极管发出的光线越强。

3. 主要参数

光敏二极管的主要参数有最高工作电压、光电流、暗电流、响应时间和光灵敏度等。

（1）最高工作电压

最高工作电压是指无光线照射，光敏二极管反向电流不超过 1μA 时所加的最高反向电压值。

（2）光电流

光电流是指光敏二极管在受到一定的光线照射并加有一定的反向电压时的反向电流。对于光敏二极管来说，该值越大越好。

（3）暗电流

暗电流是指光敏二极管无光线照射并加有一定的反向电压时的反向电流。该值越小越好。

（4）响应时间

响应时间是指光敏二极管将光转换成电信号所需的时间。

（5）光灵敏度

光灵敏度是指光敏二极管对光线的敏感程度。它是指在接收到 $1\mu W$ 光线照射时产生的电流大小，光灵敏度的单位是 $\mu A/W$。

4．检测

光敏二极管的检测包括极性检测和好坏检测。

（1）极性检测

与普通二极管一样，光敏二极管也有正、负极。对于未使用过的光敏二极管，引脚长的为正极（P），引脚短的为负极。在无光线照射时，光敏二极管也具有正向电阻小、反向电阻大的特点。根据这一特点可以用万用表检测光敏二极管的极性。

在检测光敏二极管极性时，万用表选择 $R\times 1k$ 挡，用黑色物体遮住光敏二极管，然后红、黑表笔分别接光敏二极管的两个电极，正、反各测一次，两次测量阻值会出现一大一小，如图 12-38 所示，以阻值小的那次为准，如图 12-38（a）所示，黑表笔接的为正极，红表笔接的为负极。

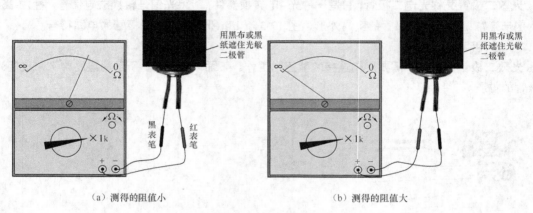

（a）测得的阻值小　　　　　　　　　　（b）测得的阻值大

图 12-38　光敏二极管的极性检测

（2）好坏检测

光敏二极管的好坏检测包括遮光检测和受光检测。

在进行遮光检测时，用黑纸或黑布遮住光敏二极管，然后检测两电极之间的正、反向电阻，正常应正向电阻小，反向电阻大，具体检测可参见图 12-38。光敏二极管的受光检测如图 12-39 所示。

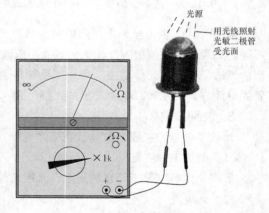

图 12-39　光敏二极管的受光检测

在进行受光检测时，万用表仍选择 $R\times 1k$ 挡，用光源照射光敏二极管的受光面，如图 12-39 所示，再测量两电极之间的正、反向电阻。若光敏二极管正常，光照射时测得的反向电阻明显变小，而正向电阻变化不大。

若正、反向电阻均为无穷大，则光敏二极管开路。

若正、反向电阻均为 0，则光敏二极管短路。

若遮光和受光测量时的反向电阻大小无变化，则光敏二极管失效。

12.2.2　红外接收二极管

1. 外形与图形符号

红外接收二极管又称红外线光敏二极管，简称红外线接收管，能将红外光转换成电信号，为了减少可见光的干扰，常采用黑色树脂材料封装。红外接收二极管的外形与电路符号如图12-40 所示。

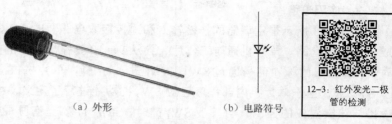

（a）外形　　　（b）电路符号

图 12-40　红外接收二极管的外形与电路符号

12-3：红外发光二极管的检测

2. 检测

（1）极性与好坏检测

红外接收二极管具有单向导电性，在检测时，将万用表拨至 R×1k 挡，红、黑表笔分别接两个电极，正、反各测一次，以阻值小的一次测量为准，红表笔接的为负极，黑表笔接的为正极。对于未使用过的红外发光二极管，引脚长的为正极，引脚短的为负极。

在检测红外接收二极管好坏时，使用万用表的 R×1k 挡测量正、反向电阻，正常时正向电阻在 3 ～ 4kΩ，反向电阻应达 500kΩ 以上。若正向电阻偏大或反向电阻偏小，表明红外接收二极管性能不良；若正、反向电阻均为 0 或无穷大，表明红外接收二极管短路或开路。

（2）受光能力检测

将万用表拨至 50μA 或 0.1mA 挡，让红表笔接红外接收二极管的正极，黑表笔接负极，然后让阳光照射被测管，此时万用表表针应向右摆动，摆动幅度越大，表明管子光 - 电转换能力越强，性能越好，若表针不摆动，说明管子性能不良，不可使用。

12.2.3　红外线接收组件

1. 外形

红外线接收组件又称红外线接收头，广泛用在各种具有红外线遥控接收功能的电子产品中。图 12-41 列出了三种常见的红外线接收组件。

2. 内部电路结构及原理

红外线接收组件内部由红外接收二极管和接收集成电路组成，接收集成电路内部主要由放大、选频及解调电路组成，红外线接收组件内部电路结构如图 12-42 所示。

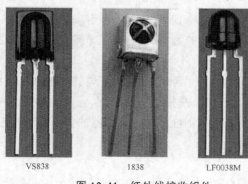

VS838　　　1838　　　LF0038M

图 12-41　红外线接收组件

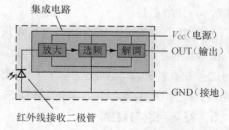

图 12-42　红外线接收组件内部电路结构

接收组件内部的红外线接收二极管将遥控器发射来的红外光转换成电信号，送入接收集成电路进行放大，然后经选频电路选出特定频率的信号（频率多数为38kHz），再由解调电路从该信号中取出遥控指令信号，从OUT端输出到单片机。

3. 应用电路

图12-43所示是空调器的按键输入和遥控接收电路。R_1、R_2、VD_1 ~ VD_3、SW_1 ~ SW_6构成按键输入电路。单片机通电工作后，会从9、10脚输出图示的扫描脉冲信号，当按下SW_2键时，9脚输出的脉冲信号通过SW_2、VD_1进入11脚，单片机根据11脚有脉冲输入判断出按下了SW_2键，由于单片机内部程序已对SW_2键功能进行了定义，故单片机识别SW2键按下后会做出与该键对应的控制，当按下SW_1键时，虽然11脚也有脉冲信号输入，但由于脉冲信号来自10脚，与9脚脉冲出现的时间不同，单片机可以区分出是SW_1键被按下而不是SW_2键被按下。

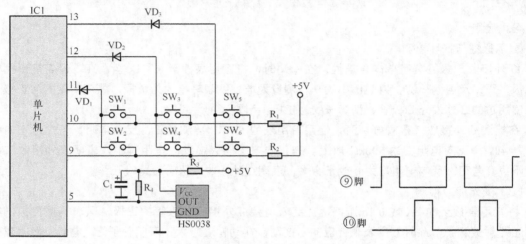

图12-43　空调器的按键输入和遥控接收电路

HS0038是红外线接收组件，内部含有红外接收二极管和接收电路，封装后引出三个引脚。在按压遥控器上的按键时，按键信号转换成红外线后由遥控器的红外发光二极管发出，红外线被HS0038内的红外接收二极管接收并转换成电信号，经内部电路处理后送入单片机，单片机根据输入信号可识别出用户操作了何键，马上做出相应的控制。

4. 引脚极性识别

红外线接收组件有 V_{CC}（电源，通常为5V）、OUT（输出）和GND（接地）三个引脚，在安装和更换时，这三个引脚不能弄错。红外线接收组件三个引脚排列没有统一规范，可以使用万用表来判别三个引脚的极性。

在检测红外线接收组件引脚的极性时，将万用表置于R×10挡，测量各引脚之间的正、反向电阻（共测量6次），以阻值最小的那次测量为准，黑表笔接的为GND脚，红表笔接的为 V_{CC}脚，余下的为OUT脚。

如果要在电路板上判别红外线接收组件的引脚极性，可找到接收组件旁边的有极性电容器，因为接收组件的 V_{CC}端一般会接有极性电容器进行电源滤波，故接收组件的 V_{CC}引脚与有极性电容器的正引脚直接连接（或通过一个100多欧姆的电阻连接），GNG引脚与电容器的负引脚直接连接，余下的引脚为OUT引脚，如图12-44所示。

5. 好坏判别与更换

在判别红外线接收组件好坏时，在红外线接收组件的 V_{CC} 和 GND 引脚之间接上 5V 电源，然后将万用表置于直流 10V 挡，测量 OUT 引脚电压（红、黑表笔分别接 OUT、GND 引脚），在未接收遥控信号时，OUT 脚电压约为 5V，再将遥控器对准接收组件，按压按键让遥控器发射红外线信号，若接收组件正常，OUT 引脚电压会发生变化（下降），说明输出引脚有信号输出，否则可能是接收组件损坏。

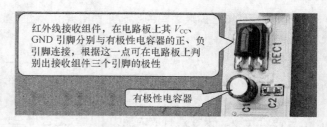

图 12-44　在电路板上判别红外线接收组件三个引脚的极性

红外线接收组件损坏后，若找不到同型号的组件更换，也可用其他型号的组件更换。**一般来说，相同接收频率的红外线接收组件都能互换，38 系列（1838、838、0038 等）红外线接收组件频率相同，可以互换，由于它们引脚排列可能不一样，更换时要先识别出各引脚，再将新组件引脚对号入座安装。**

12.3　光敏三极管

12.3.1　外形与符号

12-4：红外光敏三极管的检测

光敏三极管是一种对光线敏感且具有放大能力的三极管。光敏三极管大多只有两个引脚，少数有三个引脚。图 12-45（a）所示是一些常见的光敏三极管的实物外形，图 12-45（b）所示为光敏三极管的电路符号。

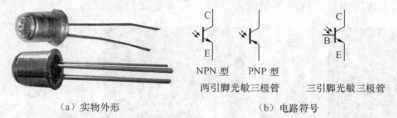

NPN 型　　PNP 型
两引脚光敏三极管　　三引脚光敏三极管

（a）实物外形　　　　　　（b）电路符号

图 12-45　光敏三极管的实物外形和电路符号

12.3.2　应用电路

光敏三极管与光敏二极管的区别在于，**光敏三极管除了具有光敏性外，还具有放大能力。**两个引脚的光敏三极管的基极是一个受光面，没有引脚，三个引脚的光敏三极管基极既作受光面，又引出电极。下面以图 12-46 所示的电路为例来说明光敏三极管的性质。

在图 12-46（a）中，两个引脚光敏三极管与发光二极管串接在一起。在无光照射时，光敏三极管不导通，发光二极管不亮。当光线照光敏三极管受光面（基极）时，受光面将入射光转换成 I_b 电流，该电流控

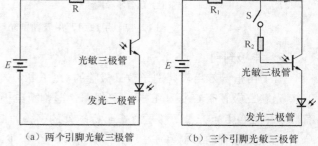

（a）两个引脚光敏三极管　　　（b）三个引脚光敏三极管

图 12-46　光敏三极管的应用电路

制光敏三极管 C、E 极之间的导通，有 I_c 电流流过，光线越强，I_b 电流越大，I_c 电流越大，发光二极管越亮。

图 12-46（b）中，三个引脚光敏三极管与发光二极管串接在一起。光敏三极管 C、E 间的导通可由三种方式控制：一是用光线照射受光面；二是给基极直接通入 I_b 电流；三是既通入 I_b 电流又用光线照射。

由于光敏三极管具有放大能力，比较适合用在光线微弱的环境中，它能将微弱光线产生的小电流进行放大，控制光敏三极管的导通效果比较明显，而光敏二极管对光线的敏感度较差，常用在光线较强的环境中。

12.3.3　检测

1. 光敏二极管和光敏三极管的判别

（1）用指针万用表判别光敏二极管和光敏三极管

光敏二极管与两个引脚光敏三极管的外形基本相同，其判定方法是：遮住受光窗口，万用表选择 R×1k 挡，测量两管引脚间的正、反向电阻，均为无穷大的为光敏三极管，正、反向阻值一大一小的为光敏二极管。

（2）用数字万用表判别光敏二极管和光敏三极管

用数字万用表判别光敏二极管和光敏三极管，如图 12-47 所示。测量时，万用表选择二极管测量挡，将光敏管置于弱光环境下或用黑纸片将其遮住，然后红、黑表笔分别接光敏管的两个引脚，正、反各测一次，两次测量均显示溢出符号"OL"，如图 12-47（a）和图 12-47（b）所示，表明光敏管正、反向测量均不导通，则该光敏管为光敏三极管；如果两者测量有一次出现 1.000 ~ 2.500 范围内的数值，则该光敏管为光敏二极管，红表笔接的为正极，黑表笔接的为负极。

（a）测量时光敏管不导通　　　　　　　　　（b）互换表笔测量时光敏管仍不导通

图 12-47　用数字万用表判别光敏二极管和光敏三极管

2. 电极判别

（1）用指针万用表判别光敏三极管的 C、E 极

光敏三极管有 C 极和 E 极，可根据外形判断电极。引脚长的为 E 极，引脚短的为 C 极；对于有标志（如色点）光敏三极管，靠近标志处的引脚为 E 极，另一引脚为 C 极。

光敏三极管的 C 极和 E 极也可用万用表检测。以 NPN 型光敏三极管为例，万用表选择 R×1k 挡，将光敏三极管对着自然光或灯光，红、黑表笔测量光敏三极管的两个引脚之间的正、反向电阻，两次测量中阻值会出现一大一小，以阻值小的那次为准，黑表笔接的为 C 极，红表笔接的为 E 极。

（2）用数字万用表判别光敏三极管的 C、E 极

用数字万用表判别光敏三极管的 C、E 极，如图 12-48 所示。测量时，万用表选择二极管测量挡，用光照射光敏三极管，同时红、黑表笔分别接光敏管的两个引脚，正、反各测一次，图 12-48（a）测量显示的数值为 2.799V，表明光敏三极管已导通，此时红表笔接的为光敏三极管的 C 极，黑表笔接的为 E 极；图 12-48（b）测量显示溢出符号"OL"，表明光敏三极管未导通。

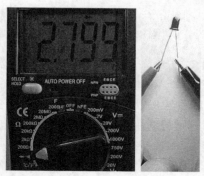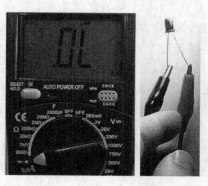

（a）测量时光敏三极管导通（红表笔接为 C 极、黑表笔接为 E 极）　　（b）互换表笔测量时光敏三极管不导通

图 12-48　用数字万用表判别光敏三极管的 C、E 极

3. 好坏检测

光敏三极管的好坏检测包括无光检测和受光检测。

在进行无光检测时，用黑布或黑纸遮住光敏三极管受光面，万用表选择 R×1k 挡，测量两个引脚间的正、反向电阻，正常应均为无穷大。

在进行受光检测时，万用表仍选择 R×1k 挡，黑表笔接 C 极，红表笔接 E 极，让光线照射光敏三极管的受光面，正常光敏三极管阻值应变小。在无光和受光检测时阻值变化越大，表明光敏三极管的灵敏度越高。

若无光检测和受光检测的结果与上述不符，则该光敏三极管损坏或性能变差。

12.4　光电耦合器

12.4.1　外形与符号

光电耦合器是将发光二极管和光敏管组合在一起并封装起来构成的。图 12-49（a）所示是一些常见的光电耦合器的实物外形，图 12-49（b）所示为光电耦合器的电路符号。

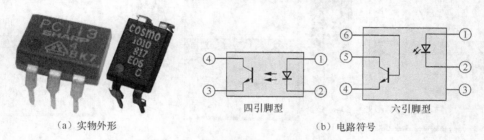

（a）实物外形　　　　　　　　　　　　　（b）电路符号

图 12-49　光电耦合器的外形和电路符号

12.4.2 应用电路

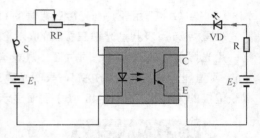

光电耦合器内部集成了发光二极管和光敏管。下面以图 12-50 所示的电路为例来说明光电耦合器的工作原理。

在图 12-50 中，当闭合开关 S 时，电源 E_1 经开关 S 和电位器 RP 为光电耦合器内部的发光管提供电压，有电流流过发光管，发光管发出光线，光线照射

图 12-50 光电耦合器的应用电路

到内部的光敏管，光敏管导通，电源 E_2 输出的电流经电阻 R、发光二极管 VD 流入光电耦合器的 C 极，然后从 E 极流出回到 E_2 的负极，有电流流过发光二极管 VD，VD 发光。

调节电位器 RP 可以改变发光二极管 VD 的光线亮度。当 RP 滑动端右移时，其阻值变小，流入光电耦合器内发光管的电流大，发光管光线强，光敏管导通程度深，光敏管 C、E 极之间电阻变小，电源 E_2 的回路总电阻变小，流经发光二极管 VD 的电流大，VD 变得更亮。

若断开开关 S，无电流流过光电耦合器内的发光管，发光管不亮，光敏管无光照射不能导通，电源 E_2 回路切断，发光二极管 VD 无电流通过而熄灭。

12.4.3 用指针万用表检测光电耦合器

光电耦合器的检测包括引脚判别和好坏检测。

1. 引脚判别

（1）判别引脚顺序

光电耦合器内部有发光二极管和光敏管，根据引出脚数量不同，可分为四引脚型和六引脚型。光电耦合器引脚顺序判别如图 12-51 所示。

光电耦合器上小圆点处对应第 1 脚，按逆时针方向依次为第 2 脚、3 脚……。对于四引脚光电耦合器，通常 1 脚、2 脚接内部发光二极管，3 脚、4 脚接内部光敏管，如图 12-49(b)所示; 对于六引脚型光电耦合器，通常 1 脚、2 脚接内部发光二极管，3 脚空脚，4 脚、5 脚、6 脚接内部光敏三极管。

小圆点处
对应第 1 脚

逆时针方向依次
为第 2 脚、3 脚……

图 12-51 光电耦合器引脚
顺序判别

（2）用万用表判别引脚

光电耦合器的各引脚也可以用万用表来判别，判别过程如图 12-52 所示。

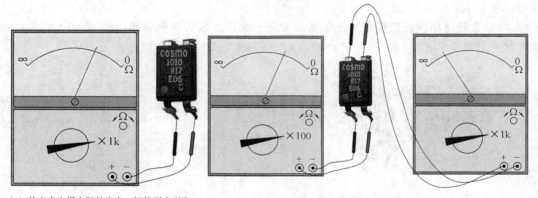

（a）找出光电耦合器的发光二极管两个引脚 　　　　（b）判别光电耦合器的光敏管 C、E 极引脚

图 12-52 用万用表判别光电耦合器的各引脚

在检测光电耦合器时，先检测出发光二极管的引脚。万用表选择 R×1k 挡，测量光电耦合器任意两脚之间的电阻，当出现阻值小时，如图 12-52（a）所示，黑表笔接的为发光二极管的正极，红表笔接的为负极，剩余两极为光敏管的引脚。

找出光电耦合器的发光二极管引脚后，再判别光敏管的 C、E 极引脚。在判别光敏管 C、E 引脚时，可采用两只万用表，如图 12-52（b）所示，将其中一只万用表拨至 R×100 挡，黑表笔接发光二极管的正极，红表笔接负极，这样做是利用万用表的内部电池为发光二极管供电，使之发光；将另一只万用表拨至 R×1k 挡，红、黑表笔接光电耦合器的光敏管引脚，正、反各测一次，测量会出现阻值一大一小，以阻值小的测量为准，黑表笔接的为光敏管的 C 极，红表笔接的为光敏管的 E 极。

如果只有一只万用表，可用一节 1.5V 电池串联一个 100Ω 的电阻，来代替万用表为光电耦合器的发光二极管供电。

2. 好坏检测

在检测光电耦合器好坏时，要进行三项检测：①检测发光二极管好坏；②检测光敏管好坏；③检测发光二极管与光敏管之间的绝缘电阻。

在检测发光二极管好坏时，万用表选择 R×1k 挡，测量发光二极管两个引脚之间的正、反向电阻。若发光二极管正常，正向电阻小、反向电阻无穷大，否则发光二极管损坏。

在检测光敏管好坏时，万用表仍选择 R×1k 挡，测量光敏管两个引脚之间的正、反向电阻。若光敏管正常，正、反向电阻均为无穷大，否则光敏管损坏。

在检测发光二极管与光敏管绝缘电阻时，万用表选择 R×10k 挡，一支表笔接发光二极管的任意一个引脚，另一支表笔接光敏管的任意一个引脚，测量两者之间的电阻，正、反各测一次。若光电耦合器正常，两次测得发光二极管与光敏管之间的绝缘电阻应均为无穷大。

检测光电耦合器时，只有上面三项测量都正常，才能说明光电耦合器正常，如果有任意一项测量不正常，则该光电耦合器都不能使用。

12.4.4 用数字万用表检测光电耦合器

检测光电耦合器分为两步：一是找出光电耦合器的发光管的两个引脚，并区分出正、负极；二是区分光电耦合器的光敏管的 C、E 极

（1）找出光电耦合器的发光管的两个引脚并区分出正、负极

12-5：光电耦合器的检测

万用表选择二极管测量挡，红、黑表笔接光电耦合器任意两个引脚，正、反各测一次，当测量出现显示值为 0.800 ～ 2.500 范围内的数字时，如图 12-53 所示，表明当前测量的为光电耦合器的发光管，显示值为发光管的导通电压，此时红表笔接的为光电耦合器的发光管的正极，黑表

图 12-53　找出光电耦合器的发光管的两个引脚并区分出正、负极

笔接的为负极，余下的两极为 C、E 极（内部接光敏管）。

（2）区分光电耦合器的光敏管的 C、E 极

区分光电耦合器的光敏管的 C、E 极如图 12-54 所示。

检测时需要用到指针万用表和数字万用表。

　　指针万用表选择 R×10 挡，红表笔接光电耦合器的发光管的负极引脚，黑表笔接发光管的正极引脚，其目的是利用指针万用表内部的电池为光电耦合器的发光管提供正向电压，使之导通发光，然后数字万用表选择 2kΩ 挡，红、黑表笔接光电耦合器的另外两个引脚，如果测量显示 "OL" 符号，如图 12-54（a）所示，表示光电耦合器内部的光敏管未导通，这时将红、黑表笔调换进行测量，显示屏显示 0.723kΩ，如图 12-54（b）所示，表明光敏管已导通，红表笔接的为光电耦合器的光敏管的 C 极，黑表笔接的为 E 极。

（a）测量时显示 OL 符号表示光电耦合器内部的光敏管未导通　　　（b）调换表示测量时显示 0.723kΩ 表示光敏管已导通

（红表笔接为 C 极，黑表笔接为 E 极）

图 12-54　区分光电耦合器的光敏管的 C、E 极

第13章

电声器件

13.1 扬声器

13.1.1 外形与符号

扬声器又称喇叭，是一种最常用的电 - 声转换器件，其功能是将电信号转换成声音。扬声器的实物外形和电路符号如图 13-1 所示。

 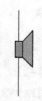

（a）实物外形　　　　　　　　（b）电路符号

图 13-1　扬声器的实物外形和电路符号

13.1.2 种类与工作原理

1. 种类

扬声器可按以下方式进行分类。

按换能方式，可分为动圈式（即电动式）、电容式（即静电式）、电磁式（即舌簧式）和压电式（即晶体式）等。

按频率范围，可分为低音扬声器、中音扬声器、高音扬声器。

按扬声器形状，可分为纸盆式、号筒式和球顶式等。

2. 结构与工作原理

扬声器的种类很多，工作原理大同小异，这里介绍应用最为广泛的动圈式扬声器的工作原理。动圈式扬声器的结构如图 13-2 所示。

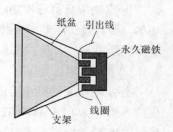

图 13-2　动圈式扬声器的结构

动圈式扬声器主要由永久磁铁、线圈（或称为音圈）和与线圈一起的纸盆等构成。当电信号通过引出线流进线圈时，线圈产生磁场，由于流进线圈的电流是变化的，故线圈产生的磁场也是变化的，线圈变化的磁场与磁铁的磁场相互作用，线圈和磁铁不断出现排斥和吸引，重量轻的线圈产生运动（时而远离磁铁，时而靠近磁铁），线圈的运动带动与它相连的纸盆振动，纸盆就发出声音，从而实现了电 - 声转换。

13.1.3　应用电路

图 13-3 所示是一个小功率集成立体声功放电路，该电路使用双声道功放集成电路对插孔输入的 L、R 声道音频信号进行放大，驱动左、右两个扬声器。

（1）信号处理过程

L、R 声道音频信号（即立体声信号）通过插座 X_1 的双触点分别送到双联音量电位器 RP_L 和 RP_R 的滑动端，经调节后分别送到集成功放电路 TDA2822 的

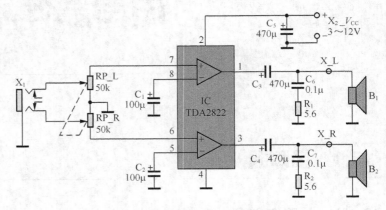

图 13-3　小功率集成立体声功放电路

7、6 脚，在内部放大后再分别从 1、3 脚送出，经 C_3、C_4 分别送入扬声器 B_1、B_2，推动扬声器发声。

（2）直流工作情况

电源电压通过接插件 X_2 送入电路，并经 C_5 滤波后送到 TDA2822 的 2 脚。电源电压可在 3 ~ 12V 范围内调节，电压越高，集成功放器的输出功率越大，扬声器发声越大。TDA2822 的 4 脚接地（电源的负极）。

（3）元器件说明

X_1 为 3.5mm 的立体声插座。RP 为音量电位器，它是一个 50kΩ 双联电位器，调节音量时，双声道的音量会同时改变。TDA2822 是一个双声道集成功放 IC，内部采用两组对称的集成功放电路。C_1、C_2 为交流旁路电容，可提高内部放大电路的增益。扬声器是一个感性元件（内部有线圈），在两端并联 R_1、C_6 可以改善扬声器高频性能。

13.1.4　主要参数

扬声器的主要参数如下。

（1）额定功率

额定功率又称标称功率，是指扬声器在无明显失真的情况下，能长时间正常工作时的输入电功率。扬声器实际能承受的最大功率要大于额定功率（1 ~ 3 倍），为了获得较好的音质，应让扬声器实际输入功率小于额定功率。

（2）额定阻抗

额定阻抗又称标称阻抗，是指扬声器工作在额定功率下所呈现的交流阻抗值。扬声器的额定阻抗有 4Ω、8Ω、16Ω 和 32Ω 等。当扬声器与功放电路连接时，扬声器的阻抗只有与功放电路的输出阻抗相等，才能工作在最佳状态。

（3）频率特性

频率特性是指扬声器输出的声音大小随输入音频信号频率变化而变化的特性。不同频率特性的扬声器适合用在不同的电路，例如低频特性好的扬声器在还原低音时声音大、效果好。

根据频率特性不同，扬声器可分为高音扬声器（几千赫兹到二十千赫兹）、中音扬声器（1 ~ 3kHz）和低音扬声器（几十到几百赫兹）。扬声器的频率特性与结构有关，一般体积小的扬声器高频特性较好。

（4）灵敏度

灵敏度是指给扬声器输入规定大小和频率的电信号时，在一定距离处扬声器产生的声压（即声音大小）。在输入相同频率和大小的信号时，灵敏度越高的扬声器发出的声音越大。

（5）指向性

指向性是指扬声器发声时在不同空间位置辐射的声压分布特性。扬声器的指向性越强，就意味着发出的声音越集中。扬声器的指向性与纸盆有关，纸盆越大，指向性越强；另外，还与频率有关，频率越高，指向性越强。

13.1.5 用指针万用表检测扬声器

扬声器的检测包括好坏检测和极性识别。

1. 好坏检测

扬声器的好坏检测如图 13-4 所示。

在检测扬声器时，万用表选择 R×1 挡，红、黑表笔分别接扬声器的两个接线端，测量扬声器内部线圈的电阻，如图 13-4 所示。

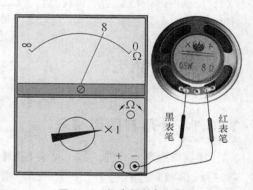

图 13-4　扬声器的好坏检测

如果扬声器正常，测得的阻值应与标称阻抗相同或相近，同时扬声器会发出轻微的"嚓嚓"声，图 13-4 中扬声器上标注阻抗为 8Ω，万用表测出的阻值也应在 8Ω 左右。若测得的阻值为无穷大，则扬声器线圈开路或接线端脱焊。若测得的阻值为 0，则扬声器线圈短路。

2. 极性识别与连接

单个扬声器接在电路中，可以不用考虑两个接线端的极性，但如果将多个扬声器并联或串联起来使用，就需要考虑接线端的极性。这是因为相同的音频信号从不同极性的接线端流入扬声器时，扬声器纸盆振动方向会相反，这样扬声器发出的声音会抵消一部分，扬声器间相距越近，抵消越明显。扬声器的极性识别如图 13-5 所示。多个扬声器的连接如图 13-6 所示。

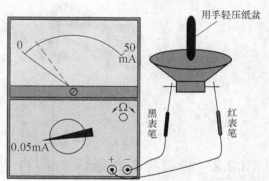

图 13-5　扬声器的极性识别

在检测扬声器极性时，万用表选择 0.05mA 挡，红、黑表笔分别接扬声器的两个接线端，如图 13-5 所示，然后手轻压纸盆，会发现表针摆动一下又返回到 0 处。若表针向右摆动，则红表笔接的接线端为"＋"，黑表笔接的接线端为"－"；若表针向左摆动，则红表笔接的接线端为"－"，黑表笔接的接线端为"＋"。

用上述方法检测扬声器的理论依据是：当手轻压纸盆时，纸盆带动线圈运动，线圈切割磁铁的磁力线而产生电流，电流从扬声器的"＋"接线端流出。当红表笔接"＋"

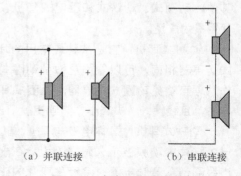

（a）并联连接　　　　　（b）串联连接

图 13-6　多个扬声器的连接

端时，表针往右摆动；当红表笔接"－"端时，表针反偏（左摆）。

当多个扬声器并联使用时，要将各个扬声器的"＋"端与"＋"端连接在一起，"－"端与"－"端连接在一起，如图 13-6 所示。当多个扬声器串联使用时，要将下一个扬声器的"＋"端与上一个扬声器的"－"端连接在一起。

13.1.6 用数字万用表检测扬声器

用数字万用表检测扬声器如图 13-7 所示，万用表选择 200Ω 挡，红、黑表笔接扬声器的两个接线端，显示屏显示扬声器线圈的电阻值为 7.6Ω，与扬声器的标称阻抗 8Ω 相近，扬声器正常。

13-1：扬声器的检测

图 13-7　用数字万用表检测扬声器

13.2　耳机

13.2.1 外形与图形符号

耳机与扬声器一样，是一种电 - 声转换器件，其功能是将电信号转换成声音。耳机的外形和电路符号如图 13-8 所示。

（a）外形　　　　　　　　　　　　（b）电路符号

图 13-8　耳机的外形和电路符号

13.2.2 种类与工作原理

耳机的种类很多，可分为动圈式、动铁式、压电式、静电式、气动式等磁式和驻极体式七类。其中，动圈式、动铁式和压电式耳机较为常见，动圈式耳机使用最为广泛。

动圈式耳机：它是一种最常用的耳机，工作原理与动圈式扬声器相同，可以看作是微型动圈式扬声器，其结构与工作原理可参见动圈式扬声器。动圈式耳机的优点是制作相对容易，且线性好、失真小、频响宽。

动铁式耳机：又称电磁式耳机，其结构如图 13-9 所示，一个铁片振动膜被永久磁铁吸引，在永久磁铁上绕有线圈，当线圈通入音频电流时会产生变化的磁场，它会增强或削弱

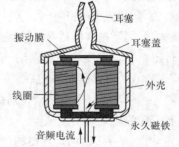

耳塞
振动膜
耳塞盖
外壳
线圈
永久磁铁
音频电流

图 13-9　电磁式耳机的结构

永久磁铁的磁场，磁铁变化的磁场使铁片振动膜发生振动而
发声。动铁式耳机的优点是使用寿命长、效率高，缺点是失
真大，频响窄，在早期较为常用。

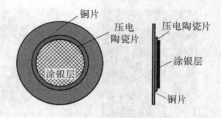

图 13-10　压电陶瓷的结构

压电式耳机：它是利用压电陶瓷的压电效应发声的，压
电陶瓷的结构如图 13-10 所示，在铜片和涂银层之间夹有压电
陶瓷片，当给铜片和涂银层之间施加变化的电压时，压电陶
瓷片会发生振动而发声。压电式耳机效率高、频率高，缺点
是失真大、驱动电压高、低频响应差、抗冲击力差。这种耳机使用远不及动圈式耳机广泛。

13.2.3　双声道耳机的内部接线及检测

1. 内部接线

图 13-11 所示是双声道耳机的接线示意图，从图中可以看出，耳机插头有 L、R、公共三个导电节，
由两个绝缘环隔开，三个导电节内部接出三根导线，一根导线引出后一分为二，三根导线变为四根
后两两与左、右声道耳机线圈连接。

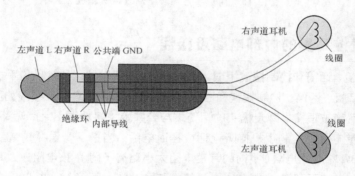

图 13-11　双声道耳机的接线示意图

2. 用指针万用表检测双声道耳机

双声道耳机的检测如图 13-12 所示。

在检测耳机时，万用表选择 R×1 或
R×10 挡，先将黑表笔接耳机插头的公共导
电节，红表笔间断接触 L 导电节，听左声道
耳机有无声音，正常耳机发出"嚓嚓"声，
红、黑表笔接触两导环不动时，测得左声道
耳机线圈阻值应为几欧姆到几百欧姆不等，
如图 13-12 所示，如果阻值为 0 或无穷大，
表明左声道耳机线圈短路或开路。然后黑表

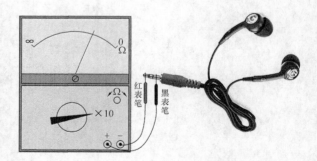

图 13-12　双声道耳机的检测

笔不动，红表笔间断接触 R 导电节，检测右声道耳机是否正常。

3. 用数字万用表检测双声道耳机

用数字万用表检测双声道耳机如图 13-13 所示，万用表选择 2kΩ 挡，
图 13-13（a）所示是测量左声道耳机线圈的电阻，显示电阻值为 51Ω（0.051kΩ），
图 13-13（b）所示是测量右声道耳机线圈的电阻，显示电阻值为 53Ω，图 13-13（c）
所示是测量左、右两声道耳机线圈的串联电阻，显示电阻值为 103Ω。

13-2：耳机的检测

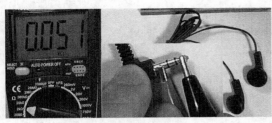
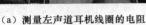
（a）测量左声道耳机线圈的电阻

（b）测量右声道耳机线圈的电阻

（c）测量左、右两声道耳机线圈的串联电阻

图 13-13　用数字万用表检测双声道耳机

13.2.4　手机线控耳麦的内部电路及接线

　　线控耳麦由耳机、话筒和控制按键组成。图 13-14（a）所示是一种常见的手机线控耳麦的外形，该耳麦由左右声道耳机、话筒、控制按键和四节插头组成，其内部电路及接线如图 13-14（b）所示。当按下话筒键时，话筒被短接，耳麦插头的话筒端与公共端（接地端）之间短路，通过手机耳麦插孔给手机接入一个零电阻，控制手机接听电话或挂通电话；当按下音量"+"键时，话筒端与公共端之间接入一个 200Ω 左右的电阻（不同的耳麦电阻大小略有不同），该电阻通过耳麦插头接入手机，控制手机增大音量；当按下音量"-"键时，话筒端与公共端之间接入一个 300 ~ 400Ω 的电阻，该电阻通过耳麦插头接入手机，控制手机减小音量。

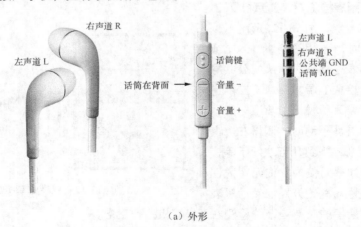
（a）外形

图 13-14　一种常见的手机线控耳麦

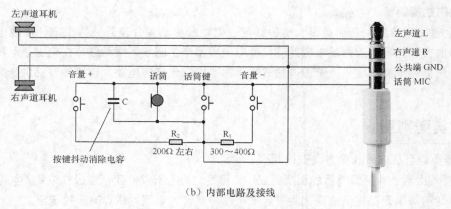

（b）内部电路及接线

图 13-14　一种常见的手机线控耳麦（续）

13.3　蜂鸣器

蜂鸣器是一种一体化结构的电子讯响器，广泛应用于空调器、计算机、打印机、复印机、报警器、电子玩具、汽车电子设备、电话机、定时器等电子产品中作为发声器件。

13.3.1　外形与符号

蜂鸣器的实物外形和电路符号如图 13-15 所示，蜂鸣器在电路中用字母"H"或"HA"表示。

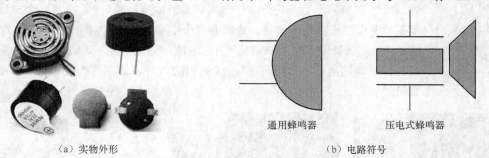

通用蜂鸣器　　　　压电式蜂鸣器

（a）实物外形　　　　　　　　　　　　　　　　（b）电路符号

图 13-15　蜂鸣器的实物外形和电路符号

13.3.2　种类及结构原理

蜂鸣器种类很多，根据发声材料不同，可分为压电式蜂鸣器和电磁式蜂鸣器；根据是否含有音源电路，可分为无源蜂鸣器和有源蜂鸣器。

1. 压电式蜂鸣器

有源压电式蜂鸣器主要由音源电路（多谐振荡器）、压电蜂鸣片、阻抗匹配器及共鸣腔、外壳等组成。有的压电式蜂鸣器外壳上还装有发光二极管。多谐振荡器由晶体管或集成电路构成，只要提供直流电源（1.5 ~ 15V），音源电路会产生 1.5 ~ 2.5kHz 的音频信号，经阻抗匹配器推动压电蜂鸣片发声。压电蜂鸣片由锆钛酸铅或铌镁酸铅压电陶瓷材料制成，在陶瓷片的两面镀上银电极，经极化和老化处理后，再与黄铜片或不锈钢片粘在一起。无源压电式蜂鸣器内部不含音源电路，需要外部提供音频信号才能使之发声。

2. 电磁式蜂鸣器

有源电磁式蜂鸣器由音源电路、电磁线圈、磁铁、振动膜片及外壳等组成。接通电源后，音源电路产生的音频信号电流通过电磁线圈，使电磁线圈产生磁场。振动膜片在电磁线圈和磁铁的相互作用下，周期性地振动发声。无源电磁式蜂鸣器的内部无音源电路，需要外部提供音频信号才能使之发声。

13.3.3　类型判别

蜂鸣器类型可从以下几个方面进行判别。

① 从外观上看，有源蜂鸣器的引脚有正、负极性之分（引脚旁会标注极性或用不同颜色引线），无源蜂鸣器的引脚则无极性，这是因为有源蜂鸣器内部音源电路的供电有极性要求。

② 给蜂鸣器两个引脚加合适的电压（3 ~ 24V），能连续发音的为有源蜂鸣器，仅接通、断开电源时发出"嚓嚓"声为无源电磁式蜂鸣器，不发声的为无源压电式蜂鸣器。

③ 用万用表合适的欧姆挡测量蜂鸣器两个引脚间的正、反向电阻，正、反向电阻相同且很小（一般8Ω或16Ω左右，用R×1挡测量）的为无源电磁式蜂鸣器，正、反向电阻均为无穷大（用R×10k挡）的为无源压电式蜂鸣器，正、反向电阻在几百欧姆以上且测量时可能会发出连续音的为有源蜂鸣器。

13.3.4　用数字万用表检测蜂鸣器

13-3：有源蜂鸣器的检测

用数字万用表检测蜂鸣器时，选择20kΩ挡，红、黑表笔接蜂鸣器的两个引脚，正、反各测一次，如图13-16（a）和图13-16（b）所示，两次测量均显示溢出符号"OL"，该蜂鸣器可能是无源压电式蜂鸣器或有源蜂鸣器，再将一个5V电压（可用手机充电器提供电压）接到蜂鸣器两个引脚，如图13-16（c）所示，听有无声音发出，若无声音，可将蜂鸣器两个引脚的5V电压极性对调，如果有声音发出，则为有源蜂鸣器，5V电压正极所接的引脚为有源蜂鸣器的正极，另一个引脚为负极。

 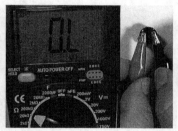 

（a）测量蜂鸣器两个引脚的电阻　　（b）对换表笔测量蜂鸣器两个引脚的电阻　（c）给蜂鸣器加5V电压听有无声音发出

图 13-16　用数字万用表检测蜂鸣器

13.3.5　应用电路

图 13-17 所示是两种常见的蜂鸣器应用电路。图 13-17（a）电路采用了有源蜂鸣器，蜂鸣器内部含有音源电路，在工作时，单片机会从 15 脚输出高电平，三极管 VT 饱和导通，三极管饱和导通后 U_{CE} 为 0.1 ~ 0.3V，即蜂鸣器两端加有 5V 电压，其内部的音源电路工作，产生音频信号推动内部发声器件发声，不工作时，单片机 15 脚输出低电平，VT 截止，VT 的 $U_{CE}=5V$，蜂鸣器两端电压为 0V，蜂鸣器停止发声。

图 13-17（b）电路采用了无源蜂鸣器，蜂鸣器内部无音源电路，在工作时，单片机会从 20 脚输出音频信号（一般为 2kHz 矩形信号），经三极管 VT$_3$ 放大后从集电极输出，音频信号送给蜂鸣器，推动蜂鸣器发声，不工作时，单片机 20 脚停止输出音频信号，蜂鸣器停止发声。

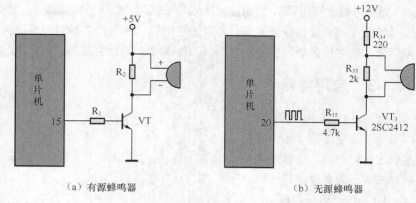

（a）有源蜂鸣器　　　（b）无源蜂鸣器

图 13-17　两种常见的蜂鸣器应用电路

13.4　话筒

13.4.1　外形与符号

话筒又称麦克风、传声器，是一种声 - 电转换器件，其功能是将声音转换成电信号。话筒的实物外形和电路符号如图 13-18 所示。

（a）实物外形　　　　（b）电路符号

图 13-18　话筒的实物外形和电路符号

13.4.2　工作原理

话筒的种类很多，下面介绍最常用的动圈式话筒和驻极体式话筒的工作原理。

（1）动圈式话筒的工作原理

动圈式话筒的结构如图 13-19 所示。

动圈式话筒主要由振动膜、线圈和永久磁铁组成。

当声音传递到振动膜时，振动膜产生振动，与振动膜连在一起的线圈会随振动膜一起运动，由于线圈处于磁铁的磁场中，当线圈在磁场中运动时，线圈会切割磁铁的磁感线而产生与运动相对应的电信号，该电信号从引出线输出，从而实现声 - 电转换。

（2）驻极体式话筒的工作原理

驻极体式话筒具有体积小、性能好，并且价格便宜等优点，广泛用在一些小型的具有录音功能的电子设备中。驻极体式话筒的结构如图 13-20 所示。

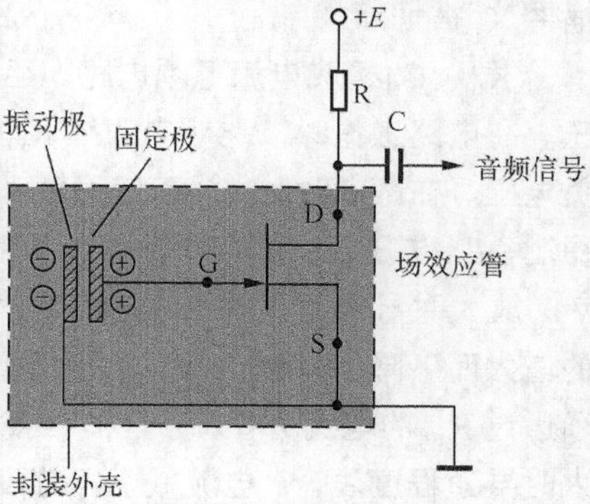

图 13-20 虚线框内的为驻极体式话筒，它由振动极、固定极和一个场效应管构成。振动极与固定极形成一个电容，由于两电极是经过特殊处理的，所以它本身具有静电

图 13-19　动圈式话筒的结构

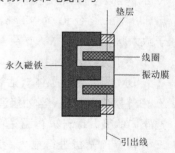

图 13-20　驻极体式话筒的结构

场（即两电极上有电荷），当声音传递到振动极时，振动极发生振动，振动极与固定极距离发生变化，引起容量发生变化，容量的变化导致固定电极上的电荷向场效应管栅极 G 移动，移动的电荷就形成电信号，电信号经场效应管放大后从 D 极输出，从而完成声 - 电转换过程。

13.4.3　应用电路

图 13-21 所示是话筒放大电路，该电路除了能为话筒提供工作电源外，还会对话筒转换来的音频信号进行放大。

（1）信号处理过程

话筒（又称送话器）BM将声音转换成电信号，这种由声音转换成的电信号称为音频信号。音频信号由音量电位器 RP_1 调节大小后，再通过 C_1 送到三极管 VT_1 基极，音频信号经 VT_1 放大后从集电极输出，通过 C_3 送到耳机

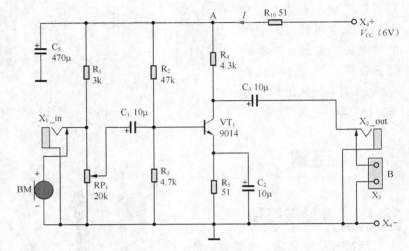

图 13-21　话筒放大电路

插座 X_2_out，如果将耳机插入 X_2_out 插孔，就可以听到声音。

（2）直流工作情况

6V 直流电压通过接插件 X_4 送入电路，+6V 电压经 R_{10} 降压后分成三路：第一路经 R_1、插座 X_1 的内部簧片为话筒提供工作电压，使话筒工作；第二路经 R_2、R_3 分压后为三极管 VT_1 提供基极电压；第三路经 R_4 为 VT_1 提供集电极电压。三极管 VT_1 提供电压后有 I_b、I_c、I_e 电流流过，VT_1 处于放大状态，可以放大送到基极的信号并从集电极输出。

（3）元器件说明

BM 为内置驻极体式话筒，用于将声音转换成音频信号，BM 有正、负极之分，不能接错极性。X_1 为外接输入插座，当外接音源设备（如收音机、MP3 等）时，应将音源设备的输出插头插入该插座，插座内的簧片断开，内置话筒 BM 被切断，而外部音源设备送来的信号经 X_1 簧片、RP_1 和 C_1 送到三极管 VT_1 基极进行放大。X_3 为扬声器接插件，当使用外接扬声器时，可将扬声器的两根引线与 X_3 连接。X_2 为外接耳机（又称受话器）插座，当插入耳机插头后，插座内的簧片断开，扬声器接插件 X_3 被切断。

R_{10}、C_5 构成电源退耦电路，用于滤除电源供电中的波动成分，使电路能得到较稳定的供电电压。在电路工作时，+6V 电源经 R_{10} 为三极管 VT_1 供电，同时还会对 C_5 充电，在 C_5 上充得上正下负电压。在静态时，VT_1 无信号输入，VT_1 导通程度不变（即 I_c 保持不变），流过 R_{10} 的电流 I 基本稳定，U_A 电压保持不变，在 VT_1 有信号输入时，VT_1 的 I_c 电流会发生变化，当输入信号幅度大时，VT_1 放大时导通程度深，I_c 电流增大，流过 R_{10} 的电流 I 也增大，若没有 C_5，A 点电压会因电流 I 的增大而下降（I 增大，R_{10} 上电压增大），有了 C_5 后，C_5 会向 R_4 放电弥补 I_c 电流增多的部分，无须通过 R_{10} 的电流 I 增大，这样 A 点电压变化很小。同样，如果 VT_1 的输入信号幅度小时，VT_1 放大时导通程度浅，I_c 电流减小，若没有 C_5，电流 I 也减小，A 点电压会因电流 I 减小而升高，有了 C_5 后，多余的电流 I 会对 C_5 充电，这样电流 I 不会因 I_c 减小而减小，A 点电压保持不变。

13.4.4　主要参数

话筒的主要参数如下。

（1）灵敏度

灵敏度是指话筒在一定的声压下能产生音频信号电压的大小。灵敏度越高，在相同大小的声音下输出的音频信号幅度越大。

（2）频率特性

频率特性是指话筒的灵敏度随频率变化而变化的特性。如果话筒的高频特性好，那么还原出来的高频信号幅度大且失真小。大多数话筒频率特性较好的范围为 100Hz ～ 10kHz，优质话筒的频率特性范围可达到 20Hz ～ 20kHz。

（3）输出阻抗

输出阻抗是指话筒在 1kHz 的情况下输出端的交流阻抗。低阻抗话筒的输出阻抗一般在 2kΩ 以下，输出阻抗在 2kΩ 以上的话筒称为高阻抗话筒。

（4）固有噪声

固有噪声是指在没有外界声音时话筒输出的噪声信号电压。话筒的固有噪声越大，工作时输出信号中混有的噪声越多。

（5）指向性

指向性是指话筒灵敏度随声波入射方向变化而变化的特性。话筒的指向性有单向性、双向性和全向性三种。

单向性话筒对正面方向的声音灵敏度高于其他方向的声音。双向性话筒对正、背面方向的灵敏度高于其他方向的声音。全向性话筒对所有方向的声音灵敏度都高。

13.4.5　种类与选用

1. 种类

话筒种类很多，常见的有动圈式话筒、驻极体式话筒、铝带式话筒、电容式话筒、压电式话筒和碳粒式话筒等。常见话筒的特点见表 13-1。

表 13-1　常见话筒的特点

种类	特点
动圈式话筒	动圈式话筒又称为电动式话筒，其优点是结构合理耐用、噪声低、工作稳定、经济实用且性能好
驻极体式话筒	驻极体式话筒的优点是重量轻、体积小、价格低、结构简单和电声性能好，但音质较差、噪声较大
铝带式话筒	铝带式话筒的优点是音质真实自然，高、低频音域宽广，过渡平滑自然，瞬间响应快速精确，但价格较贵
电容式话筒	电容式话筒是一种电声特性非常好的话筒，其优点是频率范围宽、灵敏度高、非线性失真小、瞬态响应好，缺点是防潮性差，机械强度低，价格较贵，使用时需提供高压
压电式话筒	压电式话筒又称晶体式话筒，它具有灵敏度高、结构简单、价格便宜等优点，但频率范围不够宽
碳粒式话筒	碳粒式话筒具有结构简单、价格便宜、灵敏度高、输出功率大等优点，但频率特性差、噪声大、失真也很大

2. 选用

话筒的选用主要根据环境和声源特点来决定的。在室内进行语言录音时，一般选用动圈式话筒，因为语言的频带较窄，使用动圈式话筒可避免产生不必要的杂音。在进行音乐录音时，一般要选择性能好的电容式话筒，以满足宽频带、大动态、高保真的需要。若环境噪声大，可选用单指向话筒，以增加选择性。

在使用话筒时，除近讲话筒外，普通话筒要注意与声源保持 0.3m 左右的距离，以防失真。在运动中录音时，要使用无线话筒，使用无线话筒时要注意防止干扰和"死区"，碰到这种情况时，可通过改变话筒无线电频率和调整收、发天线来解决。

13.4.6 用指针万用表检测话筒

1. 动圈式话筒的检测

动圈式话筒外部接线端与内部线圈连接，根据线圈电阻的大小可分为低阻抗话筒（几十欧姆至几百欧姆）和高阻抗话筒（几百欧姆至几千欧姆不等）。

在检测低阻抗话筒时，万用表选择 R×10 挡，检测高阻抗话筒时，可选择 R×100 或 R×1k 挡，然后测量话筒两接线端之间的电阻。

若话筒正常，阻值应在几十欧姆至几千欧姆，同时话筒有轻微的"嚓嚓"声发出。

若阻值为 0，说明话筒线圈短路。

若阻值为无穷大，则为话筒线圈开路。

2. 驻极体式话筒的检测

驻极体式话筒的检测包括电极检测、好坏检测和灵敏度检测。

（1）电极检测

驻极体式话筒的外形和结构如图 13-22 所示。

从图 13-22 中可以看出，驻极体式话筒有两个接线端，分别与内部场效应管的 D 极、S 极连接，其中 S 极与 G 极之间接有一个二极管。在使用时，驻极体话筒的 S 极与电路的地连接，D 极除了接电源外，还是话筒信号输出端，具体连接可参见图 13-22（b）。

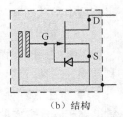

（a）外形　　　　（b）结构

图 13-22　驻极体式话筒的外形和结构

驻极体式话筒的电极判断用直观法，也可以用万用表检测。在用直观法观察时，会发现有一个电极与话筒的金属外壳连接，如图 13-22（a）所示，该极为 S 极，另一个电极为 D 极。

在用万用表检测时，万用表选择 R×100 或 R×1k 挡，测量两电极之间的正、反向电阻，如图 13-23 所示，正常测得的阻值一大一小，以阻值小的那次为准，如图 13-23（a）所示，黑表笔接的为 S 极，红表笔接的为 D 极。

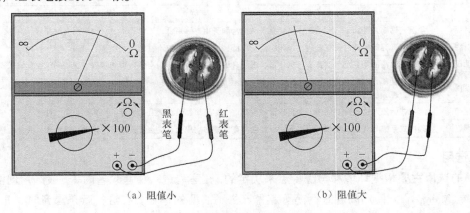

（a）阻值小　　　　　　　　　　（b）阻值大

图 13-23　驻极体式话筒的检测

（2）好坏检测

在检测驻极体式话筒好坏时，万用表选择 R×100 或 R×1k 挡，测量两电极之间的正、反向电阻，正常测得的阻值一大一小。

　　若正、反向电阻均为无穷大，则话筒内部的场效应管开路。

　　若正、反向电阻均为 0，则话筒内部的场效应管短路。

　　若正、反向电阻相等，则话筒内部的场效应管 G、S 极之间的二极管开路。

（3）灵敏度检测

　　灵敏度检测可以判断话筒的声 - 电转换效果。在检测灵敏度时，万用表选择 R×100 或 R×1k 挡，黑表笔接话筒的 D 极，红表笔接话筒的 S 极，这样做是利用万用表的内部电池为场效应管 D、S 极之间提供电压，然后对话筒正面吹气，如图 13-24 所示。

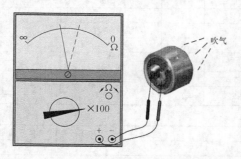

13-4：驻极体式话筒的检测

图 13-24　驻极体式话筒灵敏度的检测

　　若话筒正常，表针应发生摆动，话筒灵敏度越高，表针摆动幅度越大。

　　若表针不动，则话筒失效。

13.4.7　用数字万用表检测话筒

　　用数字万用表判别驻极体式话筒的引脚极性时，选择二极管测量挡，红、黑表笔接话筒的两个引脚，正、反各测一次，两次测量会出现数值一大一小，以显示数值小的那次测量为准，如图 13-25（b）所示，红表笔接的为驻极体话筒的 S 极，黑表笔接的为 D 极。

（a）测量显示数值大

（b）测量显示数值小（红表笔接驻极体话筒的 S 极、黑表笔接驻极体话筒的 D 极）

图 13-25　用数字万用表判别驻极体式话筒的引脚极性

13.4.8　电声器件的型号命名方法

　　国产电声器件的型号命名由四部分组成。

　　第一部分用汉语拼音字母表示产品的主称。

　　第二部分用字母表示产品类型。

　　第三部分用字母或数字表示产品特征（包括辐射形式、形状、结构、功率、等级、用途等）。

第四部分用数字表示产品序号（部分扬声器表示口径和序号）。

国产电声器件的型号命名及含义见表 13-2。

表 13-2　国产电声器件的型号命名及含义

第一部分：主称		第二部分：类型		第三部分：特征				第四部分：序号
字母	含义	字母	含义	字母	含义	数字	含义	
Y	扬声器	C	电磁式	C	手持式；测试用	I	1级	
C	传声器	D	电动式（动圈式）	D	头戴式；低频	II	2级	
E	耳机			F	飞行用	III	3级	
O	送话器	A	带式	G	耳挂式；高频	025	0.25W	
H	两用换能器	E	平膜音圈式	H	号筒式	04	0.4W	
S	受话器	Y	压电式	I	气导式	05	0.5W	用数字表示产品序号
N、OS	送话器组	R	电容式、静电式	J	舰艇用；接触式	1	1W	
EC	耳机传声器组			K	抗噪式	2	2W	
HZ	号筒式组合扬声器	T	碳粒式	L	立体声	3	3W	
		Q	气流式	P	炮兵用	5	5W	
YX	扬声器箱	Z	驻极体式	Q	球顶式	10	10W	
YZ	声柱扬声器	J	接触式	T	椭圆形	15	15W	
						20	20W	

例如：

CD II——1（2级动圈式传声器）	EDL——3（立体声动圈式耳机）
C——传声器	E——耳机
D——动圈式	D——动圈式
II——2极	L——立体声
1——序号	3——序号

YD 10—12B（10W 电动式扬声器）	YD 3—1655
Y——扬声器	Y——扬声器
D——电动式	D——电动式
10——功率为 10W	3——功率为 3W
12B——序号	1655——口径为 165mm

第 14 章

压电器件

有一些特殊的材料，当受到一定方向的作用力时，在材料的某两个表面上会产生相反的电荷，两个表面之间就会有电压形成，去掉作用力后，这些电荷随之消失，两表面间的电压消失，这种现象称为正压电效应，又称压电效应；相反，如果在这些材料某两个表面施加电压，该材料在一定方向上产生机械变形，去掉电压后，变形会随之消失，这种现象称为逆压电效应。常见的压电材料有石英晶体谐振器、压电陶瓷、压电半导体和有机高分子压电材料等。

压电器件是使用压电材料制作而成的，常见的压电器件有石英晶体谐振器、陶瓷滤波器、声表面波滤波器、压电蜂鸣器和压电传感器等。

14.1　石英晶体谐振器（晶振）

14.1.1　外形与结构

在石英晶体谐振器上按一定方向切下薄片，将薄片两端抛光并涂上导电的银层，再从银层上连出两个电极并封装起来，这样就构成了石英晶体谐振器，简称晶振。石英晶体谐振器的外形、结构和电路符号如图 14-1 所示。

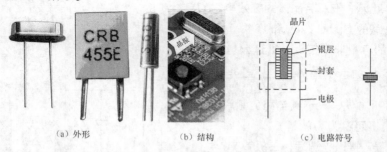

（a）外形　　　　（b）结构　　　　（c）电路符号

图 14-1　石英晶体谐振器的外形、结构和电路符号

14.1.2　特性

石英晶体谐振器可以等效成 LC 电路，其等效电路和特性曲线如图 14-2 所示，L、C 构成串联 LC 电路，串联谐振频率为 $f_s = \dfrac{1}{2\pi\sqrt{LC}}$，L 与 C、$C_0$ 构成并联 LC 电路，由于 C_0 容量是 C 容量的数百倍，

195

故 C_0、C 串联后的总容量值略小于 C 的容量值（$1/C_{总}=1/C_0+1/C$，C_0 远大于 C 值，$1/C_0+1/C$ 略大于 $1/C$），故并联谐振频率 f_p 略大于串联谐振频率，但两者非常接近。

当加到石英晶体谐振器两端信号的频率不同时，石英晶体谐振器会呈现出不同的特性，如图 14-3 所示，具体说明如下。

① 当 $f=f_s$ 时，石英晶体谐振器呈阻性，相当于阻值小的电阻。

② 当 $f_s<f<f_p$ 时，石英晶体谐振器呈感性，相当于电感。

③ 当 $f<f_s$ 或 $f>f_p$ 时，石英晶体谐振器呈容性，相当于电容。

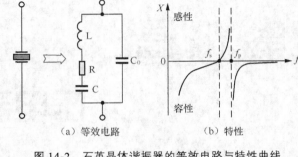

（a）等效电路　　（b）特性

图 14-2　石英晶体谐振器的等效电路与特性曲线

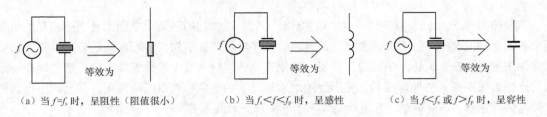

（a）当 $f=f_s$ 时，呈阻性（阻值很小）　（b）当 $f_s<f<f_p$ 时，呈感性　（c）当 $f<f_s$ 或 $f>f_p$ 时，呈容性

图 14-3　石英晶体谐振器的特性说明图

14.1.3　应用电路

石英晶体谐振器主要用来与放大电路一起组成振荡器，其振荡频率非常稳定。

1. 并联型晶体振荡器

并联型晶体振荡器如图 14-4 所示。三极管 VT 与 R_1、R_2、R_3、R_4 构成放大电路；C_3 为交流旁路电容，对交流信号相当于短路；X_1 为石英晶体，在电路中相当于电感。从交流等效图可以看出，该电路是一个电容三点式振荡器，C_1、C_2、X_1 构成选频电路，由于 C_1、C_2 的容量远大于石英晶体的等效电容 C，这样整个选频电路的 C_1、C_2、C_0 和 C 并、串联得到的总容量与 C 的容量非常接近，即选频电路的频率与石英晶体 X_1 的固有频率 $f_s=\dfrac{1}{2\pi\sqrt{LC}}$ 非常接近（略大于），为分析方便，设选频电路的频率为 f_0，$f_s<f_0<f_p$，一般情况下可认为 f_0 就是 f_s。

电路振荡过程：接通电源后，三极管 VT 导通，有变化 I_c 电流流过 VT，它包含着微弱的 $0\sim\infty$ Hz 各种频率的信号。这些信号加到 C_1、C_2、X_1 构成的选频电路上，选频电路从中选出 f_0 信号，在 X_1、C_1、C_2 两端有 f_0 信号电压，取 C_2 两端的 f_0 信号电压反馈到 VT 的基 - 射极之间进行放大，放大后输

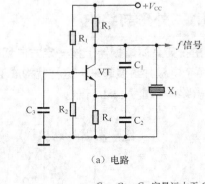

（a）电路

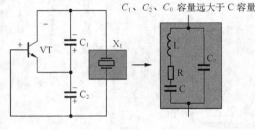

（b）交流等效图

图 14-4　并联型晶体振荡器

出信号又加到选频电路，C_1、C_2 两端的信号电压增大，C_2 两端的电压又送到 VT 基 - 射极，如此反复进行，VT 输出的信号越来越大，而 VT 放大电路的放大倍数逐渐减小，当放大电路的放大倍数与反馈电路的衰减倍数相等时，输出信号幅度保持稳定，不会再增大，该信号再送到其他的电路。

2. 串联型晶体振荡器

串联型晶体振荡器如图 14-5 所示。该振荡器采用了两级放大电路，石英晶体 X_1 除了构成反馈电路外，还具有选频功能，其选频频率 $f_0=f_s$，电位器 RP_1 用来调节反馈信号的幅度。

电路的振荡过程如下。

接通电源后，三极管 VT_1、VT_2 导通，VT_2 发射极输出变化的 I_c 电流中包含各种频率信号，石英晶体 X_1 对其中的 f_0 信号阻抗很小，f_0 信号经 X_1、RP_1 反馈到 VT_1 的发射极，该信号经 VT_1 放大后从集电极输出，又加到 VT_2 放大后从发射极输出，然

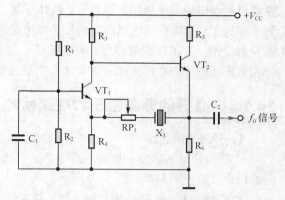

图 14-5　串联型晶体振荡器

后又通过 X_1 反馈到 VT_1 放大，如此反复进行，VT_2 输出的 f_0 信号幅度越来越大，VT_1、VT_2 组成的放大电路放大倍数越来越小，当放大倍数等于反馈衰减倍数时，输出 f_0 信号幅度不再变化，电路输出稳定的 f_0 信号。

3. 单片机的时钟振荡电路

单片机是一种大规模集成电路，内部有各种各样的数字电路，为了让这些电路按节拍工作，需要为这些电路提供时钟信号。图 14-6 所示是典型的单片机时钟电路，单片机的 $XTAL_1$、$XTAL_2$ 引脚外接频率为 12MHz 晶振 X 和两个电容 C_1、C_2，与内部的放大器构成时钟振荡电路，产生 12MHz 时钟信号供给内部

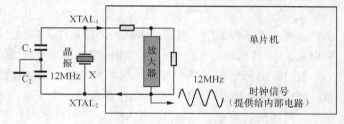

图 14-6　典型的单片机时钟电路

电路使用，时钟信号的频率主要由晶振的频率决定，改变 C_1、C_2 的容量可以对时钟信号频率进行微调。

对于像单片机这样需要时钟信号的数字电路，如果时钟电路损坏不能产生时钟信号，整个电路不能工作。另外，时钟信号频率越高，数字电路工作速度越快，但相应功耗会增大，容易发热。

14.1.4　有源晶体振荡器

有源晶体振荡器是将晶振和有关元件集成在一起组成晶体振荡器，再封装起来构成的元器件，当给有源晶体振荡器提供电源时，内部的晶体振荡器工作，会输出某一频率的信号。有源晶体振荡器的外形如图 14-7 所示。

有源晶体振荡器通常有 4 个引脚，其中 1 个引脚为空脚（NC），其他 3 个引脚分别为电源

图 14-7　有源晶体振荡器的外形

（V_{CC}）、接地（GND）和输出（OUT）引脚。
有源晶体振荡器元件的典型外部接线电路如图
14-8所示，L_1、C_1、C_2构成电源滤波电路，
用于滤除电源中的波动成分，使提供给晶体振
荡器电源引脚的电压稳定、波动小，晶体振荡
器元件的V_{CC}引脚获得供电后，内部晶体振荡
器开始工作，从OUT端输出某频率的信号（晶
体振荡器元件外壳会标注频率值），NC引脚为空脚，可以接电源、接地或悬空。

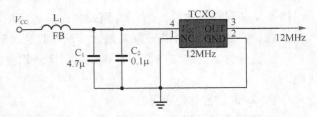

图 14-8　有源晶体振荡器元件的典型外部接线电路

14.1.5　晶振的开路检测和在路检测

1. 开路检测晶振

开路检测晶振是指从电路中拆下晶振进行检测。用数
字万用表开路检测晶振如图14-9所示。

检测时，挡位开关选择20MΩ挡（最高电阻挡），红、
黑表笔接晶振的两个引脚，正常均显示溢出符号"OL"，
如果显示一定的电阻值，则晶振漏电或短路。

如果使用指针万用表检测晶振，挡位开关选择R×10k
挡，晶振正常时测得的正、反向电阻值均为无穷大。

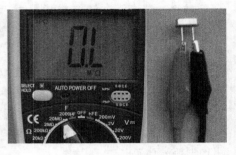

图 14-9　开路检测晶振

2. 在路通电检测晶振

在路通电检测晶振是指给晶振电路通电使之工作，再检测晶振引脚电压来判别晶振电路是否
工作。对于大多数使用了晶振的电路，晶振电路正常工作时，晶振两个引脚的电压接近相等（相差
零点几伏），约为电源电压的一半，如果两个引脚电压相差很大或相等，则晶振电路工作不正常。

图14-10所示是一块使用了晶振的电路板，先给电路板接通电源，数字万用表选择20V直流
电压挡，黑表笔接电路的地，红表笔接晶振的一个引脚，显示屏显示电压值为2.13V，如图14-10（a）
所示，再将红表笔接晶振的另一个引脚，显示屏显示电压值为1.98V，如图14-10（b）所示，两个
引脚电压接近，约为电源电压的一半，故晶振及所属电路工作正常。

（a）测量晶振的一个引脚电压

（b）测量晶振的另一个引脚电压

图 14-10　在路通电检测晶振

14.2　陶瓷滤波器

陶瓷滤波器是一种由压电陶瓷材料制成的选频元件，可以从众多的信号中选出某频率的信号。

当陶瓷滤波器的输入端输入电信号时，输入端的压电陶瓷将电信号转换成机械振动，机械振动传递到输出端压电陶瓷时，又转换成电信号，只有输入信号的频率与陶瓷滤波器内部压电陶瓷的固有频率相同时，机械振动才能最大限度传递到输出端压电陶瓷，从而转换成同频率的电信号输出，这就是陶瓷滤波器的选频原理。

14.2.1　外形、符号与等效图

1. 外形

图 14-11 所示是一些常见的陶瓷滤波器外形，有 2 个引脚、3 个引脚和 4 个引脚，2 个引脚的一个为输入端、另一个为输出端；3 个引脚的多了一个输入 / 输出公共端（使用时多接地），4 个引脚的两个输入端、两个输出端。

2. 符号与等效图

陶瓷滤波器主要有 2 个引脚和 3 个引脚。两个引脚

图 14-11　一些常见的陶瓷滤波器外形

的陶瓷滤波器的符号与等效图如图 14-12（a）所示，输入端与输出端之间相当于一个 R、L、C 构成的串联谐振电路，当输入信号的频率 $f = f_0 = \dfrac{1}{2\pi\sqrt{LC_1}}$ 时，陶瓷滤波器对该频率的信号阻碍很小，该频率的信号就很容易通过，而对其他频率不等于 f_0 的信号，陶瓷滤波器对其阻碍很大，通过的信号很小，可以认为无法通过。陶瓷滤波器的频率 f_0 值会标注在元件外壳上。等效电路中的 C_2 值为陶瓷滤波器的极间电容，这是因陶瓷滤波器两极间隔着绝缘的陶瓷材料而形成的电容，一般陶瓷滤波器的选频频率越高，极间电容越小。

3 个引脚的陶瓷滤波器的符号与等效图如图 14-12（b）所示，其选频频率 $f_0 = \dfrac{1}{2\pi\sqrt{LC_1}}$，$C_2$ 为①③脚之间的极间电容，C_3 为①②脚之间的极间电容。如果将①脚作为输入端，②脚输出端，③脚作为接地端，那么 f_0 频率的信号可以通过陶瓷滤波器，这种用于选取某频率信号的滤波器称为带通滤波器。如果将①脚作为输入端，③脚作为输出端，②脚作为接地端，那么 f_0 频率的信号会从②脚到地而消失，其他频率的信号则通过 C_2 从③脚输出，这种用于去掉某频率信号而选出其他频率信号的滤波器称为陷波器，又称带阻滤波器。

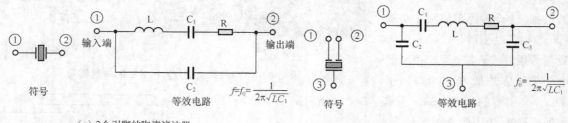

（a）2个引脚的陶瓷滤波器　　　　　　　　　　（b）3个引脚的陶瓷滤波器

图 14-12　陶瓷滤波器的符号与等效电路

14.2.2　应用电路

陶瓷滤波器的应用如图 14-13 所示，该电路是电视机的信号分离电路，从前级电路送来的 0 ～ 6MHz 的视频信号和 6.5MHz 的伴音信号分作两路，一路经 6.5MHz 的带通滤波器选出 6.5MHz

的伴音信号，送到伴音信号处理电路；另一路经 6.5MHz 的陷波器（带阻滤波器）将 6.5MHz 的伴音信号旁路到地，剩下 0 ~ 6MHz 的视频信号到视频信号处理电路，电感 L 与陶瓷滤波器内部的极间电容构成 6.5MHz 的并联谐振电路，对 6.5MHz 的信号呈高阻抗，6.5MHz 的信号难于通过，而对 0 ~ 6MHz 的信号阻抗小，0 ~ 6MHz 的信号容易通过。

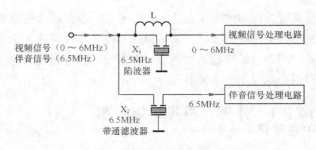

图 14-13　陶瓷滤波器的应用

14.2.3　检测

在检测陶瓷滤波器时，指针万用表选择 R×10k 挡，不管是 2 个引脚陶瓷滤波器，还是 3 个引脚陶瓷滤波器，任意 2 个引脚间的正、反向电阻均为无穷大，如果测得的阻值小，则陶瓷滤波器漏电或短路。用数字万用表检测陶瓷滤波器时，选择最高电阻挡（20MΩ 挡），测量任意两个引脚间的正、反向电阻时，均会显示溢出符号"OL"。

14.3　声表面波滤波器

声表面波滤波器（SAWF）是一种以压电材料为基片制成的滤波器，其选频频率可以做得很高（几兆赫兹到几千兆赫兹），不适合作为低频滤波器，并且具有较宽的通频带，可以让中心频率的附近频率信号也能通过。

14.3.1　外形与符号

声表面波滤波器的外形和电路符号如图 14-14 所示，其封装形式有 3 个引脚、4 个引脚和 5 个引脚，3 个引脚的有 1 个输入引脚、1 个输出引脚和 1 个输入 / 输出公共引脚，公共引脚一般与金属外壳连接；4 个引脚的有 2 个输入引脚和 2 个输出引脚；5 个引脚的有 2 个输入引脚、2 个输出引脚和 1 个与金属外壳连接的引脚。

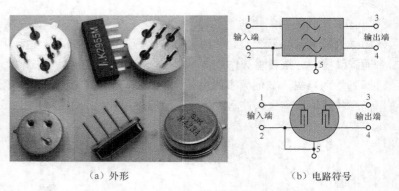

（a）外形　　　　　　（b）电路符号

图 14-14　声表面波滤波器的外形和电路符号

14.3.2　结构与工作原理

声表面波滤波器的结构如图 14-15 所示，主要由压电材料基片、叉指结构的发射和接收换能器、吸声材料等组成。当输入信号送到发射换能器时，发射换能器会产生振动而产生声波，该声波沿基片表面往两个方向传播，一个方向的声

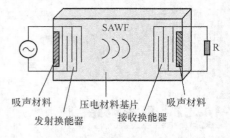

图 14-15　声表面波滤波器的结构与工作原理说明

波被吸声材料吸收，另一个方向的声波传送到接收换能器。由于逆压电效应，接收换能器将声表面波转成电信号输出，输入信号只有频率与声表面波滤波器的选频频率相同，声波才能最大限度地由发射换能器传送到接收换能器，该信号才能通过声表面波滤波器。

14.3.3　应用电路

声表面波滤波器的应用电路如图14-16所示。

该电路是电视机的中放选频电路，由于声表面波滤波器在选取信号时会对信号有一定的衰减，故需要在前面加一个放大电路。由前级电路送来38MHz、31.5MHz、39.5MHz和30MHz信号，其中38MHz的信号为图像中频信号，31.5MHz信号为第一伴音信号，30MHz和39.5MHz是相邻频道的图像和伴音干扰信号，这些信号送到三极管VT基极，放大后送到声表面波滤波器

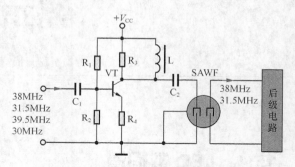

图 14-16　声表面波滤波器的应用电路

（SAWF）的输入端，声表面波滤波器的中心频率约为35MHz，由于SAWF通频带（通过的频率范围）较宽，故35MHz附近的31.5MHz和38MHz的信号均可通过，而频率与中心频率相差较大的30MHz和39.5MHz的相邻频道干扰信号难于通过SAWF。

14.3.4　检测

在检测声表面波滤波器时，指针万用表选择 R×10k 挡，不管是四个引脚声表面波滤波器，还是五个引脚声表面波滤波器，任意两个引脚间的正、反向电阻均为无穷大，如果测得的阻值小，则声表面波滤波器漏电或短路。在用数字万用表检测声表面波滤波器时，选择最高电阻挡（20MΩ 挡），测量任意两个引脚间的正、反向电阻时，正常均会显示溢出符号"OL"。

第 15 章

显示器件

15.1 LED 数码管

15.1.1 一位 LED 数码管

1. 外形与引脚排列

一位 LED 数码管如图 15-1 所示，它将 a、b、c、d、e、f、g、dp 共 8 个发光二极管排成图示的 "8." 字形，通过让 a、b、c、d、e、f、g 不同的段发光来显示数字 0 ~ 9。

2. 内部连接方式

由于 **8** 个发光二极管共有 **16** 个引脚，为了减少数码管的引脚数，在数码管内部将 **8** 个发光二极管的正极或负极引脚连接起来，接成一个公共端（**COM 端**），根据公共端是发光二极管的正极还是负极，可分为共阳极接法（正极相连）和共阴极接法（负极相连），如图 15-2 所示。

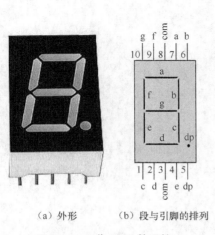

（a）外形　　（b）段与引脚的排列

图 15-1　一位 LED 数码管

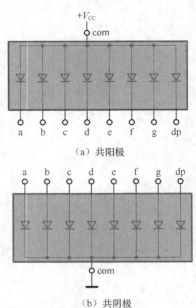

图 15-2　一位 LED 数码管内部发光二极管的连接方式

对于共阳极接法的数码管，需要给发光二极管加低电平才能发光；而对于共阴极接法的数码管，需要给发光二极管加高电平才能发光。假设图 15-1 所示是一个共阴极接法的数码管，如果让它显示一个 "5" 字，那么需要给 a、c、d、f、g 引脚加高电平（即这些引脚为 1），b、e 引脚加低电平（即这些引脚为 0），这样 a、c、d、f、g 段的发光二极管有电流通过而发光，b、e 段的发光二极管不发光，数码管就会显示出数字 "5"。

3. 应用电路

图 15-3 所示为数码管译码控制器的电路图。5161BS 为共阳极七段数码管，74LS47 为 BCD-七段显示译码器芯片，能将 $A_3 \sim A_0$ 引脚输入的二进制数转换成七段码来驱动数码管显示对应的

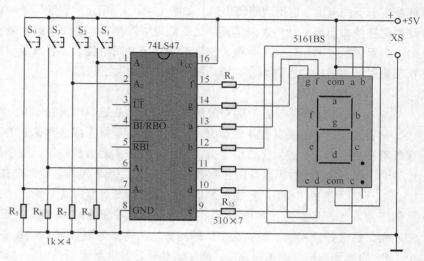

图 15-3　一位数码管译码控制器的电路图

十进制数，表 15-1 为 74LS47 的输入/输出关系表，表中的 H 表示高电平，L 表示低电平。$S_3 \sim S_0$ 按钮分别为 74LS47 的 $A_3 \sim A_0$ 引脚提供输入信号，按钮未按下时，输入为低电平（常用 0 表示），按下时输入为高电平（常用 1 表示）。

表 15-1　74LS47 输入/输出关系表

输入				输出							显示的数字
A_3	A_2	A_1	A_0	a	b	c	d	e	f	g	
L	L	L	L	L	L	L	L	L	L	H	0
L	L	L	H	H	L	L	H	H	H	H	1
L	L	H	L	L	L	H	L	L	H	L	2
L	L	H	H	L	L	L	L	H	H	L	3
L	H	L	L	H	L	L	H	H	L	L	4
L	H	L	H	L	H	L	L	H	L	L	5
L	H	H	L	H	H	L	L	L	L	L	6
L	H	H	H	L	L	L	H	H	H	H	7
H	L	L	L	L	L	L	L	L	L	L	8
H	L	L	H	L	L	L	H	H	L	L	9

根据数码管译码控制器电路图和 74LS47 输入/输出关系表可知，当 $S_3 \sim S_0$ 按钮均未按下时，$A_3 \sim A_0$ 引脚都为低电平，相当于 $A_3 A_2 A_1 A_0$=0000，74LS47 对二进制数 "0000" 译码后从 a ~ g 引脚输出七段码 0000001，因为 5161BS 为共阳极数码管，g 引脚为高电平，数码管的 g 段发光二极管不亮，其他段均亮，数码管显示的数字为 "0"，当按下按钮 S_2 时，A_2 引脚为高电平，相当于 $A_3 A_2 A_1 A_0$=0100，74LS47 对 "0100" 译码后从 a ~ g 引脚输出七段码 "1001100"，数码管显示的数字为 "4"。

4. 用指针万用表检测 LED 数码管

检测 LED 数码管使用万用表的 R×10k 挡。从图 15-2 所示的数码管内部发光二极管的连接方式可以看出：对于共阳极数码管，黑表笔接公共极，红表笔依次接其他各极时，会出现 8 次阻值小；

对于共阴极多位数码管，红表笔接公共极，黑表笔依次接其他各极时，也会出现 8 次阻值小。

（1）类型与公共极的判别

在判别 LED 数码管类型及公共极（com）时，将万用表拨至 R×10k 挡，测量任意两个引脚之间的正、反向电阻，当出现阻值小时，如图 15-4（a）所示，说明黑表笔接的为发光二极管的正极，红表笔接的为负极，然后黑表笔不动，红表笔依次接其他各个引脚，若出现阻值小的次数大于 2 次时，则黑表笔接的引脚为公共极，被测数码管为共阳极类型，若出现阻值小的次数仅有 1 次，则该次测量时红表笔接的引脚为公共极，被测数码管为共阴极。

（2）各段极的判别

在检测 LED 数码管各引脚对应的段时，万用表选择 R×10k 挡。对于共阳极数码管，黑表笔接公共引脚，红表笔接其他某个引脚，这时发现数码管某段会有微弱的亮光，如 a 段有亮光，表明红表笔接的引脚与 a 段发光二极管负极连接；对于共阴极数码管，红表笔接公共引脚，黑表笔接其他某个引脚，会发现数码管某段会有微弱的亮光，则黑表笔接的引脚与该段发光二极管的正极连接。

由于万用表的 R×10k 挡提供的电流很小，因此测量时有可能无法让一些数码管内部的发光二极管正常发光，虽然万用表使用 R×1 ~ R×1k 挡时提供的电流大，但内部使用 1.5V 电池，无法使发光二极管导通发光，解决这个问题的方法是将万用表拨至 R×10 或 R×1 挡，给红表笔串接一个 1.5V 的电池，电池的正极连接红表笔，负极接被测数码管的引脚，如图 15-4（b）所示，具体的检测方法与万用表选择 R×10k 挡时相同。

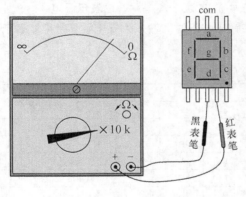
（a）检测方法一

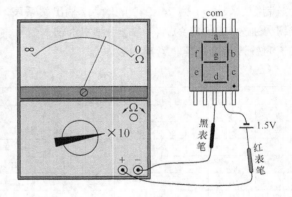
（b）检测方法二

图 15-4　LED 数码管的检测

5. 用数字万用表检测 LED 数码管

（1）确定公共引脚

一位 LED 数码管有 10 个引脚，分上下两排，每排 5 个引脚，上下排均有一个公共引脚（com 引脚），一般位于每排的中间（第 3 个引脚），两个公共引脚内部是连接在一起的。在用数字万用表确定 LED 数码管公共引脚时，选择 200Ω 挡，一根表笔接上排正中间的引脚，另一根表笔接下排正中间的引脚，如图 15-5 所示，显示屏显示的电阻值接近 0Ω，表明

15-1：一位数码管的检测

图 15-5　测量上下排正中间的两个引脚电阻来确定两个引脚是否为公共引脚

这两个引脚是连接在一起的，可确定两个引脚均为公共引脚。

（2）判别类型（共阳型或共阴型）

共阳型 LED 数码管的公共引脚在内部连接所有发光二极管的正极，共阴型 LED 数码管的公共引脚在内部连接所有发光二极管的负极。

在用数字万用表判别 LED 数码管类型时，选择二极管测量挡，先将黑表笔接公共引脚，红表笔接第 1 引脚（也可以是其他非公共引脚），如果显示屏显示溢出符号 "OL"，如图 15-6（a）所示，可将

（a）测量时不导通　　　　（b）测量时 LED 数码管内部的
　　　　　　　　　　　　　　　　发光二极管导通

图 15-6　判别 LED 数码管的共阳或共阴类型

红、黑表笔互换，互换表笔测量时如果显示 1.500 ～ 3.500 范围内的数值，如图 15-6（b）所示，表明 LED 数码管内部的发光二极管导通，红表笔接的公共引脚对应内部发光二极管的正极，该 LED 数码管为共阳型 LED 数码管。

（3）判别各个引脚对应的显示段

在用数字万用表判别 LED 数码管各个引脚对应的显示段时，选择二极管测量挡，由于被测 LED 数码管为共阳型，故将红表笔接公共引脚，黑表笔接下排第 1 个引脚，发现显示屏显示 1.500 ～ 3.500 范围内的数值，同时数码管的 e 段亮，如图 15-7（a）所示，表明下排第 1 个引脚与数码管内部的 e 段发光二极管负极连接，当测量上排第 5 个

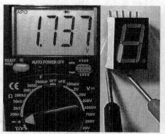 

（a）测量下排第一个引脚　　　（b）测量上排第五个引脚

图 15-7　用数字万用表判别 LED 数码管各引脚对应的显示段

引脚时，发现数码管的 b 段亮，如图 15-7（b）所示，表明上排第 5 个引脚与数码管内部的 b 段发光二极管负极连接，可用同样的方法判别其他引脚对应的显示段。

15.1.2　多位 LED 数码管

1. 外形与类型

图 15-8 所示是四位 LED 数码管，它有两排共 12 个引脚，其内部发光二极管有共阳极和共阴极两种连接方式，如图 15-9 所示，12、9、8、6 脚分别为各位数码管的公共极，也称位极，11、7、4、2、1、10、5、3 脚同时接各位数码管的相应段，称为段极。

2. 显示原理

多位 LED 数码管采用了扫描显示方式，又称动态

图 15-8　四位 LED 数码管

驱动方式。为了让大家理解该显示原理，这里以在图 15-8 所示的四位 LED 数码管上显示 "1278" 为例来说明，假设其内部发光二极管为图 15-9（b）所示的连接方式。

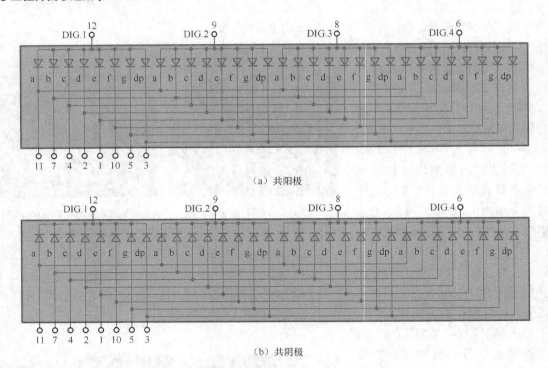

(a) 共阳极

(b) 共阴极

图 15-9　四位 LED 数码管内部发光二极管的连接方式

　　先给数码管的 12 脚加一个低电平（9、8、6 脚为高电平），再给 7、4 脚加高电平（11、2、1、10、5 脚均低电平），结果第一位的 b、c 段发光二极管点亮，第一位显示"1"，由于 9、8、6 脚均为高电平，故第二、三、四位中的所有发光二极管均无法导通而不显示；然后给 9 脚加一个低电平（12、8、6 脚为高电平），给 11、7、2、1、5 脚加高电平（4、10 脚为低电平），第二位的 a、b、d、e、g 段发光二极管点亮，第二位显示"2"，同样原理，在第三位和第四位分别显示数字"7"和"8"。

　　多位数码管的数字虽然是一位一位地显示出来的，但人眼具有视觉暂留特性（所谓视觉暂留特性是指当人眼看见一个物体后，如果物体消失，人眼还会觉得物体仍在原位置，这种感觉保留约 0.04s），当数码管显示到最后一位数字"8"时，人眼会感觉前面 3 位数字还在显示，故看起来好像是一下子显示"1278"四位数。

3. 应用电路

　　图 15-10（a）所示是壁挂式空调器室内机的显示器，其对应的电路如图 15-10（b）所示，该电路使用 4 个发光二极管分别显示制冷、制热、除湿和送风状态，使用两位 LED 数码管显示温度值或代码，由于 LED 数码管的公共端通过三极管接电源的正极，故其类型为共阳极数码管，段极加低电平才能使该段的发光二极管点亮。下面以显示"制冷、32℃"为例来说明显示电路的工作原理。

　　在显示时，先让制冷指示发光二极管 VD$_1$ 亮，然后切断 VD$_1$ 供电并让第一位数码管显示"3"，再切断第一位数码管的供电并让第二位数码管显示"2"，当第二位数码管显示"2"时，虽然 VD$_1$ 和前一位数码管已切断了电源，由于两者有余辉，仍有亮光，故它们虽然是分时显示的，但人眼会感觉它们是同时显示出来的。两位数码管显示完最后一位"2"后，必须马上重新依次让 VD$_1$ 亮、第一位数码管显示"3"，并且不断反复，这样人眼才会觉得这些信息是同时显示出来的。

　　显示电路的工作过程：首先单片机①脚输出高电平、⑩脚输出低电平，三极管 VT$_1$ 导通，制冷指示发光二极管 VD$_1$ 也导通，有电流流过 VD$_1$，电流途径是 +5V → VT$_1$ 的 c 极 → e 极 → VD$_1$ →

单片机⑩脚→内部电路→⑪脚输出→地，VD$_1$ 发光，指示空调器当前为制冷模式；然后单片机①脚输出变为低电平，VT1 截止，VD$_1$ 无电流流过，由于 VD$_1$ 有一定的余辉时间，故 VD$_1$ 短时仍会亮，与此同时，单片机的②脚输出高电平，④、⑦~⑩脚输出低电平（无输出时为高电平），VT$_2$ 导通，+5V 电压经 VT$_2$ 加到数码管的 com1 引脚，④、⑦~⑩脚的低电平使数码管的 a～d、g 引脚也为低电平，第一位数码管的 a～d、g 段的发光二极管均有电流通过而发光，该位数码管显示"3"；接着单片机③脚输出高电平（②脚变为低电平），④、⑥、⑦、⑨、⑩脚输出低电平，VT$_3$ 导通，+5V 电压经 VT$_3$ 加到数码管的 com2 引脚，④、⑥、⑦、⑨、⑩脚的低电平使数码管的 a、b、d、e、g 引脚也为低电平，第二位数码管的 a、b、d、e、g 段的发光二极管均有电流通过而发光，第二位数码管显示"2"。以后不断重复上述过程。

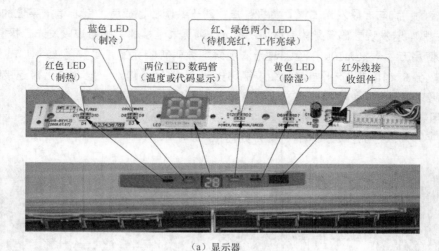

（a）显示器

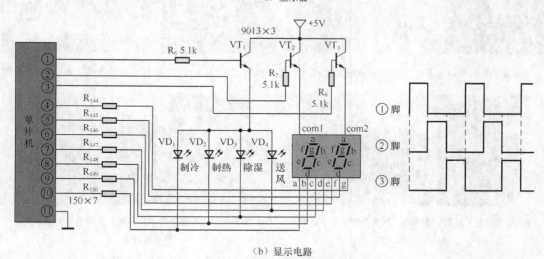

（b）显示电路

图 15-10　壁挂式空调器室内机的显示器及显示电路

4. 用指针万用表检测多位数码管

检测多位 LED 数码管使用万用表的 R×10k 挡。从图 15-6 所示的多位数码管内部发光二极管的连接方式可以看出：对于共阳极多位数码管，黑表笔接某一位极，红表笔依次接其他各极时，会出现 8 次阻值小；对于共阴极多位数码管，红表笔接某一位极，黑表笔依次接其他各极时，也会出现 8 次阻值小。

15-2：四位数码管的检测

（1）类型与某位的公共极的判别

在检测多位 LED 数码管类型时，将万用表拨至 R×10k 挡，测量任意两个引脚之间的正、反向电阻，当出现阻值小时，说明黑表笔接的为发光二极管的正极，红表笔接的为负极，然后黑表笔不动，红表笔依次接其他各个引脚，若出现阻值小的次数等于 8 次，则黑表笔接的引脚为某位的公共极，被测多位数码管为共阳极，若出现阻值小的次数等于数码管的位数（四位数码管为 4 次）时，则黑表笔接的引脚为段极，被测多位数码管为共阴极，红表笔接的引脚为某位的公共极。

（2）各段极的判别

在检测多位 LED 数码管各个引脚对应的段时，万用表选择 R×10k 挡。对于共阳极数码管，黑表笔接某位的公共极，红表笔接其他引脚，若发现数码管某段有微弱的亮光，如 a 段有亮光，表明红表笔接的引脚与 a 段发光二极管负极连接；对于共阴极数码管，红表笔接某位的公共极，黑表笔接其他引脚，若发现数码管某段有微弱的亮光，则黑表笔接的引脚与该段发光二极管的正极连接。

如果使用万用表 R×10k 挡检测时无法观察到数码管的亮光，可按图 15-4（b）所示的方法，将万用表拨至 R×10 或 R×1 挡，给红表笔串接一个 1.5V 的电池，电池的正极连接红表笔，负极接被测数码管的引脚，具体的检测方法与万用表选择 R×10k 挡时相同。

5. 用数字万用表检测多位数码管

用数字万用表检测多位数码管的方法如图 15-11 所示。

（a）黑表笔接下排第 1 脚不动，红表笔依次测量其他各个引脚　　（b）红表笔接下排第 1 脚不动，黑表笔依次测量其他各个引脚

（c）黑表笔接上排第 1 个引脚、红表笔接第 3 个引脚时，　　（d）黑表笔接上排第 1 个引脚、红表笔接第 6 个引脚时，
　　　　　第一位的 f 段亮　　　　　　　　　　　　　　　　　第一位的 b 段亮

图 15-11　用数字万用表检测 4 位 LED 数码管的类型并找出位、段极

图 15-11 所示是一个 4 位 LED 数码管，有上下两排共 12 个引脚，其中 4 个位极（位公共极）引脚，8 个段极引脚。在用数字万用表判别 4 位 LED 数码管的类型和位、段极时，选择二极管测量挡，黑表笔接下排第 1 个引脚不动，红表笔依次接 2、3、4……12 引脚，如图 15-11（a）所示，发现 11 次测量均显示"OL"符号，这时改将红表笔接下排第 1 个引脚不动，黑表笔依次测量其他各个引脚，当测到某个引脚，显示屏显示 1.500 ～ 3.500 范围内的数值时，同时 4 位数码管的某位有一段会亮，如图 15-11（b）所示，在此引脚旁边做上标记，再用黑表笔继续测量其他引脚，会有

以下两种情况。

（1）如果测量出现 4 次 1.500 ~ 3.500 范围内的数值（同时出现亮段），则黑表笔测得的 4 个引脚为 4 个显示位的公共引脚（位极引脚），测量时查看亮段所在的位就能确定当前位极引脚对应的显示位，由于黑表笔接位极引脚时出现亮段（有一段发光二极管亮），故该数码管为共阴型。再将黑表笔接已判明的第一位的位极引脚（上排第 1 个引脚）不动，红表笔依次测各段极引脚（4 个位极引脚之外的引脚），当测到某段极引脚时，第一位相应的段会点亮，图 15-11（c）所示是红表笔测上排第 3 个引脚，发现第一位的 f 段变亮，同时显示屏显示 1.840V，则上排第 3 个引脚为 f 段的段极引脚，图 15-11（d）所示是红表笔测上排第 6 个引脚，发现第一位的 b 段变亮，则上排第 6 个引脚为 b 段的段极引脚。

（2）如果测量出现 8 次 1.500 ~ 3.500 范围内的数值（同时出现亮段），则黑表笔测得的 8 个引脚为 8 个段极引脚，测量时查看亮段的位置就能确定当前段极引脚对应的显示段。8 个段极引脚之外的引脚为位极引脚，将黑表笔接某个段极引脚不动，红表笔依次测 4 个位极引脚，会出现亮段，根据亮段所在的位就能确定当前位极引脚对应的显示位。

总之，在检测 4 位 LED 数码管时，当 A 表笔接某引脚不动，B 表笔接其他各引脚时，若出现 4 次 1.500 ~ 3.500 范围内的数值，则这 4 次测量时的 4 个引脚均为位极引脚（其他 8 个引脚为段极引脚）。如果 B 表笔为红表笔，数码管为共阳型；如果 B 表笔为黑表笔，数码管为共阴型。若出现 8 次 1.500 ~ 3.500 范围内的数值，则这 8 次测量时 B 表笔测的 8 个引脚均为段极引脚（其他 4 个引脚为位极引脚）。如果 B 表笔为红表笔，数码管为共阴型；如果 B 表笔为黑表笔，数码管为共阳型。

15.2 LED 点阵显示器

15.2.1 单色点阵显示器

1. 外形与结构

图 15-12（a）所示为 LED 单色点阵显示器的实物外形，图 15-12（b）为 8×8 LED 单色点阵显示器的内部结构，它是由 8×8=64 个发光二极管组成的，每个发光管相当于一个点，发光管为单色发光二极管可构成单色点阵显示器，发光管为双色发光二极管或三基色发光二极管则构成彩色点阵显示器。

（a）实物外形

2. 类型与工作原理

（1）类型

根据内部发光二极管连接方式不同，LED 点阵显示器可分为共阴型和共阳型，其结构如图 15-13 所示，对单色 LED 点阵显示器来说，若第 1 个引脚（引脚旁通常标有 1）接发光二极管的阴极，该点阵显示器叫作共阴型点阵显示器（又称行共阴列共阳点阵显示器），反之则叫共阳型点阵显示器（又称行共阳列共阴点阵显示器）。

（2）工作原理

下面以在图 15-14 所示的 5×5 点阵显示器中显示"△"图形为例进行说明。

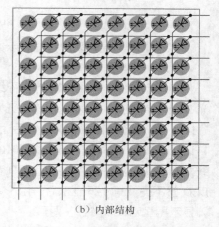

（b）内部结构

图 15-12 LED 单色点阵显示器

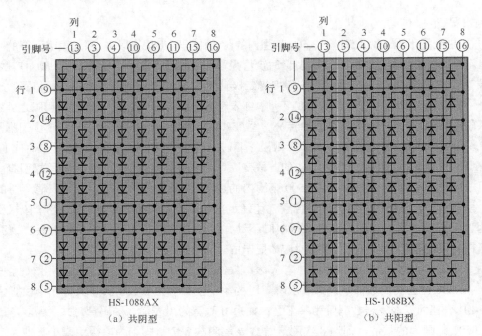

（a）共阴型　　　　　　　　　　　　　　　　　　（b）共阳型

HS-1088AX　　　　　　　　　　　　　　　　　　HS-1088BX

图 15-13　单色 LED 点阵显示器的结构类型

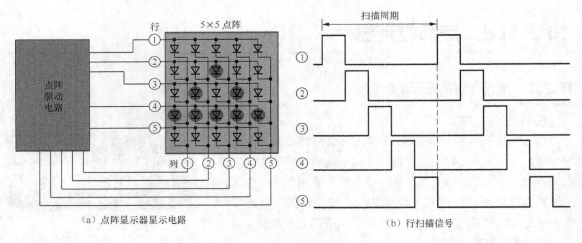

（a）点阵显示器显示电路　　　　　　　　　　　　（b）行扫描信号

图 15-14　点阵显示器显示原理说明

　　点阵显示器显示采用扫描显示方式，具体又可分为 3 种方式：行扫描、列扫描和点扫描。

　　① 行扫描方式。

　　在显示前让点阵显示器所有行线为低电平（0）、所有列线为高电平（1），点阵显示器中的发光二极管均截止，不发光。在显示时，首先让行①线为 1，如图 15-14（b）所示，列①～⑤线为 11111，第一行 LED 都不亮，然后让行②线为 1，列①～⑤线为 11011，第二行中的第 3 个 LED 亮，再让行③线为 1，列①～⑤线为 10101，第 3 行中的第 2、4 个 LED 亮，接着让行④线为 1，列①～⑤线为 00000，第 4 行中的所有 LED 都亮，最后让行⑤线为 1，列①～⑤为 11111，第 5 行中的所有 LED 都不亮。第 5 行显示后，由于人眼的视觉暂留特性，会觉得前面几行的 LED 还在亮，整个点阵显示器显示一个"△"图形。

　　当点阵显示器工作在行扫描方式时，为了让显示的图形有整体连续感，要求从第①行扫到最后一行的时间不应超过 0.04s（人眼视觉暂留时间），即行扫描信号的周期不要超过 0.04s，频率不要低于 25Hz，若行扫描信号周期为 0.04s，则每行的扫描时间为 0.008s，即每列数据持续时间为 0.008s，列数据切换频率为 125Hz。

② 列扫描方式。

列扫描与行扫描的工作原理大致相同，不同在于列扫描是从列线输入扫描信号，并且列扫描信号为低电平有效，而行线输入行数据。以图 15-14（a）所示电路为例，在列扫描时，首先让列①线为低电平（0），从行①~⑤线输入 00010，然后让列②线为 0，从行①~⑤线输入 00110。

③ 点扫描方式。

点扫描方式的工作过程是：首先让行①线为高电平，让列①~⑤线逐线依次输出 1、1、1、1、1；接着让行②线为高电平，让列①~⑤线逐线依次输出 1、1、0、1、1，再让行③线为高电平，让列①~⑤线逐线依次输出 1、0、1、0、1；然后让行④线为高电平，让列①~⑤线逐线依次输出 0、0、0、0、0；最后让行⑤线为高电平，让列①~⑤线逐线依次输出 1、1、1、1、1，结果在点阵显示器上显示出"△"图形。

从上述分析可知，点扫描是从前往后让点阵显示器中的每个 LED 逐个显示，由于是逐点输送数据，这样就要求列数据的切换频率很高，以 5×5 点阵显示器为例，如果整个点阵显示器的扫描周期为 0.04s，那么每个 LED 显示时间为 0.04s/25=0.0016s，即 1.6ms，列数据切换频率达 625Hz。对于 128×128 点阵显示器，若采用点扫描方式显示，其数据切换频率高达 409600Hz，每个 LED 通电时间约为 2μs，这要求点阵显示器驱动电路要有很高的数据处理速度。另外，由于每个 LED 通电时间很短，会造成整个点阵显示器显示的图形偏暗，故像素很多的点阵显示器很少采用点扫描方式。

3. 应用电路

图 15-15 所示是一个单片机驱动的 8×8 点阵显示器电路。U_1 为 8×8 共阳型 LED 单色点阵显示器，其列引脚低电平输入有效，不显示时这些引脚为高电平，需要点阵显示器某列显示时可让对应列引脚为低电平。U_2 为 AT89S51 型单片机，S、C_1、R_2 构成单片机的复位电路，Y_1、C_2、C_3 为单片机的时钟电路外接定时元件，R_1 为 1kΩ 的

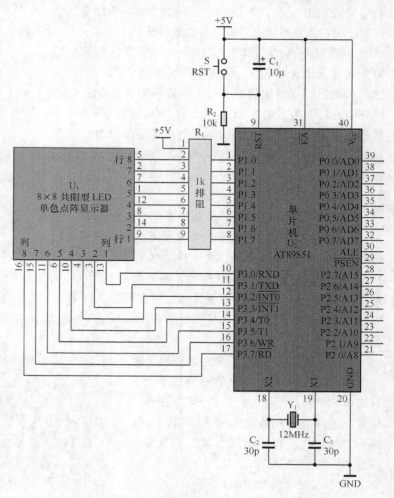

图 15-15 一个单片机驱动的 8×8 点阵显示器电路

排阻，1 脚与 2 ～ 9 脚之间分别接有 8 个 1kΩ 的电阻。如果希望在点阵显示器上显示字符或图形，可在计算机中用编程软件编写相应的程序，然后通过编程器将程序写入单片机 AT89S51，再将单片机安装在图 15-15 所示的电路中，单片机就能输出扫描信号和显示数据，驱动点阵显示器显示相应的字符或图形，该点阵显示器的扫描方式由编写的程序确定，具体可参阅有关单片机方面的书籍。

4．用指针万用表检测单色点阵显示器

（1）共阳、共阴类型的检测

对单色 LED 点阵显示器来说，若第 1 个引脚接 LED 的阴极，该点阵显示器叫作共阴型点阵显示器，反之则叫作共阳型点阵显示器。在检测时，将万用表拨至 R×10k 挡，红表笔接点阵显示器的第 1 个引脚（引脚旁通常标有 1）不动，黑表笔接其他引脚，若出现阻值小，表明红表笔接的第 1 个引脚为 LED 的负极，该点阵显示器为共阴型，若未出现阻值小，则红表笔接的第 1 个引脚为 LED 的正极，该点阵显示器为共阳型。

（2）点阵显示器引脚与 LED 正、负极连接检测

从图 15-13 所示的点阵显示器内部 LED 连接方式来看，共阴、共阳型点阵显示器没有根本的区别，共阴型上下翻转过来就可变成共阳型，因此如果找不到第 1 个引脚，只要判断点阵显示器哪些引脚接 LED 正极，哪些引脚接 LED 负极，驱动电路是采用正极扫描还是负极扫描，在使用时就不会出错。

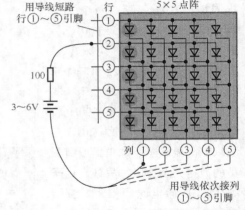

点阵显示器的引脚与 LED 正、负极连接检测：将万用表拨至 R×10k 挡，测量点阵显示器任意两个引脚之间的电阻，当出现阻值小时，黑表笔接的引脚为 LED 的正极，红表笔接的为 LED 的负极；然后黑表笔不动，红表笔依次接其他各个引脚，所有出现阻值小时，红表笔接的引脚都与 LED 负极连接，其余引脚都与 LED 正极连接。

（3）好坏检测

LED 点阵显示器的好坏检测如图 15-16 所示。

LED 点阵显示器由很多发光二极管组成，只要检测

图 15-16 LED 点阵显示器的好坏检测

这些发光二极管是否正常，就能判断点阵显示器是否正常。判别时，将 3 ～ 6V 直流电源与一只 100Ω 电阻串联，如图 15-16 所示，再用导线将行①～⑤引脚短接，并将电源正极（串有电阻）与行某引脚连接，然后将电源负极接列①引脚，列①五个 LED 应全亮，若某个 LED 不亮，则该 LED 损坏，用同样的方法将电源负极依次接列②～⑤引脚，若点阵显示器正常，则列①～⑤的每列 LED 会依次亮。

5．用数字万用表检测单色点阵显示器

图 15-17 所示是一个待检测的 8 行 8 列的单色点阵显示器，内部有 64 个发光二极管，该点阵显示器有上下两排引脚，每排 8 个引脚，下排最左端为第 1 个引脚，按逆时针方向依次为 2、3、……、16，即第 16 个引脚在上排最左端。

（1）判断类型并找出各列（或各行）引脚

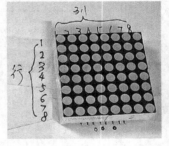

图 15-17 待检测的 8 行 8 列的单色点阵显示器

判断单色点阵显示器的类型并找出各列（或各行）引脚如图 15-18 所示。

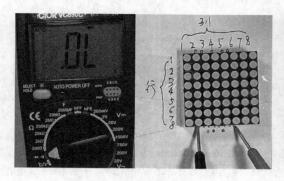

（a）在黑表笔固定接点阵显示器第 1 个引脚 　　　　（b）在红表笔固定接第 1 个引脚时，黑表笔接第 15 个引脚
　　　时，红表笔依次测其他各个引脚

15-3：单色点阵的
检测

（c）在红表笔固定接第 1 个引脚时，黑表笔接第 16 个引脚

图 15-18　判断点阵显示器的类型并找出各列（或各行）引脚

在用数字万用表判别单色点阵显示器的类型并找出各列（或各行）引脚时，选择二极管测量挡，黑表笔接点阵显示器第 1 个引脚不动，红表笔依次接第 2、3、……、16 个引脚，同时查看显示屏显示的数值，如图 15-18（a）所示，发现红表笔测第 2、3、……、16 个脚时均显示"OL"符号，这时应调换表笔，将红表笔接第 1 个引脚不动，黑表笔依次接第 2、3、……、16 个引脚，会发现显示屏会出现 8 次 1.500 ~ 3.500 范围内的数值。图 15-18（b）所示是黑表笔测量第 15 个引脚时显示屏的显示值为 1.718，同时点阵显示器的第 5 行第 7 列发光二极管亮，图 15-18（c）所示是黑表笔测量第 16 个引脚时显示屏的显示值为 1.697，点阵显示器的第 5 行第 8 列发光二极管亮，由此可确定第 15 个引脚为第 7 列引脚，第 16 个引脚为第 8 列引脚，第 1 个引脚为第 5 行引脚，用同样的方法确定点阵显示器的其他各列引脚并做好标记。由于红表笔接第 1 个引脚时点阵显示器有发光二极管亮，即点阵显示器第 1 个引脚内部接发光二极管的正极，点阵显示器为共阳型。

（2）判别各行（或各列）引脚

判别单色点阵显示器的各行（或各列）引脚如图 15-19 所示。

在找出单色点阵显示器的各列引脚后，由于列引脚接发光二极管的负极，故将黑表笔接某个列引脚，图 15-19（a）所示是黑表笔接第 16 个引脚（第 8 列引脚），红表笔测第 14 个引脚，显示屏显示值为 1.697，同时发现第 8 列的第 2 行发光二极管发光，则第 14 个引脚为第 2 行引脚。图 15-19（b）所示是黑表笔接第 16 个引脚（第 8 列引脚），红表笔测第 9 个引脚，显示屏显示值为 1.696，发现第 8 列的第 1 行发光二极管发光，则第 9 个引脚为第 1 行引脚，用同样的方法可以找出其他各行引脚。

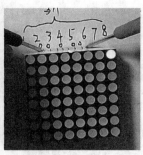

（a）在黑表笔固定接第16个引脚时，红表笔接第14个引脚　　（b）在黑表笔固定接第16个引脚时，红表笔接第9个引脚

图 15-19　判别点阵显示器的各行（或各列）引脚

15.2.2　双色 LED 点阵显示器

1. 电路结构

双色点阵显示器有共阳型和共阴型两种类型。图 15-20 所示是 8×8 双色点阵显示器的电路结构，图 15-20（a）为共阳型点阵显示器，有 8 行 16 列，每行的 16 个 LED（两个 LED 组成一个发光点）的正极接在一根行公共线上，有 8 根行公共线，每列的 8 个 LED 的负极接在一根列公共线上，共有 16 根列公共线，共阳型点阵显示器也称为行共阳列共阴型点阵显示器；图 15-20（b）为共阴型点阵显示器，有 8 行 16 列，每行的 16 个 LED 的负极接在一根行公共线上，有 8 根行公共线，每列的 8 个 LED 的正极接在一根列公共线上，共有 16 根列公共线，共阴型点阵显示器也称为行共阴列共阳型点阵显示器。

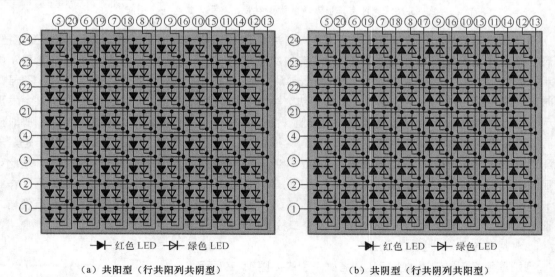

（a）共阳型（行共阳列共阴型）　　　　　　　　（b）共阴型（行共阴列共阳型）

图 15-20　8×8 双色点阵显示器的电路结构

2. 引脚号的识别

8×8 双色点阵显示器有 24 个引脚，8 个行引脚，8 个红列引却，8 个绿列引脚。24 个引脚一般分成两排，引脚号识别与集成电路相似。若从侧面识别引脚号，应正对着点阵显示器有字符且有引脚的一侧，左边第 1 个引脚为 1 脚，然后按逆时针依次是 2、3、……、24 脚，如图 15-21（a）

所示，若从反面识别引脚号，应正对着点阵显示器底面的字符，右下角第 1 个引脚为 1 脚，然后按顺时针依次是 2、3、……、24 脚，如图 15-21（b）所示，有些点阵显示器还会在第一个和最后一个引脚旁标注引脚号。

 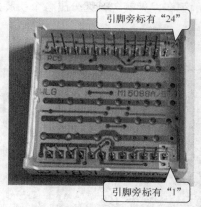

（a）从侧面识别引脚号 　　　　　　　　　　（b）从反面识别引脚号

图 15-21　点阵显示器引脚号的识别

3. 行、列引脚的识别与检测

在购买点阵显示器时，可以向商家了解点阵显示器的类型和行列引脚号，最好让商家提供与图 15-20 一样的点阵显示器电路结构引脚图，如果无法了解点阵显示器的类型及行列引脚号，可以使用万用表检测判别，既可使用指针万用表，也可使用数字万用表。

点阵显示器由很多 LED 组成，这些 LED 的导通电压一般在 1.5 ~ 3.5V。若使用数字万用表测量点阵显示器，应选择二极管测量挡，数字万用表的红表笔接表内电源的正极，黑表笔接表内电源的负极，当红、黑表笔分别接 LED 的正、负极，LED 会导通发光，万用表会显示 LED 的导通电压，一般显示 1.500 ~ 3.500 V（或 1500 ~ 3500 mV），反之 LED 不会导通发光，万用表显示溢出符号 "OL"（或 "1"）。如果使用指针万用表测量点阵显示器，应选择 R×10k 挡（其他电阻挡提供电压只有 1.5V，无法使 LED 导通），指针万用表的红表笔接表内电源的负极，黑表笔接表内电源的正极，这一点与数字万用表正好相反，当黑、红表笔分别接 LED 的正、负极时，LED 会导通发光，万用表指示的阻值很小，反之 LED 不会导通发光，万用表指示的阻值无穷大（或接近无穷大）。

以数字万用表检测红绿双色点阵显示器为例，数字万用表选择二极管测量挡，红表笔接点阵显示器的第 1 个引脚不动，黑表笔依次测量其余 23 个引脚，会出现以下情况。

① 23 次测量万用表均显示溢出符号 "OL"（或 "1"），应将红、黑表笔调换，即黑表笔接点阵显示器的第 1 个引脚不动，红表笔依次测量其余 23 个引脚。

② 万用表 16 次显示 1.500 ~ 3.500 范围内的数字且点阵显示器 LED 出现 16 次发光，即有 16 个 LED 导通发光，如图 15-22（a）所示，表明点阵显示器为共阳型，红表笔接的第 1 个引脚为行引脚，16 个发光的 LED 所在的行，1 脚就是该行的行引脚，测量时 LED 发光的 16 个引脚为 16 个列引脚，根据发光 LED 所在的列和发光颜色，区分出各个引脚是哪列的何种颜色的列引脚。测量时万用表显示溢出符号 "1"（或 "OL"）的其他 7 个引脚均为行引脚，再将接第 1 个引脚的红表笔接到其中一个引脚，黑表笔接已识别出来的 8 个红列引脚或 8 个绿列引脚，同时查看发光的 8 个 LED 为哪行则红表笔所接引脚则为该行的行引脚，其余 6 个行引脚识别与之相同。

③ 万用表 8 次显示 1.500 ~ 3.500 范围内的数字且点阵显示器 LED 出现 8 次发光（有 8 个

LED 导通发光），如图 15-22（b）所示，表明点阵显示器为共阴型，红表笔接的第 1 个引脚为列引脚，测量时黑表笔所接的 LED 会发光的 8 个引脚均为行引脚，发光 LED 处于哪行相应引脚则为该行的行引脚。在识别 16 个列引脚时，黑表笔接某个行引脚，红表笔依次测量 16 个列引脚，根据发光 LED 所在的列和发光颜色，区分出各个引脚是哪列的何种颜色的列引脚。

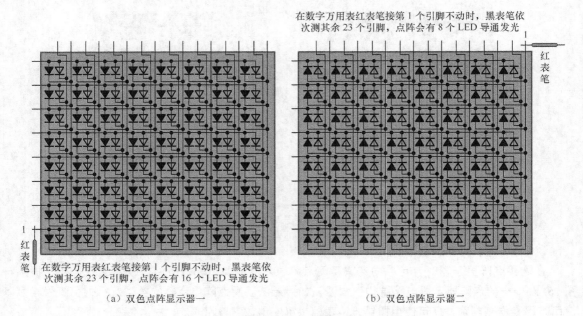

在数字万用表红表笔接第 1 个引脚不动时，黑表笔依次测其余 23 个引脚，点阵会有 8 个 LED 导通发光

红表笔

红表笔

在数字万用表红表笔接第 1 个引脚不动时，黑表笔依次测其余 23 个引脚，点阵会有 16 个 LED 导通发光

（a）双色点阵显示器一   （b）双色点阵显示器二

图 15-22　双色点阵显示器行、列引脚检测说明图

15.3　真空荧光显示器

真空荧光显示器简称 **VFD，是一种真空显示器件**，常用在一些家用电器（如影碟机、录像机和音响设备）、办公自动化设备、工业仪器仪表及汽车等各个领域中，用来显示机器的状态和时间等信息。

15.3.1　外形

真空荧光显示器的外形如图 15-23 所示。

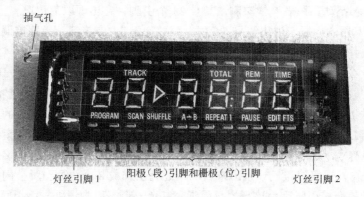

抽气孔

灯丝引脚 1　　　阳极（段）引脚和栅极（位）引脚　　　灯丝引脚 2

图 15-23　真空荧光显示器的外形

15.3.2　结构与工作原理

真空荧光显示器有一位真空荧光显示器和多位真空荧光显示器。

1. 一位真空荧光显示器

图 15-24 所示为一位真空荧光显示器的结构示意图。

一位真空荧光显示器内部有灯丝、栅极（控制极）和 a、b、c、d、e、f、g 7 个阳极，这 7 个阳极上都涂有荧光粉并排列成 "8" 字样。灯丝的作用是发射电子，栅极（金属网格状）处于灯丝和阳极之间，灯丝发射出来的电子能否到达阳极受栅极的控制，阳极上涂有荧光粉，当电子轰击荧光粉时，阳极上的荧光粉发光。

在真空荧光显示器工作时，要给灯丝提供 3V 左右的交流电压，灯丝发热后才能发射电子，栅极加上较高的电压才能吸引电子，让它穿过栅极并往阳极方向运动。电子要轰击某个阳极，该阳极必须有高电压。

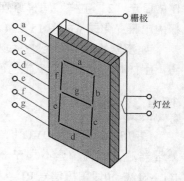

图 15-24　一位真空荧光显示器的结构示意图

当要显示 "3" 字样时，由驱动电路给真空荧光显示器的 a、b、c、d、e、f、g 7 个阳极分别送 1、1、1、1、0、0、1，即给 a、b、c、d、g 5 个阳极送高电压，另外给栅极也加上高电压，于是灯丝发射的电子穿过网格状的栅极后轰击加有高电压的 a、b、c、d、g 阳极。由于这些阳极上涂有荧光粉，在电子的轰击下，这些阳极发光，显示器显示 "3" 的字样。

2. 多位真空荧光显示器

一个真空荧光显示器能显示一位数字，若需要同时显示多位数字或字符，可使用多位真空荧光显示器。图 15-25（a）所示为四位真空荧光显示器的结构示意图。

图 15-25 中的真空荧光显示器有 A、B、C、D 4 个位区，每个位区都有单独的栅极，4 个位区的栅极引出脚分别为 G_1、G_2、G_3、G_4；每个位区的灯丝在内部以并联的形式连接起来，对外只引出两个引脚；A、B、C 位区数字的相应各段的阳极都连接在一起，再与外面的引脚相连，如 C 位区的阳极段 a 与 B、A 位区的阳极段 a 都连接起来，再与显示器引脚 a 连接，D 位区两个阳极为图形和文字形状，"消毒" 图形与文字为一个阳极，与引脚 f 连接，"干燥" 图形与文字为一个阳极，与引脚 g 连接。

多位真空荧光显示器与多位 LED 数码管一样，都采用扫描显示。下面以在图 15-25 所示的显示器上显示 "127 消毒" 为例进行说明。

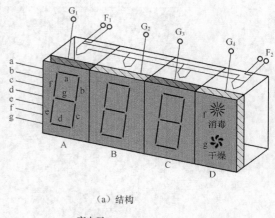

（a）结构

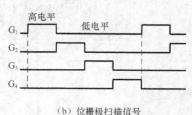

（b）位栅极扫描信号

图 15-25　四位真空荧光显示器的结构和位栅极扫描信号

首先给灯丝引脚 F_1、F_2 通电，再给 G_1 引脚加一个高电平，此时 G_2、G_3、G_4 均为低电平，然后分别给 b、c 引脚加高电平，灯丝通电发热后发射电子，电子穿过 G_1 栅极轰击 A 位阳极 b、c，这两个电极的荧光粉发光，在 A 位显示 "1" 字样，这时虽然 b、c 引脚的电压也会加到 B、C 位的阳极 b、c 上，但因为 B、C 位的栅极为低电平，B、C 位的灯丝发射的电子无法穿过 B、C 位的栅极轰击阳极，故 B、C 位无显示；接着给 G_2 脚加高电平，此时 G_1、G_3、G_4 引脚均为低电平，再给阳极 a、b、d、e、g 加高电平，灯丝发射的电子轰击 B 位阳极 a、b、d、e、g，这些阳极发光，在 B 位显示"2"字样。同样原理，在 C 位和 D 位分别显示"7"和"消毒"字样，G_1、G_2、G_3、G_4 极的电压变化关系如图 15-25（b）所示。

显示器的数字虽然是一位一位地显示出来的，但由于人眼视觉暂留特性，当显示器最后显示"消毒"字样时，人眼仍会感觉前面 3 位数字还在显示，故看起好像是一下子显示"127 消毒"。

15.3.3　应用

图 15-26 所示为 DVD 机的操作显示电路，显示器采用真空荧光显示器（VFD），IC_1 为微处理器芯片，内部含有显示器驱动电路，DVD 机在工作时，IC_1 会输出有关的位栅极扫描信号 1G ～ 12G 和段阳极信号 P1 ～ P15，使 VFD 显示机器的工作状态和时间等信息。

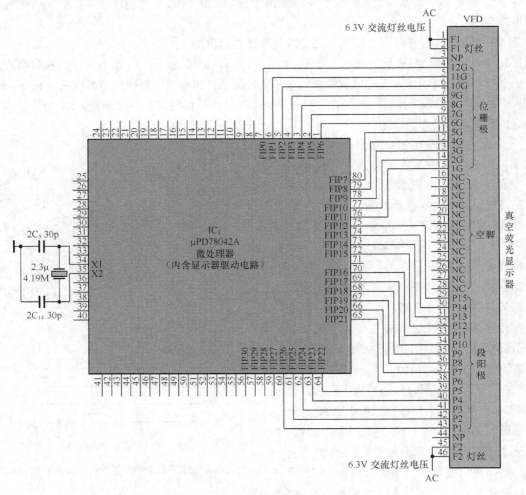

图 15-26　DVD 机的操作显示电路

15.3.4　检测

真空荧光显示器 VFD 处于真空工作状态，如果发生显示器破裂漏气就会无法工作。在工作时，

VFD 的灯丝加有 3V 左右的交流电压，在暗处 VFD 内部灯丝有微弱的红光发出。

在检测 VFD 时，可用万用表的 R×1 或 R×10 挡测量灯丝的阻值，正常阻值很小，如果阻值无穷大，则为灯丝开路或引脚开路。在检测各栅极和阳极时，万用表选择 R×1k 挡，测量各个栅极之间、各个阳极之间、栅阳极之间和栅阳极与灯丝间的阻值，正常应均为无穷大，若出现阻值为 0 或较小，则所测极之间出现短路故障。

15.4 液晶显示屏

液晶显示屏简称 LCD 屏，其主要材料是液晶。液晶是一种有机材料，在特定的温度范围内，既有液体的流动性，又有某些光学特性，其透明度和颜色随电场、磁场、光及温度等外界条件的变化而变化。液晶显示器是一种被动式显示器件，液晶本身不会发光，它是通过反射或透射外部光线来显示的，光线越强，其显示效果越好。液晶显示屏是利用液晶在电场作用下光学性能变化的特性制成的。

液晶显示屏可分为**笔段式液晶显示屏**和**点阵式液晶显示屏**。

15.4.1 笔段式液晶显示屏

1. 外形
笔段式液晶显示屏的外形如图 15-27 所示。

2. 结构与工作原理
图 15-28 所示是一位笔段式液晶显示屏的结构。

图 15-27　笔段式液晶显示屏的外形

一位笔段式液晶显示屏是将液晶材料封装在两块玻璃之间，在上玻璃板内表面涂上"８"字形的七段透明电极，在下玻璃板内表面整个涂上导电层作为公共电极（或称背电极）。

当给液晶显示屏上玻璃板的某段透明电极与下玻璃板的公共电极之间加上适当大小的电压时，该段极与下玻璃板上的公共电极之间夹持的液晶会产生"散射效应"，夹持的液晶不透明，就会显示出该段形状。例如，给下玻璃板上的公共电极加一个低电压，而给上玻

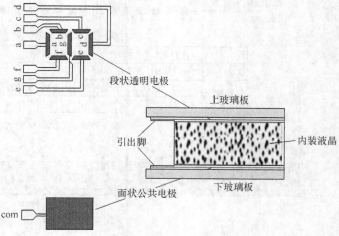

图 15-28　一位笔段式液晶显示屏的结构

璃板内表面的 a、b 段透明电极加高电压，a、b 段极与下玻璃板上的公共电极存在电压差，它们中间夹持的液晶特性改变，a、b 段下面的液晶变得不透明，呈现出"1"字样。

如果在上玻璃板内表面涂上某种形状的透明电极，只要给该电极与下面的公共电极之间加一定的电压，液晶屏就能显示该形状。笔段式液晶显示屏上玻璃板内表面可以涂上各种形状的透明电极，如图 15-27 所示的横、竖、点状和雪花状，由于这些形状的电极是透明的，且液晶未加电压时也是透明的，故未加电时显示屏无任何显示，只要给这些电极与公共极之间加电压，就可以将这些形状显示出来。

3．多位笔段式 LCD 屏的驱动方式

多位笔段式液晶显示屏有静态和动态（扫描）两种驱动方式。在采用静态驱动方式时，整个显示屏使用一个公共背电极并接出一个引脚，而各段电极都需要独立接出引脚，如图 15-29 所示，故静态驱动方式的显示屏引脚数量较多。在采用动态驱动（即扫描方式）时，各位都要有独立的背极，各位相应的段电极在内部连接在一起并接出一个引脚，动态驱动方式的显示屏引脚数量较少。

动态驱动方式的多位笔段式液晶显示屏的工作原理与多位 LED 数码管、多位真空荧光显示器一样，采用逐位快速显示的扫描方式，利用人眼的视觉暂留特性来产生屏幕整体显示的效果。如果要将图 15-29 所示的静态驱动显示屏改成动态驱动显示屏，只需将整个公共背极切分成 5 个独立的背极，并引出 5 个引脚，然后将 5 个位中相同的段极在内部连接起来并接出 1 个引脚，共接出 8 个引脚，这样整个显示屏只需 13 个引脚。在工作时，先给第 1 位背极加电压，同时给各段极传送相应电压，显示屏第 1 位会显示出需要的数字，然后给第 2 位背极加电压，同时给各段极传送相应电压，显示屏第 2 位会显示出需要的数字，如此工作，直至第 5 位显示出需要的数字，然后重新从第 1 位开始显示。

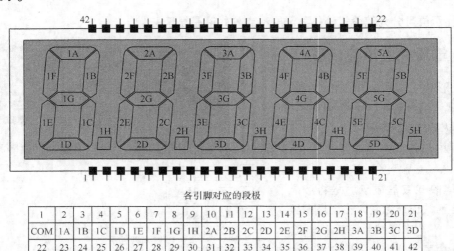

各引脚对应的段极

1	2	3	4	5	6	7	8	9	10	11	12	13	14	15	16	17	18	19	20	21
COM	1A	1B	1C	1D	1E	1F	1G	1H	2A	2B	2C	2D	2E	2F	2G	2H	3A	3B	3C	3D
22	23	24	25	26	27	28	29	30	31	32	33	34	35	36	37	38	39	40	41	42
3E	3F	3G	3H	4A	4B	4C	4D	4E	4F	4G	4H	5A	5B	5C	5D	5E	5F	5G	5H	/

（a）外形及各引脚对应的段极

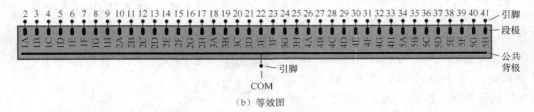

（b）等效图

图 15-29　静态驱动方式的多位笔段式液晶显示屏

4．检测

（1）公共极的判断

由液晶显示屏的工作原理可知，只有公共极与段极之间加有电压，段极形状才能显示出来，段极与段极之间加电压无显示，根据该原理可检测出公共极。检测时，将万用表拨至 R×10k 挡（也可使用数字万用表的二极管测量挡），红、黑表笔分别接显示屏的任意两个引脚，当显示屏有某段显示时，一支表笔不动，另一支表笔接其他引脚，如果有其他段显示，则不动的表笔所接的为公共极。

（2）好坏检测

在检测静态驱动式笔段式液晶显示屏时，将万用表拨至 R×10k 挡，一支表笔接显示屏的公共极引脚，另一支表笔依次接各段极引脚，当接到某段极引脚时，万用表就通过两表笔给公共极与段极之间加有电压，如果该段正常，该段的形状将会显示出来。如果显示屏正常，各段显示应清晰、无毛边；如果某段无显示或有断线，则该段极可能有开路或断极；如果所有段均不显示，可能是公共极开路或显示屏损坏。在检测时，当测某段时，其邻近的段也会显示出来，这是正常的感应现象，可用导线将邻近段引脚与公共极引脚短路，即可消除感应现象。

在检测动态驱动式笔段式液晶显示屏时，将万用表仍拨至 R×10k 挡，由于动态驱动显示屏有多个公共极，检测时先将一支表笔接某位公共极引脚，另一支表笔依次接各段引脚，各段应正常显示，再将接位公共极引脚的表笔移至下一个位公共极引脚，用同样的方法检测该位各段是否正常。

用上述方法不但可以检测液晶显示屏的好坏，还可以判断出各个引脚连接的段极。

15.4.2 点阵式液晶显示屏

1. 外形

笔段式液晶显示屏结构简单，价格低廉，但显示的内容简单且可变化性小，而点阵式液晶显示屏以点的形式显示，几乎可以显示任何字符和图形内容。点阵式液晶显示屏的外形如图 15-30 所示。

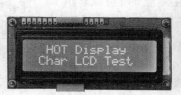

图 15-30　点阵式液晶显示屏的外形

2. 工作原理

图 15-31（a）所示为 5×5 点阵式液晶显示屏的结构示意图，它是在封装有液晶的下玻璃板内表面涂有 5 条行电极，在上玻璃板内表面涂有 5 条透明列电极，从上往下看，行电极与列电极有 25 个交点，每个交点相当于一个点（又称像素）。

点阵式液晶屏与点阵 LED 显示屏一样采用扫描方式，也可分为三种方式：行扫描、列扫描和点扫描。下面以显示"△"图形为例来说明最为常用的行扫描方式。

在显示前，让点阵所有行、列线电压相同，这样下行线与上排线之间不存在电压差，中间的液晶处于透明。在显示时，首先让行①线为 1（高电平），如图 15-31（b）所示，列①～⑤线为 11011，第①行电极与第③列电极之间存在电压差，其夹持的液晶不透明；然后让行②线为 1，列①～⑤线为 10101，第②行与第②、④列夹持的液晶不透明；再让行③线为 1，列①～⑤线为 00000，第③行与第①～⑤列夹持的液晶都不透明；接着让行④线为 1，列①～⑤线为 11111，第 4 行与第①～⑤列夹持的液晶全透明，

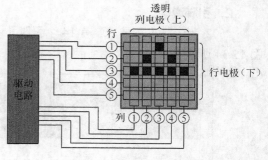

（a）点阵显示电路

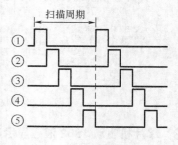

（b）行扫描信号

图 15-31　点阵式液晶屏显示原理说明

最后让行⑤线为 1，列①～⑤线为 11111，第 5 行与第①～⑤列夹持的液晶全透明。第 5 行显示后，

由于人眼的视觉暂留特性，会觉得前面几行内容还在亮，整个点阵显示一个“△”图形。

点阵式液晶显示屏有反射型和透射型之分，如图 15-32 所示，反射型 LCD 屏依靠液晶不透明来反射光线显示图形，如电子表显示屏、数字万用表的显示屏等都是利用液晶不透明（通常为黑色）来显示数字；透射型 LCD 屏依靠光线透过透明的液晶来显示图像，如手机显示屏、液晶电视显示屏等都是采用透射方式来显示图像的。

上面
上面
（a）反射型
（b）透射型

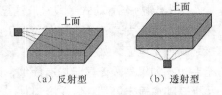

图 15-32　点阵式液晶显示屏的类型

图 15-32（a）所示的点阵为反射型 LCD 屏，如果将它改成透射型 LCD 屏，行、列电极均需为透明电极，另外还要用光源（背光源）从下往上照射 LCD 屏，显示屏的 25 个液晶点像 25 个小门。液晶点透明相当于门打开，光线可透过小门从上玻璃射出，该点看起来为白色（背光源为白色）；液晶点不透明相当于门关闭，该点看起来为黑色。

15.4.3　1602 字符型液晶显示屏

1. 外形

1602 字符型液晶显示屏可以显示 2 行，每行 16 个字符的内容。为了使用方便，1602 字符型液晶显示屏已将显示屏和驱动电路制作在一块电路板上，其外形如图 15-33 所示，液晶显示屏安装在电路板上，电路板背面有驱动电路，驱动芯片直接制作在电路板上并用黑胶封装起来。

!"#$%&'()*+,-./0
IJKLMNOPQRSTUVWX

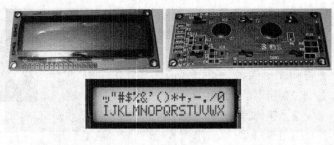

图 15-33　1602 字符型液晶显示屏的外形

2. 引脚说明

1602 字符型液晶显示屏有 14 个引脚（不带背光电源的有 12 个引脚），各个引脚功能说明如图 15-34 所示。

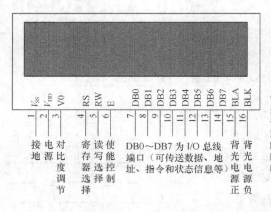

V_{SS} V_{DD} V0 RS RW E DB0 DB1 DB2 DB3 DB4 DB5 DB6 DB7 BLA BLK
1 2 3 4 5 6 7 8 9 10 11 12 13 14 15 16
接地
电源
对比度调节
寄存器选择
读写选择
使能控制
DB0～DB7 为 I/O 总线端口（可传送数据、地址、指令和状态信息等）
背光电源正
背光电源负
V0 端：又称 LCD 偏压调整端，该端直接接电源时对比度最低，接地时对比度最高，一般在该端与地之间接一个 10kΩ 电位器，用来调整 LCD 的对比度
RS 端：1—选中数据寄存器；0—选中指令寄存器
R/W 端：1—从 LCD 读信息；0—往 LCD 写信息
E 端：1—允许读信息；下降沿↓—允许写信息

图 15-34　1602 字符型液晶显示屏的各个引脚功能说明

3. 单片机驱动 1602 液晶显示屏的电路

单片机驱动 1602 液晶显示屏的电路如图 15-35 所示。当单片机对 1602 显示屏进行操作时，根据不同的操作类型，会从 P2.4、P2.5、P2.6 端送控制信号到 1602 显示屏的 RS、R/W 和 E 端，比如单片机要对 1602 显示屏写入指令时，会让 P2.4=0、P2.5=0、P2.6 端先输出高电平再变为低电平（下

降沿），同时从 P0.0 ~ P0.7 端输出指令代码去 1602 显示屏的 DB0 ~ DB7 端，1602 显示屏根据指令代码进行相应的显示。

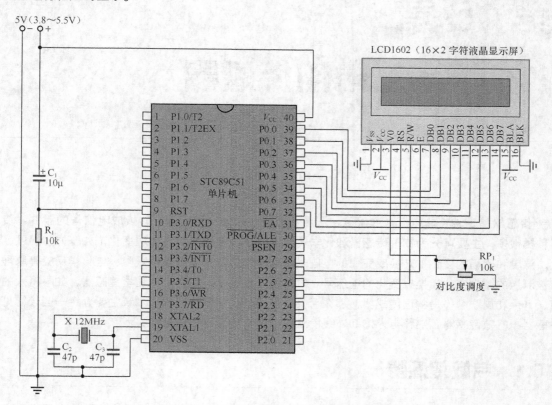

图 15-35　单片机驱动 1602 液晶显示屏的电路

第16章

常用传感器

传感器是一种将非电量（如温度、湿度、光线、磁场和声音等）转换成电信号的器件。传感器种类很多，主要可分为物理传感器和化学传感器。物理传感器可将物理变化（如压力、温度、速度、温度和磁场的变化）转换成变化的电信号；化学传感器主要以化学吸附、电化学反应等原理，将被测量的微小变化转换成变化的电信号。气敏传感器就是一种常见的化学传感器，如果将人的眼睛、耳朵和皮肤看作是物理传感器，那么舌头、鼻子就是化学传感器。本章主要介绍一些较常见的传感器：气敏传感器、热释电人体红外线传感器、霍尔传感器和热电偶。

16.1 气敏传感器

气敏传感器是一种对某种或某些气体敏感的电阻器，当空气中某种或某些气体含量发生变化时，置于其中的气敏传感器的阻值就会发生变化。

气敏传感器种类很多，其中采用半导体材料制成的气敏传感器应用最广泛。半导体气敏传感器有 N 型和 P 型之分，N 型气敏传感器在检测到甲烷、一氧化碳、天然气、液化石油气、乙炔、氢气等气体时，其阻值会减小；P 型气敏传感器在检测到可燃气体时，其电阻值将增大，而在检测到氧气、氯气及二氧化氮等气体时，其阻值会减小。

16.1.1 外形与符号

气敏传感器的外形与电路符号如图 16-1 所示。

16.1.2 结构

气敏传感器的典型结构及特性曲线如图 16-2 所示。气敏传感器的气敏特性主要是由内部的气敏元件决定的。气敏元件引出 4 个电极，分别与①②③④引脚相

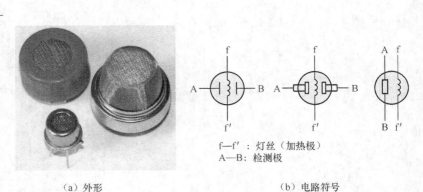

f—f′：灯丝（加热极）
A—B：检测极

（a）外形 　　　　　　　　　　　　（b）电路符号

图 16-1　气敏传感器的外形和电路符号

连。当在清洁的大气中给气敏传感器的①②脚通电流（对气敏元件加热）时，③④脚之间的阻值先减小再升高（4～5min），阻值变化规律如图 16-2（b）所示的曲线，升高到一定值时阻值保持稳定，若此时气敏传感器接触某种气体时，气敏元件吸附该气体后，③④脚之间阻值又会发生变化（若是 P 型气敏传感器，其阻值会增大，而 N 型气敏传感器阻值会变小）。

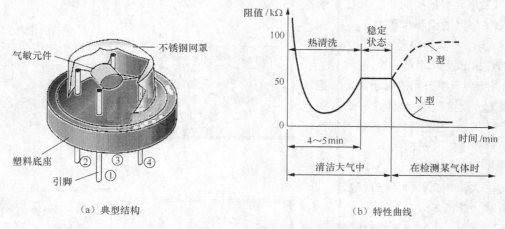

（a）典型结构　　　　　　　　　　　　　（b）特性曲线

图 16-2　气敏传感器的典型结构及特性曲线

16.1.3　应用

　　气敏传感器具有对某种或某些气体敏感的特点，利用该特点可以用气敏传感器来检测空气中特殊气体的含量。图 16-3 所示为采用气敏传感器制作的简易天然气报警器，可将它安装在厨房来监视有无天然气泄漏。

　　在制作报警器时，先按图 16-3 所示将气敏传感器连接好，然后闭合开关 S，让电流通过 R 流入气敏传感器加热线圈，几分钟过后，待气敏传感器 AB 间的阻值稳定后，再调节电位器 RP，让灯泡处于将亮未亮状态。若发生天然气泄漏，气敏传感器检测到后，AB 间的阻值变小，流过灯泡的电流增大，灯泡亮起来，警示天然气发生泄漏。

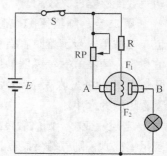

图 16-3　采用气敏传感器制作的简易天然气报警器

16.1.4　应用电路

　　图 16-4 所示是一种使用气敏传感器的有害气体检测自动排放电路。

　　在纯净的空气中，气敏传感器 A、B 之间的电阻 R_{AB} 较大，经 R_{AB}、R_2 送到三极管 VT_1 基极的电压低，VT_1、VT_2 无法导通，如果室内空气中混有有害气体，气敏传感器 A、B 之间的电阻 R_{AB} 变小，电源经 R_{AB} 和 R_2 送到 VT_1 基极的电压达到 1.4V 时，VT_1、VT_2 导通，有电流流过继电器 K_1 线圈，K_1 常开触点闭合，风扇电机运转，强制室内空气与室外空气进行交换，降低室内空气有害气体的浓度。

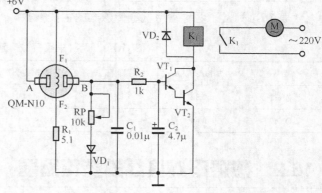

图 16-4　一种使用气敏传感器的有害气体检测自动排放电路

16.1.5 检测

气敏传感器的检测通常分两步，在这两步测量时还可以判断其特性（P型或N型）。气敏电阻器的检测如图16-5所示。

气敏传感器的检测步骤如下。

第一步：测量静态阻值。 将气敏传感器的加热极 F_1、F_2 串接在电路中，如图16-5（a）所示，再将万用表置于 $R \times 1k$ 挡，黑、红表笔分别接气敏传感器的A、B极，然后闭合开关，让电流对气敏传感器加热，同时在刻度盘上查看阻值大小。

若气敏传感器正常，阻值应先变小，然后慢慢增大，在几分钟后阻值稳定，此时的阻值称为静态电阻。

若阻值为0，说明气敏传感器短路。

若阻值为无穷大，说明气敏传感器开路。

若在测量过程中阻值始终不变，说明气敏传感器已失效。

第二步：测量接触敏感气体时的阻值。 在按第一步测量时，待气敏传感器阻值稳定，再将气敏传感器靠近燃气灶（打开燃气灶，将火吹灭），然后在刻度盘上查看阻值的大小。

若阻值变小，则气敏传感器为N型；若阻值变大，则气敏传感器为P型。

若阻值始终不变，说明气敏传感器已失效。

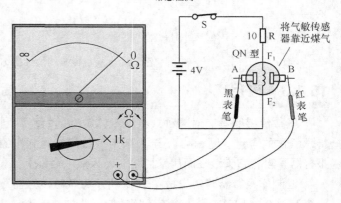

（a）常态检测

（b）靠近敏感气体检测

图16-5　气敏传感器的检测

16.1.6 常用气敏传感器的主要参数

表16-1列出了两种常用气敏传感器的主要参数

表16-1　两种常用气敏传感器的主要参数

型号	加热电流 /A	回路电压 /V	静态电阻 /kΩ	灵敏度（R_0/R）	响应时间 /s	恢复时间 /s
QN32	0.32	≥ 6	10 ~ 400	>3	<30	<30
QN69	0.60	≥ 6	10 ~ 400	>3	<30	<30

16.2 热释电人体红外线传感器

热释电人体红外线传感器是一种将人或动物发出的红外线转换成电信号的器件。热释电人体红外线传感器的外形如图 16-6 所示，利用它可以探测人体的存在，因此广泛应用在保险装置、防盗报警器、感应门、自动灯具和智慧玩具等电子产品中。

16.2.1　结构与工作原理

热释电人体红外线传感器的结构如图 16-7 所示，从图中可以看出，它主要由敏感元件、场效应管、高阻值电阻和滤光片等组成。

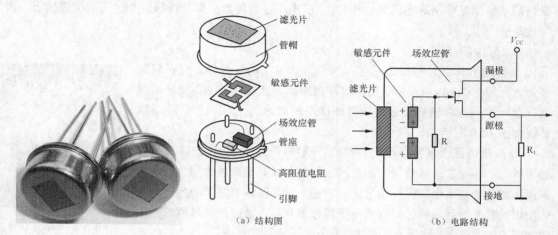

图 16-6　热释电人体红外线传感器的外形　　　图 16-7　热释电人体红外线传感器的结构

1.　各组成部分说明

（1）敏感元件

敏感元件是由一种热电材料（如锆钛酸铅系陶瓷、钽酸锂、硫酸三甘钛等）制成。热释电传感器内一般装有两个敏感元件，并将两个敏感元件以反极性串联，当环境温度使敏感元件自身温度升高而产生电压时，由于两敏感元件产生的电压大小相等、方向相反，串联叠加后送给场效应管的电压为 0，从而抑制环境温度干扰。

两个敏感元件串联就像两节电池反向串联一样，如图 16-8（a）所示，E_1、E_2 电压均为 1.5V，当它们反极性串联后，两电压相互抵消，输出电压 $U=0$，如果某原因使 E_1 电压变为 1.8V，如图 16-8（b）所示，两电压不能完全抵消，输出电压为 $U=0.3V$。

（2）场效应管和高阻值电阻

敏感元件产生的电压信号很弱，其输出电流也极小，故采用输入阻抗很高的场效应管（电压放大型元件）对敏感元件产生的电压信号进行放大，在采用源极输出放大方式时，源极输出信号可达 0.4 ~ 1.0V。高阻值电阻的作用是释放场效应管栅极电荷（由敏感元件产生的电压充得），让场效应管始终能正常工作。

（3）滤光片

敏感元件是一种广谱热电材料制成的元件，对各种波长光线比较敏感。为了让传感器仅对人体发出红外线敏感，而对太阳光、电灯光具有抗干扰性，传感器采用特定的滤光片作为受光窗口。该滤光片的通光波长为 7.5 ~ 14μm。人体温度为 36 ~ 37℃，该温度的人体会发出波长在 9.64 ~ 9.67μm 范围内的红外线（红外线人眼无法看见），由此可见，人体辐射的红外线波长正好处

（a）E_1、E_2 相等时输出电压为 0

（b）E_1、E_2 不相等时输出电压不为 0

图 16-8　两节电池的反向串联

于滤光片的通光波长范围内，而太阳、电灯发出的红外线的波长在滤光片的通光范围之外，无法通过滤光片照射到传感器的敏感元件上。

2. 工作原理

当人体（或与人体温相似的动物）靠近热释电人体红外线传感器时，人体发出的红外线通过滤光片照射到传感器的一个敏感元件上，该敏感元件两端电压发生变化。另一个敏感元件无光线照射，其两端电压不变，两个敏感元件反极性串联得到的电压不再为0，而是输出一个变化的电压（与受光照射敏感元件两端电压变化相同），该电压送到场效应管的栅极，放大后从源极输出，再到后级电路进一步处理。

3. 菲涅尔透镜

热释电人体红外线传感器可以探测人体发出的红外线，但探测距离近，一般在2m以内，为了提高其探测距离，通常在传感器受光面前面加装一个菲涅尔透镜，该透镜可使探测距离达到10m以上。菲涅尔透镜如图16-9所示。

图16-9　菲涅尔透镜

菲涅尔透镜通常用透明塑料制成，透镜按一定的制作方法被分成若干等份。菲涅尔透镜作用有两点：一是对光线具有聚焦作用；二是将探测区域分为若干个明区和暗区。当人进入探测区域的某个明区时，人体发出的红外光经该明区对应的透镜部分聚焦后，通过传感器的滤光片照射到敏感元件上，敏感元件产生电压；当人走到暗区时，人体红外光无法到达敏感元件，敏感元件两端的电压会发生变化，即敏感元件两端电压随光线的有无而发生变化，该变化的电压经场效应管放大后输出。传感器输出信号的频率与人在探测范围内明、暗区之间移动的速度有关，移动速度越快，输出的信号频率越高，如果人在探测范围内不动，传感器则输出固定不变的电压。

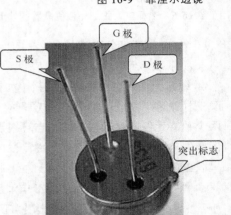

图16-10　热释电人体红外线传感器3引脚极性的识别

16.2.2　引脚识别

热释电人体红外线传感器有3个引脚，分别为D（漏极）、S（源极）、G（接地极）。3个引脚极性的识别如图16-10所示。

16.2.3　应用电路

图16-11所示是一种采用热释电人体红外线传感器来检测是否有人的自动灯控制电路。

220V交流电压经C_{10}//R_{15}降压和整流二极管VD_1对C_{11}充得上正下负电压，由于稳压二极管VD_3的稳压作用，C_{11}上的电压约为6V，该电压除了供给各级放大电路外，还经R_{16}、C_{12}、R_{17}、C_{13}进一步滤波，得到更稳定的电压供给热释电传感器。

当热释电传感器探测范围内无人时，传感器S端无信号输出，运算放大器A_1无信号输入，A_2放大器无信号输出，比较器A_3反相输入端无信号输入，其同相输入端电压（约3.9V）高于反相输入端电压，输出高电平，二极管VD_2截止，比较器A4同相输入端电压高于反相输入端电压，A4输出高电平，三极管VT_1截止，R_{14}两端无电压，双向晶闸管VT_2无触发电压而不能导通，灯泡不亮。当有人进入热释电传感器探测范围内时，传感器S端有信号输出，运算放大器A_1有信号输入，

A_2 放大器有信号输出，比较器 A_3 反相输入端有信号输入，其反相输入端电压高于同相输入端电压（约 3.9V），A_3 输出低电平，二极管 VD_2 导通，C_9 通过 VD_2 往前级电路放电，放电使比较器 A_4 同相输入端电压低于反相输入端电压，A_4 输出低电平，三极管 VT_1 导通，有电流流过 R_{14}，R_{14} 两端触发双向晶闸管 VT_2 导通，有电流流过灯泡，灯泡变亮。当人体离开热释电传感器探测范围时，传感器无信号输出，比较器 A3 无输入信号电压，同相电压高于反相电压，A_3 输出高电平，二极管 VD_2 截止，6V 电源经 RP_1 对 C_9 充电，当 C_9 两端电压高于 3.9V 时，A_4 输出高电平，三极管 VT_1 截止，双向晶闸管 VT_2 失去触发电压也截止，灯泡熄灭，由于 C_9 充电需要一定时间，故人离开一段时间后灯泡才熄灭。

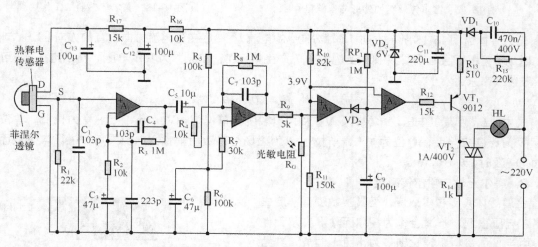

图 16-11 采用热释电人体红外线传感器的自动灯控制电路

为了避免白天出现人来灯亮、人走灯灭的情况发生，电路采用光敏电阻 R_G 来解决这个问题。在白天，光敏电阻 R_G 受光照而阻值变小，在有人时，A_2 有信号输出，但因 R_G 阻值小，A_3 同相输入端电压仍很低，A_3 输出高电平，VD_2 截止，A_4 输出高电平，VT_1 截止，VT_2 也截止，灯泡不亮，在晚上，R_G 无光照而阻值变大，在有人时，A_2 输出电压会使 A_3 反相电压高于同相电压，A_3 输出低电平，通过后级电路使灯泡变亮。

16.3 霍尔传感器

霍尔传感器是一种检测磁场的传感器，可以检测磁场的存在和变化，广泛应用在测量、自动化控制、交通运输和日常生活等领域中。

16.3.1 外形与符号

霍尔传感器的外形与电路符号如图 16-12 所示。

16.3.2 结构与工作原理

1. 霍尔效应

当一个通电导体置于磁场中时，在该导体两侧面会产生电压，该现象称为霍尔效应。下面以图 16-13 为例来说明霍尔传感器的工作原理。

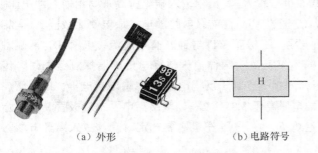

（a）外形　　　　　　　　　（b）电路符号

图 16-12　霍尔传感器的外形与电路符号

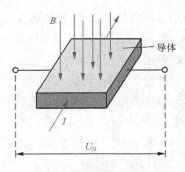

图 16-13　霍尔传感器的工作原理

先给导体通图 16-13 所示方向（Z 轴方向）的电流 I，然后在与电流方向垂直的方向（Y 轴方向）施加磁场 B，那么会在导体两侧（X 轴方向）产生电压 U_H，U_H 称为霍尔电压。霍尔电压 U_H 可用以下表达式来求得：

$$U_H = KIB\cos\theta$$

式中，U_H 为霍尔电压，单位为 mV；K 为灵敏度，单位为 mV/（mA·T）；I 为电流，单位为 mA；B 为磁感应强度，单位为 T（特斯拉）；θ 为磁场与磁敏面垂直方向的夹角，磁场与磁敏面垂直方向一致时，$\theta=0°$，$\cos\theta=1$。

2. 霍尔元件与霍尔传感器

金属导体具有霍尔效应，但其灵敏度低，产生的霍尔电压很低，不适合作为霍尔元件。霍尔元件一般由半导体材料（锑化铟最为常见）制成，其结构如图 16-14 所示。

霍尔元件由衬底、十字形半导体材料、电极引线和磁性体顶端等构成。十字形锑化铟材料的 4 个端部的引线中，1、2 端为电流引脚，3、4 端为电压引脚，磁性体顶端的作用是产生磁感线来提高元件灵敏度。

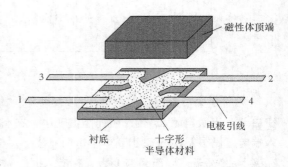

图 16-14　霍尔元件的结构

由于霍尔元件产生的电压很小，故通常将霍尔元件与放大器电路、温度补偿电路及稳压电源等集成在一个芯片上，称之为霍尔传感器。

16.3.3　种类

霍尔传感器可分为线性型霍尔传感器和开关型霍尔传感器两种。

1. 线性型霍尔传感器

线性型霍尔传感器主要由霍尔元件、线性放大器和射极跟随器组成，其组成如图 16-15（a）所示，当施加给线性型霍尔传感器的磁场逐渐增强时，其输出的电压会逐渐增大，即输出信号为模拟量。线性型霍尔传感器的特性曲线如图 16-15（b）所示。

2. 开关型霍尔传感器

开关型霍尔传感器主要由霍尔元件、放大器，施密特触发器（整形电路）和输出级组成，其组成和特性曲线如图 16-16 所示，当施加给开关型霍尔传感器的磁场增强时，只要小于 B_{OP} 时，其输出电压 U_o 为高电平，大于 B_{OP} 输出由高电平变为低电平；当磁场减弱时，磁场需要减小到 B_{RP} 时，输出电压 U_o 才能由低电平转为高电平，也就是说，开关型霍尔传感器由高电平转为低电平和由低电平转为高电平所要求的磁场感应强度是不同的，高电平转为低电平要求的磁场感应强度更强。

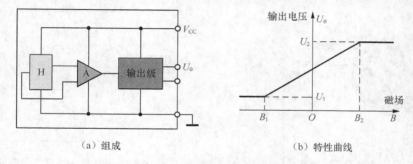

（a）组成　　　　　　　　　　（b）特性曲线

图 16-15　线性型霍尔传感器的组成和特性曲线

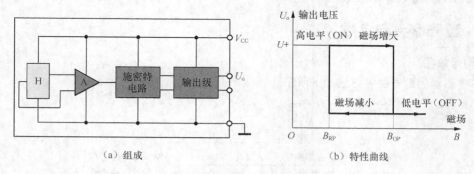

（a）组成　　　　　　　　　　（b）特性曲线

图 16-16　开关型霍尔传感器

16.3.4　应用电路

1. 线性型霍尔传感器的应用

线性型霍尔传感器具有磁场感应强度连续变化时输出电压也连续变化的特点，主要用于一些物理量的测量。

图 16-17 所示是一种采用线性型霍尔传感器构成的电子型的电流互感器，用来检测线路的电流大小。当线圈有电流 I 流过时，线圈会产生磁场，该磁场磁感线沿铁芯构成磁回路，由于铁芯上开有一个缺口，缺口中放置一个霍尔传感器，磁感线在穿过霍尔传感器时，传感器会输出电压，电流 I 越大，线圈产生的磁场越强，霍尔传感器输出电压越高。

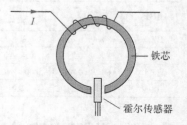

图 16-17　采用线性型霍尔传感器构成的电子型的电流互感器

2. 开关型霍尔传感器的应用

开关型霍尔传感器具有磁场感应强度达到一定强度时输出电压才会发生电平转换的特点，主要用于测转数、转速、风速、流速、接近开关、关门告知器、报警器和自动控制等电路。

图 16-18 所示是一种采用开关型霍尔传感器构成的转数测量装置的结构示意图，转盘每旋转一周，磁铁靠近传感器一次，传感器就会输出一个脉冲，只要计算输出脉冲的个数，就可以知道转盘的转数。

图 16-19 所示是一种采用开关型霍尔元件构成的磁铁极性识别电路。当磁铁 S 极靠近霍尔元件时，d、c 间的电压极性为 d+、c-，三极管 VT$_1$ 导通，发光二极管 VD$_1$ 有电流流过而发光；当磁铁 N 极靠近霍尔元件时，d、c 间的电压极性为 d-、c+，三极管 VT$_2$ 导通，发光二极管 VD$_2$ 有电流

流过而发光；当霍尔元件无磁铁靠近时，d、c 间的电压为 0，VD_1、VD_2 均不亮。

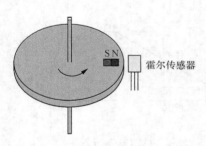

图 16-18　采用开关型霍尔传感器
构成的转数测量装置的结构示意图

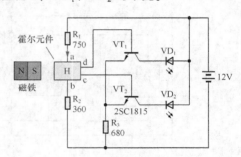

图 16-19　采用开关型霍尔元件构成
的磁铁极性识别电路

16.3.5　型号命名与参数

1. 型号命名

霍尔传感器的型号命名方法如下所示。

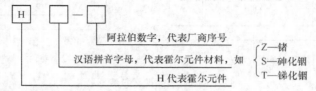

2. 常用国产霍尔元件的主要参数

常用国产霍尔元件的主要参数见表 16-2。

表 16-2　常用国产霍尔元件的主要参数

型号	外形尺寸 / mm^3	电阻率 ρ / （$\Omega \cdot cm$）	输入电阻 R_I / Ω	输出电阻 R_o / Ω	灵敏度 K_H / ［$mV /（mA \cdot T$）］	控制电流 / mA	工作温度 t / ℃
HZ-1	$8 \times 4 \times 0.2$	0.8 ~ 1.2	110	100	>12	20	−40 ~ 45
HZ-4	$8 \times 4 \times 0.2$	0.4 ~ 0.5	45	40	>4	50	−40 ~ 45
HT-1	$6 \times 3 \times 0.2$	0.003 ~ 0.01	0.8	0.5	>1.8	250	0 ~ 40
HS-1	$8 \times 4 \times 0.2$	0.01	1.2	1	>1	200	−40 ~ 60

16.3.6　引脚识别与检测

1. 引脚识别

霍尔传感器内部由霍尔元件和有关电路组成。它对外引出 3 个或 4 个引脚，对于 3 个引脚的传感器，分别为电源端、接地端和信号输出端；对于 4 个引脚，分别为电源端、接地端和两个信号输出端。3 个引脚的霍尔传感器更为常用，霍尔传感器的引脚可根据外形来识别，具体如图 16-20 所示。霍尔传感器带文字标记的面通常为磁敏面，正对 N 或 S 磁极时灵敏度最高。

2. 好坏检测

霍尔传感器的好坏检测如图 16-21 所示。

检测时，在传感器的电源、接地脚之间接 5V 电源，然后将万用表拨至直流电压 2.5V 挡，红、黑表笔分别接输出端和接地端，再用一块磁铁靠近霍尔传感器磁敏面，如果霍尔传感器正常，应有电压输出，万用表表针会摆动，表针摆动幅度越大，说明传感器灵敏度越高，如果表针不动，则为霍尔元件损坏。

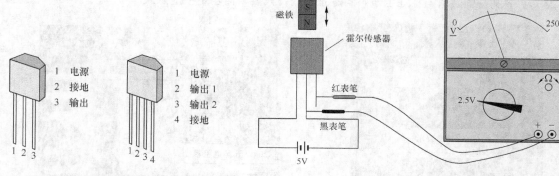

图 16-20　霍尔传感器的引脚识别　　　　　图 16-21　霍尔传感器的好坏检测

利用该方法不但可以判别霍尔元件的好坏，还可以判别霍尔元件的类型。如果在磁铁靠近或远离传感器的过程中，输出电压慢慢连续变化，则为线性型传感器；如果输出电压在某点突然发生高、低电平的转换，则为开关型传感器。

16.4　温度传感器

温度传感器的种类很多，常见的有热敏电阻温度传感器、金属热电阻温度传感器、热电偶温度传感器、集成温度传感器和红外线温度传感器。本节主要介绍热敏电阻温度传感器和金属热电阻温度传感器。

16.4.1　热敏电阻温度传感器

热敏电阻温度传感器价格低，使用广泛，这里以空调器采用的温度探头为例来介绍这种类型的温度传感器。

1. 外形与种类

空调器的温度传感器一般采用负温度系数热敏电阻器（NTC），当温度变化时其阻值会发生变化，温度上升阻值变小，温度下降阻值变大。空调器使用的温度传感器有铜头和胶头两种类型，如图 16-22 所示，铜头温度传感器用于探测热交换器铜管的温度；胶头温度传感器用于探测室

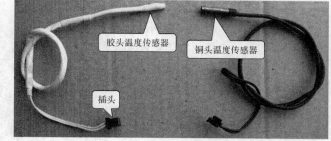

图 16-22　空调器使用的铜头和胶头温度传感器

内空气的温度。根据在 25℃时阻值不同，空调器常用的温度传感器规格有 5 kΩ、10kΩ、15 kΩ、20 kΩ、25 kΩ、30 kΩ 和 50 kΩ 等。

2. 参数的识读与检测

空调器使用的温度传感器阻值规格较多，可用以下三个方法来识别或检测阻值。

① 查看传感器或连接导线上的标注，如标注 GL20K 表示其阻值为 20kΩ，如图 16-23（a）所示。

② 每个温度传感器在电路板上都有与其阻值相等的五环精密电阻器，如图 16-23（b）所示，该电阻器一端与相应温度传感器的一端直接连接，识别出该电阻器的阻值即可知道传感器的阻值。

③ 用万用表直接测量温度传感器的阻值，如图 16-23（c）所示，由于测量时环境温度可能不

是 25℃，故测得的阻值与标注阻值不同是正常的，只要阻值差距不是太大即可。

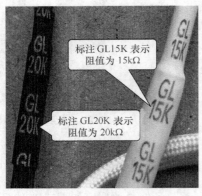

（a）查看温度传感器上的标识来识别阻值

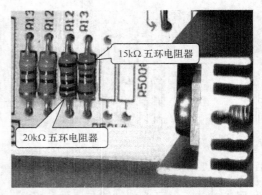

（b）查看电路板上五环精密电阻器的阻值来识别温度传感器的阻值

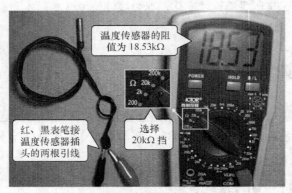

（c）用万用表直接测量温度传感器的阻值

图 16-23　空调器温度传感器参数的识读与检测

3. 温度检测电路

图 16-24 所示是一种空调器的温度检测电路，它包括室温检测电路、室内管温检测电路和室外管温检测电路，三者都采用 4.3kΩ 的负温度系数温度传感器（温度越高阻值越小）。

（1）室温检测电路

温度传感器 RT_2、R_{17}、C_{21}、C_{22} 构成室温检测电路。+5V 电压经 RT_2、R_{17} 分压后，在 R_{17} 上得到一定的电压送到单片机 18 脚，如果室温为 25℃，RT_2 阻值正好为 4.3kΩ，R_{17} 上的电压为 2.5V，该

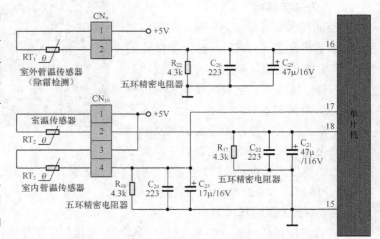

图 16-24　一种空调器的温度检测电路

电压值送入单片机，单片机根据该电压值知道当前室温为 25℃；如果室温高于 25℃，温度传感器 RT_2 的阻值小于 4.3kΩ，送入单片机 18 脚的电压高于 2.5V。

本电路中的温度传感器接在电源与分压电阻之间，而有的空调器的温度传感器则接在分压电

阻和地之间，对于这样的温度检测电路，温度越高，温度传感器阻值越小，送入单片机的电压越低。

（2）室内管温检测电路

温度传感器 RT_3、R_{18}、C_{23}、C_{24} 构成室内管温检测电路。+5V 电压经 RT_3、R_{18} 分压后，在 R_{18} 上得到一定的电压送到单片机 17 脚，单片机根据该电压值就可了解室内热交换器的温度，如果室内热交换器温度低于 25℃，温度传感器 RT_3 的阻值大于 4.3kΩ，送入单片机 17 脚的电压低于 2.5V。

（3）室外管温检测电路

温度传感器 RT_1、R_{22}、C_{25}、C_{26} 构成室外管温检测电路。+5V 电压经 RT_1、R_{22} 分压后，在 R_{22} 上得到一定的电压送到单片机 16 脚，单片机根据该电压值就可知道室外热交换器的温度。

16.4.2 金属热电阻温度传感器

大多数金属具有温度升高电阻增大的特点，金属热电阻传感器是选用铂和铜等金属材料制成的温度传感器。铂金属热电阻测温范围为 −200 ~ +850℃，铜金属热电阻测温范围为 −50 ~ +150℃。铜金属热电阻虽然价格低，但测温范围小，测量精度不是很高，铂金属热电阻虽然价格高，但物理化学性质稳定，温度测量范围大，故铂金属热电阻使用更广泛。

1. 外形

金属热电阻温度传感器的外形如图 16-25 所示，左边的 CU50 为铜金属热电阻温度传感器，右边的 PT100 为铂金属热电阻温度传感器，CU、PT 分别表示铜和铂，后面的数字表示在 0℃ 时温度传感器的电阻值。

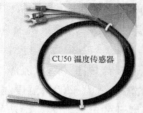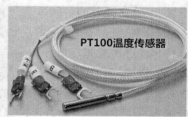

图 16-25 金属热电阻温度传感器的外形

2. 分度表

PT100 铂金属温度传感器在 0℃ 时的电阻值为 100Ω，CU50 铜金属温度传感器在 0℃ 时的电阻值为 50Ω，在其他温度时热电阻的电阻值可查看其分度表。表 16-3 为 PT100 铂金属温度传感器的分度表，表 16-4 为 CU50 铜金属温度传感器的分度表，从表 16-3 可以查得 PT100 在 100℃、110℃、-110℃时的电阻值分别为 138.50Ω、142.29Ω 和 56.19Ω。

表 16-3 PT100 铂金属温度传感器的分度表

温度 /℃	0	10	20	30	40	50	60	70	80	90
	电阻 /Ω									
-200	18.49									
-100	60.25	56.19	52.11	48.00	43.87	39.71	35.53	31.32	27.08	22.80
0	100.00	96.09	92.16	88.22	84.27	80.31	76.33	72.33	68.33	64.30
0	100.00	103.90	117.79	111.67	115.54	119.40	123.24	127.07	130.89	134.70
100	138.50	142.29	146.06	149.82	153.58	157.31	161.04	164.76	168.46	172.16
200	175.84	179.51	183.17	186.82	190.45	194.07	197.69	201.29	204.88	208.45
300	212.02	215.57	219.12	222.652	226.17	229.67	233.17	236.65	240.13	345.59
400	247.04	250.45	253.90	257.32	260.72	264.11	267.49	270.86	274.22	277.56
500	280.90	284.22	287.53	290.83	294.11	297.39	300.66	303.91	307.15	310.38
600	313.59	316.80	319.99	323.18	326.35	329.51	332.66	335.79	338.92	342.03
700	345.13	348.22	351.30	354.37	357.37	360.47	363.50	366.52	369.53	372.53
800	375.51	378.48	381.45	387.34	387.34	390.26				

表 16-4　CU50 铜金属温度传感器的分度表

温度 /℃	-50	-40	-30	-20	-10	0		
电阻值 /Ω	39.242	41.400	43.555	45.706	47.854	50.000		
温度 /℃	0	10	20	30	40	50	60	70
电阻值 /Ω	50.000	52.144	54.285	56.426	58.565	60.704	62.842	64.981
温度 /℃	80	90	100	110	120	130	140	150
电阻值 /Ω	67.120	69.259	71.400	73.542	75.686	77.833	79.982	82.134

3. 应用

金属热电阻温度传感器内部有一个金属制成的电阻，电阻两端各引出一根线称为两线制，为了消除引线电阻对测量的影响，出现了三线制（电阻一端引出两根线，另一端引出一根线）和四线制（电阻两端各引出两根线），四线制不仅能消除引线电阻的影响，还能消除测量电路产生的干扰信号的影响，所以常用作高精度测量。

金属热电阻温度传感器的应用电路如图 16-26 所示。

图 16-26（a）所示为三线制热电阻温度传感器的应用电路。r 为传感器的引线电阻，调节电位器 R_3 使之与热电阻 R_t 的电阻值（0℃时）相等。如果 $R_2/（R_3+r）=R_1/（R_t+r）$，电桥平衡，A 点电压等于 B 点电压，当 R_t 温度上升时，其电阻值增大，A 点电压上升，大于 B 点电压，有电流流过电流表构成的温度计，温度计指示的温度值大于 0℃，温度越高，R_t 越大，A 点电压越高，流过温度计的电流越大，指示的温度值越高。

图 16-26（b）所示为四线制热电阻温度传感器的应用电路。r 为传感器的引线电阻，恒流源电路产生一个恒定电流 I（如 2mA），该电流流经热电阻 R_t 时，电阻上会有电压 U_{Rt}，$U_{Rt}=I \cdot R_t$，温度越高，R_t 越大，U_{Rt} 电压越高，放大电路的输入端电压越高，输出信号就越大。

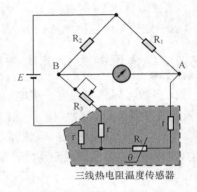

（a）三线制热电阻温度传感器的应用电路

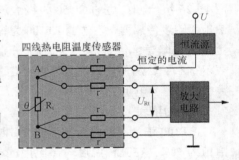

（b）四线制热电阻温度传感器的应用电路

图 16-26　金属热电阻温度传感器的应用电路

第 17 章

贴片元器件

17.1　表面贴装技术（SMT）简介

　　SMT（Surface Mounted Technology，表面组装技术或表面贴装技术）是一种将无引脚或短引线表面组装元器件（简称片状元器件）安装在 PCB（Printed Circuit Board，印制电路板）的表面或其他基板的表面上，通过再流焊或浸焊等方法加以焊接组装的电路装连技术。

　　贴片元器件包括贴片元件（SMC）和贴片器件（SMD）。SMC 主要包括矩形贴片元件、圆柱形贴片元件、复合贴片元件和异形贴片元件；SMD 主要包括二极管、三极管和集成电路等半导体器件。一般将 SMC 元件和 SMD 器件统称为 SMT 元器件。

17.1.1　特点

　　表面贴装技术是现代电子行业组装技术的主流，其主要特点如下。

　　① 贴装方便，易于实现自动化安装，可大幅度提高生产效率。

　　② 贴片元器件体积小，组装密度高，生产出来的电子产品体积小、重量轻。贴片元器件体积和重量只有传统插装元件的 1/10 左右。

　　③ 消耗的材料少，节省能源，可降低电子产品的成本。

　　④ 高频特性好，可减小电磁和射频干扰。

　　⑤ 由于采用自动化贴装，故焊接缺陷率低，抗震能力强，可靠性高。

17.1.2　封装规格

　　SMT 元器件封装规格是指外形尺寸规格，有英制和公制两种单位，英制单位为 inch（英寸），公制单位为 mm（毫米），1inch=25.4mm，公制规格容易看出 SMT 元器件的长、宽尺寸，但实际使用时英制规格更为常见。SMT 元器件常见的封装规格如图 17-1 所示。

17.1.3　手工焊接方法

　　SMT 元器件通常都是用机器焊接的，少量焊接时可使用手工焊接。SMT 元器件的手工焊接方法如图 17-2 所示。

英制/ inch	公制/ mm	长(L)/ mm	宽(W)/ mm	高(H)/ mm	a/ mm	b/ mm
0201	0603	0.60±0.05	0.30±0.05	0.23±0.05	0.10±0.05	0.15±0.05
0402	1005	1.00±0.10	0.50±0.10	0.30±0.10	0.20±0.10	0.25±0.10
0603	1608	1.60±0.15	0.80±0.15	0.40±0.10	0.30±0.20	0.30±0.20
0805	2012	2.00±0.20	1.25±0.15	0.50±0.10	0.40±0.20	0.40±0.20
1206	3216	3.20±0.20	1.60±0.15	0.55±0.10	0.50±0.20	0.50±0.20
1210	3225	3.20±0.20	2.50±0.20	0.55±0.10	0.50±0.20	0.50±0.20
1812	4832	4.50±0.20	3.20±0.20	0.55±0.10	0.50±0.20	0.50±0.20
2010	5025	5.00±0.20	2.50±0.20	0.55±0.10	0.60±0.20	0.60±0.20
2512	6432	6.40±0.20	3.20±0.20	0.55±0.10	0.60±0.20	0.60±0.20

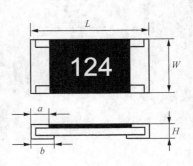

图 17-1　SMT 元器件常见的封装规格

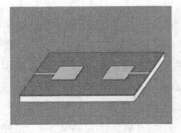

（a）电路板上的 SMT 元器件焊盘

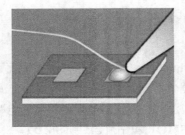

（b）在一个焊盘上用烙铁熔化焊锡
（之后烙铁不要拿开）

（c）将元件一个引脚放在有熔化
焊锡的焊盘上

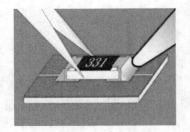

（d）移动烙铁使焊锡在元件的引脚
分布均匀

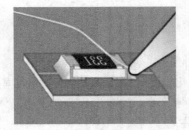

（e）将元件另一个引脚焊接在
另一个焊盘上

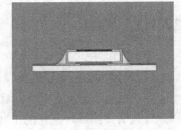

（f）SMT 元器件焊接完成

图 17-2　SMT 元器件的手工焊接方法

17.2　贴片电阻器

17.2.1　贴片电阻器

1. 外形

贴片电阻器有矩形式和圆柱式，矩形式贴片电阻器的功率一般在 0.0315 ~ 0.125W，工作电压在 7.5 ~ 200V；圆柱式贴片电阻器的功率一般在 0.125 ~ 0.25W，工作电压在 75 ~ 100V。常见贴片电阻器的外形如图 17-3 所示。

图 17-3　常见贴片电阻器的外形

2．阻值的标注与识别

贴片电阻器的阻值表示有色环标注法和数字标注法。色环标注的贴片电阻阻值的识读方法与普通的电阻器一样。数字标注的贴片电阻器有三位和四位之分，对于三位数字标注的贴片电阻器，前两位表示有效数字，第三位表示 0 的个数；对于四位数字标注的贴片电阻器，前三位表示有效数字，第四位表示 0 的个数。

贴片电阻器的常见标注形式如图 17-4 所示。在生产电子产品时，贴片元件一般采用贴片机安装，为了便于机器高效安装，贴片元件通常装载在连续条带的凹坑内，凹坑由塑料带盖住并卷成盘状，图 17-5 所示是一盘贴片元件（几千个）。卷成盘状的贴片电阻器通常会在盘体标签上标明元件型号和有关参数。

图 17-4 贴片电阻器的
常见标注形式

图 17-5 盘状包装的
贴片电阻器

3．尺寸与功率

贴片电阻器体积小，功率不大，一般体积越大，功率就越大。表 17-1 列出了常用规格的矩形贴片电阻器外形尺寸与功率的关系。

表 17-1 常用规格的矩形贴片电阻器外形尺寸与功率的关系

尺寸代码		外形尺寸 /mm		额定功率 /W
公制	英制	长（L）	宽（W）	
0603	0201	0.6	0.3	1/20
1005	0402	1.0	0.5	1/16 或 1/20
1608	0603	1.6	0.8	1/10
2012	0805	20.	1.25	1/8 或 1/10
3216	1206	3.2	1.6	1/4 或 1/6
3225	1210	3.2	2.5	1/4
5025	2010	5.0	2.5	1/2
6332	2512	6.4	3.2	1

4．标注含义

贴片电阻器各项标注的含义见表 17-2。

表 17-2 贴片电阻器各项标注的含义

产品代号		代号与型号		电阻温度系数		阻值		电阻值误差		包装方法	
		代号	型号	代号	温度系数（$10^{-6}\Omega$/℃）	表示方式	阻值	代号	误差值	代号	包装方式
RC	片状电阻器	02	0402	K	≤ ±100PPM/℃	E-24	前两位表示有效数字 第三位表示零的个数	F	±1%	T	编带包装
		03	0603	L	≤ ±250PPM/℃			G	±2%		
		05	0805	U	≤ ±400PPM/℃	E-96	前三位表示有效数字 第四位表示零的个数	J	±5%	B	塑料盒散包装
		06	1206	M	≤ ±500PPM/℃			0	跨接电阻		
示例	RC	05		K			103		J			
备注	小数点用 R 表示。例如：E-24：1R0=1.0Ω，103=10kΩ，R047=0.047Ω；E-96：1003=100kΩ；跨接电阻用"000"表示										

17.2.2　贴片电位器

　　贴片电位器是一种阻值可以调节的元件，体积小巧，功率一般在 0.1 ～ 0.25W，其阻值标注方法与贴片电阻器相同。常见贴片电位器如图 17-6 所示。

图 17-6　常见贴片电位器

17.2.3　贴片熔断器

　　贴片熔断器又称贴片保险丝，是一种在电路中用作过流保护的电阻器，其阻值一般很小，当流过的电流超过一定值时，会熔断开路。贴片熔断器可分为快熔断型、慢熔断型（延时型）和可恢复型（PTC 正温度系数热敏电阻）。常见贴片熔断器如图 17-7 所示。

图 17-7　贴片熔断器

17.3　贴片电容器和贴片电感器

17.3.1　贴片电容器

1. 外形

　　贴片电容器可分为无极性电容器和有极性电容器（电解电容器）。图 17-8 所示是一些常见的贴片电容器。

图 17-8　贴片电容器

2. 种类及特点

　　不同材料的贴片电容器有自身的一些特点，表 17-3 列出了一些不同材料贴片电容器的优缺点。

表 17-3　一些不同材料贴片电容器的优缺点

类型	极性	优点	缺点
贴片 CBB 电容器	无	体积较小、高频特性好	稳定性略差
无感 CBB 电容器	无	高频特性好	耐热性能差、容量小、价格较高
贴片瓷片电容器	无	体积小、耐压高	容量低、易碎
贴片独石电容器	无	体积小、高频特性好	热稳定性较差
贴片电解电容器	有	容量大	耐压低、高频特性不好
贴片钽电容器	有	容量大、高频特性好、稳定性好	价格贵

3. 容量标注方法

　　贴片电容器的体积较小，故有很多电容器不标注容量，对于这类电容器，可用电容表测量，或查看包装上的标签来识别容量；也有些贴片电容器对容量进行标注。贴片电容器常见的标注方法有直标法、数字标注法、字母与数字标注法、颜色与字母标注法。

（1）直标法

直标法是指将电容器的容量直接标出来的标注方法。体积较大的贴片有极性电容器一般采用这种方法，如图 17-9 所示。

（2）数字标注法

数字标注法是用三位数字来表示电容器容量的方法，该表示方法与贴片电阻器相同，前两位表示

容量为 100 μF，耐压为 4V
铝电解电容器

容量为 47 μF，耐压为 6V
钽电解电容器

图 17-9　用直标法标注容量

有效数字，第三位表示 0 的个数，如 820 表示 82pF，272 表示 2700pF。用数字标注法表示的容量单位为 pF。标注字符中的 "R" 表示小数点，如 1R0 表示 1.0pF，0R5 或 R50 均表示 0.5pF。

（3）字母与数字标注法

字母与数字标注法是采用英文字母与数字组合的方式来表示容量大小。这种标注法中的第一位用字母表示容量的有效数，第二位用数字表示有效数后面 0 的个数。字母与数字标注法中字母和数字的含义见表 17-4。

表 17-4　字母与数字标注法中字母和数字的含义

第一位：字母				第二位：数字	
A	1	N	3.3	0	10^0
B	1.1	P	3.6	1	10^1
C	1.2	Q	3.9	2	10^2
D	1.3	R	4.3	3	10^3
E	1.5	S	4.7	4	10^4
F	1.6	T	5.1	5	10^5
G	1.8	U	5.6	6	10^6
H	2.0	V	6.2	7	10^7
I	2.2	W	6.8	8	10^8
K	2.4	X	7.5	9	10^9
L	2.7	Y	9.0		
M	3.0	Z	9.1		

图 17-10 中的几个贴片电容器就采用了字母与数字标注法，标注 "B2" 表示容量为 110pF，标注 "S3" 表示容量为 4700pF。

（4）颜色与字母标注法

颜色与字母标注法是采用颜色和一位字母来标注容量大小的，采用这种方法标注的容量单位为 pF。例如，蓝色与 J，表示容量为 220pF；红色与 S，表示容量为 9pF。颜色与字母标注法中颜色与字母组合代表的含义见表 17-5。

B2　　　S3
110pF　　4700pF

图 17-10　采用字母与数字标注法的贴片电容器

表 17-5　颜色与字母标注法中颜色与字母组合代表的含义

	A	C	E	G	J	L	N	Q	S	U	W	Y
黄色	0.1											
绿色	0.01		0.015		0.022		0.033		0.047	0.056	0.068	0.082
白色	0.001		0.0015		0.0022		0.0033		0.0047	0.0056	0.0068	
红色	1	2	3	4	5	6	7	8	9			
黑色	10	12	15	18	22	27	33	39	47	56	68	82
蓝色	100	120	150	180	220	270	330	390	470	560	680	820

17.3.2　贴片电容排

电容排简称排容，是将多个电容按一定规律组合起来并封装在一起而构成的元器件。多数电容排是将多个电容器的一个引脚连到一起作为公共引脚，其余引脚正常引出。电容排应用于对元器件空间要求严格的 PCB，如笔记本电脑、手机等，特别适用于输入、输出接口电路。电容排的外形如图 17-11 所示。

图 17-11　电容排（排容）的外形

17.3.3　贴片电感器

1. 外形

贴片电感器的功能与普通电感器相同，图 17-12 所示是一些常见的贴片电感器。

2. 电感量的标注方法

贴片电感器的电感量标注方法与贴片电阻器基本相同，前两位表示有效数字，第三位表示 0 的个数，如果含有字母 N 或 R，均表示小数点，含字母 N 的单位为 nH，含字母 R 的单位为 μH。常见贴片电感器的标注方法如图 17-13 所示。

图 17-12　贴片电感器

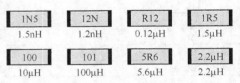

1N5	12N	R12	1R5
1.5nH	1.2nH	0.12μH	1.5μH
100	101	5R6	2.2μH
10μH	100μH	5.6μH	2.2μH

图 17-13　常见贴片电感器的标注方法

17.3.4　贴片磁珠

磁珠是一种安装在信号线、电源线上用于抑制高频噪声、尖峰干扰和吸收静电脉冲的元器件。在一些 RF（射频）电路、PLL（锁相环）电路、振荡电路和含超高频的存储器电路中，一般都需要在电源输入部分加磁珠。磁珠的外形如图 17-14 所示。

图 17-14　磁珠的外形

对于内部含导线的磁珠，只要将导线连接在线路中即可；对于不含导线的磁珠，需要将线路穿磁珠而过。磁珠等效于电阻和电感串联，其电阻值和电感值都随频率变化而变化。磁珠对直流和低频信号阻抗很小（接近 0Ω），对高频信号才有较大的阻碍作用，阻抗单位为欧姆（Ω），一般以 100MHz 为标准，比如 600Ω/100MHz 表示该磁珠对 100MHz 信号的阻抗为 600Ω。

17.4　贴片二极管

17.4.1　通用知识

1. 外形

贴片二极管有矩形和圆柱形，矩形贴片二极管一般为黑色，其使用更为广泛，图 17-15 所示是一些常见的贴片二极管。

2. 结构

贴片二极管有单管和对管之分。单管式
贴片二极管内部只有一个二极管，而对管式
贴片二极管内部有两个二极管。

图 17-15 贴片二极管

单管式贴片二极管一般有两个端极，标
有白色横条的为负极，另一端为正极，也有些单管式贴片二极管有三个端极，其中一个端极为空，
其内部结构如图 17-16 所示。

对管式贴片二极管根据内部两个二极管的连接方式不同，可分为共阳极对管（两个二极管正
极共用）、共阴极对管（两个二极管负极共用）和串联对管，如图 17-17 所示。

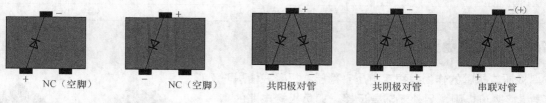

图 17-16 贴片二极管的内部结构　　　　　图 17-17 对管式贴片二极管的内部结构

17.4.2 贴片整流二极管和整流桥堆

整流二极管的作用是将交流电转换成直流电。普通的整流二极管（如 1N4001、1N4007 等）
只能对 3kHz 以下的交流电（如 50Hz、220V 的市电）进行整流，对 3kHz 以上的交流电整流要用
快恢复二极管或肖特基二极管。

1. 外形

桥式整流电路是最常用的整流电路，它需要
用到 4 只整流二极管，为了简化安装过程，通常
将 4 只整流二极管连接成桥式整流电路并封装成
一个元器件，称之为整流桥堆。贴片整流二极管
和贴片整流桥堆的外形如图 17-18 所示。

2. 常用型号代码与参数

图 17-18 贴片整流二极管和贴片整流桥堆的外形

由于贴片二极管体积小，不能标注过多的字符，因此常用一些简单的代码来表示型号。表 17-6
是一些常用贴片整流二极管的型号代码及主要参数，比如贴片二极管上标注代码"D7"，表示该二
极管的型号为 SOD4007，相当于插脚整流二极管 1N4007。

表 17-6 常用贴片整流二极管的型号代码及主要参数

代码	对应型号	主要参数
24	RR264M-400	400V、0.7A
91	RR255M-400	400V、0.7A
D1	SOD4001	50V、1A
D2	SOD4002	100V、1A
D3	SOD4003	200V、1A
D4	SOD4004	400V、1A
D5	SOD4005	600V、1A

续表

代码	对应型号	主要参数
D6	SOD4006	800V、1A
D7	SOD4007	1000V、1A
M1	4001	50V、1A
M2	4002	100V、1A
M3	4003	200V、1A
M4	4004	400V、1A
M5	4005	600V、1A
M6	4006	800V、1A
M7	4007	1000V、1A
TE25	1SR154-400	400V、1A
	1SR154-600	400V、1A
TR	RR274EA-400	400V、1A

17.4.3　贴片稳压二极管

稳压二极管的作用是稳定电压。稳压二极管在使用时需要串接限流电阻，另外还需要反接，即负极接电路的高电位、正极接电路的低电位。在选用稳压二极管时，主要考虑其功率和稳压值要满足电路的需求。

贴片稳压二极管的外形如图 17-19 所示。

图 17-19　贴片稳压二极管的外形

17.4.4　贴片快恢复二极管

在开关电源、变频调速电路、脉冲调制解调电路、逆变电路和 UPS 电源等电路中，其工作信号频率很高，普通整流二极管无法使用，需要用到快恢复二极管。快恢复二极管反向恢复时间短（一般为几百纳秒），反向工作电压可达几百到一千伏；超快恢复二极管反向恢复时间更短（可达几十纳秒），可用在更高频率的电路中。

1. 外形

贴片快恢复二极管的外形如图 17-20 所示，图中的 F7 快恢复二极管的最大工作电流为 1A、最高反向工作电压为 1000V，RS1J 快恢复二极管的最大工作电流为 1A、最高反向工作电压为 600V。

图 17-20　贴片快恢复二极管的外形

2. 常用型号代码与参数

表 17-7 是一些常用贴片快恢复二极管的型号及主要参数，型号中的数字表示最大正向工作电流，用字母 A、B、D、G、J、K、M 表示最高反向工作电压，用 RS、US、ES 分别表示快速、超快速和高速（反向恢复时间依次由长到短）。

表 17-7　常用贴片快恢复二极管的型号及主要参数

型号	最大正向工作电流 /A	最高反向工作电压 /V	反向恢复时间 /ns
RS1A/F1	1	50	150
RS1B/F2	1	100	150
RS1D/F3	1	200	150
RS1G/F4	1	400	150

型号	最大正向工作电流 /A	最高反向工作电压 /V	反向恢复时间 /ns
RS1J/F5	1	600	250
RS1K/F6	1	800	500
RS1M/F7	1	1000	500
US1A/B/D/G/J/K/M	1	50/100/200/400/600/800/1000	50（A/B/D/G） 75（J/K/M）
ES1A/B/D/G/J/K/M	1	50/100/200/400/600/800/1000	35
ES3A/B/D/G/J/K/M	3	50/100/200/400/600/800/1000	35

17.4.5　贴片肖特基二极管

肖特基二极管与快恢复二极管一样，都可用在高频电路中，由于肖特基二极管反向恢复时间更短（可达 10ns 以下），因此可以工作在更高频率的电路中，其工作频率可在 1～3GHz，快恢复（超快恢复）二极管工作频率在 1GHz 以下。**肖特基二极管的正向导通电压较普通二极管稍低，0.4V 左右**（电流大时该电压会略有上升），反向工作电压也比较低，一般在 100V 以下。肖特基二极管广泛应用在自动控制、仪器仪表、通信和遥控等领域。

1. 外形

贴片肖特基二极管的外形如图 17-21 所示，图中的 SS56 型肖特基二极管的最大工作电流为 5A，最高反向工作电压为 60V；B36 型肖特基二极管的最大工作电流为 3A，最高反向工作电压为 60V。

2. 常用型号与参数

图 17-21　贴片肖特基二极管的外形

表 17-8 是一些常用贴片肖特基二极管的型号及主要参数，型号中的第一个数字表示最大正向工作电流，第二个数字乘以 10 表示最高反向工作电压。

表 17-8　常用贴片肖特基二极管的型号及主要参数

型号	最大正向工作电流 /A	最高反向工作电压 /V
B32（MBRS320T3）	3	20
B36（MBRS360T3）	3	60
SS12	1	20
SS14	1	40
SS16	1	60
SS18	1	80
SS110	1	100
SS22	2	20
SS24	2	40
SS26	2	60
SS28	2	80
SS210	2	100
SS34	3	40
SS36	3	60
SS54	5	40
SSS10	5	100

17.4.6 贴片开关二极管

开关二极管的反向恢复时间很短，高速开关二极管（如1N4148）反向恢复时间不大于4ns，超高速开关二极管（如1SS300）不大于1.6ns。开关二极管的反向恢复时间一般小于快恢复二极管和肖特基二极管，但它的正向工作电流小（一般在500mA以下），反向工作电压低（一般为几十伏），所以开关二极管不能用在大电流、高电压的电路中。

开关二极管在电路中主要用于电子开关，小电流、低电压的高频电路和逻辑控制电路等领域。由于开关二极管价格便宜，所以除了用作电子开关外，小电流、低电压的高频整流和低频整流也可采用开关二极管。

1. 两引脚的贴片开关二极管

图17-22所示是两种常见的两引脚贴片开关二极管1N4148（标注有型号代码"T4"）和1SS355（标注有型号代码"A"），1N4148采用了两种不同的封装形式。

2. 三引脚的贴片开关二极管

三引脚的贴片开关二极管内部有两个

1N4148　　　　　　　　1SS355

图17-22　两种常见的两引脚贴片开关二极管

开关二极管，图17-23所示是几种常见的三引脚贴片开关二极管的外形与内部电路结构，型号为BAW56的贴片二极管的标注代码为"A1"。

17.4.7 贴片发光二极管

发光二极管主要用作指示灯和照明光源，大量的发光二极管组合在一起还可以构成显示屏。发光二极管的发光颜色主要有白、红、黄、橙、绿和蓝等。普通亮度的发光二极管一般用作指示灯，大功率高亮发光二极管多用作照明光源。

1. 外形

图17-24所示是几种常见的贴片发光二极管的外形。

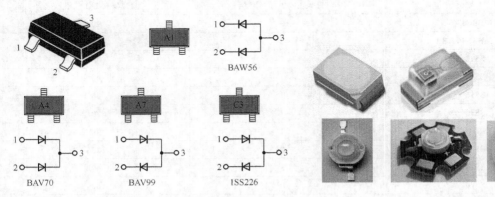

图17-23　几种常见的三引脚贴片开关　　　图17-24　几种常见的贴片发光二极管的外形
二极管的外形与内部电路结构

2. 常用规格及主要参数

贴片发光二极管的规格主要有0603、0805、1206、1210、3020、5050，其主要参数见表17-9。

表 17-9　常用规格贴片发光二极管的主要参数

产品规格	正向电压 /V	亮度 / (cd/m²)	最大工作电流 /mA
0603（红色）	1.8 ~ 2.4	100 ~ 150	
0603（黄色）	1.8 ~ 2.4	120 ~ 180	
0603（蓝色）	2.8 ~ 3.6	350 ~ 400	
0603（绿色）	2.8 ~ 3.6	400 ~ 500	
0603（白色）	2.8 ~ 3.6	300 ~ 500	
0805（红色）	1.8 ~ 2.4	150 ~ 300	
0805（黄色）	1.8 ~ 2.4	180 ~ 350	
0805（蓝色）	2.8 ~ 3.6	450 ~ 600	
0805（绿色）	2.8 ~ 3.6	550 ~ 700	
0805（白色）	2.8 ~ 3.6	450 ~ 600	
1206（红色）	1.8 ~ 2.4	300 ~ 450	
1206（黄色）	1.8 ~ 2.4	380 ~ 500	
1206（蓝色）	2.8 ~ 3.6	550 ~ 700	
1206（绿色）	2.8 ~ 3.6	650 ~ 900	20
1206（白色）	2.8 ~ 3.6	650 ~ 900	
1210（红色）	1.8 ~ 2.4	400 ~ 500	
1210（黄色）	1.8 ~ 2.4	450 ~ 500	
1210（蓝色）	2.8 ~ 3.6	600 ~ 750	
1210（绿色）	2.8 ~ 3.6	850 ~ 1200	
1210（白色）	2.8 ~ 3.6	850 ~ 1200	
3020（红色）	1.8 ~ 2.4	450 ~ 550	
3020（黄色）	1.8 ~ 2.4	400 ~ 650	
3020（蓝色）	2.8 ~ 3.6	800 ~ 1300	
3020（翠绿色）	2.8 ~ 3.6	1200 ~ 2200	
3020（白色）	2.8 ~ 3.6	1000 ~ 2000	
3020（暖白）	2.8 ~ 3.6	800 ~ 1600	
5050（白色）	2.8 ~ 3.6	3000 ~ 5000	
5050（暖白）	2.8 ~ 3.6	2500 ~ 4500	60
5050（红色）	1.8 ~ 2.4	900 ~ 1200	
5050（蓝色）	2.8 ~ 3.6	2000 ~ 3000	

17.5　贴片三极管

17.5.1　外形

图 17-25 所示是一些常见的贴片三极管的实物外形。

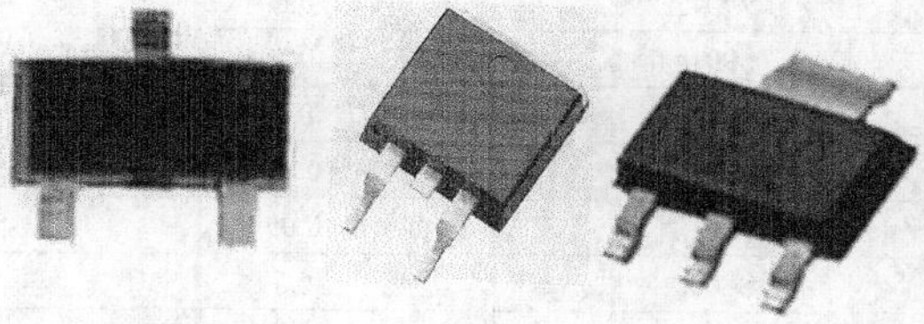

图 17-25　一些常见的贴片三极管的实物外形

17.5.2　引脚极性规律与内部结构

贴片三极管有 C、B、E 三个端极，对于图 17-26（a）所示的单列贴片三极管，正面朝上，粘贴面朝下，从左到右依次为 B、C、E 极。对于图 17-26（b）所示的双列贴片三极管，正面朝上，粘贴面朝下，单端极为 C 极，双端极左为 B 极，右为 E 极。

与普通三极管一样，贴片三极管也有 NPN 型和 PNP 型之分，这两种类型的贴片三极管的内部结构如图 17-27 所示。

（a）单列贴片三极管　　（b）双列贴片三极管　　　　　NPN 型　　　　　　　PNP 型

图 17-26　贴片三极管的引脚排列规律　　　　　图 17-27　贴片三极管的内部结构

17.5.3　标注代码与对应型号

贴片三极管的型号一般是通过在表面标注代码来表示的。常用贴片三极管的标注代码与对应的型号见表 17-10，常用贴片三极管的主要参数见表 17-11。

表 17-10　常用贴片三极管的标注代码与对应的型号

标注代码	对应型号	标注代码	对应型号	标注代码	对应型号
1T	S9011	2A	2N3906	6A	BC817-16
2T	S9012	1D	BTA42	6B	BC817-25
J3	S9013	2D	BTA92	1A	BC846A
J6	S9014	2L	2N5401	1B	BC846B
M6	S9015	G1	2N5551	1E	BC847A
Y6	S9016	702	2N7002	1F	BC847B
J8	S9018	V1	2N2111	1G	BC847C
J3Y	S8050	V2	2N2112	1J	BC848A
2TY	S8550	V3	2N2113	1K	BC848B
Y1	C8050	V4	2N2211	1L	BC848C
Y2	C8550	V5	2N2212	3A	BC856A
HF	2SC1815	V6	2N2213	3B	BC856B
BA	2SA1015	R23	2SC3359	3E	BC857A
CR	2SC945	AD	2SC3838	3F	BC857B
CS	2SA733	5A	BC807-16	3J	BC858A
1P	2N2222	5B	BC807-25	3K	BC858B
1AM	2N3904	5C	BC807-40	3L	BC858C

表 17-11　常用贴片三极管的主要参数

型号	最大电流 /A	最高电压 /V	标注代码	类型
S9011	0.03	30	1T	PNP
S9012	0.5	25	2T	PNP
S9013	0.5	25	J3	NPN
S9014	0.1	45	J6	NPN
S9015	0.1	45	M6	PNP
S9016	0.03	30	Y6	NPN
S9018	0.05	30	J8	NPN
S8050	0.5	25	J3Y	NPN
S8550	0.5	25	2TY	PNP
A1015	0.15	50	BA	PNP
C1815	0.15	50	HF	NPN
MMBT3904	0.2	40	1AM	NPN
MMBT3906	0.2	40	2A	PNP
MMBTA42	0.3	300	1D	NPN
MMBTA92	0.2	300	2D	PNP
MMBT5551	0.6	180	G1	NPN
MMBT5401	0.6	180	2L	PNP

第18章

集成电路

18.1 概述

18.1.1 快速了解集成电路

将许多电阻、二极管和三极管等元器件以电路的形式制作在半导体硅片上，然后接出引脚并封装起来，就构成了集成电路。集成电路简称为集成块，又称芯片 IC，图 18-1（a）所示的 LM380 就是一种常见的音频放大集成电路，其内部电路结构如图 18-1（b）所示。

（a）实物外形 （b）内部电路结构

图 18-1 LM380 集成电路

由于集成电路内部结构复杂，对于大多数人来说，可不用了解具体内部电路结构，只需知道集成电路的用途和各个引脚的功能。

单独集成电路是无法工作的，需要给它加接相应的外围元件并提供电源才能工作。图 18-2 中的集成电路 LM380 提供了电源并加接了外围元件。它就可以对 6 脚输入的音频信号进行放大，然后从 8 脚输出放大的音频信号，再送入扬声器使之发声。

18.1.2 集成电路的特点

有的集成电路内部只有十几个元器件，而有些集成电路内部则有成千上万个元器件（如计算机中的微处理器CPU）。集成电路内部电路很复杂，对于大多数电子技术人员可不用理会内部电路原理，除非是从事电路设计工作的。

集成电路主要有以下特点。

① 集成电路中多用晶体管，少用

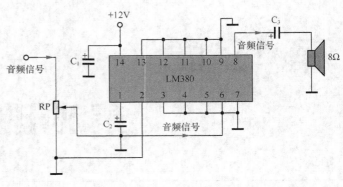

图 18-2 LM380 构成的实用电路

电感、电容和电阻，特别是大容量的电容器，因为制作这些元器件需要占用大面积硅片，导致成本提高。

② 集成电路内的各个电路之间多采用直接连接（即用导线直接将两个电路连接起来），少用电容连接，这样可以减少集成电路的面积，又能使它适用于各种频率的电路。

③ 集成电路内多采用对称电路（如差动电路），这样可以纠正制造工艺上的偏差。

④ 集成电路一旦生产出来，内部的电路无法更改，不像分立元器件电路可以随时改动，所以当集成电路内的某个元器件损坏时只能更换整个集成电路。

⑤ 集成电路一般不能单独使用，需要与分立元器件组合才能构成实用的电路。对于集成电路，大多数电子技术人员只要知道它内部具有什么样功能的电路，即了解内部结构方框图和各个引脚功能就行了。

18.1.3 集成电路的引脚识别

集成电路的引脚很多，少则几个，多则几百个，各个引脚功能又不一样，所以在使用时一定要对号入座，否则集成电路不能工作甚至会烧坏。因此一定要知道集成电路引脚的识别方法。

不管什么集成电路，它们都有一个标记指出第 1 个引脚，常见的标记有小圆点、小突起、缺口、缺角，找到该脚后，逆时针依次为 2、3、4……如图 18-3（a）所示。对于单列或双列引脚的集成电路，若表面标有文字，识别引脚时正对标注文字，文字左下角为第 1 个引脚，然后逆时针依次为 2、3、4……如图 18-3（b）所示。

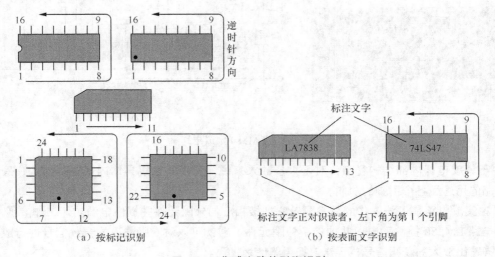

（a）按标记识别　　　　　　　　　　　　　　（b）按表面文字识别

图 18-3 集成电路的引脚识别

18.2 集成电路的检测

集成电路型号很多，内部电路千变万化，故检测集成电路的好坏较为复杂。下面介绍一些常用的集成电路的好坏检测方法。

18.2.1 开路测量电阻法

开路测量电阻法是指在集成电路未与其他电路连接时，通过测量集成电路各个引脚与接地引脚之间的电阻来判别好坏的方法。

集成电路都有一个接地引脚（GND），其他各个引脚与接地引脚之间都有一定的电阻，由于同型号的集成电路内部电路相同，因此同型号的正常集成电路的各个引脚与接地引脚之间的电阻均是相同的。根据这一点，可使用开路测量电阻的方法来判别集成电路的好坏。

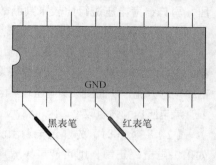

在检测时，将万用表拨至 R×100 挡，红表笔固定接被测集成电路的接地引脚，黑表笔依次接其他各个引脚，如图 18-4 所示，测出并记下各个引脚与接地引脚之间的电阻，然后用同样的方法测出同型号的正常集成电路的各个引脚对地电阻，再将两个集成电路各个引脚对地电阻一一对照，如果两者完全相同，则被测集成电路正常；如果有引脚电阻差距很大，则被测集成电路损坏。在测量各个引脚电阻时万用表最好选用同一挡位，如果因某个引脚电阻过大或过小难以观察而需要更换挡位时，则测量正常集成电路的该引脚电阻时也要换到该挡位。这是因为集成电路内部大部分是半导体元件，不同的欧姆挡提供的电流不同，对于同一个引脚，使用不同欧姆挡测量时，内部元件导通程度有所不同，故不同的欧姆挡测同一个引脚得到的阻值可能有一定的差距。

图 18-4 开路测量电阻示意图

（a）外形

采用开路测量电阻法判别集成电路的好坏比较容易，并且对大多数集成电路都适用，其缺点是检测时需要找一个同型号的正常集成电路作为对照，解决这个问题的方法是平时多积累测量一些常用集成电路的开路电阻的数据，以便以后检测同型号集成电路时作为参考，另外也可查阅一些资料来获得这方面的数据。图 18-5 所示是一种常用的内部有 4 个运算放大器的集成电路 LM324，表 18-1 中列出了其开路电阻数据，测量时使用数字万用表的 200kΩ 挡，表中有两组数据，一组为红表笔接 11 脚（接地脚）、黑表笔接其他各个引脚测得的数据；另一组为黑表笔接 11 脚、红表笔接其他各个引脚测得的数据，在检测 LM324 的好坏时，也应使用数字万用表的 200kΩ 挡，再将实测的各个引脚数据与表中数据进行对照来判别所测集成电路的好坏。

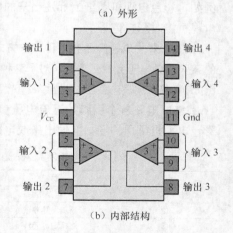

（b）内部结构

图 18-5 集成电路 LM324

表 18-1　LM324 各个引脚对地的开路电阻数据

项目	引脚													
	1	2	3	4	5	6	7	8	9	10	11	12	13	14
红表笔接 11 脚（kΩ）	6.7	7.4	7.4	5.5	7.5	7.5	7.4	7.5	7.4	7.4	0	7.4	7.4	6.7
黑表笔接 11 脚（kΩ）	150	∞	∞	19	∞	∞	150	150	∞	∞	0	∞	∞	150

18.2.2　在路检测法

在路检测法是指在集成电路与其他电路连接时检测集成电路的方法。

1. 在路直流电压测量法

在路直流电压测量法是在通电的情况下，用万用表直流电压挡测量集成电路各个引脚对地电压，再与参考电压进行比较来判断故障的方法。

在路直流电压测量法的使用要点如下。

（1）为了减小测量时万用表内阻的影响，尽量使用内阻高的万用表。例如，MF47 型万用表直流电压挡的内阻为 20kΩ/V，当选择 10V 挡测量时，万用表的内阻为 200kΩ，在测量时，万用表内阻会对被测电压有一定的分流，从而使被测电压较实际电压略低，内阻越大，对被测电路的电压影响越小。MF50 型万用表直流电压挡的内阻较小，为 10kΩ/V，使用它测量时对电路电压的影响较 MF47 型万用表更大。

（2）在检测时，先测量电源引脚电压是否正常，如果电源引脚电压不正常，可检查供电电路，如果供电电路正常，则可能是集成电路内部损坏，或集成电路某些引脚外围元件损坏，进而通过内部电路使电源引脚电压不正常。

（3）在确定集成电路的电源脚电压正常后，才可进一步测量其他引脚电压是否正常。如果个别引脚电压不正常，先检测该引脚的外围元件，若外围元件正常，则为集成电路损坏，如果多个引脚电压不正常，可通过集成电路内部大致结构和外围电路工作原理，分析这些引脚电压是否因某个或某些引脚电压变化引起，着重检查这些引脚的外围元件，若外围元件正常，则为集成电路损坏。

（4）有些集成电路在有信号输入（动态）和无信号输入（静态）时，某些引脚电压可能不同，在将实测电压与该集成电路的参考电压对照时，要注意其测量条件，实测电压也应在该条件下测得。例如，彩色电视机图纸上标注出来的参考电压通常是在接收彩色信号时测得的，实测时也应尽量让电视机接收彩色信号。

（5）有些电子产品有多种工作方式，在不同的工作方式下和工作方式切换过程中，有关集成电路的某些引脚电压会发生变化，对于这种集成电路，需要了解电路工作原理才能作出准确的测量与判断。例如，DVD 机在光盘出、光盘入、光盘搜索和读盘时，有关集成电路的某些引脚电压会发生变化。

集成电路各个引脚的直流电压参考值可以参看有关图纸或查阅有关资料获得。表 18-2 列出了彩色电视机常用的场扫描输出集成电路 LA7837 各个引脚功能、直流电压和在路电阻参考值。

表 18-2　LA7837 各个引脚功能、直流电压和在路电阻参考值

引脚	功能	直流电压 /V	R 正 /kΩ	R 反 /kΩ
①	电源 1	11.4	0.8	0.7
②	场频触发脉冲输入	4.3	18	0.9
③	外接定时元件	5.6	1.7	3.2
④	外接场幅调整元件	5.8	4.5	1.4
⑤	50Hz/60Hz 场频控制	0.2/3.0	2.7	0.9
⑥	锯齿波发生器电容	5.7	1.0	0.95
⑦	负反馈输入	5.4	1.4	2.6
⑧	电源 2	24	1.7	0.7

续表

引脚	功能	直流电压 /V	R 正 /kΩ	R 反 /kΩ
⑨	泵电源提升端	1.9	4.5	1.0
⑩	负反馈消振电容	1.3	1.7	0.9
⑪	接地	0	0	0
⑫	场偏转功率输出	12.4	0.75	0.6
⑬	场功放电源	24.3	∞	0.75

注：表中数据是在康佳 T5429D 彩色电视机上测得的。R 正表示红表笔测量、黑表笔接地；R 反表示黑表笔测量、红表笔接地。

2．在路电阻测量法

在路电阻测量法是在切断电源的情况下，用万用表欧姆挡测量集成电路各个引脚及外围元件的正、反向电阻值，再与参考数据相比较来判断故障的方法。

在路电阻测量法使用要点如下。

（1）测量前一定要断开被测电路的电源，以免损坏元件和仪表，并避免测得的电阻值不准确。

（2）万用表 R×10k 挡内部使用 9V 电池，有些集成电路工作电压较低，如 3.3V、5V，为了防止高电压损坏被测集成电路，测量时万用表最好选择 R×100 或 R×1k 挡。

（3）在测量集成电路各个引脚电阻时，一根表笔接地，另一根表笔接集成电路各个引脚，如图 18-6 所示，测得的阻值是该引脚外围元件（R_1、C）与集成电路内部电路及有关外围元件的并联值。如果发现个别引脚电阻与参考电阻差距较大，先检测该引脚外围元件，如果外围元件正常，通常为集成电路内部损坏，如果多数引脚电阻不正常，集成电路损坏的可能性很大，但也不能完全排除这些引脚外围元件损坏。

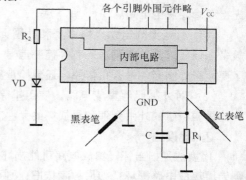

图 18-6　测量集成电路的在路电阻

集成电路各个引脚的电阻参考值可以参看有关图纸或查阅有关资料来获得。彩色电视机常用的场扫描输出集成电路 LA7837 各个引脚在路电阻参考值见表 18-2。

3．在路总电流测量法

在路总电流测量法是指测量集成电路的总电流来判断故障的方法。

集成电路内部元件大多采用直接连接方式组成电路，当某个元件被击穿或开路时，通常对后级电路有一定的影响，从而使得整个集成电路的总工作电流减小或增大，测得集成电路的总电流后再与参考电流比较，过大、过小均说明集成电路或外围元件存在故障。电子产品的图纸和有关资料一般不提供集成电路的总电流参考数据，该数据可在正常电子产品的电路中实测获得。

在路测量集成电路的总电流如图 18-7 所示，在测量时，既可以断开集成电路的电源引脚直接测量电流，也可以测量电源引脚的供电电阻两端电压，然后利用 $I=U/R$ 来计算出电流值。

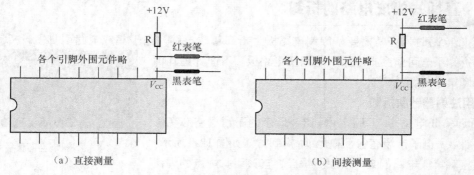

图 18-7　在路测量集成电路的总电流

18.2.3　排除法和代换法

不管是开路测量电阻法，还是在路检测法，都需要知道相应的参考数据。如果无法获得参考数据，可使用排除法和代换法。

1. 排除法

在使用集成电路时，需要给它外接一些元件，如果集成电路不工作，可能是集成电路本身损坏，也可能是外围元件损坏。**排除法是指先检查集成电路各个引脚的外围元件，当外围元件均正常时，外围元件损坏导致集成电路工作不正常的原因则可排除，故障应为集成电路本身损坏。**

排除法使用要点如下。

（1）在检测时，最好在测得集成电路供电正常后再使用排除法，如果电源引脚电压不正常，先检查修复供电电路。

（2）有些集成电路只需本身和外围元件正常就能正常工作，也有些集成电路（数字集成电路较多）还要求其他电路送来有关控制信号（或反馈信号）才能正常工作，对于这样的集成电路，除了要检查外围元件是否正常外，还要检查集成电路是否接收到相关的控制信号。

（3）对外围元件集成电路，使用排除法更为快捷。对外围元件很多的集成电路，通常先检查一些重要引脚的外围元件和易损坏的元件。

2. 代换法

代换法是指当怀疑集成电路可能损坏时，直接用同型号正常的集成电路代换，如果故障消失，则为原集成电路损坏；如果故障依旧，则可能是集成电路外围元件损坏，更换的集成电路不良，也可能是外围元件故障未排除导致更换的集成电路又被损坏，还有些集成电路可能是未接收到其他电路送来的控制信号。

代换法使用要点如下。

（1）由于在未排除外围元件故障时直接更换集成电路，可能会使集成电路再次损坏，因此，对于工作在高电压、大电流下的集成电路，最好在检查外围元件正常的情况下再更换集成电路，对于工作在低电压下的集成电路，也尽量在确定一些关键引脚的外围元件正常的情况下再更换集成电路。

（2）有些数字集成电路内部含有程序，如果程序发生错误，即使集成电路外围元件和有关控制信号都正常，集成电路也不能正常工作，对于这种情况，可使用一些设备重新给集成电路写入程序，或更换已写入程序的集成电路。

18.3　集成电路的拆卸与焊接

18.3.1　直插式集成电路的拆卸

在检修电路时，经常需要从印制电路板上拆卸集成电路，由于集成电路引脚多，拆卸起来比较困难，拆卸不当可能会损害集成电路及电路板。下面介绍几种常用的拆卸集成电路的方法。

1. 用注射器针头拆卸

在拆卸集成电路时，可借助图 18-8 所示的不锈钢空芯套管或注射器针头（电子市场有售）来拆卸，拆卸方法如图 18-9 所示，用烙铁头接触集成电路的某一个引脚焊点，当该引脚焊点的焊锡

图 18-8　不锈钢空芯套管和注射器针头

熔化后，将大小合适的注射器针头套在该引脚上并旋转，让集成电路的引脚与印制电路板焊锡铜箔脱离，然后将电烙铁头移开，稍后拔出注射器针头，这样集成电路的一个引脚就与印制电路板铜箔脱离开来，再用同样的方法将集成电路其他引脚与电路板铜箔脱离，最后就能将该集成电路从电路板上拔下来。

图 18-9　用不锈钢空芯套管拆卸多引脚元件

2．用吸锡器拆卸

吸锡器是一种利用手动或电动方式产生吸力，将焊锡吸离电路板铜箔的维修工具。 吸锡器如图 18-10 所示，图中下方吸锡器具有加热功能，又称吸锡电烙铁。

利用吸锡器拆卸集成电路的操作如图 18-11 所示，具体过程如下。

图 18-10　吸锡器

① 将吸锡器活塞向下压至卡住。

② 用电烙铁加热焊点至焊料熔化。

③ 移开电烙铁，同时迅速把吸锡器吸嘴贴上焊点，并按下吸锡器按钮，让活塞弹起产生的吸力将焊锡吸入吸锡器。

④ 如果一次吸不干净，可重复操作多次。

当所有引脚的焊锡被吸走后，就可以从电路板上取下集成电路。

图 18-11　用吸锡器拆卸集成电路

3．用毛刷配合电烙铁拆卸

这种拆卸方法比较简单，拆卸时只需一把电烙铁和一把小毛刷即可。在使用该方法拆卸集成块时，先用电烙铁加热集成电路引脚处的焊锡，待引脚上的焊锡熔化后，马上用毛刷将熔化的焊锡扫掉，再用这种方法清除其他引脚的焊锡，当所有引脚焊锡被清除后，用镊子或小型一字螺丝刀撬下集成电路。

4．用多股铜丝吸锡拆卸

在使用这种方法拆卸时，需要用到多股铜芯导线，如图 18-12 所示。

图 18-12　多股铜芯导线

用多股铜丝吸锡拆卸集成电路的操作过程如下。

① 去除多股铜芯导线的塑胶外皮，将导线放在松香中用电烙铁加热，使导线蘸上松香。

② 将多股铜丝放到集成块引脚上用电烙铁加热，这样引脚上的焊锡就会被蘸有松香的铜丝吸附，吸上焊锡的部分可剪去，重复操作几次就可将集成电路引脚上的焊锡全部吸走，然后用镊子或小型一字螺丝刀轻轻将集成电路撬下。

5．增加引脚焊锡熔化拆卸

这种拆卸方法无须借助其他工具材料，特别适合拆卸单列或双列且引脚数量不是很多的集成电路。

用增加引脚焊锡熔化拆卸集成电路的操作过程如下。

在拆卸时，先给集成块电路一列引脚上增加一些焊锡，让焊锡将该列引脚所有的焊点连接起来，然后用电烙铁加热该列的中间引脚，并向两端移动，利用焊锡的热传导将该列所有引脚上的焊锡熔化，再用镊子或小型一字螺丝刀偏向该列位置轻轻将集成电路往上撬一点，再用同样的方法对另一列引脚加热、撬动，对两列引脚轮换加热，直到拆下为止。一般情况下，每列引脚加热两次即可拆下。

6．用热风拆焊台或热风枪拆卸

热风拆焊台和热风枪的外形如图 18-13 所示，其喷头可以喷出温度达几百度的热风，利用热风将集成电路各个引脚上的焊锡熔化，然后就可拆下集成电路。

在拆卸时要注意，用单喷头拆卸时，应让喷头和所拆的集成电路保持垂直，并沿集成电路周围引脚移动喷头，对各个引脚焊锡均匀加热，喷头不要触及集成电路及周围的外围元件，吹焊的位置要准确，尽量不要吹到集成电路周围的元件。

图 18-13　热风拆焊台和热风枪的外形

18.3.2　贴片集成电路的拆卸

贴片集成电路的引脚多且排列紧密，有的四面都有引脚，在拆卸时若方法不当，轻则无法拆下，重则损坏集成电路引脚和电路板上的铜箔。贴片集成电路的拆卸通常使用热风拆焊台或热风枪拆卸。

贴片集成电路的拆卸操作过程如下。

① 在拆卸前，仔细观察待拆集成电路在电路板的位置和方位，并做好标记，以便焊接时按对应标记安装集成电路，避免安装出错。

② 用小刷子将贴片集成电路周围的杂质清理干净，再给贴片集成电路引脚上涂少许松香粉末或松香水。

③ 调好热风枪的温度和风速。温度开关一般调至 3 ~ 5 挡，风速开关调至 2 ~ 3 挡。

④ 用单喷头拆卸时，应注意使喷头和所拆集成电路保持垂直，并沿集成电路周围引脚移动，对各个引脚均匀加热，喷头不可触及集成电路及周围的外围元件，吹焊的位置要准确，且不可吹到集成电路周围的元件。

⑤ 待集成电路的各个引脚的焊锡全部熔化后，用镊子将集成电路掀起或夹走，且不可用力，否则极易损坏与集成电路连接的铜箔。

对于没有热风拆焊台或热风枪的维修的人员，可采用以下方法拆卸贴片集成电路。

先给集成电路某列引脚涂上松香，并用焊锡将该列引脚全部连接起来，然后用电烙铁对焊锡加热，待该列引脚上的焊锡熔化后，用薄刀片（如刮须刀片）从电路板和引脚之间推进去，移开电烙铁等待几秒后拿出刀片，这样集成电路该列引脚就和电路板脱离了，再用同样的方法将集成电路其他引脚与电路板分离开，最后就能取下整个集成电路。

18.3.3　贴片集成电路的焊接

贴片集成电路的焊接过程如下。

① 将电路板上的焊点用电烙铁整理平整，如有必要，可对焊锡较少的焊点进行补锡，然后用酒精清洁干净焊点周围的杂质。

② 将待焊接的集成电路与电路板上的焊接位置对好，再用电烙铁焊好集成电路对角线的 4 个引脚，将集成电路固定，并在引脚上涂上松香水或撒些松香粉末。

③ 如果用热风枪焊接，可用热风枪吹焊集成电路四周引脚，待电路板焊点上的焊锡熔化后，移开热风枪，引脚就与电路板焊点粘在一起。如果使用电烙铁焊接，可在烙铁头上蘸上少量焊锡，然后在一列引脚上拖动，焊锡会将各个引脚与电路板焊点粘好。如果集成电路的某些引脚被焊锡连接短路，可先用多股铜线将多余的焊锡吸走，再在该处涂上松香水，用电烙铁在该处加热，引脚之间的剩余焊锡会自动断开，回到引脚上。

④ 焊接完成后，检查集成电路各个引脚之间有无短路或漏焊，检查时可借助放大镜或万用表检测，若有漏焊，应用尖头烙铁进行补焊，最后用无水酒精将集成电路周围的松香清理干净。

第 19 章

基础电子电路

19.1 放大电路

三极管是一种具有放大功能的电子元器件，但单独的三极管是无法放大信号的，**只有给三极管提供电压，让它导通才具有放大能力。**为三极管提供导通所需的电压，使三极管具有放大能力的简单放大电路通常称为基本放大电路，又称偏置放大电路。常见的基本放大电路有固定偏置放大电路、电压负反馈放大电路、分压式偏置放大电路和交流放大电路。

19.1.1 固定偏置放大电路

固定偏置放大电路是一种最简单的放大电路。固定偏置放大电路如图 19-1 所示，其中图 19-1（a）所示为 NPN 型三极管构成的固定偏置放大电路，图 19-1（b）所示为 PNP 型三极管构成的固定偏置放大电路。它们都由三极管 VT 和电阻 R_b、R_c 组成，R_b 称为偏置电阻，R_c 称为负载电阻。接通电源后，有电流流过三极管 VT，VT 就会导通而具有放大能力。下面以图 19-1（a）所示电路为例来分析固定偏置放大电路。

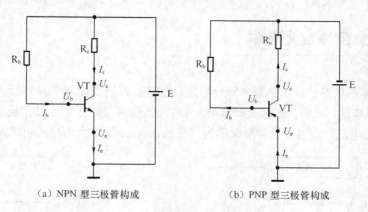

（a）NPN 型三极管构成　　　　　（b）PNP 型三极管构成

图 19-1　固定偏置放大电路

1. 电流关系

接通电源后，从电源 E 的正极流出电流，分作两路：一路电流经电阻 R_b 流入三极管 VT 的基极，再通过 VT 内部的发射结从发射极流出；另一路电流经电阻 R_c 流入 VT 的集电极，再通过 VT 内部从发射极流出；两路电流从 VT 的发射极流出后汇合成一路电流，再流到电源的负极。

三极管 3 个极分别有电流流过，其中流经基极的电流称为 I_b，流经集电极的电流称为 I_c，流经发射极的电流称为 I_e。这些电流的关系为

$$I_b+I_c=I_e$$

$$I_c=I_b \cdot \beta（\beta 为三极管的放大倍数）$$

2. 电压关系

接通电源后，电源为三极管的各个极提供电压，电源正极电压经 R_c 降压后为 VT 提供集电极电压 U_c，电源正极电压经 R_b 降压后为 VT 提供基极电压 U_b，电源负极电压直接加到 VT 的发射极，发射极电压为 U_e。电路中 R_b 的阻值较 R_c 的阻值大很多，所以三极管 VT 3 个极的电压关系为

$$U_c>U_b>U_e$$

在放大电路中，三极管的 I_b（基极电流）、I_c（集电极电流）和 U_{ce}（集 - 射极之间的电压，$U_{ce}=U_c-U_e$）称为静态工作点。

3. 三极管内部两个 PN 结的状态

图 19-1（a）中的三极管 VT 为 NPN 型三极管，它内部有两个 PN 结：集电极和基极之间有一个 PN 结，称为集电结；发射极和基极之间有一个 PN 结，称为发射结。因为 VT 的 3 个极的电压关系是 $U_c>U_b>U_e$，所以 VT 内部两个 PN 结的状态是：发射结正偏（PN 结可相当于一个二极管，P 极电压高于 N 极电压时称为 PN 结电压正偏），集电结反偏。

综上所述，三极管处于放大状态时具有的特点如下。

① $I_b+I_c=I_e$，$I_c=I_b \cdot \beta$。

② $U_c>U_b>U_e$（NPN 型三极管）。

③ 发射结正偏导通，集电结反偏。

以上分析的是 NPN 型三极管固定偏置放大电路，读者可根据上面的方法来分析图 19-1（b）中所示的 PNP 型三极管固定偏置放大电路。

固定偏置放大电路结构简单，但当三极管温度上升引起静态工作点发生变化时（如环境温度上升，三极管内半导体导电能力增强，会使电流 I_b、I_c 增大），电路无法使静态工作点恢复正常，从而会导致三极管工作不稳定，所以固定偏置放大电路一般用在要求不高的电子设备中。

19.1.2　电压负反馈放大电路

1. 关于反馈

所谓反馈是指从电路的输出端取一部分电压（或电流）反送到输入端。如果反送的电压（或电流）使输入端电压（或电流）减弱，即起抵消作用，这种反馈称为"负反馈"；如果反送的电压（或电流）使输入端电压（或电流）增强，这种反馈称为"正反馈"。反馈放大电路的组成如图 19-2 所示。

（a）正反馈　　　　　　　　　　（b）负反馈

图 19-2　反馈放大电路的组成

在图 19-2（a）所示框图中，输入信号经放大电路放大后分作两路：一路去后级电路，另一路

经反馈电路反送到输入端，从图中可以看出，反馈信号与输入信号相位相同，反馈信号会增强输入信号，所以该反馈电路为正反馈。在图 19-2（b）所示框图中，反馈信号与输入信号相位相反，反馈信号会削弱输入信号，所以该反馈电路为负反馈。负反馈电路常用来稳定放大电路的静态工作点，即稳定放大电路的电压和电流，正反馈常与放大电路组合构成振荡器。

2. 电压负反馈放大电路原理

电压负反馈放大电路如图 19-3 所示。

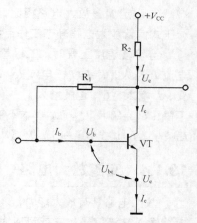

电压负反馈放大电路中的电阻 R_1 除了可以为三极管 VT 提供基极电流 I_b 外，还能将输出信号的一部分反馈到 VT 的基极（即输入端），由于基极与集电极是反相关系，故反馈为负反馈。

负反馈电路的一个非常重要的特点就是可以稳定放大电路的静态工作点，下面分析图 19-3 所示电压负反馈放大电路静态工作点的稳定过程。

三极管是半导体器件，具有热敏性，当环境温度上升时，它的导电性增强，电流 I_b、I_c 会增大，从而导致三极管工作不稳定，整个放大电路工作也不稳定，而负反馈电阻 R_1 可以稳定电流 I_b、I_c。R_1 稳定电路工作点过程如下。

图 19-3 电压负反馈放大电路

当环境温度上升时，三极管 VT 的电流 I_b、I_c 增大→流过 R_2 的电流 I 增大（$I=I_b+I_c$，电流 I_b、I_c 增大，I 就增大）→ R_2 两端的电压 U_{R2} 增大（$U_{R2}=I \cdot R_2$，I 增大，R_2 不变，U_{R2} 增大）→ VT 的集电极电压 U_c 下降（$U_c=V_{CC}-U_{R2}$，U_{R2} 增大，V_{CC} 不变，U_c 就减小）→ VT 的基极电压 U_b 下降（U_b 由 U_c 经 R_1 降压获得，U_c 下降，U_b 也会跟着下降）→ I_b 减小（U_b 下降，VT 发射结两端的电压 U_{be} 减小，流过的电流 I_b 就减小）→ I_c 也减小（$I_c=I_b \cdot \beta$，I_b 减小，β 不变，故 I_c 减小）→ I_b、I_c 减小，恢复到正常值。

由此可见，由于 R_1 的负反馈作用，电压负反馈放大电路的静态工作点得到稳定。

19.1.3 分压式偏置放大电路

分压式偏置放大电路是一种应用最为广泛的放大电路，这主要是因为它能有效克服固定偏置放大电路无法稳定静态工作点的缺点。分压式偏置放大电路如图 19-4 所示，其中，R_1 为上偏置电阻，R_2 为下偏置电阻，R_3 为负载电阻，R_4 为发射极电阻。

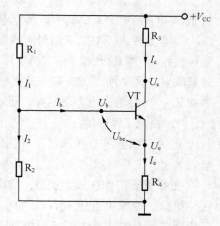

1. 电流关系

接通电源后，电路中有电流 I_1、I_2、I_b、I_c、I_e 产生，各电流的流向如图 19-4 所示。不难看出，这些电流有以下关系

$$I_2+I_b=I_1$$
$$I_b+I_c=I_e$$
$$I_c=I_b \cdot \beta$$

图 19-4 分压式偏置放大电路

2. 电压关系

接通电源后，电源为三极管的各个极提供电压，$+V_{CC}$ 电源经 R_c 降压后为 VT 提供集电极电压 U_c，$+V_{CC}$ 经 R_1、R_2 分压为 VT 提供基极电压 U_b，电流 I_e 在流经 R_4 时，在 R_4 上得到电压 U_{R4}，U_{R4} 大小与 VT 的发射极电压 U_e 相等。图中的三极管 VT 处于放大状态，U_c、U_b、U_e 3 个电压满足以

下关系

$$U_c > U_b > U_e$$

3. 三极管内部两个 PN 结的状态

$U_c > U_b > U_e$，其中 $U_c > U_b$ 使 VT 的集电结处于反偏状态，$U_b > U_e$ 使 VT 的发射结处于正偏状态。

4. 静态工作点的稳定

与固定偏置放大电路相比，分压式偏置放大电路最大的优点是具有稳定静态工作点的功能。分压式偏置放大电路静态工作点的稳定过程分析如下。

当环境温度上升时，三极管内部的半导体材料导电性增强，VT 的电流 I_b、I_c 增大→流过 R_4 的电流 I_e 增大（$I_e = I_b + I_c$，电流 I_b、I_c 增大，I_e 就增大）→ R_4 两端的电压 U_{R4} 增大（$U_{R4} = I_e \cdot R_4$，R_4 不变，I_e 增大，U_{R4} 也就增大）→ VT 的发射极电压 U_e 上升（$U_e = U_{R4}$）→ VT 的发射结两端的电压 U_{be} 下降（$U_{be} = U_b - U_e$，U_b 基本不变，U_e 上升，U_{be} 下降）→ I_b 减小→ I_c 也减小（$I_c = I_b \cdot \beta$，β 不变，I_b 减小，I_c 也减小）→ I_b、I_c 减小，恢复到正常值，从而稳定了三极管的电流 I_b、I_c。

19.1.4 交流放大电路

放大电路具有放大能力，若给放大电路输入交流信号，它就可以对交流信号进行放大，然后输出幅度大的交流信号。为了使放大电路能以良好的效果放大交流信号，并能与其他电路很好连接，通常要给放大电路增加一些耦合、隔离和旁路元件，这样的电路常称为交流放大电路。图 19-5 所示是一种典型的交流放大电路。

在图 19-5 所示电路中，电阻 R_1、R_2、R_3、R_4 与三极管 VT 构成分压式偏置放大电路；C_1、C_3 称为耦合电容，

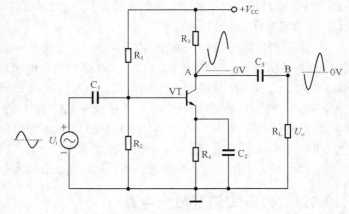

图 19-5　交流放大电路

C_1、C_3 容量较大，对交流信号阻碍很小，交流信号很容易通过 C_1、C_3，C_1 用来将输入端的交流信号传送到 VT 的基极，C_3 用来将 VT 集电极输出的交流信号传送给负载 R_L，电容除了传送交流信号外，还起隔直作用，所以 VT 基极直流电压无法通过 C_1 到输入端，VT 集电极直流电压无法通过 C_3 到负载 R_L；C_2 称为交流旁路电容，可以提高放大电路的放大能力。

1. 直流工作条件

因为三极管只有在满足了直流工作条件后才具有放大能力，所以分析一个放大电路首先要分析它能否为三极管提供直流工作条件。

三极管要工作在放大状态，需满足的直流工作条件主要有：第一，有完整的电流 I_b、I_c、I_e 途径；第二，能提供电压 U_c、U_b、U_e；第三，发射结正偏导通，集电结反偏。 这 3 个条件具备了，三极管才具有放大能力。一般情况下，如果三极管电流 I_b、I_c、I_e 在电路中有完整的途径就可认为三极管具有放大能力，因此以后在分析三极管的直流工作条件时，一般分析三极管的电流 I_b、I_c、I_e 途径就可以了。

VT 的电流 I_b 的途径是：电源 V_{CC} 正极→电阻 R_1 → VT 的基极→ VT 的发射极；

VT 的电流 I_c 的途径是：电源 V_{CC} 正极→电阻 R_3 → VT 的集电极→ VT 的发射极；

VT 的电流 I_e 的途径是：VT 的发射极 → R_4 → 地（即电源 V_{CC} 的负极）。

下面的电流流程图可以更直观地表示各电流的关系：

$$+V_{CC} \quad \Big\langle \quad \begin{matrix} R_3 \xrightarrow{I_c} \text{VT 集电极} \xrightarrow{I_c} \\ R_1 \xrightarrow{I_b} \text{VT 基极} \xrightarrow{I_b} \end{matrix} \quad \Big\rangle \text{VT 发射极} \xrightarrow{I_e} R_4 \longrightarrow \text{地}$$

从上面的分析可知，三极管 VT 的电流 I_b、I_c、I_e 在电路中有完整的途径，所以 VT 具有放大能力。试想一下，如果 R_1 或 R_3 开路，三极管 VT 有无放大能力，为什么？

2. 交流信号处理过程

满足了直流工作条件后，三极管具有了放大能力，就可以放大交流信号了。图 19-5 中所示的 U_i 为小幅度的交流信号电压，它通过电容 C_1 加到三极管 VT 的基极。

当交流信号电压 U_i 为正半周时，U_i 极性为上正下负，上正电压经 C_1 送到 VT 的基极，与基极的直流电压（V_{CC} 经 R_1 提供）叠加，使基极电压上升，VT 的电流 I_b 增大，电流 I_c 也增大，流过 R_3 的电流 I_c 增大，R_3 上的电压 U_{R3} 也增大（$U_{R3}=I_c \cdot R_3$，因 I_c 增大，故 U_{R3} 增大），VT 集电极电压 U_c 下降（$U_c=V_{CC} - U_{R3}$，U_{R3} 增大，故 U_c 下降），即 A 点电压下降，该下降的电压即为放大输出的信号电压，但信号电压被倒相 180°，变成负半周信号电压。

当交流信号电压 U_i 为负半周时，U_i 极性为上负下正，上负电压经 C_1 送到 VT 的基极，与基极的直流电压（V_{CC} 经 R_1 提供）叠加，使基极电压下降，VT 的电流 I_b 减小，电流 I_c 也减小，流过 R_3 的电流 I_c 减小，R_3 上的电压 U_{R3} 也减小（$U_{R3}=I_c \cdot R_3$，因 I_c 减小，故 U_{R3} 减小），VT 集电极电压 U_c 上升（$U_c=V_{CC} - U_{R3}$，U_{R3} 减小，故 U_c 上升），即 A 点电压上升，该上升的电压即为放大输出的信号电压，但信号电压也被倒相 180°，变成正半周信号电压。

也就是说，当交流信号电压正、负半周送到三极管基极、经三极管放大后，从集电极输出放大的信号电压，但输出信号电压与输入信号电压相位相反。三极管集电极输出信号电压（即 A 点电压）始终大于 0V（含直流成分），它经耦合电容 C_3 隔离掉直流成分后，在 B 点得到交流信号电压送给负载 R_L。

19.2 谐振电路

谐振电路是一种由电感和电容构成的电路，故又称为 **LC 谐振电路**。谐振电路在工作时会表现出一些特殊的性质，这使它得到广泛应用。谐振电路分为串联谐振电路和并联谐振电路。

19.2.1 串联谐振电路

1. 电路分析

电容和电感头尾相连，并与交流信号连接在一起就构成了**串联谐振电路**。串联谐振电路如图 19-6 所示，其中 U 为交流信号，C 为电容，L 为电感，R 为电感 L 的直流等效电阻。

为了分析串联谐振电路的性质，将一个电压不变、频率可调的交流信号电压 U 加到串联谐振电路两端，再在电路中串接一个交流电流表，如图 19-7 所示。

让交流信号电压 U 始终保持不变，而将交流信号频率由 0Hz 慢慢调高，在调节交流信号频率的同时观察电流表，结果发现电流表指示电流先慢慢增大，当增大到某一值后再将交流信号频率继续调高时，会发现电流又逐渐开始下降，这个过程可用图 19-7 所示的特性曲线表示。

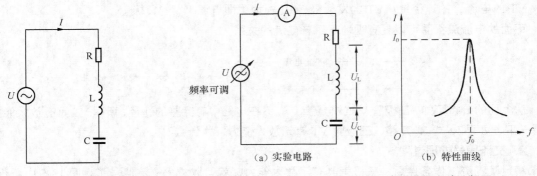

图 19-6　串联谐振电路　　　　　　　　图 19-7　串联谐振电路分析图

在串联谐振电路中，当交流信号频率为某一频率值（f_0）时，电路出现最大电流的现象称为串联谐振现象，简称"串联谐振"，这个频率称为谐振频率，用 f_0 表示，谐振频率 f_0 的大小可用下面的公式来计算

$$f_0 = \frac{1}{2\pi\sqrt{LC}}$$

2．电路特点

串联谐振电路在谐振时的特点主要有以下几点。

① 谐振时，电路中的电流最大，此时 LC 元件串在一起就像一只阻值很小的电阻，即串联谐振电路谐振时总阻抗最小（电阻、容抗和感抗统称为阻抗，用 Z 表示，阻抗单位为 Ω）。

② 谐振时，电感上的电压 U_L 和电容上的电压 U_C 都很高，往往比交流信号电压 U 大很多倍（$U_L = U_C = Q \cdot U$，Q 为品质因数，$Q = \dfrac{2f\pi L}{R}$），因此串联谐振电路又称电压谐振电路，在谐振时 U_L 与 U_C 在数值上相等，但两电压的极性相反，故两电压之和（$U_L + U_C$）近似为 **0V**。

3．应用举例

串联谐振电路的应用如图 19-8 所示。

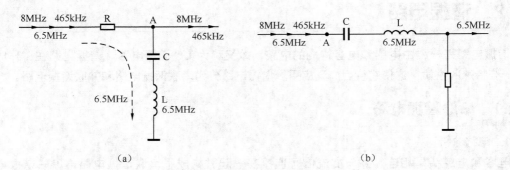

图 19-8　串联谐振电路的应用举例

在图 19-8（a）所示电路中，L、C 元件构成串联谐振电路，其谐振频率为 6.5MHz。当 8MHz、6.5MHz 和 465kHz 3 个频率的信号到达 A 点时，LC 串联谐振电路对 6.5MHz 信号产生谐振，对该信号阻抗很小，6.5MHz 信号经 LC 串联谐振电路旁路到地，而串联谐振电路对 8MHz 和 465kHz 的信号不会产生谐振，它对这两个频率信号的阻抗很大，无法旁路，所以电路输出 8MHz 信号和 465kHz 信号。

在图 19-8（b）所示电路中，LC 串联谐振电路的谐振频率为 6.5MHz。当 8MHz、6.5MHz 和

465kHz 3 个频率的信号到达 A 点时，LC 串联谐振电路对 6.5MHz 信号产生谐振，对该信号阻抗很小，6.5MHz 信号经 LC 串联谐振电路送往输出端，而串联谐振电路对 8MHz 和 465kHz 的信号不会产生谐振，它对这两个频率信号的阻抗很大，这两个信号无法通过 LC 电路。

19.2.2 并联谐振电路

1. 电路分析

电容和电感头头相连、尾尾相接与交流信号连接起来就构成了并联谐振电路。并联谐振电路如图 19-9 所示，其中 U 为交流信号，C 为电容，L 为电感，R 为电感 L 的直流等效电阻。

为了分析并联谐振电路的性质，将一个电压不变、频率可调的交流信号电压加到并联谐振电路两端，再在电路中串接一个交流电流表，如图 19-10 所示。

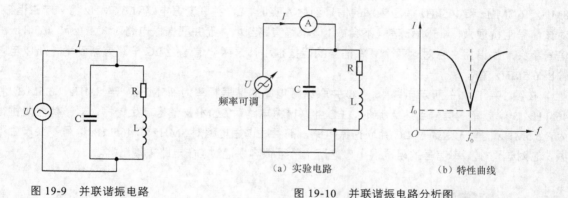

图 19-9 并联谐振电路   图 19-10 并联谐振电路分析图
(a) 实验电路   (b) 特性曲线

让交流信号电压 U 始终保持不变，将交流信号频率从 0Hz 开始慢慢调高，在调节交流信号频率的同时观察电流表，结果发现电流表指示电流开始很大，随着交流信号的频率逐渐调高电流慢慢减小，当电流减小到某一值时再将交流信号频率继续调高，发现电流又逐渐变大，该过程可用图 19-10（b）所示特性曲线表示。

在并联谐振电路中，当交流信号频率为某一频率值（f_0）时，电路出现最小电流的现象称为并联谐振现象，简称"并联谐振"，这个频率称为谐振频率，用 f_0 表示，谐振频率 f_0 的大小可用下面的公式来计算

$$f_0 = \frac{1}{2\pi\sqrt{LC}}$$

2. 电路特点

并联谐振电路谐振时的特点主要有以下几点。

① 谐振时，电路中的总电流 I 最小，此时 LC 元件并在一起就相当于一个阻值很大的电阻，即并联谐振电路谐振时总阻抗最大。

② 谐振时，流过电容支路的电流 I_C 和流过电感支路的电流 I_L 比总电流 I 大很多倍，故并联谐振电路又称为电流谐振电路。其中 I_C 与 I_L 数值相等，I_C 与 I_L 在 LC 支路构成回路，不会流过主干路。

3. 应用举例

并联谐振电路的应用如图 19-11 所示。

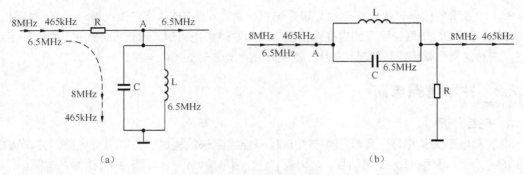

（a）   （b）

图 19-11　并联谐振电路的应用举例

　　在图 19-11（a）所示电路中，L、C 元件构成并联谐振电路，其谐振频率为 6.5MHz。当 8MHz、6.5MHz 和 465kHz 3 个频率的信号到达 A 点时，LC 并联谐振电路对 6.5MHz 信号产生谐振，对该信号阻抗很大，6.5MHz 信号不会被 LC 电路旁路到地，而并联谐振电路对 8MHz 和 465kHz 的信号不会产生谐振，它对这两个频率信号的阻抗很小，这两个信号经 LC 电路旁路到地，所以电路输出 6.5MHz 信号。

　　在图 19-11（b）所示电路中，LC 并联谐振电路的谐振频率为 6.5MHz。当 8MHz、6.5MHz 和 465kHz 3 个频率的信号到达 A 点时，LC 并联谐振电路对 6.5MHz 信号产生谐振，对该信号阻抗很大，6.5MHz 信号无法通过 LC 并联谐振电路，而并联谐振电路对 8MHz 和 465kHz 信号不会产生谐振，它对这两个频率信号的阻抗很小，这两个信号很容易通过 LC 电路去输出端。

19.3　振荡器

　　振荡器是一种产生交流信号的电路。只要提供直流电源，振荡器就可以产生各种频率的信号，因此振荡器是一种直流 - 交流转换电路。

19.3.1　振荡器的组成与原理

　　振荡器由放大电路、选频电路和正反馈电路 3 个部分组成。振荡器组成如图 19-12 所示。

　　振荡器的工作原理说明如下。

　　接通电源后，放大电路获得供电开始导通，导通时电流有一个从无到有的变化过程，该变化的电流中包含有微弱的 $0 \sim \infty$ Hz 各种频率的信号，这些信号输出并送到选频电路，选频电路从中选出频率为 f_0 的

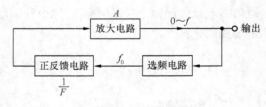

图 19-12　振荡器组成

信号，f_0 信号经正反馈电路反馈到放大电路的输入端，放大后输出幅度较大的 f_0 信号，f_0 信号又经选频电路选出，再通过正反馈电路反馈到放大电路输入端进行放大，然后输出幅度更大的 f_0 信号，接着又选频、反馈和放大，如此反复，放大电路输出的 f_0 信号越来越大，随着 f_0 信号不断增大，由于三极管的非线性原因（即三极管输入信号达到一定幅度时，放大能力会下降，幅度越大，放大能力下降越多），放大电路的放大倍数 A 自动不断减小。

　　因为放大电路输出的 f_0 信号不会全部都反馈到放大电路的输入端，而是经反馈电路衰减了再送到放大电路输入端，设反馈电路反馈衰减系数为 $1/F$，在振荡器工作后，放大电路的放大倍数 A

不断减小，当放大电路的放大倍数 A 与反馈电路的衰减系数 $1/F$ 相等时，输出的 f_0 信号幅度不会再增大。例如 f_0 信号被反馈电路衰减为原来的 $1/10$，再反馈到放大电路放大 10 倍，输出的 f_0 信号不会变化，电路输出幅度稳定的 f_0 信号。

从上述分析不难看出，一个振荡电路由放大电路、选频电路和正反馈电路组成：放大电路的功能是对微弱的信号进行反复放大；选频电路的功能是选取某一频率信号；正反馈电路的功能是不断将放大电路输出的某频率信号反送到放大电路输入端，使放大电路输出的信号不断增大。

19.3.2 变压器反馈式振荡器

振荡电路种类很多，下面介绍一种典型的振荡器——变压器反馈式振荡器。变压器反馈式振荡器采用变压器构成反馈和选频电路，其电路结构如图 19-13 所示，图中的三极管 VT 和电阻 R_1、R_2、R_3 等元器件构成放大电路；

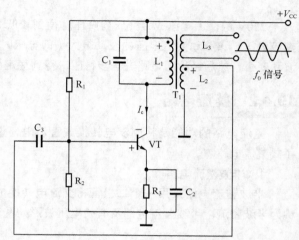

L_1、C_1 构成选频电路，其频率为 $f_0=\dfrac{1}{2\pi\sqrt{L_1C_1}}$；变压器 T_1 的绕组 L_2 和电容 C_3 构成反馈电路。

（1）反馈类型的判别

假设三极管 VT 基极电压上升（图中用 "+" 表示），集电极电压会下降（图中用 "−" 表示），变压器 T_1 的绕组 L_1 下端电压下降，L_1 的上端电压上升（电感两端电压极性相反），由于同名端的缘故，绕组 L_2 的上端电压上升，L_2 上端上

图 19-13　变压器反馈式振荡器

升的电压经 C_3 反馈到 VT 的基极，反馈电压与假设的输入电压变化相同，故该反馈为正反馈。

（2）电路振荡过程

接通电源后，三极管 VT 导通，有电流 I_c 经绕组 L_1 流过 VT，I_c 是一个变化的电流（由小到大），它包含着微弱的 $0 \sim \infty$ Hz 各种频率的信号，因为 L_1、C_1 构成的选频电路频率为 f_0，它从 $0 \sim \infty$ Hz 这些信号中选出 f_0 信号，选出后在 L_1 上有 f_0 信号电压（其他频率信号在 L_1 上没有电压或电压很低），L_1 上的 f_0 信号感应到 L_2 上，L_2 上的 f_0 信号再通过电容 C_3 耦合到三极管 VT 的基极，放大后从集电极输出，选频电路将放大的信号选出，在 L_1 上有更高的 f_0 信号电压，该信号又感应到 L_2 上再反馈到 VT 的基极，如此反复进行，VT 输出的 f_0 信号幅度越来越大，反馈到 VT 基极的 f_0 信号也越来越大。随着反馈信号逐渐增大，三极管 VT 的放大倍数 A 不断减小，当放大电路的放大倍数 A 与反馈电路的衰减系数 $1/F$（主要由 L_1 与 L_2 的匝数比决定）相等时，三极管 VT 输出送到 L_1 上的 f_0 信号电压不能再增大，L_1 上稳定的 f_0 信号电压感应到绕组 L_3 上，送给需要 f_0 信号的电路。

19.4　电源电路

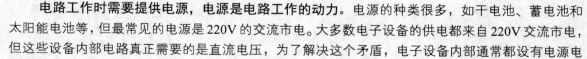

电路工作时需要提供电源，电源是电路工作的动力。电源的种类很多，如干电池、蓄电池和太阳能电池等，但最常见的电源是 220V 的交流市电。大多数电子设备的供电都来自 220V 交流市电，但这些设备内部电路真正需要的是直流电压，为了解决这个矛盾，电子设备内部通常都设有电源电路，其任务是将 220V 交流电压转换成很低的直流电压，再供给内部各个电路。

19.4.1 电源电路的组成

电源电路通常由整流电路、滤波电路和稳压电路组成。电源电路的组成方框图如图19-14所示。

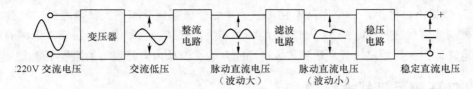

图 19-14　电源电路的组成方框图

220V 的交流电压先经变压器降压，得到较低的交流电压，交流低压再由整流电路转换成脉动直流电压，该脉动直流电压的波动很大（即电压时大时小，变化幅度很大），它经滤波电路平滑后波动变小，然后经稳压电路进一步稳压，得到稳定的直流电压，供给其他电路作为直流电源。

19.4.2 整流电路

整流电路的功能是将交流电转换成直流电。整流电路主要有半波整流电路、全波整流电路和桥式整流电路等。

1. 半波整流电路

半波整流电路采用一个二极管将交流电转换成直流电，它只能利用到交流电的半个周期，故称为半波整流。半波整流电路及有关电压波形如图19-15所示。

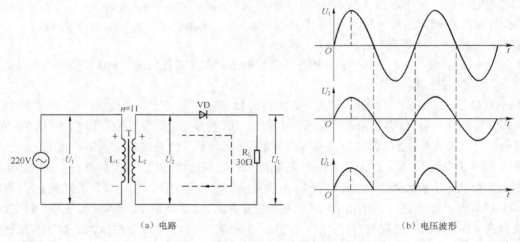

（a）电路　　　　　　　　　　　　　　　　（b）电压波形

图 19-15　半波整流电路及电压波形

图 19-15（a）所示为半波整流电路，图 19-15（b）所示为电路中有关电压的波形。220V 交流电压送到变压器 T 一次绕组 L_1 两端，L_1 两端的交流电压 U_1 的波形如图19-15（b）所示，该电压感应到二次绕组 L_2 上，在 L_2 上得到图 19-15（b）所示的较低的交流电压 U_2。当 L_2 上的交流电压 U_2 为正半周时，U_2 的极性是上正下负，二极管 VD 导通，有电流流过二极管和电阻 R_L，电流方向是：U_2 上正 $\rightarrow$ VD $\rightarrow R_L \rightarrow U_2$ 下负；当 L_2 上的交流电压 U_2 为负半周时，U_2 电压的极性是上负下正，二极管截止，无电流流过二极管 VD 和电阻 R_L。如此反复工作，在电阻 R_L 上会得到图 19-15（b）所示的脉动直流电压 U_L。

从上面的分析可以看出，半波整流电路只能在交流电压半个周期内导通，在另半个周期内不能导通，即半波整流电路只能利用半个周期的交流电压。

半波整流电路结构简单，使用元器件少，但整流输出的直流电压波动大，另外由于整流时只利用了交流电压的半个周期（半波），故效率很低，因此半波整流电路常用在对效率和电压稳定性要求不高的小功率电子设备中。

2. 全波整流电路

全波整流电路采用两个二极管将交流电转换成直流电，由于它可以利用交流电的正、负半周，所以称为全波整流。全波整流电路及有关电压波形如图 19-16 所示。

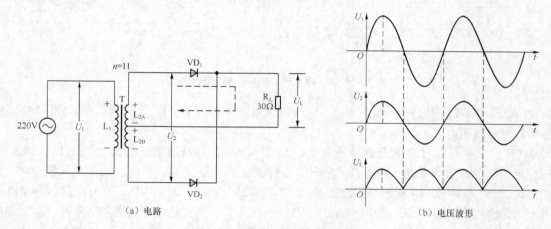

（a）电路　　　　　　　　　　　　　　（b）电压波形

图 19-16　全波整流电路及电压波形

全波整流电路如图 19-16（a）所示，电路中信号的波形如图 19-16（b）所示。这种整流电路采用两只整流二极管，使用的变压器二次绕组 L_2 被对称地分作 L_{2A} 和 L_{2B} 两部分。全波整流电路的工作原理说明如下。

220V 交流电压 U_1 送到变压器 T 的一次绕组 L_1 两端，U_1 电压波形如图 19-16（b）所示。当交流电压 U_1 的正半周送到 L_1 时，L_1 上的交流电压 U_1 极性为上正下负，该电压感应到 L_{2A}、L_{2B} 上，L_{2A}、L_{2B} 上的电压极性也是上正下负，L_{2A} 的上正下负电压使 VD_1 导通，有电流流过负载 R_L，其途径是：L_{2A} 上正 → VD_1 → R_L → L_{2A} 下负，此时 L_{2B} 的上正下负电压对 VD_2 为反向电压（L_{2B} 下负对应 VD_2 正极），故 VD_2 不能导通；当交流电压 U_1 的负半周来时，L_1 上的交流电压极性为上负下正，L_{2A}、L_{2B} 感应到的电压极性也为上负下正，L_{2B} 的上负下正电压使 VD_2 导通，有电流流过负载 R_L，其途径是：L_{2B} 下正 → VD_2 → R_L → L_{2B} 上负，此时 L_{2A} 的上负下正电压对 VD_1 为反向电压，VD_1 不能导通。如此反复工作，在 R_L 上会得到如图 19-16（b）所示的脉动直流电压 U_L。

从上面的分析可以看出，全波整流能利用到交流电压的正、负半周，效率大大提高，达到半波整流的两倍。

全波整流电路的输出直流电压脉动小，整流二极管通过的电流小，但由于两个整流二极管轮流导通，变压器始终只有半个二次绕组工作，变压器利用率低，从而使输出电压低、输出电流小。

3. 桥式整流电路

桥式整流电路采用 4 个二极管将交流电转换成直流电，由于 4 个二极管在电路中的连接与电桥相似，故称为桥式整流电路。桥式整流电路及有关电压波形如图 19-17 所示。

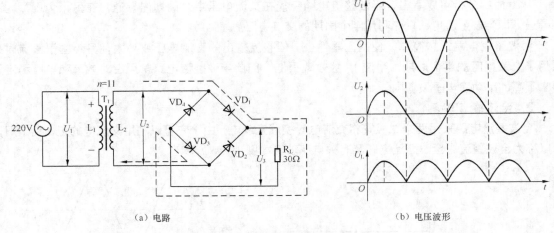

（a）电路　　　　　　　　　　　　　　　　（b）电压波形

图 19-17　桥式整流电路及电压波形

桥式整流电路如图 19-17（a）所示，这种整流电路用到了 4 个整流二极管。桥式整流电路的工作原理分析如下。

220V 交流电压 U_1 送到变压器 T 一次绕组 L_1 上，该电压经降压感应到 L_2 上，在 L_2 上得到 U_2 电压，U_1、U_2 电压波形如图 19-17（b）所示。当交流电压 U_1 为正半周时，L_1 上的电压极性为上正下负，L_2 上感应的电压 U_2 极性也为上正下负，L_2 上正下负电压 U_2 使 VD_1、VD_3 导通，有电流流过 R_L，电流途径是：L_2 上正→VD_1→R_L→VD_3→L_2 下负；当交流电压负半周到来时，L_1 上的电压极性为上负下正，L_2 上感应的电压 U_2 极性也为上负下正，L_2 上负下正电压 U_2 使 VD_2、VD_4 导通，电流途径是：L_2 下正→VD_2→R_L→VD_4→L_2 上负。如此反复工作，在 R_L 上得到图 19-17（b）所示脉动直流电压 U_L。

从上面的分析可以看出，桥式整流电路在交流电压整个周期内都能导通，即桥式整流电路能利用整个周期的交流电压。

桥式整流电路输出的直流电压脉动小，由于能利用到交流电压的正、负半周，故整流效率高，正因为有这些优点，故大多数电子设备的电源电路都采用桥式整流电路。

19.4.3　滤波电路

整流电路能将交流电转变为直流电，但由于交流电压大小时刻在变化，故整流后流过负载的电流大小也时刻变化。例如，当变压器上的正半周交流电压逐渐上升时，经二极管整流后流过负载的电流会逐渐增大；而当变压器的正半周交流电压逐渐下降时，经整流后流过负载的电流会逐渐减小，这样忽大忽小的电流流过负载，负载很难正常工作。为了让流过负载的电流大小稳定不变或变化尽量小，需要在整流电路后加上滤波电路。

常见的滤波电路有电容滤波电路、电感滤波电路和复合滤波电路等。

1．电容滤波电路

电容滤波电路是利用电容的充、放电原理工作的。 电容滤波电路及有关的电压波形如图 19-18 所示。

电容滤波电路如图 19-18（a）所示，电容 C 为滤波电容。220V 交流电压经变压器 T 降压后，在 L_2 上得到图 19-18（b）所示的电压 U_2，在没有滤波电容 C 时，负载 R_L 得到的电压为 U_{RL1}，电压 U_{RL1} 随电压 U_2 波动而波动，波动变化很大，如 t_1 时刻电压 U_{RL1} 最大，t_2 时刻电压 U_{RL1} 变为 0V，这样时大时小、时有时无的电压使负载无法正常工作，在整流电路之后增加滤波电容可以解决这个问题。

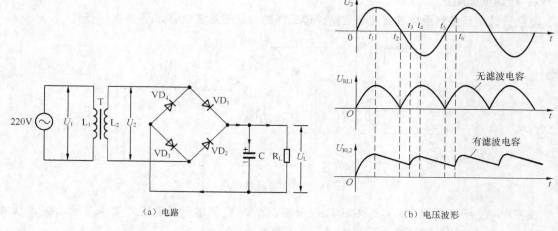

（a）电路　　　　　　　　　　　　　　（b）电压波形

图 19-18　电容滤波电路及电压波形

电容滤波原理说明如下。

在 0 ~ t_1 期间，电压 U_2 极性为上正下负且大小逐渐增大，U_2 波形如图 19-18（b）所示，VD_1、VD_3 导通，电压 U_2 通过 VD_1、VD_3 整流输出的电流一方面流过负载 R_L，另一方面对电容 C 充电，在电容 C 上充得上正下负的电压，t_1 时刻充得电压最高。

在 t_1 ~ t_2 期间，电压 U_2 极性为上正下负但大小逐渐减小，电容 C 上的电压高于电压 U_2，VD_1、VD_3 截止，电容 C 开始对 R_L 放电，使整流二极管截止时 R_L 仍有电流流过。

在 t_2 ~ t_3 期间，电压 U_2 极性变为上负下正且大小逐渐增大，但电容 C 上的电压仍高于电压 U_2，VD_1、VD_3 截止，电容 C 继续对 R_L 放电。

在 t_3 ~ t_4 期间，电压 U_2 极性为上负下正且大小继续增大，电压 U_2 开始大于电容 C 上的电压，VD_2、VD_4 导通，电压 U_2 通过 VD_2、VD_4 整流输出的电流又流过负载 R_L，并对电容 C 充电，在电容 C 上充得上正下负的电压。

在 t_4 ~ t_5 期间，电压 U_2 极性仍为上负下正但大小逐渐减小，电容 C 上的电压高于电压 U_2，VD_2、VD_4 截止，电容 C 又对 R_L 放电，使 R_L 仍有电流流过。

在 t_5 ~ t_6 期间，电压 U_2 极性变为上正下负且大小逐渐增大，但电容 C 上的电压仍高于电压 U_2，VD_2、VD_4 截止，电容 C 继续对 R_L 放电。

t_6 时刻以后，电路会重复 0 ~ t_6 过程，从而在负载 R_L 两端（也是电容 C 两端）得到图 19-18（b）所示的 U_{RL2} 电压。比较图 19-18（b）中的电压 U_{RL1} 和 U_{RL2} 波形不难发现，增加了滤波电容后在负载上得到的电压大小波动较无滤波电容时要小得多。

电容使整流电路输出电压波动变小的功能称为滤波。电容滤波的实质是在输入电压高时通过充电将电能存储起来，而在输入电压较低时通过放电将电能释放出来，从而保证负载得到波动较小的电压。电容滤波与水缸蓄水相似，如果自来水供应紧张，白天不供水或供水量很少而晚上供水量很多时，为了保证一整天能正常用水，可以在晚上水多时一边用水一边用水缸蓄水（相当于给电容充电），而在白天水少或无水时水缸可以供水（相当于电容放电），这里的水缸就相当于电容，只不过水缸存储水，而电容存储电能。

电容能使整流输出电压波动变小，电容的容量越大，其两端的电压波动越小，即电容容量越大，滤波效果越好。容量大和容量小的电容可相当于大水缸和小茶杯，大水缸蓄水多，在停水时可以供很长时间的用水；而小茶杯蓄水少，停水时供水时间短，还会造成用水时有时无。

2. 电感滤波电路

电感滤波电路是利用电感储能和放能原理工作的。电感滤波电路如图 19-19 所示。

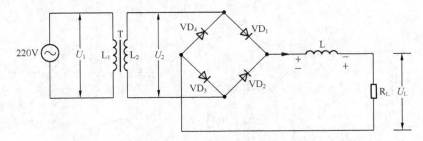

图 19-19　电感滤波电路

在图 19-19 所示电路中，电感 L 为滤波电感。220V 交流电压经变压器 T 降压后，在 L_2 上得到电压 U_2。电感滤波原理说明如下。

当电压 U_2 极性为上正下负且逐渐增大时，VD_1、VD_3 导通，有电流流过电感 L 和负载 R_L，电流途径是：L_2 上正→ VD_1 →电感 L → R_L → VD_3 → L_2 下负，电流在流过电感 L 时，电感会产生左正右负的自感电动势阻碍电流，同时电感存储能量，由于电感自感电动势的阻碍，流过负载的电流缓慢增大。

当电压 U_2 极性为上正下负且逐渐减小时，经整流二极管 VD_1、VD_3 流过电感 L 和负载 R_L 的电流变小，电感 L 马上产生左负右正的自感电动势开始释放能量，电感 L 的左负右正电动势产生电流，电流的途径是：L 右正→ R_L → VD_3 → L_2 → VD_1 → L 左负，该电流与电压 U_2 产生的电流一齐流过负载 R_L，使流过 R_L 的电流不会因 U_2 减小而变小。

当电压 U_2 极性为上负下正时，VD_2、VD_4 导通，电路工作原理与电压 U_2 极性为上正下负时基本相同，这里不再叙述。

从上面的分析可知，当输入电压高使输入电流大时，电感产生电动势对电流进行阻碍，避免流过负载的电流过大；而当输入电压低使输入电流小时，电感又产生反电动势，反电动势产生的电流与变小的整流电流一起流过负载，避免流过负载的电流减小，这样就使得流过负载的电流大小波动较小。

电感滤波的效果与电感的电感量有关，电感量越大，流过负载的电流波动越小，滤波效果越好。

3. 复合滤波电路

单独的电容滤波或电感滤波效果往往不理想，因此可将电容、电感和电阻组合起来构成复合滤波电路，复合滤波电路的滤波效果比较好。

（1）LC 滤波电路

LC 滤波电路由电感 L 和电容 C 构成，其电路结构如图 19-20 虚线框内部分所示。

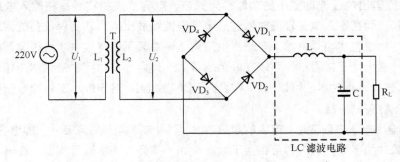

图 19-20　LC 滤波电路

整流电路输出的脉动直流电压先由电感 L 滤除大部分波动成分，少量的波动成分再由电容 C 进一步滤掉，供给负载的电压波动就很小。

LC 滤波电路带负载能力很强，即使负载变化时，输出的电压也比较稳定。另外，电容接在电感之后，在刚接通电源时，电感会对突然流过的浪涌电流产生阻碍，从而减小浪涌电流对整流二极管的冲击。

（2）LC-π 滤波电路

LC-π 滤波电路由一个电感和两个电容接成 π 形构成，其电路结构如图 19-21 虚线框内部分所示。

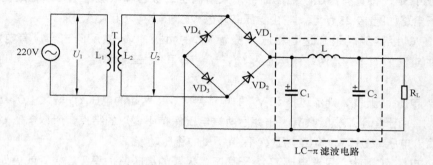

图 19-21　LC-π 滤波电路

整流电路输出的脉动直流电压依次经电容 C_1、电感 L 和电容 C_2 滤波后，波动成分基本被滤掉，供给负载的电压波动很小。

LC-π 滤波电路的滤波效果要好于 LC 滤波电路，但它带负载能力较差。电容 C_1 接在电感之前，在刚接通电源时，变压器二次绕组通过整流二极管对 C_1 充电的浪涌电流很大，为了缩短浪涌电流的持续时间，一般要求 C_1 的容量小于 C_2 的容量。

（3）RC-π 滤波电路

RC-π 滤波电路用电阻替代电感，并与电容接成 π 形。RC-π 滤波电路如图 19-22 虚线框内部分所示。

整流电路输出的脉动直流电压经电容 C_1 滤除部分波动成分后，在通过电阻 R 时，波动电压在 R 上会产生一定压降，从而使 C_2 上的波动电压大大减小。R 的阻值越大，滤波效果越好。

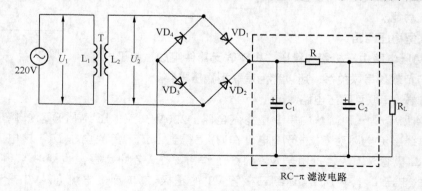

图 19-22　RC-π 滤波电路

RC-π 滤波电路成本低、体积小，但电流在经过电阻时有电压降和损耗，会导致输出电压下降，所以这种滤波电路主要用在负载电流不大的电路中，另外要求 R 的阻值不能太大，一般为几十欧至几百欧，且满足 $R \ll R_L$。

19.4.4 稳压电路

滤波电路可以将整流输出波动大的脉动直流电压平滑成波动小的直流电压，但如果因供电原因引起电压 220V 大小变化时（如 220V 上升至 240V），经整流得到的脉动直流电压的平均值随之会变化（升高），滤波供给负载的直流电压也会变化（升高）。**为了保证在市电电压大小发生变化时，提供给负载的直流电压始终保持稳定，还需要在整流、滤波电路之后增加稳压电路。**

1. 简单的稳压电路

稳压二极管是一种具有稳压功能的器件，采用稳压二极管和限流电阻可以组成简单的稳压电路。简单稳压电路如图 19-23 所示，它由稳压二极管 VZ 和限流电阻 R 组成。

输入电压 U_i 经限流电阻 R 送到稳压二极管 VZ 的负极，VZ 被反向击穿，有电流流过 R 和 VZ，R 两端的电压为 U_R，VZ 两端的电压为 U_o，U_i、U_R 和 U_o 三者满足

$$U_i = U_R + U_o$$

如果输入电压 U_i 升高，则流过 R 和 VZ 的电流增大，R 两端的电压 U_R 增大（$U_R = IR$，I 增大，故 U_R 也增大），由于稳压二极管具有"击穿后两端电压保持不变"的特点，所以电压 U_o 保持不变，从而实现了输入电压 U_i 升高时输出电压 U_o 保持不变的稳压功能。

如果输入电压 U_i 下降，只要电压 U_i 大于稳压二极管的稳压值，稳压二极管就仍处于反向导通状态（击穿状态），由于 U_i 下降，所以流过 R 和 VZ 的电流减小，R 两端的电压 U_R 减小（$U_R = IR$，I 减小，U_R 也减小），因为稳压二极管具有"击穿后两端电压保持不变"的特点，所以 U_o 电压仍保持不变，从而实现了输入电压 U_i 下降时让输出电压 U_o 保持不变的稳压功能。

要让稳压二极管在电路中起稳压作用，需满足以下条件。

① 稳压二极管在电路中反接（即正极接低电位，负极接高电位）。

② 加到稳压二极管两端的电压不能小于它的击穿电压（即稳压值）。

例如图 19-23 所示电路中的稳压二极管 VZ 的稳压值为 6V，当输入电压 $U_i = 9V$ 时，VZ 处于击穿状态，$U_o = 6V$，$U_R = 3V$；若 U_i 由 9V 上升到 12V，U_o 仍为 6V，而 U_R 则由 3V 升高到 6V（因输入电压升高使流过 R 的电流增大而导致 U_R 升高）；若 U_i 由 9V 下降到 5V，稳压二极管无法击穿，限流电阻 R 无电流通过，$U_R = 0V$，$U_o = 5V$，此时稳压二极管无稳压功能。

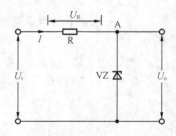

图 19-23　简单稳压电路

2. 串联型稳压电路

串联型稳压电路由三极管和稳压二极管等元器件组成，由于电路中的三极管与负载是串联关系，所以称为串联型稳压电路。

（1）简单的串联型稳压电路

图 19-24 所示是一种简单的串联型稳压电路。220V 交流电压经变压器 T_1 降压后得到电压 U_2，电压 U_2 经整流电路对 C_1 进行充电，在 C_1 上得到上正下负的电压 U_3，该电压经限流电阻 R_1 加到稳压二极管 VZ 两端，由于 VZ 的稳压作用，在 VZ 的负极，也即 B 点得到一个与 VZ 稳压值相同的电压 U_B，电压 U_B 送到三极管 VT 的基极，VT 产生电流 I_b，VT 导通，有电流 I_c 从 VT 的集电极流入、发射极流出，它对滤波电容 C_2 充电，在 C_2 上得到上正下负的电压 U_4 供给负载 R_L。

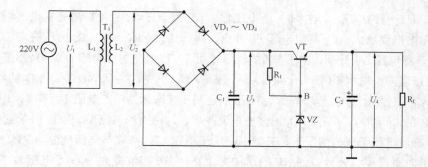

图 19-24　一种简单的串联型稳压电路

稳压过程：若 220V 交流电压增大至 240V，变压器 T_1 二次绕组 L_2 上的电压 U_2 也增大，经整流滤波后在 C_1 上充得电压 U_3 增大，因 U_3 电压增大，流过 R_1、VZ 的电流增大，R_1 上的电压 U_{R1} 增大，由于稳压二极管 VZ 击穿后两端电压保持不变，故 B 点电压 U_B 也保持不变，VT 基极电压不变，I_b 不变，I_c 也不变（ $I_c=\beta I_b$，I_b、β 都不变，故 I_c 也不变），因为电流 I_c 大小不变，故 I_c 对 C_3 充得的电压 U_4 也保持不变，从而实现了输入电压上升时保持输出电压 U_4 不变的稳压功能。

对于 220V 交流电压下降时电路的稳压过程，读者可自行分析。

（2）常用的串联型稳压电路

图 19-25 所示是一种常用的串联型稳压电路。

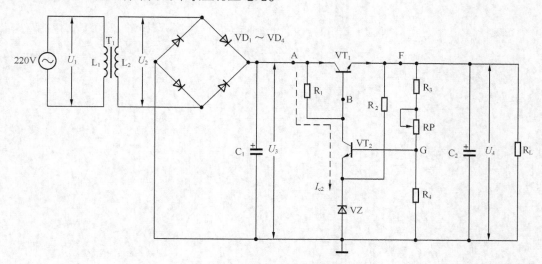

图 19-25　一种常用的串联型稳压电路

220V 交流电压经变压器 T_1 降压后得到电压 U_2，电压 U_2 经整流电路对 C_1 进行充电，在 C_1 上得到上正下负的电压 U_3，这里的 C_1 相当于一个电源（类似充电电池），其负极接地，正极电压送到 A 点，A 点电压 U_A 与 U_3 相等。电压 U_A 经 R_1 送到 B 点，也即调整管 VT_1 的基极，有电流 I_{b1} 由 VT_1 的基极流往发射极，VT_1 导通，有 I_c 电流由 VT_1 的集电极流往发射极，该 I_c 电流对 C_2 充电，在 C_2 上充得上正下负的电压 U_4，该电压供给负载 R_L。

U_4 电压在供给负载的同时，还经 R_3、RP、R_4 分压为比较管 VT_2 提供基极电压，VT_2 有电流 I_{b2} 从基极流向发射极，VT_2 导通，马上有电流 I_{c2} 流过 VT_2，电流 I_{c2} 的途径是：A 点→ R_1 → VT_2 的集 - 射极→ VZ →地。

稳压过程：若 220V 交流电压增大至 240V，变压器 T_1 二次绕组 L_2 上的电压 U_2 也增大，经整

流滤波后在 C_1 上充得的电压 U_3 增大，A 点电压增大，B 点电压增大，VT_1 的基极电压增大，I_{b1} 增大，I_{c1} 增大，C_2 充电电流增大，C_2 两端电压 U_4 升高，电压 U_4 经 R_3、RP、R_4 分压在 G 点得到的电压也升高，VT_2 基极电压 U_{b2} 升高，由于 VZ 的稳压作用，VT_2 的发射极电压 U_{e2} 保持不变，VT_2 的基 - 射极之间的电压差 U_{be2} 增大（$U_{be2}=U_{b2}-U_{e2}$，U_{b2} 升高，U_{e2} 不变，故 U_{be2} 增大），VT_2 的电流 I_{b2} 增大，电流 I_{c2} 也增大，流过 R_1 的电流 I_{c2} 增大，R_1 上的压降 U_{R1} 增大，B 点电压 U_B 下降，即 VT_1 的基极电压下降，VT_1 的 I_{b1} 下降，I_{c1} 下降，C_2 的充电电流减小，C_2 两端的电压 U_4 下降，回落到正常电压值。

在 220V 交流电压不变的情况下，若要提高输出电压 U_4，可调节调压电位器 RP。

输出电压调高过程：将电位器 RP 的滑动端上移→RP 阻值变大→G 点电压减小→VT_2 的基极电压 U_{b2} 减小→VT_2 的 U_{be2} 减小（$U_{be2}=U_{b2}-U_{e2}$，U_{b2} 减小，因 VZ 稳压作用 U_{e2} 保持不变，故 U_{be2} 减小）→VT_2 的电流 I_{b2} 减小→电流 I_{c2} 也减小→流过 R_1 的电流 I_{c2} 减小→R_1 的压降 U_{R1} 减小→B 点电压 U_B 增大→VT_1 的基极电压增大→VT_1 的 I_{b1} 增大→I_{c1} 增大→C_2 的充电电流增大→C_2 两端的电压 U_4 增大。

第 20 章

收音机与电子产品的检修

20.1 无线电波

20.1.1 水波与无线电波

当向平静的水面扔一块石头时，在石头的周围会出现一圈圈水波，水波慢慢往远处传播，水波的形成如图 20-1 所示。

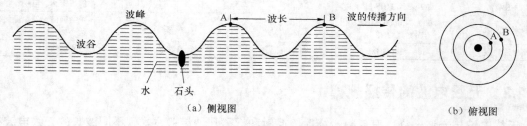

图 20-1 水波形成示意图

从图 20-1（a）所示的侧视图中可以看出，水波的变化就像是正弦波变化一样，相邻两个波峰之间的距离称为波长 λ，相邻一个波峰传递到另一个波峰的时间称为周期 T，周期的倒数称为频率 f（$f=1/T$），波的传播速度称为波速 v。波长 λ、频率 f 和波速 v 之间的关系是

$$波长 = \frac{波速}{频率}\left(\lambda = \frac{v}{f}\right) 或 频率 = \frac{波速}{波长}\left(f = \frac{v}{\lambda}\right)$$

波长的单位为米（m），频率的单位为赫兹（Hz），波速的单位为米 / 秒（m/s）。

另外，距石头最近的水波幅度最大，随着水波的传播，水波幅度越来越小，这是水波在传播过程中逐渐衰减的缘故。

无线电波的产生与水波的产生很相似，当天线通过交流电流时，在天线周围会产生类似于水波的无线电波，如图 20-2 所示。

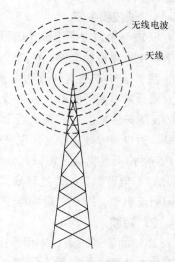

图 20-2 天线发射无线电波示意图

无线电波以天线为中心向空间四周传播，天线附近的无线电波很强，随着传播距离变远，无线电波慢慢被衰减而减弱。无线电波与水波一样也有波长、波速和频率，它们同样满足：频率＝波速／波长（$f=v/\lambda$）。无线电波的传播速度（波速）远大于水波的传播速度，它与光速一样为 3×10^8 m/s。

20.1.2　无线电波的划分

无线电波属于电磁波，一般将频率在 **30kHz ～ 300GHz** 范围内的电磁波称为无线电波。无线电波应用很广泛，波长不同，其特性和用途也不相同，根据波长的大小通常可将无线电波分为长波、中波、短波、超短波和微波。无线电波的波段划分见表 20-1。

表 20-1　无线电波的波段划分

波段范围	频率范围	波长范围	主要传播方式	用　途
超长波波段（VLW）	10 ～ 30kHz（甚低频 VLF）	10 000 ～ 30 000m	地波传播	高功率、长距离、点对点通信
长波波段（LW）	30 ～ 300kHz（低频 LF）	1 000 ～ 10 000m	地波传播	远距离通信
中波波段（MW）	300 ～ 3 000kHz（中频 MF）	100 ～ 1 000m	地波传播、天波传播	广播、通信、导航
短波波段（SW）	3 ～ 30MHz（高频 HF）	10 ～ 100m	天波传播、地波传播	广播、通信
超短波波段（VSW）	30 ～ 300MHz（甚高频 VHF）	1 ～ 10m	直线波传播	通信、电视、调频广播、雷达
分米波波段（USW）	300 ～ 3 000MHz（超高频 UHF）	10 ～ 100cm	直线波传播	通信、中继通信、卫星通信、雷达、电视
厘米波波段	3 000 ～ 30 000MHz（超高频 UHF）	1 ～ 10cm	直线波传播	中继通信、卫星通信、雷达
毫米波波段	30 ～ 300GHz	1 ～ 10mm	直线波传播	波导通信

20.1.3　无线电波的传播规律

无线电波与光波一样，有直射、绕射、反射和折射几种传播方式。不同波长的无线电波在传播过程中具有不同的特点。

1. 长波和中波

长波与中波主要沿地球表面绕射来传播，故又称为地波。 长波与中波的传播规律如图 20-3（a）所示。波长越短的电波，绕射传播的损耗越大，因此长波较中波沿地面传播的距离更远。

另外，电离层对长波和中波有较强的吸收作用，特别是在白天，这种吸收更厉害，长波和中波大部分被电离层吸收，很难被反射到地面，因此白天长波和中波主要靠地面传播，而不能靠电离层的反射来传播。但在晚上因无太阳光照射，白天电离的气体又重新结合成不带电的分子，电离层变薄，对电波吸收很少，所以在晚上长波和中波既可以在地面上传播，又可以依靠电离层的反射传播（反射传播是指电波传播到电离层，电离层再将电波反射回地面），故长波、中波能被传播得很远。

注：电离层是指距地球表面 50 ～ 400km 的气体层，该气体层因太阳光中的紫外线和宇宙射线的照射而电离，产生大量的电子和离子而使气体带电。

2. 短波

短波的波长很短，地面传播损耗很大，一般传播距离不超过几十千米，**短波主要依靠电离层的反射来传播，故又称为天波。** 短波的传播规律如图 20-3（b）所示。因为白天电离层对电波吸收强，而晚上吸收弱，所以白天收听到的短波电台少（短波地面传播损耗很大，电离层吸收又很强），晚上收听到的短波电台多。

3. 超短波和微波

超短波与微波的波长非常短，极容易穿过电离层进入太空，所以无法通过电离层反射传播，而在地面绕射传播损耗也非常大，所以**超短波与微波主要按直线传播**，通常在可视距离范围内（一般在 **50km 以内**）传播，故又称为**直线波**。超短波与微波的传播规律如图 20-3（c）所示。超短波与微波主要用在调频广播、移动通信、雷达和卫星通信、导航等方面。

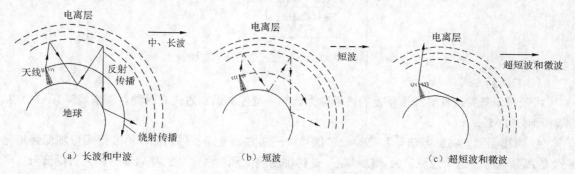

图 20-3　无线电波的传播规律示意图

总之，中、长波既可以通过地面绕射传播，也可以通过电离层反射传播；短波地面绕射传播距离很短，主要是靠电离层反射传播；而超短波与微波主要在地面以直线距离传播。

20.1.4　无线电波的发送与接收

1. 无线电波的发送

要将电信号以无线电波方式传送出去，可以把电信号送到天线，由天线将电信号转换成无线电波并发射出去。如果要把声音发射出去，可以先用话筒将声音转换成电信号（音频信号），再将音频信号送到天线，让天线将它转换成无线电波并发射出去。但广播电台并没有采用这种将声音转换成电信号通过天线直接发射的方式来传送声音，主要原因是音频信号（声音转换成的电信号）的频率很低。

无线电波传送规律表明：要将无线电波有效发射出去，要求无线电波的频率与发射天线的长度有一定的关系，频率越低，要求发射天线越长。声音的频率为 20Hz ~ 20kHz，声音经话筒转换成的音频信号的频率也是 20Hz ~ 20kHz，音频信号经天线转换成的无线电波的频率同样是 20Hz ~ 20kHz，如果要将这样的低频无线电波有效发射出去，要求天线的长度在几千米至几千千米，这样做是极其困难的。

（1）无线电波传送声音的方法

为了解决音频信号发射需要很长天线的问题，人们想出了一个办法：在无线电发送设备中，先让音频信号"坐"到高频信号上，再将高频信号发射出去，由于高频无线电波波长短，所以发射天线不需要很长，高频无线电波传送出去后，"坐"到高频信号上的音频信号也就随之传送出去。这就像人坐上飞机，当飞机飞到很远的地方时，人也就到达很远的地方。无线电波传送声音的处理过程如图 20-4 所示。

话筒将声音转换成音频信号（低频信号），再经音频放大器放大后送到调制器，与此同时高频载波信号振荡器产生的高频载波信号也送到调制器，在调制器中，音频信号"坐"在高频载波信号上，这样的高频信号经高频信号放大器放大后送到天线，天线将该信号转换成无线电波发射出去。

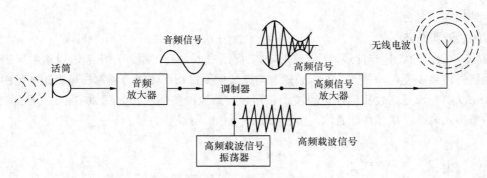

图 20-4　无线电波传送声音的处理过程

（2）调制方式

将低频信号装载到高频信号上的过程称为调制，常见的调制方式有两种：调幅调制（**AM**）和调频调制（**FM**）。

① 调幅调制。将低频信号和高频载波信号按一定方式处理，得到频率不变而幅度随低频信号变化的高频信号，这个过程称为调幅调制。这种幅度随低频信号变化的高频信号称为调幅信号。调幅调制过程如图 20-5 所示，低频信号送到调幅调制器，同时高频载波信号也送到调幅调制器，在内部调制后输出幅度随低频信号变化的高频调幅信号。

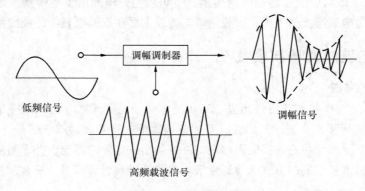

图 20-5　调幅调制过程

② 调频调制。将低频信号与高频载波信号按一定的方式处理，得到幅度不变而频率随音频信号变化的高频信号，这个过程称为调频调制。这种频率随音频信号变化的高频信号称为调频信号。调频调制过程如图 20-6 所示，音频信号送到调频调制器，同时高频载波信号也送到调频调制器，在内部调制后输出幅度不变而频率随音频信号变化的高频调频信号。

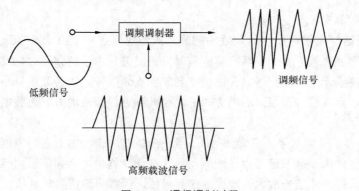

图 20-6　调频调制过程

2．无线电波的接收

在无线电发送设备中，将低频信号调制在高频载波信号上，通过天线发射出去，当无线电波经过无线电接收设备时，接收设备的天线将它接收下来，再通过内部电路处理后就可以取出低频信号了。下面以收音机为例来说明无线电波的接收过程。

（1）无线电波的接收过程

无线电波接收处理的简易过程（收音机结构简图）如图 20-7 所示。

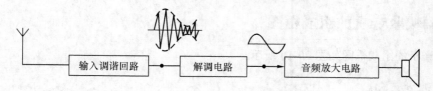

图 20-7　无线电波接收处理的简易过程

电台发射出来的无线电波经过收音机天线时，天线将它接收下来并转换成电信号，电信号被送到输入调谐回路，该电路的作用是选出电台发出的电信号，电信号被选出后再送到解调电路。电台发射出来的信号是含有音频信号的高频信号，解调电路的作用是从高频信号中将音频信号取出。解调出来的音频信号经音频放大电路放大后送入扬声器，扬声器就会发出与电台相同的声音。

（2）解调方式

在电台中需要将音频信号加载到高频信号上（调制），而在收音机中需要从高频信号中将音频信号取出。从高频信号中将低频信号取出的过程称为解调，它与调制恰好相反。**调制方式有调幅调制和调频调制两种，相对应的解调也有两种方式：检波和鉴频。**

① 检波。**它是调幅调制的逆过程，其作用是从高频调幅信号中取出低频信号。**检波过程如图 20-8 所示，高频调幅信号送到检波器，检波器从中取出低频信号。

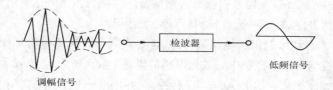

图 20-8　检波过程

② 鉴频。**它是调频调制的逆过程，其作用是从高频调频信号中取出低频信号。**鉴频过程如图 20-9 所示，高频调频信号送到鉴频器，鉴频器从中取出低频信号。

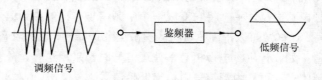

图 20-9　鉴频过程

20.2　收音机的电路原理

无线电广播包括发送和接收两个过程，根据发送和接收的方式不同，**无线电广播主要分为调**

幅广播和调频广播。调幅广播具有电台信号传播距离远的优点，但传送声音质量差、噪声大；调频广播电台信号不能传送很远，但其音质优美、噪声小。

收音机是一种无线电接收设备，用来接收广播电台发射的声音节目，根据接收的电台信号不同可分为调幅收音机和调频收音机。调幅收音机能接收调幅调制发射的电台信号，调频收音机能接收调频调制发射的电台信号。调频和调幅收音机的组成大致相同，调幅收音机电路更为简单，本章主要介绍调幅收音机的电路原理。

20.2.1　调幅收音机的组成框图

调幅收音机的组成框图如图 20-10 所示。

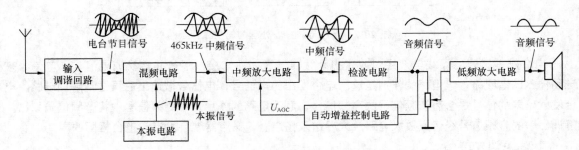

图 20-10　调幅收音机的组成框图

天线从空间接收各种电台发射的无线电波，并将它们转换成电信号送到输入调谐回路，输入调谐回路从中选出某一个电台的节目信号 $f_{信}$ 再送到混频电路，与此同时本振电路会产生一个频率很高的本振信号 $f_{振}$ 也送到混频电路，在混频电路中，本振信号与电台信号进行差拍（相减），得到 465kHz 的中频信号（即 $f_{振}-f_{信}=465\text{kHz}$）。465kHz 中频信号送到中频放大电路进行放大，再去检波电路。检波电路从 465kHz 中频信号中检出音频信号，再把音频信号送到低频放大电路进行放大，放大后的音频信号输出并流进扬声器，推动扬声器发出声音。

图 20-10 中所示的自动增益控制电路又称为 AGC 电路，其作用是检测检波电路输出音频信号的大小，形成相应的控制电压来控制中频放大电路的增益（放大能力）。当接收的电台信号很强时，检波输出的音频信号幅度很大，这时 AGC 电路会检测并形成一个 U_{AGC} 控制电压，该电压控制中频放大电路，使它的放大能力减小，中频放大电路输出的中频信号减小，检波输出的音频信号也就减小了，这样可以保证电台信号大小发生变化时，检波输出的音频信号大小基本恒定，有效避免了扬声器声音随电台信号忽大忽小发生变化。

从上面的分析可以看出，收音机接收到高频电台信号后，并不是马上对它进行检波取出音频信号，而是先通过混频电路进行差拍，将它变成一个中频信号，再对中频信号进行放大，然后从中频信号中检出音频信号，这样做可以提高收音机的灵敏度和选择性，这种收音机称为超外差收音机。大多数无线电接收设备（如收音机、电视机等）处理信号时都采用这种超外差处理方式，也就是先将高频信号转换成中频信号，再从中频信号中检出低频信号。

根据接收电台信号频率范围不同，调幅收音机又可以分为中波（MW）调幅收音机和短波（SW）调幅收音机，中波电台信号频率范围是 535 ～ 1 605kHz，短波电台的频率范围是 4 ～ 12MHz。两种收音机除了接收频率不同外其他是一样的，即在电路上它们只是输入调谐回路和本振电路频率不同，其他电路是相同的。

20.2.2 调幅收音机单元电路分析

调幅收音机型号很多，但电路大同小异，下面以 SD66 型调幅收音机为例来介绍调幅收音机各个单元电路的工作原理。

1. 输入调谐回路

输入调谐回路的作用是从天线接收下来的众多电台信号中选出某一电台信号，并送到混频电路。输入调谐回路如图 20-11 所示。

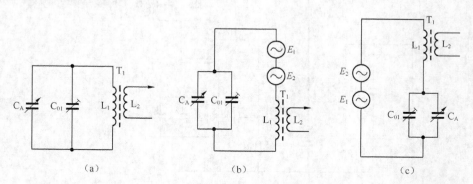

图 20-11 输入调谐回路

（1）元器件说明

图 20-11（a）所示为输入调谐回路的电路图。T_1 为磁性天线，能从空间接收各种无线电波，其中 L_1 为磁性天线的一次绕组，L_2 为二次绕组；C_A 为双联可变电容的信号联，调节 C_A 可以让收音机选取不同的电台节目；C_{01} 为补偿电容，它实际上是一个微调电容。T_1、C_A 和 C_{01} 构成输入调谐回路，用于接收并选取电台发射过来的节目信号。

（2）选台原理

在我们周围的空间中有许多电台发射的无线电波，当这些电台的无线电波穿过磁性天线 T_1 的磁棒时，绕在磁棒上的绕组 L_1 上会感应出这些电台信号的电动势，这些电动势与 L_1、C_A、C_{01} 构成谐振电路，如图 20-11（b）所示。图中的 E_1、E_2 分别为绕组 L_1 上感应出的两个电台信号 f_1、f_2 的电动势，为了更直观地看清该电路的实质，将图 20-11（b）变形成图 20-11（c）所示电路，从图 20-11（c）所示电路可以看出输入调谐回路 L_1、C_A、C_{01} 构成的实际上就是一个串联谐振电路。

E_1、E_2 与 L_1、C_A、C_{01} 构成了串联谐振电路，调节 C_A 的容量就可以改变 L_1、C_A、C_{01} 构成的串联谐振电路的频率，当谐振电路的谐振频率等于 f_1 信号电动势的频率时，电路就发生谐振，LC 谐振电路对 f_1 信号阻碍小，电路中的 f_1 信号电流很大（电流的方向是从 E_1 电动势的一端出发，再流经 L_1、C_A 和 C_{01} 后返回到 E_1 电动势的另一端），很大的 f_1 信号电流流过 L_1 绕组时，在 L_1 绕组上就有很高的 f_1 信号电压，f_1 信号电压感应到 L_2 绕组上，L_2 再将该信号向后级电路传送。

因为 L_1、C_A、C_{01} 的谐振频率不等于 f_2 信号电动势的频率，所以 LC 电路对 f_2 信号阻抗很大，流经 L_1 的 f_2 信号电流小，L_1 上的 f_2 信号电压也很小，感应到绕组 L_2 上的 f_2 信号电压也远小于 f_1 信号的电压，可认为 f_2 信号无法被选出送去后级电路。

总之，当许多电台发射的无线电波穿过磁性天线的磁棒时，只有与输入调谐回路频率相同的电台信号才会在磁性天线一次绕组上形成很高的电台信号电压，该电台信号电压才能感应到二次绕组而被选出，其他频率电台信号在一次绕组上形成的电压很小，无法选出。

2．变频电路

变频电路包括混频电路和本振电路，其作用是将输入调谐回路送来的电台信号与本振电路送来的本振信号进行差拍（相减），得到 **465kHz** 中频信号（$f_{振}-f_{信}=465kHz$）。变频电路如图 20-12 所示。

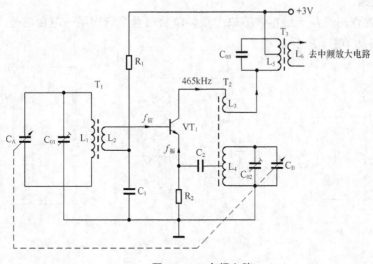

图 20-12　变频电路

（1）信号处理过程

许多电台的无线电波穿过磁性天线的磁棒，绕在磁棒上的绕组 L_1 上感应出各个电台的信号，当调节可变电容 C_A 容量使输入调谐回路频率为某一频率时，与该频率相同的电台信号在绕组 L_1 上会形成很高的电压，该电台的信号电压感应到二次绕组 L_2 上，为了叙述方便，选出的电台信号用 $f_{信}$ 表示，电台信号 $f_{信}$ 送到混频管 VT_1 的基极。与此同时，由振荡线圈 T_2、C_B 和 C_{02} 等元件构成的本振电路产生一个比电台信号 $f_{信}$ 频率高 465kHz 的本振信号 $f_{振}$，它经 C_2 送到混频管 VT_1 的发射极，$f_{振}$、$f_{信}$ 两信号送入混频管，两信号在三极管内部进行混频差拍（即 $f_{振}-f_{信}$），得到 465kHz 中频信号，该中频信号从 VT_1 的集电极输出，经 L_3 送至由中周 T_3 的一次绕组与电容 C_{03} 构成的并联谐振选频电路，因为该选频电路的频率为 465kHz，它将 465kHz 中频信号选出，并由 T_3 的一次绕组感应到二次绕组，再往后送到中频放大电路。

（2）直流工作条件

电路中有三极管，而三极管需要有电流 I_b、I_c、I_e 才能正常工作，给电路提供电源后，三极管各极有电流流过，各电流的流经途径如下：

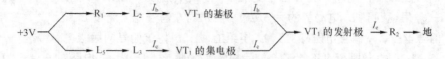

（3）本振信号的产生过程

在电路接通电源后，三极管有电流 I_c 流过，电流 I_c 的途径是：+3V → 中周 T_3 的一次绕组 → 绕组 L_3 → 三极管 VT_1 的集电极 → VT_1 的发射极 → R_2 → 地，电流 I_c 由无到有，是一个变化的电流，该电流蕴含着 0 ~ ∞ Hz 各种频率的信号，这些信号在经过绕组 L_3 时，L_3 将它们感应到绕在同一磁芯上的绕组 L_4 上，由于 L_4、C_{02}、C_B 的频率为 $f_{振}$，所以只有频率与 $f_{振}$ 相等的信号才在 L_4 上有较高的感应电压，L_4 上频率为 $f_振$ 的信号电压经 C_2 送到 VT_1 发射极放大，然后从集电极输出又经 L_3 感应到 L_4，L_4 上的 $f_振$ 信号增大，如此反复，L_4 上的 $f_振$ 信号幅度越来越大，VT_1 对 $f_振$ 信号的放大能力逐渐下降，当下降到一定值时，L_4 上 $f_振$ 信号的幅度不再增大，幅度稳定的 $f_振$ 信号送给 VT_1 作为本振信号。

（4）元器件说明

T_1 为磁性天线，能接收无线电波信号；C_A、C_B 两个可变电容构成一个双联电容，C_A 接在输入调谐回路中，称为信号联，C_B 接在本振电路中，称为振荡联，两个电容的容量在调节时同时变化，这样可以保证两电路的频率能同时改变；C_{01}、C_{02} 为微调电容，分别可以对输入调谐回路和本振电路的频率进行微调，让本振电路的频率较输入调谐回路的频率高 465kHz；VT_1 为混频管，除了可以对信号混频差拍外，还可以放大混频产生的中频信号；R_1 为 VT_1 的偏置电阻，能为 VT_1 提供基极电压；R_2 为负反馈电阻，可以稳定 VT_1 的工作点，使 I_b、I_c 和 I_e 保持稳定；C_1 为交流旁路电容，为 L_2 上的电台信号提供回路；C_2 为耦合电容，能将本振电路产生的本振信号传送到 VT_1 的发射极，同时能防止 VT_1 发射极的直流电压被 L_4 短路（L_4 直流电阻很小）；T_2 称为振荡线圈，它由 L_3、L_4 组成；L_4、C_B 和 C_{02} 等构成本振电路的选频电路，能决定本振信号的频率；T_3 为中周（中频变压器），它的一次绕组 L_5 与电容 C_{03} 构成并联谐振电路，谐振频率为 465kHz，它对 465kHz 的信号呈很大的阻抗，相当于一个阻值很大的电阻，当 465kHz 的中频信号送到该电路时，在 L_5 两端有很高的 465kHz 信号电压，该电压感应到 L_6 上再送至中频放大电路。

3. 中频放大电路

中频放大电路简称中放电路，作用是放大变频电路送来的 **465kHz** 中频信号，并对它进一步选频，得到纯净的 **465kHz** 信号去检波电路。中频放大电路如图 20-13 所示。

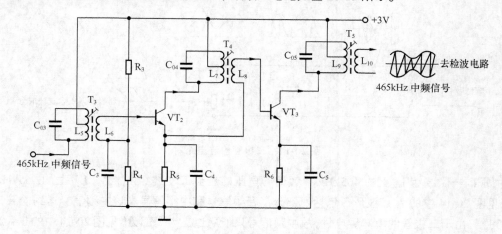

图 20-13　中频放大电路

（1）信号处理过程

变频电路送来的 465kHz 中频信号由 L_5 和 C_{03} 构成的选频电路选出后，再感应到 L_6，L_6 上的中频信号送到三极管 VT_2 的基极，放大后中频信号从集电极输出，经 C_{04} 和 L_7 构成的 465kHz 选频电路进一步选频后，由 L_7 感应到 L_8 上再送到三极管 VT_3 的基极，中频信号经 VT_3 放大后从集电极输出，经 C_{05} 和 L_9 构成的 465kHz 选频电路又一次选频后得到很纯净的 465kHz 中频信号，然后由 L_9 感应到 L_{10} 上送往检波电路。

（2）直流工作条件

三极管 VT_2 的电流 I_b、I_c、I_e 的途径如下：

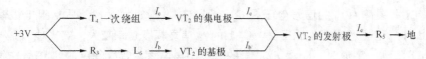

三极管 VT_3 的电流 I_b、I_c、I_e 的途径如下：

由于 VT_3 的电流 I_b 取自 VT_2 的 I_e 电流，所以如果 VT_2 没有导通，VT_3 是不会导通的。

（3）元器件说明

VT_2、VT_3 分别为第一、二中放管，用来放大 465kHz 的中频信号；T_3、T_4 和 T_5 为中周（中频变压器），它们的一次绕组分别与电容 C_{03}、C_{04} 和 C_{05} 构成 465kHz 的选频电路，用来选择 465kHz 的中频信号，让检波电路能得到很纯净的中频信号；C_3、C_4 和 C_5 均为交流旁路电容，能减少电路对交流信号的损耗，提高电路的增益；R_3、R_4 分别为 VT_2 的上、下偏置电阻，为 VT_2 提供基极电压；R_5、R_6 为电流负反馈电阻，能稳定 VT_2、VT_3 的静态工作点。

4. 检波电路

检波电路的作用是从 **465kHz 中频信号中检出音频信号**。收音机常采用的检波电路有二极管检波电路和三极管检波电路。

（1）二极管检波电路

二极管检波电路如图 20-14 所示。

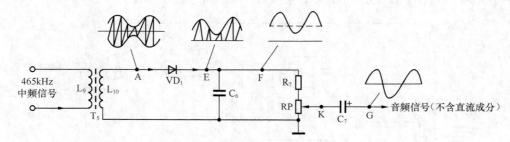

图 20-14　二极管检波电路

中周 T_5 一次绕组 L_9 上的 465kHz 中频信号电压感应到二次绕组 L_{10} 上，L_{10} 上的 465kHz 中频信号（见图 20-14 中的 A 点波形）包括两部分：音频信号和中频信号。该中频信号送到检波二极管 VD_1 的正端，由于二极管的单向导电性，故中频信号只能通过正半周部分（见图 20-14 中的 E 点波形），此信号中残存着中频成分，残存的中频成分经过滤波电容 C_6 时，由于 C_6 容量小，对频率低的音频信号阻碍大，而对频率较高的中频信号阻碍小，所以中频信号被 C_6 旁路到地而滤掉，剩下音频信号（见图 20-14 中的 F 点波形）。

检波后得到的音频信号中含有直流成分（F 点波形中虚直线为直流成分，实直线表示零电位），含有直流成分的音频信号经 R_7、RP 送到耦合电容 C_7，由于电容具有"通交隔直"的性质，故只有音频信号中有用的交流成分通过电容（见图 20-14 中的 G 点波形），而直流成分无法通过电容。

（2）三极管检波电路

三极管检波电路如图 20-15 所示。

中周 T_5 一次绕组 L_9 上的 465kHz 中频信号电压耦合到二次绕组 L_{10} 上，再送到三极管 VT_4 的基极。由于电阻 R_7 的阻值很大，故通过 R_7、L_{10} 供给 VT_4 基极的电压很低，VT_4 导通很浅。当中频信号负半周来时，VT_4 基极电压下降到更低而进入截止状态，中频负半周部分无法通过 VT_4 发射结（发射结相当于二极管）；当中频信号正半周来时，VT_4 导通，中频信号正半周经 VT_4 放大后从发射极输出，由中频滤波电容 C_7 将中频成分滤除，在 E 点得到含直流成分的音频信号，它经 R_9、RP 和 C_8 隔直后在 G 点得到不含直流成分的音频信号，送往后级电路。

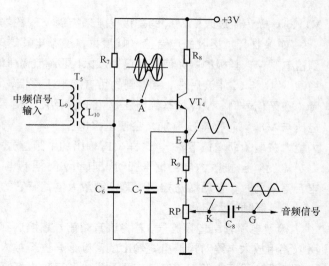

图 20-15　三极管检波电路

5. 自动增益控制（AGC）电路

电台发射机的不稳定和空间传播等因素，会造成收音机接收的电台信号时大时小，反映到扬声器上就会出现声音忽大忽小。为了保证扬声器的声音大小不因接收的电台信号变化而变化，在收音机中设置了自动增益控制电路。

自动增益控制电路的作用是根据接收电台信号的大小自动调节放大电路的增益，保证送到后级电路的音频信号大小基本恒定。 例如当接收电台信号幅度小时，自动增益控制电路会调节放大电路，让它的增益上升；反之，则让放大电路的增益下降。自动增益控制电路如图 20-16 所示，图中的 C_5、R_6、C_4 等元件构成自动增益控制电路。

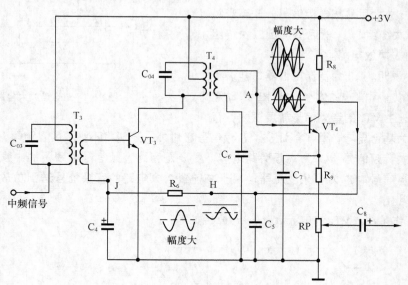

图 20-16　自动增益控制电路

VT_4 为检波三极管，当 465kHz 的中频信号加到 VT_4 基极时，由于 VT_4 基极电压很低，所以只能放大中频信号的正半周，正半周信号经 VT_4 放大后从集电极输出，因为三极管集电极与基极是倒相关系，所以 VT_4 集电极的输出变成负半周信号，负半周信号中的中频成分被 C_5 滤掉，剩下含直流成分的音频信号（见图 20-16 中的 H 点波形），该信号中的音频信号又被 C_4 滤掉（因为 C_4 容量很大，对音频信号阻碍小），只剩下直流成分（H 点波形中虚线为负的直流成分），该直流电压加到中放管

VT$_3$ 的基极，通过改变 VT$_3$ 的基极电压来控制 VT$_3$ 的增益。

如果收音机接收的电台信号幅度大，变频电路送来的中频信号幅度大，那么经 VT$_3$ 放大后送到检波管 VT$_4$ 基极的中频信号幅度也很大（见 A 点信号波形），VT$_4$ 集电极输出的负半周中频信号大，经 C$_5$、R$_6$ 和 C$_4$ 滤波后在 J 点得到的负直流电压更低，该电压加到 VT$_3$ 的基极，使它的基极电压下降（在无信号时，VT$_3$ 的基极电压是由电源经 R$_8$、R$_6$ 和 T$_3$ 二次绕组提供的，现在负自动增益控制电压与 VT$_3$ 原基极电压叠加，会使基极电压下降），VT$_3$ 的电流 I_b 减小，电流 I_c 也减小，三极管放大能力减弱（即增益下降），这样 VT$_3$ 输出的中频信号减小，幅度回到正常的大小。

总之，当接收的电台信号强时，自动增益控制电路控制放大电路使它的增益下降；当接收的电台信号弱时，自动增益控制电路控制放大电路使它的增益上升。

6. 低频放大电路

检波电路输出音频信号，若将该音频信号直接送到扬声器，扬声器会发声，但发出的声音很小，所以要用放大电路对检波电路输出的音频信号进行放大，这样才能推动扬声器发出足够大的声音。由于音频信号频率低，故音频信号放大电路又称为低频放大电路，简称为低放电路，它处于音量电位器与扬声器之间。低放电路通常包括两部分：前置放大电路和功放电路。

（1）前置放大电路

前置放大电路的作用是放大幅度较小的音频信号。 前置放大电路如图 20-17 所示。

① 信号处理过程。从检波电路送来的音频信号经音量电位器 RP 调节并经电容 C$_8$ 隔直后，剩下交流音频信号送到前置放大管 VT$_5$ 的基极，音频信号经 VT$_5$ 放大后从集电极输出，送至音频变压器 T$_5$ 的一次绕组 L$_{11}$，然后感应到二次绕组 L$_{12}$、L$_{13}$ 上，再去功放电路。

② 元器件说明。RP 为音量电位器，能调节送往 VT$_5$ 基极的音频信号的大小，当 RP 滑动端向上滑动时，送往 VT$_5$ 的音频信号幅度变大，音

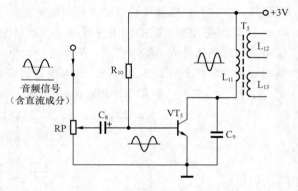

图 20-17　前置放大电路

量会增大；C$_8$ 为耦合电容，除了能让交流音频信号通过外，还能将不需要的直流隔开；VT$_5$ 为前置放大管，能放大音频信号；C$_9$ 为高频旁路电容，主要是旁路音频信号中残留的中频成分和音频信号中的高频噪声信号；T$_5$ 为音频变压器，用于将前置放大电路的音频信号送到功放电路，它的二次侧有两个绕组。

③ 直流工作条件。VT$_5$ 的电流 I_b、I_c、I_e 途径如下：

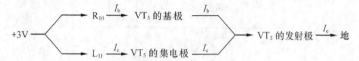

（2）功放电路

功放电路的作用是放大幅度较大的音频信号，使音频信号有足够的幅度推动扬声器发声。 由于送到功放电路的音频信号幅度很大，用一只三极管放大会难于承受，并且会产生很严重的失真，所以在功放电路中常用两只三极管来放大音频信号，两只三极管轮流工作，能减轻三极管的负担，同时也减小失真，功放电路两只三极管交替放大的方式又称为推挽放大。功放电路如图 20-18 所示。

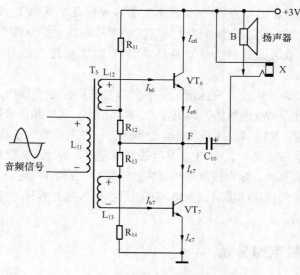

图 20-18 功放电路

① 直流工作条件。图 20-18 所示电路中的 $R_{11}=R_{13}$、$R_{12}=R_{14}$，并且 VT$_6$、VT$_7$ 同型号，电路具有对称性，所以它们的中心 F 点电压约为电源电压的一半，即 $U_F=\frac{1}{2}\times 3V=1.5V$。在静态时，VT$_6$、VT$_7$ 都处于微导通状态，VT$_6$、VT$_7$ 导通的电流 I_b、I_c、I_e 途径如下：

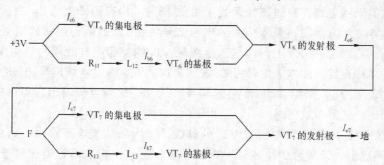

从流程图可以看出，VT$_6$ 流出电流等于 VT$_7$ 流入的电流，即 VT$_7$ 的电流 I_{e7} 与 VT$_6$ 的电流 I_{e6} 相等。

② 信号的处理过程。前置放大管输出的音频信号送到变压器的一次绕组 L$_{11}$，再感应到二次绕组 L$_{12}$、L$_{13}$。

当 L$_{11}$ 上的音频信号为正半周时，L$_{12}$、L$_{13}$ 上感应的音频信号电压都为上正下负，L$_{13}$ 的下负电压加到功放管 VT$_7$ 的基极，VT$_7$ 基极电压下降，VT$_7$ 截止，不能放大信号，而 L$_{12}$ 的上正电压加到功放管 VT$_6$ 的基极，VT$_6$ 基极电压上升，VT$_6$ 进入正常导通放大状态，电容 C$_{10}$ 开始放电（在无信号时 +3V 电源通过扬声器对 C$_{10}$ 已充得左负右正约 1.5V 电压），放电电流途径是：C$_{10}$ 右正→扬声器→VT$_6$ 的集电极→VT$_6$ 的发射极→C$_{10}$ 左负，该电流流过扬声器，它就是 VT$_6$ 放大输出的正半周音频信号。

当 L$_{11}$ 上的音频信号为负半周时，L$_{12}$、L$_{13}$ 上感应的音频信号电压都为上负下正，L$_{12}$ 的上负电压加到功放管 VT$_6$ 的基极，基极电压下降，VT$_6$ 进入截止状态，不能放大信号，而 L$_{13}$ 的下正电压加到功放管 VT$_7$ 的基极，基极电压上升，VT$_7$ 进入正常导通放大状态，+3V 电源开始对 C$_{10}$ 充电，充电电流途径是：+3V→扬声器→C$_{10}$→VT$_7$ 集电极→VT$_7$ 发射极→地，该电流流过扬声器，它就是 VT$_7$ 放大输出的负半周音频信号。

从上述工作过程可以看出：功放管 VT_6 放大音频信号的正半周，VT_7 放大音频信号的负半周，扬声器中有完整的正、负半周音频信号通过。这里的功放电路与扬声器之间未采用输出变压器，并且两功放管交替导通放大，这种功放电路称为 OTL 放大电路，即无输出变压器的推挽放大电路。

③ 元器件说明。T_5 为音频输入变压器，主要起耦合音频信号的作用；VT_6、VT_7 为功放管，在无信号输入时，它们处于微导通状态，即电流 I_b、I_c 都很小，当音频信号输入时，它们轮流工作，VT_6 放大音频信号正半周，VT_7 则放大音频信号负半周，一只三极管处于放大状态时另一只三极管处于截止状态；R_{11}、R_{12}、R_{13} 和 R_{14} 为 VT_6、VT_7 的偏置电阻，为两三极管提供静态工作点；C_{10} 为耦合电容，同时兼起隔直作用；B 为扬声器，能将音频信号还原成声音；X 为耳机插孔，未插入耳机插头时，插孔内部顶针与扬声器接通，当插入耳机插头时，顶针断开，将扬声器切断，音频信号会通过插头触点流进耳机。

20.2.3　收音机整机电路分析

S66 型收音机整机电路如图 20-19 所示。

分析电子设备的电路一般包括 3 个方面：一是分析电路处理交流信号的过程；二是分析电路中各元器件的功能；三是分析电路的直流供电，主要是三极管的供电情况。以下就从这 3 个方面来分析 S66 型收音机整机电路的原理。

1. 交流信号处理过程

许多电台发射的无线电波在穿过磁性天线 T_1 的磁棒时，绕在磁棒上的 L_{01} 上会感应出各电台信号电动势，只有与输入调谐回路频率相同的电台信号才在 L_{01} 上得到很高的信号电压，该电台信号电压感应到 T_1 的二次绕组 L_{02} 上，再送入混频管 VT_1 的基极。与此同时，由 VT_1、T_2、C_B、C_{02} 等元器件构成的本振电路产生本振信号经 C_2 送入 VT_1 的发射极。本振信号和电台信号在混频管 VT_1 中混频差拍，即 $f_振 - f_信$，得到 465kHz 中频信号，从 VT_1 的集电极输出，再由中周 T_3 构成的 465kHz 选频电路选出，送到中放电路。

465kHz 中频信号经 T_3 耦合到中放管 VT_2 的基极，放大后从集电极输出，再由中周 T_4 构成的 465kHz 选频电路选出，又耦合到检波管 VT_3 的基极，由于 VT_3 的基极电压较低，中频信号负半周来时 VT_3 截止，正半周来时 VT_3 正常放大，正半周中频信号从 VT_3 的发射极输出，然后由滤波电容 C_5 滤掉中频成分，剩下音频信号，音频信号经音量电位器 RP 调节和电容 C_6 隔直后送到低放电路。

音频信号送到前置放大管 VT_4 的基极，放大后从集电极输出送到音频变压器 T_5 一次绕组，音频信号再感应到 T_5 的两组二次绕组，分别送到功放管 VT_5、VT_6 的基极。VT_5 放大音频信号正半周，VT_6 放大音频信号负半周，放大的正、负半周音频信号经 C_9 流进扬声器，扬声器发声。

2. 元器件说明

T_1 是磁性天线，实际上是一个高频变压器，用来接收无线电波信号。C_A 为双联电容中的信号联，C_B 为双联电容中的振荡联，在调台时，它们的容量同时变化，这样可以保证输入调谐回路在选取不同电台时，本振信号频率始终较接收电台信号频率高 465kHz。C_{01}、C_{02} 都是微调电容，它们通常与双联电容做在一起。VT_1 为混频管，具有混频信号和放大信号的功能。C_1 为交流旁路电容，能减小交流损耗，提高 VT_1 的增益。R_1 为 VT_1 的偏置电阻，为 VT_1 提供基极电压。R_2 为 VT_1 发射极的电流负反馈电阻，能稳定 VT_1 的工作点。T_2 称为振荡线圈，它有两组线圈：一组用于反馈；另一组与 C_B、C_{02} 构成本振电路选频电路，改变它的电感量可以改变本振电路的振荡频率。C_2 为耦合

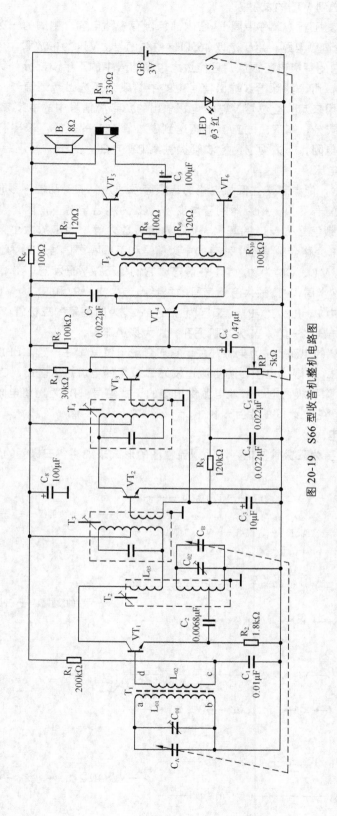

图 20-19 S66 型收音机整机电路图

电容，将本振信号传送到 VT_1 的发射极。

T_3、T_4 均为中频变压器（又称中周），它内部包含有槽路电容，中周的一次绕组与内部槽路电容一起构成 465kHz 的选频电路，用于选取 465kHz 中频信号。VT_2 为中放管，用来放大中频信号。VT_3 是检波三极管，它的基极电压很低，只能放大中频信号中的正半周部分，负半周来时处于截止状态。C_5 为滤波电容，用来滤除检波输出信号中的中频成分而选出音频信号。C_4、R_3、C_3 构成自动增益控制电路，C_4 用来滤除检波管 VT_4 集电极输出的负半周信号中的中频成分，而 C_3 由于容量较大，用来滤除音频成分，剩下负的直流电压送到中放管 VT_2 的基极，来控制 VT_2 的放大能力。R_4 是一个比较重要的电阻，一方面它为检波管提供集电极电压，另一方面还经 R_3 为中放管 VT_2 和检波管 VT_3 提供基极电压。

RP 为音量电位器，能调节送往低放电路的音频信号的大小，滑动端下移时，上端电阻增大，送往低放电路的音频信号变小，扬声器的音量变小。C_6 为耦合电容，能阻止音频信号中的直流成分通过，只让交流音频信号去 VT_4 的基极。VT_4 为前置放大管，用来放大小幅度的音频信号。C_7 为高频旁路电容，用来旁路音频信号中残存的中频信号和高频噪声信号。T_5 为音频输入变压器，起传递音频信号的作用。VT_5、VT_6 为功放管，在静态时它们处于微导通状态，在动态时它们轮流工作，VT_5 放大音频信号的正半周，VT_6 放大音频信号的负半周。R_7、R_8、R_9 和 R_{10} 为 VT_5、VT_6 的偏置电阻，为它们提供电压，其中 $R_7=R_9$、$R_8=R_{10}$，又因为 VT_5、VT_6 为同型号的三极管，故耦合电容 C_9 左端的电压大小约为电源电压的一半。X 为耳机插孔，B 为扬声器。

该收音机使用 3V 的电源，S 为电源开关，它与音量电位器做在一起。LED 为电源指示灯，它是一个发光二极管。R_{11} 为限流电阻，防止流过发光二极管的电流过大。R_6、C_8 为电源退耦电路。C_8 为退耦电容，能滤除各放大电路窜入电源供电线的干扰信号。R_6 为隔离电阻，将功放电路与前级放大电路隔开，减少它们之间的相互干扰。

3. 电路直流供电

电路直流供电主要为三极管供电，下面以流程图的形式来说明各三极管的供电情况。

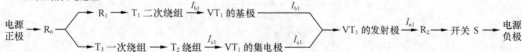

VT_1 的直流供电途径：

VT_2 的直流供电途径：

VT_3 的直流供电途径：

VT_4 的直流供电途径：

VT$_5$、VT$_6$ 的直流供电途径：

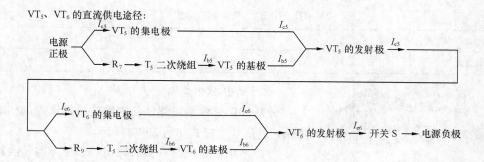

20.3 实践入门

20.3.1 电烙铁

电烙铁是一种将电能转换成热能的焊接工具。电烙铁是电路装配和检修中不可缺少的工具，元器件的安装和拆卸都要用到，学会正确使用电烙铁是提高实践能力的重要前提。

1. 结构

电烙铁主要由烙铁头、套管、烙铁芯（发热体）、手柄和导线等组成，电烙铁的结构如图 20-20 所示。烙铁芯通过导线获得供电后会发热，发热的烙铁芯通过金属套管加热烙铁头，烙铁头的温度达到一定值时就可以进行焊接操作了。

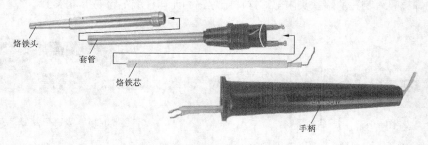

图 20-20 电烙铁的结构

2. 种类

电烙铁的种类很多，常见的有内热式电烙铁、外热式电烙铁、恒温电烙铁和吸锡电烙铁等。

（1）内热式电烙铁

内热式电烙铁是指烙铁头套在发热体外部的电烙铁。内热式电烙铁如图 20-21 所示。内热式电烙铁体积小、重量轻、预热时间短，一般用于小元器件的焊接，它的功率一般较小，但发热元件易损坏。

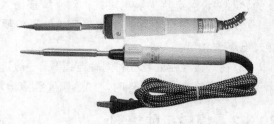

图 20-21 内热式电烙铁

内热式电烙铁的烙铁芯采用镍铬电阻丝绕在瓷管上制成，一般 20W 电烙铁的电阻为 2.4kΩ 左右，35W 电烙铁的电阻为 1.6kΩ 左右。常用的内热式电烙铁的功率与对应温度见表 20-2。

表 20-2　内热式电烙铁的功率与对应温度

电烙铁功率 /W	20	25	45	75	100
烙铁头温度 /℃	350	400	420	440	450

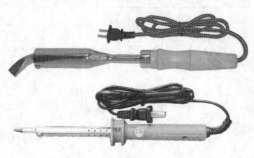

图 20-22　外热式电烙铁

（2）外热式电烙铁

外热式电烙铁是指烙铁头安装在发热体内部的电烙铁。 外热式电烙铁如图 20-22 所示。

外热式电烙铁的烙铁头长短可以调整，烙铁头越短，烙铁头的温度就越高。烙铁头有凿式、尖锥形、圆面形和半圆沟形等不同的形状，可以适应不同焊接面的需要。

（3）恒温电烙铁

恒温电烙铁是一种利用温度控制装置来控制通电时间以使烙铁头保持恒温的电烙铁。 恒温电烙铁如图 20-23 所示。

恒温电烙铁一般用来焊接温度不宜过高、焊接时间不宜过长的元器件。有些恒温电烙铁还可以调节温度，温度调节范围一般在 200 ～ 450℃。

（4）吸锡电烙铁

吸锡电烙铁是将活塞式吸锡器与电烙铁融于一体的拆焊工具。 吸锡电烙铁如图 20-24 所示。在使用吸锡电烙铁时，先用带孔的烙铁头将元器件引脚上的焊锡熔化，然后让活塞运动产生吸引力，将元器件引脚上的焊锡吸入带孔的烙铁头内部，这样无焊锡的元器件就很容易拆下来了。

图 20-23　恒温电烙铁　　　　　　　　　图 20-24　吸锡电烙铁

3. 选用

在选用电烙铁时，可按下面的原则进行。

① 在选用电烙铁时，烙铁头的形状要适合被焊接件表面的要求和产品装配密度。对于焊接面小的元器件，可选用尖嘴电烙铁；对于焊接面大的元器件，可选用扁嘴电烙铁。

② 在焊接集成电路、晶体管及其他受热易损坏的元器件时，一般选用 20W 内热式或 25W 外热式电烙铁。

③ 在焊接较粗的导线和同轴电缆时，一般选用 50W 内热式电烙铁或者 45 ～ 75W 外热式电烙铁。

④ 在焊接很大元器件时，如金属底盘接地焊片，可选用 100W 以上的电烙铁。

20.3.2　焊料与助焊剂

1. 焊料

焊锡是电子产品焊接采用的主要焊料。 焊锡如图 20-25 所示。焊锡是在易熔金属锡中加入一定比例的铅和少量其他金属制成的，其熔点低、流动性好、对元器件和导线的附着力强、机械强度高、导电性好、不易氧化、抗腐蚀性好，并且焊点光亮美观。

2. 助焊剂

助焊剂可分为无机助焊剂、有机助焊剂和树脂助焊剂，它能溶解去除金属表面的氧化物，并在焊接加热时包围金属的表面，使之和空气隔绝，防止金属在加热时氧化，另外还能降低焊锡的表面张力，有利于焊锡的湿润。**松香是焊接时采用的主要助焊剂**，松香如图 20-26 所示。

图 20-25　焊锡　　　　　　　　　　　　　　　　图 20-26　松香

20.3.3　印制电路板

各种电子设备都是由一个个元器件组合起来构成的。用规定的符号表示各种元器件，并且将这些器件连接起来就构成了这种电子设备的电路原理图，通过电路原理图可以了解电子设备的工作原理和各元器件之间的连接关系。

在实际装配电子设备时，如果将一个个元器件用导线连接起来，除了需要大量的连接导线外还很容易出现连接错误，出现故障时检修也极为不便。为了解决这个问题，人们就将大多数连接导线做在一块塑料板上，在装配时只要将一个个元器件安装在塑料板相应的位置，再将它们与导线连接起来就能组装成一台电子设备了，这里的塑料板称为印制电路板。之所以叫它印制电路板是因为塑料板上的导线是印制上去的，印制到塑料板上的不是油墨而是薄薄的铜层，铜层常称为铜箔。印制电路板示意图如图 20-27 所示。

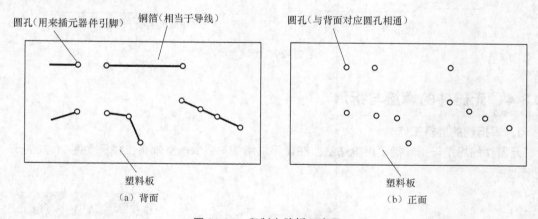

图 20-27　印制电路板示意图

图 20-27（a）所示为印制电路板背面，该面上黑色的粗线为铜箔，圆孔用来插入元器件引脚，在此处还可以用焊锡将元器件引脚与铜箔焊接在一起。图 20-27（b）所示为印制电路板正面，它上面有很多圆孔，可以在该面将元器件引脚插入圆孔，在背面将元器件引脚与铜箔焊接起来。

图 20-28 所示是一个电子产品的印制电路板背面和正面图。

印制电路板上的电路不像原理电路那么有规律，下面以图 20-29 为例来说明印制电路板上电路和原理电路的关系。

（a）背面

（b）正面

图 20-28　一个电子产品的印制电路板

图 20-29（a）所示为检波电路的电路原理图，图 20-29（b）所示为检波电路的印制电路板的电路，表面看好像两个电路不一样，但实际上两个电路完全一样。原理电路更注重直观性，故元器件排列更有规律，而印制电路板上的电路更注重实际应用，在设计制作印制电路板时除了要求电气连接上与原理电路完全一致外，还要考虑各元器件之间的干扰和引线长短等问题，故印制电路板上的电路排列好像杂乱无章，但如果将它还原成原理电路时，就会发现它与原理图是完全一样的。

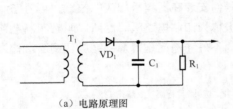
（a）电路原理图

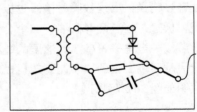
（b）印制电路板上的电路图

图 20-29　检波电路

20.3.4　元器件的焊接与拆卸

1. 焊拆前的准备工作

元器件的焊接与拆卸需要用电烙铁。在使用电烙铁前要做一些准备工作，如图 20-30 所示，具体步骤如下。

（a）除氧化层

（b）蘸助焊剂

（c）挂锡

图 20-30　使用电烙铁前的准备工作

第 1 步：除氧化层。 为了焊接时烙铁头能很容易蘸上焊锡，在使用电烙铁前，可用小刀或锉刀轻轻除去烙铁头上的氧化层，氧化层刮掉后会露出金属光泽，该过程如图 20-30（a）所示。

第 2 步：蘸助焊剂。 烙铁头氧化层去除后，给电烙铁通电使烙铁头发热，再将烙铁头蘸上松香（电子市场有售），会看见烙铁头上有松香蒸气，该过程如图 20-30（b）所示。松香的作用是防止烙铁头在高温时氧化，并且增强焊锡的流动性，使焊接更容易进行。

第 3 步：挂锡。 当烙铁头蘸上松香达到足够温度时，烙铁头上有松香蒸气冒出，用焊锡在烙铁头的头部涂抹，在烙铁头的头部涂了一层焊锡，该过程如图 20-30（c）所示。

给烙铁头挂锡的好处是保护烙铁头不被氧化，并使烙铁头更容易焊接元器件，一旦烙铁头"烧死"，即烙铁头温度过高烙铁头上的焊锡蒸发掉，烙铁头被烧黑氧化，焊接元器件就很难进行了，这时需要刮掉氧化层再挂锡才能使用。所以当电烙铁较长时间不使用时，应拔掉电源，防止电烙铁"烧死"。

2. 元器件的焊接

焊接元器件时，首先要将待焊接的元器件引脚上的氧化层轻轻刮掉，然后给电烙铁通电，发热后蘸上松香，当烙铁头温度足够时，将烙铁头以 45° 角度压在印制电路板待焊元器件引脚旁的铜箔上，然后再将焊锡丝接触烙铁头，焊锡丝熔化后成液态状，会流到元器件引脚四周，这时将烙铁头移开，焊锡冷却就将元器件引脚与印制电路板铜箔焊接在一起了。元器件的焊接如图 20-31 所示。

图 20-31　元器件的焊接

焊接元器件时烙铁头接触印制电路板和元器件时间不要太长，以免损坏印制电路板和元器件， 焊接过程要在 1.5 ~ 4s 内完成，焊接时要求焊点光滑且焊锡分布均匀。

3. 元器件的拆卸

在拆卸印制电路板上的元器件时，用电烙铁的烙铁头接触元器件引脚处的焊点，待焊点处的焊锡熔化后，在电路板另一面将该元器件引脚拔出，然后再用同样的方法焊下另一引脚。这种方法拆卸 3 个以下引脚的元器件很方便，但拆卸 4 个以上引脚的元器件（如集成电路）就比较困难了。

拆卸 4 个以上引脚的元器件可使用吸锡电烙铁，也可用普通电烙铁借助不锈钢空心套管或注射器针头（电子市场有售）来拆卸。不锈钢空心套管和注射器针头如图 20-32 所示。多引脚元器件的拆卸方法如图 20-33 所示，用烙铁头接触该元器件某一引脚焊点，当该脚焊点的焊锡熔化后，将大小合适的注射器针头套在该引脚上并旋转，让元器件引脚与电路板焊锡铜箔脱离，然后将烙铁头移开，稍后拔出注射器针头，这样元器件引脚就与印制电路板铜箔脱离开来，再用同样的方法使元器件其他引脚与印制电路板铜箔脱离，最后就能将该元器件从电路板上拔下来了。

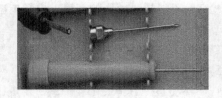

图 20-32　不锈钢空心套管和注射器针头

图 20-33　用不锈钢空心套管拆卸多引脚元器件

20.4 收音机的组装与调试

20.4.1 收音机套件介绍

S66 型收音机套件如图 20-34 所示，主要包括收音机外壳、元器件、印制电路板和安装说明书。

图 20-34　S66 型收音机套件

20.4.2 收音机的组装

1. 熟悉收音机电路原理图和印制电路板

S66 型收音机的电路原理图如图 20-35 所示，印制电路板如图 20-36 所示，图 20-37 所示为元器件在印制电路板上的安装图。

2. 将收音机套件的元器件进行分类和标号

S66 型收音机由许多的电子元器件组成，组装前将套件中的各种元器件按种类进行分类，并识别各元器件的参数和型号，如有必要可用万用表将元器件检测一遍，这样做不但可排除损坏的元器件，提高收音机组装的成功率，还能锻炼自己检测电子元器件的能力，然后依据电路原理图对各元器件进行标号。分类和标号完毕的元器件如图 20-38 所示。

3. 开始安装和焊接元器件

在安装时，将元器件引脚从印制电路板正面相应位置的圆孔插入，在印制电路板背面将元器件引脚与铜箔焊接起来，焊好后将多出的引脚剪掉。另外安装时先装低矮和耐热的元器件（如电阻和无极性电容），然后装体积大的元器件（如中周、变压器），最后安装不耐热的元器件（如电解电容和三极管）。各种元器件安装焊接的注意事项如下。

① 电阻可以采用卧式紧贴印制电路板安装，也可以采用立式安装，但高度要统一。

② 电容和三极管均采用立式安装，但不要安装过高，不能超过中周的高度，电解电容和三极管在安装时要注意各引脚的极性。

③ 磁性天线由于采用了漆包线（在细铜线上涂有很薄的一层绝缘漆），所以在焊接时要用小刀或砂纸将 4 个引线头上的绝缘漆刮掉，再焊在印制电路板铜箔上。

④ 元器件和有关导线安装并焊接好后，再将印制电路板上 A、B、C、D 4 个缺口用焊锡焊好，这 4 个缺口是用来测收音机各放大电路工作电流的，在调试和检修时可以将它们再焊开。

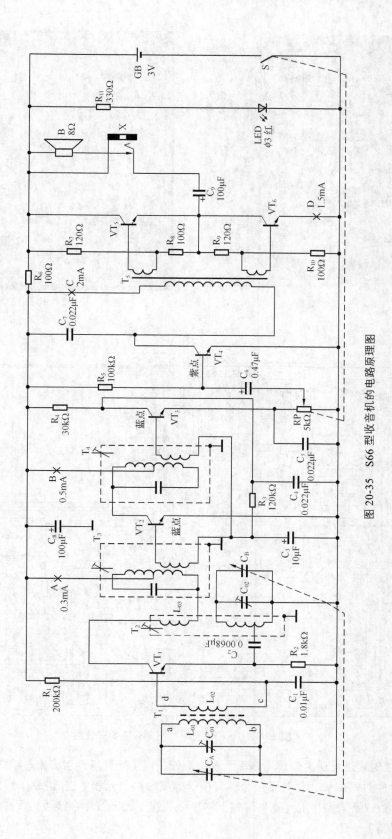

图 20-35　S66 型收音机的电路原理图

297

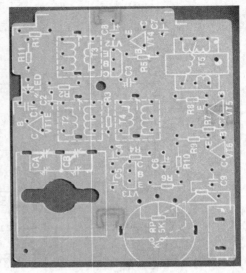

（a）背面 　　　　　　　　　　　　　　（b）正面

图 20-36　印制电路板

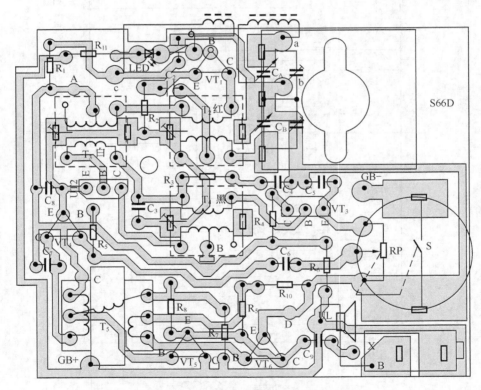

图 20-37　元器件在印制电路板上的安装图

⑤ 在焊接时要注意避免假焊（表面上看似焊好，但实际元器件引脚未与铜箔焊牢）、烫坏元器件（焊接元器件时间过长，会对三极管、二极管等不耐热的元器件造成损坏）、焊错元器件（常见的是将不同参数或不同型号的元器件焊错）和接线错误（如天线 4 个接线头焊错位置、电源开关和扬声器引线焊错）。

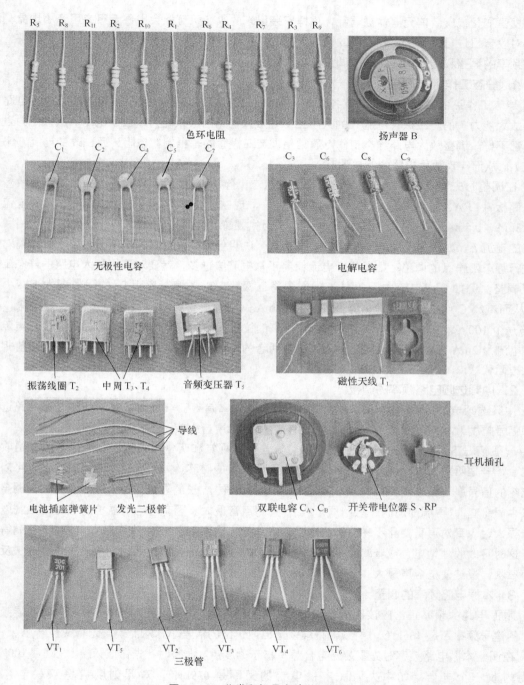

图 20-38　分类和标号完毕的元器件

在组装收音机时注意了以上事项，会大大提高组装收音机的成功率。如果收音机组装完成后不能正常工作，那就需要对收音机进行调试。

20.4.3　收音机的调试

收音机套件在出厂前，一些元器件（如中周、振荡线圈和微调电容）已经调试好，如果元器件没有质量问题并且又正确安装，一般情况下收音机能正常发声。但有时可能套件中某些元器件的参数发生变化或安装前元器件被调乱，这样安装出来的收音机可能会出现无声或声音小现象，这时就要对收音机进行调试了。收音机的调试包括静态工作点的调整、中频选频电路频率的调整、本振电路频率的调整和输入调谐回路的调整。

1. 静态工作点的调整

静态工作点的调整是通过调节各级放大电路中三极管的电流 I_c 大小来调节各级放大电路的增益（放大能力）的。三极管电流 I_c 的大小会影响放大电路的放大能力，放大电路的放大能力过大或过小都不好。调整放大电路静态工作点通常是调节三极管的基极偏置电阻，通过改变电流 I_b 来改变电流 I_c，从而实现放大电路的增益调节。

在调整时先调节双联，让收音机处于无台状态（静态），再用万用表电流挡依次测量收音机印制电路板缺口 A、B、C、D 处（如先前缺口焊好，现在需要焊开）的电流，正常它们的电流分别是 0.3mA、0.5mA、2mA、1.5mA，这 4 个电流分别是变频电路、中放电路、前置放大电路和功放电路的电流 I_c。如果测量的这 4 个电流基本正常，说明各级放大电路的增益符合要求，无需对收音机进行静态工作点的调整；如果某个电流偏离正常电流值过多，就要对该级放大电路的静态工作点进行调整，例如 C 点电流大于 2mA，就需要将三极管 VT$_4$ 的偏置电阻 R$_5$ 的阻值调大来减小电流 I_b，从而减小 C 点电流（电流 I_c），让它回到 2mA。具体调节 C 点电流时，可将 R$_5$ 焊下来，再将 R$_5$ 与一个 100kΩ 电位器串在一起来焊在 R$_5$ 原来的位置，然后调节电位器的同时测量 C 点电流，当 C 点电流为 2mA 时，焊下 R$_5$ 和电位器，测量两者的串联总阻值，找一个与两者串联总阻值相同的固定电阻代替 R$_5$，焊好就可以了。

2. 中频选频电路频率的调整

中频选频电路的频率为 465kHz，如果选频电路频率偏离了 465kHz，就会出现选频电路选出的中频信号幅度偏小或无法选出的现象，从而导致收音机声音小或无声。

一般情况下没有专门的调试仪器，但可凭自己的视觉和听觉来调整。首先打开收音机收到一个电台，一边听声音大小，一边调中周（中频变压器）的磁芯。如果收音机收不到电台，可以在双联电容的信号联（在本收音机中为 C$_A$）非地端焊上一根 1m 长的导线作为天线。调整时先调整最后一只中周（T$_4$），再调前面的一只中周（T$_3$），直到声音最大。因有自动增益控制电路的控制以及当声音很大时人耳对声音变化不易分辨的缘故，在本地电台声音已经调到很大时，往往不易调得更精确，这时可改收外地电台或者转动磁性天线方向以减小输入信号，然后再调节。按上述方法反复细调两三次，最终使电台声最大、最清晰即可。

3. 本振电路频率的调整

本振电路的频率正常应该比输入调谐回路高 465kHz，如果不是高出 465kHz 会导致混频差拍输出的信号频率不是 465kHz，中频电路难以选出或选出的信号小，从而引起无音或声音小。

在调整本振电路频率时先要装好电台频率指示刻度盘。调整时，先在低频端（550～700kHz）范围内收一个电台，如中央人民广播电台的频率是 639kHz，对照刻度盘将双联电容旋到 639kHz 这个位置，调节振荡线圈（T$_2$）的磁芯，收到这个电台，并将声音调到最大；然后在 1 400～1 600kHz 范围内选一个已知频率的电台，对照刻度盘将双联电容旋到这个频率的刻度上，再调节本振电路中的微调电容（与双联电容振荡联并联的微调电容），收到这个电台并将声音调到最大。由于高、低端的频率会在调整中互相影响，所以低端调电感磁芯、高端调电容的过程要反复进行几次才能最后调准。

4. 输入调谐回路频率的调整

输入调谐回路的调整又称为统调。调整时先收听低频端电台，调整磁性天线在磁棒上的位置，使声音最大，达到低频统调；再收听高频端电台，调节输入调谐回路中的微调电容（与双联电容信号联并联的微调电容），使声音最大，达到高频统调。这个过程也要反复调几次才能最后调准。

20.5 电子产品的检修方法

在检修电子产品时，先要掌握一些基本的电路检修方法。电路的检修方法很多，下面介绍一些最常用的检修方法。

20.5.1 直观法

直观法是指通过看、听、闻、摸的方式来检查电子产品的方法。直观法是一种简便的检修方法，有时很快就可以找出故障所在，一般在检修电子产品时首先使用这种方法，然后再使用别的检修方法。在用直观法检查时，可同时辅以拨动元器件、调整各旋钮以及轻轻挤压有关部件等动作。

使用直观法时可按下面的方法进行。

① **眼看**：看机器内导线有无断开，元器件是否烧黑或炸裂、是否虚焊脱落，元器件有无装错（新装配的电子产品），元器件之间有无接触短路，印制电路板铜箔是否开路等。

② **耳听**：听机器声音有无失真，旋转旋钮听机器有无噪声等。

③ **鼻闻**：闻是否有元器件烧焦或别的不正常的气味。

④ **手摸**：摸元器件是否发热，拨动元器件导线看是否有虚焊。

20.5.2 电阻法

电阻法是用万用表欧姆挡来测量电路或元器件的阻值大小以判断故障部位的方法。这种方法在检修时应用较多，由于使用这种方法检修时不需要通电，比较安全，所以最适合初学者使用。

1. 电阻法的使用

电阻法常用在以下几个方面。

① **检查印制电路板铜箔和导线是否相通、开路或短路。**印制电路板铜箔和导线开路或短路有时用眼睛难以观察出来，采用电阻法可以准确判断。

在图 20-39（a）所示的检测操作中，直观观察印制电路板两个焊点是相通的，为了准确判断，可用万用表的 R×1 挡测量这两焊点间的阻值，图中表针指示阻值为 0Ω，说明这两个焊点是相通的。

在图 20-39（b）所示的检测操作中，导线上有绝缘层，无法判断内部芯线是否开路，也可用万用表的 R×1 挡来测量导线的阻值，图中表针指示阻值为 ∞，说明导线内部开路。

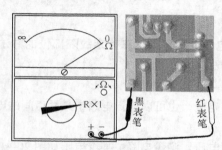
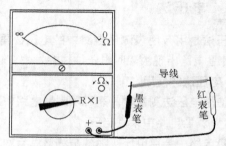

（a）检测焊点间是否相通　　　　　　　　　（b）检测导线是否开路

图 20-39　用电阻法检测焊点与导线

② 检测大多数元器件的好坏。大多数元器件的好坏都可用电阻法来判断。

③ 在路粗略检测元器件的好坏。所谓在路检测元器件是指直接在印制电路板上检测元器件，无须焊下元器件。由于不需拆下元器件，故检测起来比较方便。例如可以在路检测二极管、三极管PN结是否正常，如果正向电阻小、反向电阻大，可认为它们正常；也可以在路检测电感、变压器线圈，它们的正常阻值很小，如果阻值很大就可能是线圈开路。

但是，由于电路板上的被测元器件可能与其他元器件并联，检测时可能会影响测量值。如图 20-40 所示，万用表在测量电阻 R 的阻值时，实际上测量的是 R 与二极管 VD 的并联值，测量时，如果将红、黑表笔按图 20-40（a）所示的方法接在 R 两端，二极管会导通，这样测出来 R 的阻值会很小，如果将红、黑表笔对调测 R 的阻值，如图 20-40（b）所示，二极管 VD 就不会导通，这样测出来的阻值就接近 R 的真实值。所以**在路测量元器件时，要正、反各测一次，阻值大的一次更接近元器件的真实值**。

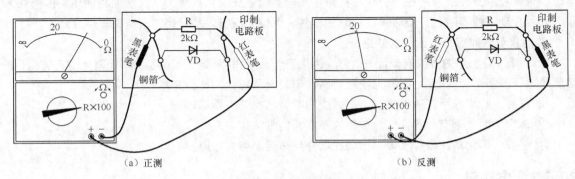

（a）正测　　　　　　　　　　　　　　　　　（b）反测

图 20-40　在路测量元器件的阻值

2. 在路测量电阻注意事项

用电阻法在路测量时要注意以下几点。

① 在路测量时，一定要先关掉被测电路的电源。

② 在路测量某元器件时，要对该元器件正、反各测一次，阻值大的测量值更接近元器件的实际阻值，这样做是为了减小 PN 结元器件的影响。

③ 在路测量元器件正、反向阻值时，若元器件正常，则两次测量值均会小于（最多等于）元器件的标称值，如果测量值大于元器件标称值，那么该元器件一定是损坏（阻值变大或开路）的。但是，在路测量出来的阻值小于被测元器件的标称阻值时，不能说明被测元器件一定是好的，要准确判断元器件好坏就需要将它拆下来直接测量。

20.5.3　电压法

电压法是用万用表测量电路中的电压，再根据电压的变化情况来确定故障部位的方法。电压法依据的是电路出现故障时电压往往会发生变化的原理。

1. 电压法的使用

在使用电压法测量时，既可以测量电路中某点的电压，也可以测量电路中某两点间的电压。

（1）测量电路中某点电压

测量电路中某点电压实际就是测该点与地之间的电压。测量电路中某点电压如图 20-41 所示。图中是测量电路中 A 点的电压，在测量时，将黑表笔接地，也即电阻 R_4 下端，红表笔接触被测点（A点），万用表测出的 3V 就是 A 点电压 U_A。若要测三极管发射极电压 U_e，由于发射极电压实际上就是发射极与地之间的电压，故测量发射极电压 U_e 的方法与图 20-41 完全相同，所以 U_e 与 U_A 相等，都为 3V。

（2）测量电路中某两点间的电压

测量电路中两点间的电压如图 20-42 所示。图中是测量三极管基极与发射极间的电压 U_{be}，测量时红表笔接基极（高电位），黑表笔接发射极，测出的电压值即为 U_{be}，图中 $U_{be}=0.7V$，说明基极电压 U_b 较发射极电压 U_e 高 0.7V。

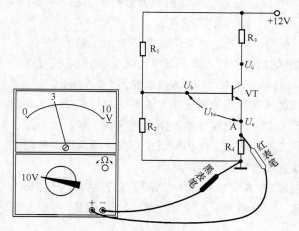

图 20-41　测量电路中某点电压

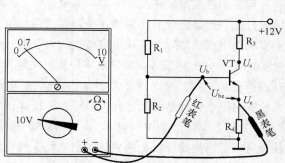

图 20-42　测量电路中某两点间的电压

如果红表笔接三极管集电极，黑表笔接发射极，测出的电压为三极管集-射极之间的电压 U_{ce}；如果红表笔接 R_3 上端，黑表笔接 R_3 下端，测出的电压为 R_3 两端电压 U_{R3}（或称 R_3 上的压降）；如果红表笔接 R_2 上端，黑表笔接地（地与 R_2 下端直接相连），测出的电压为 R_2 两端电压 U_{R2}，它与三极管基极电压 U_b 相同；如果红表笔接电源正极，黑表笔接地，则测出的电压为电源电压（12V）。

下面举例来说明电压法的使用。

在图 20-43 所示电路中，发光二极管 VD_1 不亮，检测时测得 +12V 电源正常，而测得 A 点无电压，再跟踪测量到 B 点仍无电压，而测到 C 点时发现有电压，分析原因可能是 R_2 开路使 C 点电压无法通过 R_2，也可能是 C_2 短路将 B 点电压短路到地而使 B 点电压为 0V。用电阻法在路检测 R_2、C_2 时，发现是 C_2 短路，更换 C_2 后发光二极管发光，此时测量 B、A 点都有电压。

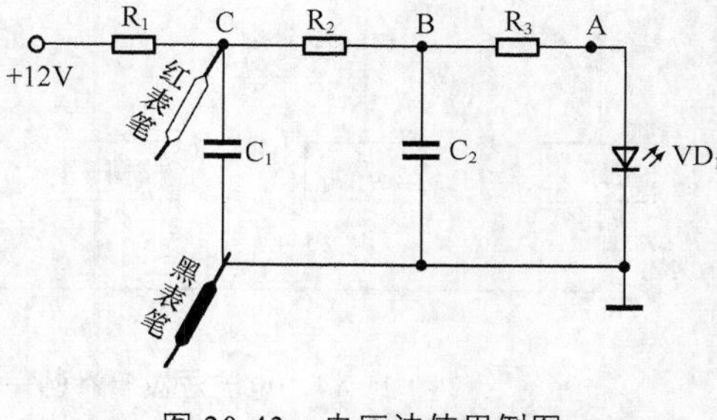

图 20-43　电压法使用例图

2. 电压法使用注意事项

在使用电压法检测电路时应注意以下几点。

① 在使用电压法测量时，由于万用表内阻会对被测电路产生分流作用，从而导致测量电压产生误差，为了减少测量误差，测量时应尽量采用内阻大的万用表。MF50 型万用表内阻为 10kΩ/V（如挡位选择开关拨到 "2.5V" 挡时，万用表内部等效电阻为 2.5×10kΩ=25kΩ），500 型万用表和 MF47 型万用表的内阻为 20kΩ/V，而数字万用表的内阻可视为 ∞。

② 在测量电路电压时，万用表黑表笔接低电位，红表笔接高电位。

③ 测量时，应先估计被测部位的电压大小以选取合适的挡位，选择的挡位应高于且最接近被测电压，不要用高挡位测低电压，更不能用低挡位测高电压。

20.5.4　电流法

电流法是通过测量电路中电流的大小来判断电路是否有故障的方法。在使用电流法测量时，一定要先将被测电路断开，然后将万用表串接在被测电路中，串接时要注意红表笔接断开点的高电位处，黑表笔接断开点的低电位处。下面举两个例子来说明电流法的应用。

1．电流法应用举例一

图 20-44 所示的电子产品由 3 个电路组成，各电路在正常工作时的电流分别是 2mA、3mA 和 5mA，电路总工作电流应为 10mA。

现在这台电子产品出现了故障，检查时首先测量电子产品的总电流是否正常，断开电源开关 S，将万用表的红表笔接开关的下端（高电位处），黑表笔接开关的上端（低电位处），这样电流就不会经过开关，而是流经万用表给 3 个电路提供电流。测得总电流为 30mA，明显偏大，说明 3 个电路中有电路出现故障导致工作电流偏大。为了进一步确定具体是哪个电路电流不正常，可以依次断开 A、B、C 3 处来测量各电路的工作电流，结果发现电路 1、电路 2 的工作电流基本正常，而断开 A 处测得电路 3 的工作电流高达 25mA，远大于正常工作电流，这说明电路 3 存在故障，再用电阻法来检查电路 3 中的各个元器件，就可以比较容易地找出损坏的元器件。

在图 20-44 所示的电路中，除了可以断开 A 处测电路 3 的电流外，还可以通过测出电阻 R 上的电压 U，再根据 $I=U/R$ 的方法求出电路 3 的电流，这样做不需要断开电路，比较方便。

2．电流法应用举例二

图 20-45 所示电路是一个常见的放大电路，为判断该电路是否正常，可测 VT_1 的 I_c，正常时 I_c 应为 5mA。测量时，在 A 点处将电路割开，将万用表红表笔接 A 点的上端，黑表笔接 A 点的下端，测量出来的 I_c 会有 3 种情况：$I_c>5mA$（正常）、$I_c=0mA$、$I_c<5mA$，下面来分析这 3 种情况产生的原因。

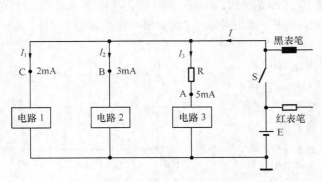

图 20-44　电流法应用举例一

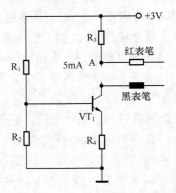

图 20-45　电流法应用举例二

（1）$I_c=0mA$

根据电路分析 $I_c=0mA$ 有两种可能：一是电流 I_c 回路出现开路；二是电流 I_b 回路出现开路，使 $I_b=0mA$，导致 $I_c=0mA$。

电流 I_c 途径（即 I_c 电流的回路）：+3V → R_3 → VT_1 的集电极 → VT_1 的发射极 → R_4 →地。故 $I_c=0mA$ 的原因之一可能是 R_3 开路、VT_1 的集 - 射极之间开路或 R_4 开路。

电流 I_b 途径：+3V → R_1 → VT_1 的基极 → VT_1 的发射极 → R_4 →地，该途径开路会使 $I_b=0mA$，从而使 $I_c=0mA$。故 $I_c=0mA$ 的原因之二是 R_1 开路、VT_1 的发射结开路、R_4 开路。

另外 R_2 短路会使 VT_1 的基极电压 $U_{b1}=0V$，VT_1 的发射结无法导通，$I_b=0mA$，导致 $I_c=0mA$。

综上所述，该电路的 $I_c=0mA$ 的故障原因有 R_1、R_3、R_4 开路，R_2 短路，VT_1 开路，至于到底是哪个元器件损坏，可以用电阻法逐个检查以上元器件，找出损坏的元器件。

（2）$I_c>5mA$

根据电路分析 $I_c>5mA$ 可能是电流 I_b 回路电阻变小引起 I_b 增大，从而导致 I_c 增大。

电流 I_b 回路电阻变小的原因可能是 R_1、R_4 阻值变小，使 I_b 增大，I_c 增大；另外，R_2 阻值增大会使 VT_1 的基极电压 U_{b1} 上升，I_b 增大，I_c 也增大；此外，三极管 VT_1 的集 - 射极之间漏电也会使 I_c 增大。

综上所述，$I_c>5mA$ 的可能原因是 R_1、R_4 阻值变小，R_2 阻值变大，VT_1 的集 - 射极之间漏电。

（3）$I_c<5mA$

$I_c<5mA$ 与 $I_c>5mA$ 正好相反，可能是电流 I_b 回路电阻变大引起 I_b 减小，从而导致 I_c 也减小。

电流 I_b 回路电阻变大的原因可能是 R_1、R_4 阻值变大，使 I_b 减小，I_c 减小；另外，R_2 阻值变小会使 VT_1 的基极电压下降，I_b 减小，I_c 也减小。

综上所述，$I_c<5mA$ 的可能原因是 R_1、R_4 阻值变大，R_2 阻值变小。

20.5.5　信号注入法

信号注入法是通过在电路的输入端注入一个信号，然后观察电路有无信号输出来判断电路是否正常的方法。如果注入信号能输出，说明电路是正常的，因为该电路能让注入信号通过；如果注入信号不能输出，说明电路损坏，因为注入信号不能通过电路。

信号注入法使用的注入信号可以是信号发生器产生的测试信号，也可以是镊子、螺丝刀或万用表接触电路时产生的干扰信号。如果给电路注入的信号是干扰信号，这种方式的信号注入法又称为干扰法。镊子产生的干扰信号较弱，也可采用万用表进行干扰，在使用万用表干扰时，选择欧姆挡，红表笔接地，黑表笔间断接触电路输入端。

下面以图 20-46 所示的简易扩音机为例来说明信号注入法的使用。

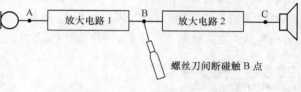

螺丝刀间断碰触 B 点

扩音机的故障是对着话筒讲话时扬声器不发声。为了判断故障部位，可以采用干扰法从后级电路往前级电路干扰，即依次干扰 C、B、A 点，在干扰 C 点时最好使用万用表干扰，

图 20-46　信号注入法使用举例

因为万用表产生的干扰信号较镊子或螺丝刀强。如果扬声器正常，干扰 C 点时扬声器会发出"喀喀"声，否则扬声器损坏；如果干扰 C 点时扬声器中有干扰反应，可再干扰 B 点，干扰 B 点扬声器无反应说明放大电路 2 损坏，有干扰反应说明放大电路 2 正常；接着干扰 A 点，如果无干扰反应说明放大电路 1 损坏，有干扰反应说明放大电路 1 正常，扩音机无声的故障原因是话筒损坏。用干扰法确定是某个放大电路损坏后，再用电阻法检查该放大电路中的各个元器件，就能最终找出损坏的元器件。

20.5.6　断开电路法

当电子产品的电路出现短路时流过电路的电流会很大，供电电路和短路的电路都容易被烧坏，为了能很快找出故障电路，可以采用断开电路法。如果该电子产品内部有很多电路，为了判断是哪个电路出现短路故障，可以依次将电路断开，当断到某个电路时，供电电路电流突然变小，说明该电路为存在短路的电路。下面以图 20-47

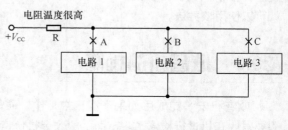

图 20-47　断开电路法使用举例

所示的电路为例来说明断开电路法的使用。

在图 20-47 中，用手接触供电电阻 R 时发现很烫，这说明流过 R 的电流很大，3 个电路中肯定存在短路。为了确定到底是哪个电路有短路，可以依次断开 3 个电路（在断开下一个电路时要将先前断开的电路接通还原），当断到某个电路时，例如断开电路 2 时，供电电阻 R 的温度降低，说明电路 2 出现了短路。关掉电源，用电阻法检查电路 2 中的各个元器件，找出损坏的元器件。

20.5.7　短路法

短路法是通过将电路某处与地之间短路，或者是将某电路短路来判断故障部位的方法。在使用短路法时，为了在短路时不影响电路的直流工作条件，短路通常不用导线而采用电容实现，在低频电路中要用容量较大的电解电容，而在中、高频电路中要用容量较大的无极性电容。下面以图 20-48 所示的扩音机为例来说明短路法的使用。

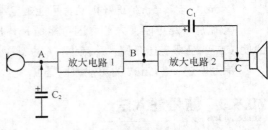

图 20-48　短路法使用举例

如果扩音机出现无声故障，为了找出故障电路，可用一只容量较大的电解电容 C_1 短路放大电路，短路时用电容 C_1 连接 B、C 点（实际是短路放大电路 2），让音频信号直接通过电容 C_1 去扬声器，发现扩音机现在有声音发出，只是声音稍小，这说明无声是由放大电路 2 出现故障引起的。

如果扩音机有声音，但同时伴有很大的噪声，为了找出噪声是哪个电路产生的，可用一只容量较大的电解电容 C_2 依次将 C、B、A 点与地之间短路，发现在短路 C、B 点时，正常的声音和噪声同时消失（它们同时被 C_2 短路到地），而短路到 A 点时，正常的声音消失，但仍有噪声，这说明噪声是由放大电路 1 产生的，再仔细检查放大电路 1，就能找出产生噪声的元器件。

20.5.8　代替法

代替法是用正常元器件代替怀疑损坏的元器件或电路来判断故障部位的方法。当怀疑元器件损坏而又难检测出来时，可采用代替法。比如怀疑某电路中的三极管损坏，但拆下测量又是好的，这时可用同型号的三极管代替它，如果故障消失说明原三极管是损坏的（软损坏）。有些元器件代替时可不必从印制电路板上拆下，如图 20-49 所示电路中，当怀疑电容 C 开路或失效时，只要将一只容量相同或相近的正常电容并联在该电容两端即可，如果故障消失说明原电容损坏。注意电容短路或漏电是不能这样做的，必须要拆下代替。

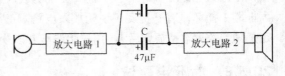

图 20-49　代替法使用举例

代替法具有简单实用的特点，只需要掌握焊接技术并能识别元器件参数，不需要很多的电路知识就可以使用该方法。

20.6　收音机的检修

收音机安装完成后如果不能正常工作，通常先进行调试，如果调试后还是无法正常工作，就需要对收音机进行检修了。市面上的收音机价格已非常便宜，从实用眼光来看没有什么维修价值，但是通过检修收音机既可以培养我们的动手能力,又能让我们掌握电子产品检修的一些思想和方法,为以后检修各种高档电子产品打下基础。

考虑到进行收音机检修的目的是让我们掌握电子产品检修的思想和方法,这里就以一台刚安装好的 S66 型收音机出现无声故障为例来说明收音机的检修。S66 型收音机的电路图参见图 20-35,其检修步骤如下。

第 1 步:用直观法检查。

检修一台电子产品一般首先用直观法,对于收音机可检查内容有以下几个。

① 检查电池是否良好:如电池是否变软,外壳是否冒白粉,电池内是否有黏液流出,电池是否硬化等。

② 检查电池夹:如电池夹是否生锈、是否接触不良等。

③ 检查元器件是否相碰。

④ 检查各连接线有无断落。

⑤ 检查印制电路板铜箔有无断裂、焊点是否松动 / 虚焊、各焊点之间是否短路等。

⑥ 检查元器件有无装错,特别是元器件引脚极性有无装错。

第 2 步:用电压法检查。

电压法在检修电子产品中的应用比较广泛,但由于收音机中的电压比较低,电压法检测不明显,故收音机检修中较少采用电压法。这里主要是用电压法测量电池电压是否正常,正常电池电压为 3V。

第 3 步:用电流法检查。

用电流法可以很容易判断出电路的直流工作情况是否正常,在使用电流法时收音机不要收到电台(静态),再进行以下检查。

① 断开电源开关 S,在开关两端测量收音机的整机工作电流,正常应在 5mA 左右。如果电流过大说明某电路存在短路,如果电流很小,某电路可能开路或不工作;当整机电流不正常时,为了进一步确定是哪个电路引起的,可接着测量收音机各级电路的工作电流。

② 在 D 点将电路断开,测量功放电路的工作电流,正常应在 1.5mA 左右。如果电流偏大,可能是电阻 R_8、R_{10} 的阻值变大,R_7、R_9 的阻值变小,VT_5、VT_6 的集 - 射极之间漏电或短路,C_9 漏电或短路;如果电流偏小,可能是 R_8、R_{10} 的阻值变小,R_7、R_9 的阻值变大。

③ 在 C 点将电路断开,测量前置放大电路的工作电流,正常应为 2mA 左右。如果电流偏大,可能是 R_5 阻值变小,VT_4 的集 - 射极之间漏电或短路;如果电流偏小,可能是 R_5 阻值变大。

④ 在 B 点将电路断开,测量中放电路的工作电流,正常应为 0.5mA 左右。如果电流偏大,可能是 R_4、R_3 阻值变小,VT_2 的集 - 射极之间漏电或短路;如果电流偏小,可能是 R_4、R_3 阻值变大,C_3、C_4 漏电。

⑤ 在 A 点将电路断开,测量变频电路的工作电流,正常应为 0.3mA 左右。如果电流偏大,可能是 R_1、R_2 阻值变小,VT_1 的集 - 射极之间漏电或短路,C_2 漏电或短路;如果电流偏小,可能是 R_1、R_2 阻值变大,C_1 漏电。

另外,电源退耦电容 C_8 漏电或短路,R_{11} 阻值变小也会导致收音机整机电流偏大。

在用电流法确定某级电路工作电流不正常后,就可以确定该电路为故障电路,接着用电阻法检测该级电路中可能损坏的元器件。

第 4 步:用干扰法检查。

在用上述方法检查出各级电路的直流工作条件都正常后,如果收音机还是无声,这时就要用干扰法来检查收音机中与交流信号处理有关的电路了。这里采用万用表产生的干扰信号作为注入信号。干扰法的检查可按下面的方法和步骤来进行。

① 用万用表 R×10 挡干扰功放电路的中心点（即电容 C_9 的左端），听扬声器中有无干扰反应（有无"喀喀"声发出）。如无干扰反应，可能是 C_9 开路、耳机插孔接触不良、扬声器开路。

② 用万用表 R×100 挡干扰音量电位器的中心滑动端，如果扬声器中无干扰反应，说明干扰信号不能通过前置放大电路和功放电路，又因为它们都能正常放大信号（用电流法检查它们的直流工作电流正常），所以无干扰反应可能是交流耦合电容 C_6 开路、变压器 T_5 线圈短路，无法传送交流信号。

③ 用这种方法从后往前依次干扰 VT_3、VT_2、VT_1 的基极，若干扰哪级电路无反应，该级电路就存在故障，主要检查电路之间的耦合元器件，如中周 T_4、T_3 线圈短路。

第 5 步：用电阻法检查。

用干扰法干扰 VT_1 的基极，扬声器中有反应，说明交流信号可以从 VT_1 基极一直到达扬声器，如果收音机还是无正常的声音，就要用电阻法直接检查本振电路和输入调谐回路各个元器件是否正常了。检查时主要用电阻法测量磁性天线 T_1 线圈、振荡线圈 T_2 有无开路，耦合电容 C_2 和交流旁路电容 C_1 是否开路。

第 6 步：用代替法检查。

由于输入调谐回路和本振电路中的双联可变电容和微调电容用万用表难于检测出好坏，故可用同样的双联电容代换它们，如果故障排除，说明原双联电容损坏。

以上就是收音机无声故障的检修过程，其中包含了很多的检修思路和方法，读者可细细体味，这对提高电子产品的检修能力是有很大帮助的。

第 21 章

数字示波器

21.1 示波器的种类与特点

示波器是一种能将电信号波形直观显示出来的电子测量仪器。示波器可以测量交流信号的波形、幅度、频率和相位等参数，还可以测量交、直流电压的大小，如果与其他有关的电子仪器（如信号发生器）配合，还可以检测电路是否正常。示波器种类很多，大致可分为模拟示波器和数字示波器两类，模拟示波器在以前应用较多，现在逐渐被数字示波器取代。

21.1.1 模拟示波器

模拟示波器是一种用模拟电路处理信号且以示波管（又称阴极射线管，CRT）作为显示部件的示波器，由于模拟示波器采用了与早期黑白、彩色电视机一样的 CRT，故其体积大、笨重，携带不方便，另外模拟示波器无存储功能，测量的信号无法保存，测量的信号一旦消失则显示的波形也会消失。

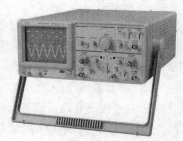

图 21-1 模拟示波器（单踪示波器与双踪示波器）

模拟示波器外形如图 21-1 所示，左边的为单踪示波器，只能测量一个信号，右边的为双踪示波器，内部有两个测量通道，可以同时测量两个信号。

21.1.2 数字示波器

数字示波器是一种集高速采样、A/D 转换、数字处理和软件编程等一系列技术制造出来的示波器。在工作时，数字示波器先对输入信号进行采样（每隔一定的时间取一个信号电压值），再将采样得到离散信号电压转换成一系列数字波形信号，然后对数字波形信号进行各种处理（包括用户设置生成的处理），最后通过液晶显示屏将波形显示出来。

数字示波器外形如图 21-2 所示，左边为手持式数字示波器（又称示波表），其体积小巧，方便随身携带，右边为台式数字示波器，适合在固定场合使用，两者虽然外形不同，但基本功能与测量操作方法大同小异。台式示波器在调节波形的垂直、水平参数和垂直、水平方向移动时一般使用旋钮，而手持式数字示波器取消了旋钮，使用▲、▼、▶、◀键来取代旋钮的功能。

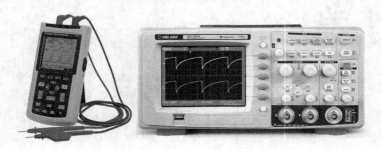

图 21-2 数字示波器（手持式示波器和台式示波器）

21.1.3 数字示波器的优缺点

1. 优点

数字示波器主要有以下优点：

① 由于采用了大规模的数字集成电路，同时使用液晶显示屏代替示波管，故体积小、重量轻、便于携带。

② 可以存储测量的波形，并可以对波形进行测量和分析。

③ 有强大的波形测量和处理能力，如自动测量信号的频率、幅度、上升时间、脉冲宽度等参数。

④ 一般可以通过 GPIB、RS232 或 USB 接口与计算机、打印机、绘图仪连接，可以打印、存档、分析文件。

2. 缺点

数字示波器的缺点主要有：

① 测量高频信号时容易失真。数字示波器是通过对波形采样来显示，为了能测出信号，要求示波器的采样率 Sa/s（次 / 秒）至少是被测信号频率的两倍，采样率越高，测量信号时失真越小。

② 测量复杂信号能力差。由于数字示波器的采样率有限，显示的波形点没有亮度变化，测量时波形的一些细节处可能被漏掉，或无法显示出来。

③ 可能会出现假象和混淆波形。当采样频率低于信号频率时，显示出来的波形可能不是实际的频率和幅度。

21.2 面板、接口与测试线

数字示波器型号很多，基本功能和使用方法大同小异，下面以 Hantek 2C42 型手持数字示波器为例来介绍数字示波器的使用方法，其外形如图 21-3 所示，该示波器不但可以测量波形，还可切换到万用表模式，当作数字万用表使用，有的型号（如 2D42、2D72）还具有信号发生器功能。

21.2.1 显示屏测试界面

Hantek 2C42 型数字示波器有 CH1、CH2 两个测量通道，可以同时测量两路信号，测量时显示屏界面如图 21-4 所示。

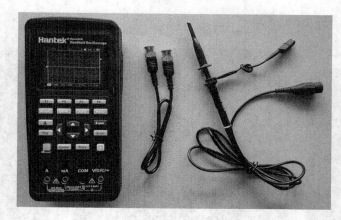

图 21-3　数字示波器及测试线（双 BNC 头连接线、1X/10X 探头线）

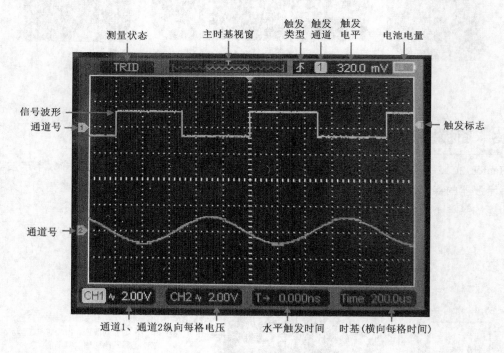

图 21-4　显示屏测试界面

21.2.2　测试连接口

　　Hantek 2C42 型数字示波器的连接口如图 21-5 所示，其中顶端有 CH1（通道 1 输入）、CH2（通道 2 输入）和 Gen Out（信号输出）连接口，用于连接带 BNC 接头的测试线，在示波器面板下方有 4 个插孔，分别是 A 插孔（10A 以下的大电流）、mA 插孔（200mA 以下的小电流）、COM 插孔（公共端）和 V/Ω/C/ 二极管插孔，用于连接万用表测量用的红、黑表笔，在示波器的右侧，有一个 Type-C 端口，使用该连接口可以对示波器充电，也可以与计算机连接通信。

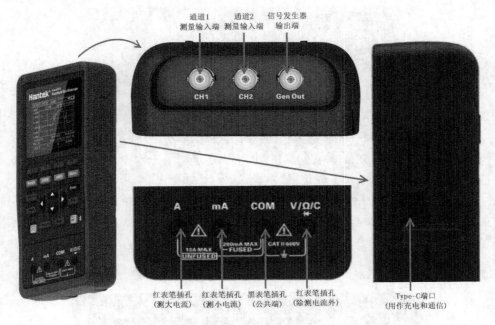

图 21-5　示波器的连接口

21.2.3　面板按键功能说明

Hantek 2C42 型数字示波器的面板操作按键及说明如图 21-6 所示。由于手持数字示波器较台式数字示波器的操作面板小，故按键数量少，为了实现更多的功能，在操作时通常先用一个按键调出某功能的菜单（显示屏会显出菜单），再用 F1 ～ F4 键来选择该功能的各设置项。

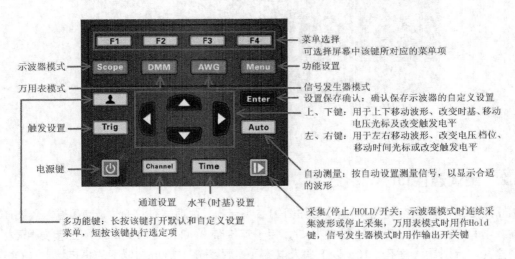

图 21-6　面板按键功能说明

21.2.4　测试线及调整

1. 两种测试线

数字示波器测量信号时要用到测试线，图 21-7 是两种常用的测试线，上方为鳄鱼夹测试线，下方为探头测试线（带 1X/10X 衰减开关），两种测试线一端都使用 BNC 公头与示波器的 BNC 母头连接。在测量电路的信号时，将测试线的一端（BNC 公头）插入示波器的 BNC 连接口，另一端接被测电路。

2. 探头测试线的使用与调整

（1）使用

探头测试线的探头是一个具有收紧功能的钩子，在测量时，用钩子勾住测试点，如果使用探头钩测试不方便，可以将其取下，露出一个测试针，如图 21-8（a）所示，用测试针接触测试点同样可以测量。

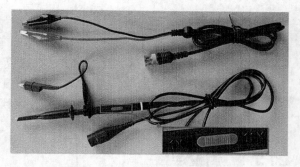

图 21-7 鳄鱼夹测试线和探头测试线（带 1X/10X 衰减开关）

探头测试线上有一个 1X/10X 衰减开关，开关拨到 "1X" 处，信号通过测试线时不会被衰减，但带宽较窄（约为 6MHz），如果输入信号幅度很大，或者测量的信号频率很高，需要用到示波器的全部带宽（Hantek 2C42 型数字示波器的带宽为 40MHz）时，可将衰减开关拨到 "10X" 处，如图 21-8（b）所示，测试线输入的信号会经过衰减电路衰减后再送入示波器。

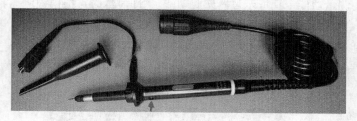

（a）外形 　　　　　　　　　　　　　　（b）内部电路结构（R1/(R1+R2)=1/10）

图 21-8 含衰减电路的探头测试线

（2）调整

探头测试线的衰减电路由 RC 元件构成，电阻起信号衰减作用，电容对输入的信号进行补偿，可以让电路保持较宽的通频带，如果补偿不当会使测量产生偏差或错误，因此在需要精确测量时，测量前尽量对探头线进行补偿调整。

在调整时，将探头线的 BNC 头插入示波器的 CH1 插孔，另一端把探头钩取下露出测试针，然后将衰减开关拨到 "10X" 处，再将测试针插入示波器的 Gen Out（信号输出）插孔，这样 Gen Out 插孔输出的 1kHz/2Vpp 的方波信号会从 CH1 插孔送入示波器，按示波器面板上的 "Auto（自动测量）" 键，示波器测量显示的方波信号可能会出现图 21-9（a）所示的几种波形，若补偿过量或不足，可用小一字螺丝刀调节探头线上的可调电容，如图 21-9（b）所示，同时观察显示屏上的波形，直到变成补偿正确的波形为止。

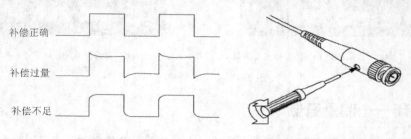

（a）可能出现的波形 　　　　　（b）调节探头线上的可调电容

图 21-9 1X/10X 衰减开关

21.3 一个信号的测量

Hantek 2C42 型数字示波器有 CH1、CH2 两个测试通道，可以同时测量两个信号，如果仅测量一个信号，通常使用 CH1 通道，若使用 CH2 通道测量，则需要进行更多的设置。

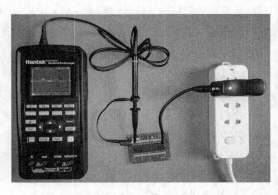

21.3.1 测量连接

图 21-10 是示波器使用探头线测量单片机实验板电路的时钟信号，将探头线的黑夹子接电路的地，探头钩接单片机芯片的时钟引脚，这样单片机产生的时钟信号通过探头线送入示波器。

图 21-10 测量单片机实验板电路的时钟信号

21.3.2 自动测量

数字示波器的一个优点是具有自动测量功能（模拟示波器无此功能），即测量时可根据被测信号自动调节有关设置，使显示屏显示出合适的波形。

在测量时，如果示波器显示屏显示的波形不合适，可以按"Auto（自动测量）"键，如图 21-11（a）所示，示波器马上检测输入信号，并自动调整有关的设置对信号进行测量，让显示屏显示出合适的波形，如图 21-11（b）所示。

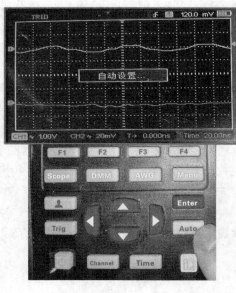
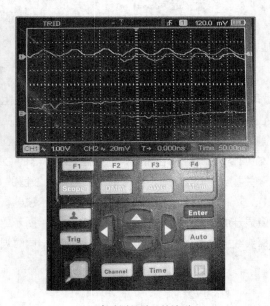

（a）按"Auto（自动测量）"键开始自动测量　　　　　　　（b）自动测量显示的波形

图 21-11 自动测量操作

21.3.3 关闭一个测量通道

自动测量默认打开两个通道同时测量两个信号，在测量一个信号时，显示屏也会显示两个通道的信号，为了避免干扰观察分析波形，可以将当前非测量通道关闭，让显示屏只显示被测通道的信号。

自动测量时显示屏上、下方分别显示 CH1、CH2 通道信号，CH2 通道未输入信号，其显示的为零基线和干扰信号，现将 CH2 通道关闭，按"Channel（通道）"键，显示屏底部出现通道菜单，如图 21-12（a）所示，按"F1"键将通道切换到"通道 2（CH2）"，如图 21-12（b）所示，再按"F2"键将通道开关设为"关闭"，如图 21-12（c）所示，这样显示屏下半部分的 CH2 通道显示消失。

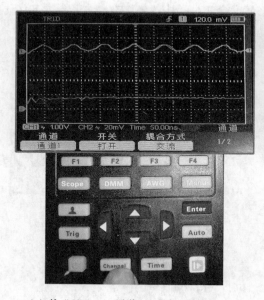

（a）按"Channel（通道）"键打开通道菜单

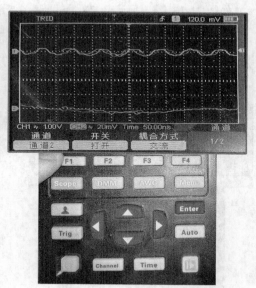

（b）按"F1"键切换到"通道 2"

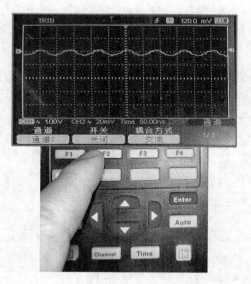

（c）按"F2"键将通道 2 开关设为"关闭"

图 21-12　关闭一个测量通道的操作

21.3.4　波形垂直调节与通道菜单说明

1. 波形垂直方向幅度调节和移动

在自动测量时，示波器显示屏的坐标为 Y-T 模式，即纵坐标表示电压幅度，横坐标表示时间。如果自动测量出来的信号幅度过大或过小，或者在显示屏上显示的位置过上或过下，可以使用 Channel 键和 ▲、▼、▶、◀ 键来调节波形幅度和垂直方向移动。

波形幅度调节和垂直方向的移动操作如图 21-13 所示，先按"Channel"键，显示屏底部会显示通道菜单，在该菜单显示期间按"◀"键，显示屏坐标垂直方向每格电压值变小，波形显示幅度会变大，如图 21-13（a）所示，按"▶"键，波形幅度会变小，按"▼"键，波形会往下移动，如图 21-13（b）所示，按"▲"键，波形会往上移动。

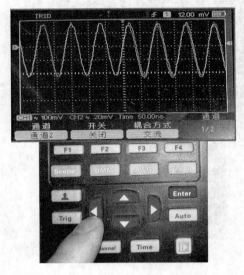 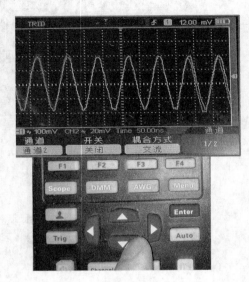

（a）按"◀"键会使波形显示幅度变大　　　　　　　　（b）按"▼"键会使波形往下移动

图 21-13　波形幅度调节和垂直方向的移动操作

2. 通道菜单说明

在示波器面板上按"Channel（通道）"键可打开通道菜单，通道菜单及说明见表 21-1。

表 21-1　通道菜单及说明

菜单项	设置内容	说明
通道	通道 1	选择通道 1（CH1）
	通道 2	选择通道 2（CH2）
开关	打开	打开已选通道的波形显示
	关闭	关闭已选通道的波形显示
耦合方式	直流	让输入信号的交、直流成分全部进入测量通道
	交流	隔离输入信号中的直流成分，仅让信号中的交流成分进入测量通道
	接地	将测量通道输入端接地，无信号进入测量通道
探头比	1×	测量通道的输入信号不衰减时选择（默认）
	10×	测量通道的探头测试线置 10× 时选择
	100×	测量通道的探头测试线置 100× 时选择
	1000×	测量通道的探头测试线置 1000× 时选择
带宽限制	打开	打开 20MHz 带宽限制，减少噪声和其他多余的高频分量
	关闭	不限制带宽
波形反相	打开	将显示的波形反相
	关闭	波形不反相

21.3.5 信号水平调节与时基菜单说明

1. 波形水平宽度调节和水平方向的移动

在自动测量时，若显示出来的波形水平方向过宽或过窄，或者在显示屏上显示的位置过左或过右，可以使用 Time 键和▲、▼、▶、◀键来调节。

波形水平宽度调节和水平方向的移动操作如图 21-14 所示，先按"Time（时基）"键，显示屏底部会显示时基菜单，如图 21-14（a）所示，按"▼"键，显示屏坐标水平方向每格时间值变小，波形在水平方向会变宽，如图 21-14（b）所示，按"▲"键，波形在水平方向会变窄，按"▶"键，波形会往右移动，如图 21-14（c）所示，按"◀"键，波形会往左移动。

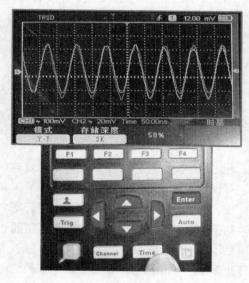

（a）按"Time"键进入时基设置

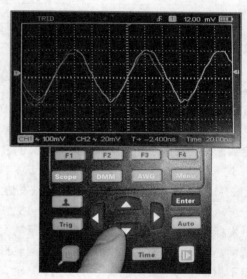

（b）按"▼"键会使波形水平方向会变宽

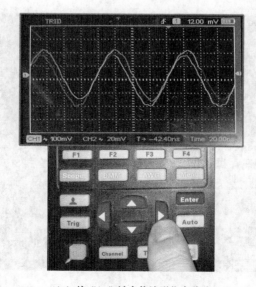

（c）按"▶"键会使波形往右移动

图 21-14 波形水平宽度调节和水平方向的移动

2. 时基菜单说明

在示波器面板上按"Time（时基）"键可打开时基菜单，时基菜单及说明见表 21-2。

表 21-2　时基菜单及说明

菜单项	设置内容	说明
模式	Y-T	在该模式下，显示屏纵（垂直）坐标表示电压幅度，横（水平）坐标表示时间
	滚动	在该模式下，波形从右向左滚动显示，触发和波形水平偏移控制不可用，而且时基只有 100ms/div，滚动模式在测试低频信号时才可用
	X-Y	在该模式下，显示屏纵坐标表示 CH2 通道电压幅度，横坐标表示 CH1 通道电压幅度。X-Y 模式一般用来分析两个相同信号的相位差，比如由李沙育图形所描述的相位差。
存储深度	3K	存储深度 =3K，存储深度 = 采样率 × 波形时间
	6K	存储深度 =6K，示波器采样率一定时，存储深度越大，采集出来的波形越长

21.3.6　信号触发的设置与触发菜单说明

1. 信号触发的设置

信号触发决定示波器在何处开始采集信号并显示波形，一旦正确设置触发，示波器可以将不稳定或无法正常显示的波形转换成有意义的波形。

信号触发的设置操作如图 21-15 所示。按"Trig（触发）"键，显示屏底部会显示触发菜单，如图 21-15（a）所示，按"F2"键，将触发边沿设为"下降沿"，示波器从信号的下降沿开始采集，显示屏从下降沿开始显示波形，如图 21-15（b）所示，按"▲"键可将触发电平调高，显示屏右边的触发标志会上移，显示屏右上角则显示触发电平值，如图 21-15（c）所示，若触发电平值超过信号幅度，将无法触发信号，显示屏显示的波形会滚动或显示不正常。在正确设置触发后，若波形仍显示不稳定，为了便于观察，可按"▌▶"键，示波器停止采集，显示屏显示最后一次采集的波形，此时的波形会稳定显示出来，如图 21-15（d）所示。

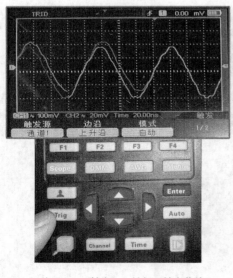

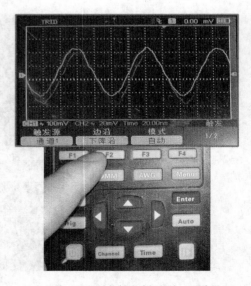

（a）按"Trig（触发）"键打开触发菜单　　　　（b）按"F2"键将触发边沿设为"下降沿"

图 21-15　信号触发设置与停止采集操作

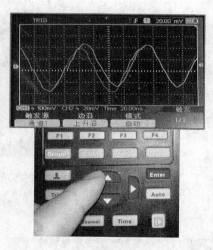
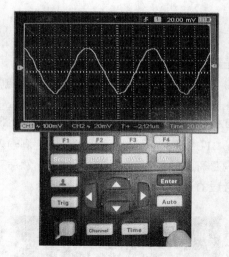

（c）按"▲"键可调高触发电平　　　　　　　　（d）按"|▶"键可让示波器停止采集

图 21-15　信号触发设置与停止采集操作（续）

2. 触发菜单说明

在示波器面板上按"Trig（触发）"键可打开触发菜单，触发菜单及说明见表 21-3。

表 21-3　触发菜单及说明

菜单项	设置内容	说明
触发源	通道 1	以通道 1（CH1）信号作为触发源
	通道 2	以通道 2（CH2）信号作为触发源
边沿	上升沿	从信号的上升沿开始采集并显示波形
	下降沿	从信号的下降沿开始采集并显示波形
	双边沿	一次从上升沿采集，下一次从下降沿采集，交替进行
模式	自动	自动模式可在没有有效触发时自由采集，此模式允许在 100ms/div 或更慢的时基设置下进行无触发采集波形
	正常	当示波器检测到有效的触发条件时，正常模式才会更新显示波形。当仅想查看有效触发的波形时，才使用"正常"模式，使用此模式时，示波器只有在第一次触发后才显示波形
	单次	触发后采集单个波形，然后停止采集
强制触发	打开	开启强制触发，不管触发信号是否适当，都完成采集
	关闭	关闭强制触发

21.4　两个信号的测量

Hantek 2C42 型数字示波器可以同时测量 CH1、CH2 两个通道的信号，在测量时可分别调节两个通道信号的垂直显示幅度（电压），而两通道信号的水平宽度（时间）只能同时调节。

21.4.1　测量连接

图 21-16 是数字示波器测量两个信号的连接，用一根双 BNC 头连接线一端接到示波器的 CH1 口，另一端接到示波器的 Gen Out 口（信号输出口），在数字示波器处于示波器模式时，Gen Out 口会输出 1kHz/2Vpp 的方波信号，另外用信号发生器产生一个 2kHz/4Vpp 的正弦波信号，通过测量探头线接到示波器的 CH2 口。

21.4.2　自动测量

数字示波器的默认设置只会测量一个通道（CH1）的信号，同时测量两个通道信号的最快捷方法是使用示波器的自动测量功能。在测量时，按"Auto（自动测量）"键，如图 21-17（a）所示，示波器马上检测输入信号，并自动调整有关的设置对信号进行测量，然后在显示屏显示出合适的波形，如图 21-17（b）所示。

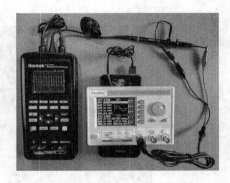

图 21-16　数字示波器测量两个信号的连接

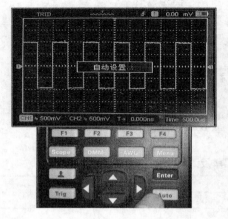

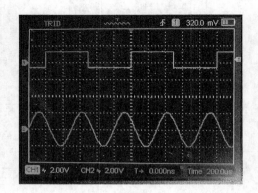

（a）按"Auto（自动测量）"键开始自动测量　　　　　（b）自动测量显示的两个通道波形

图 21-17　自动测量操作

21.4.3　两个信号的幅度调节与垂直方向移动

CH1、CH2 两个通道的信号幅度可分别调节，调节时只会改变波形的垂直方向显示幅度，不会改变实际信号幅度值。

CH1 通道波形的幅度调节与垂直方向移动操作：按"Channel（通道）"键，显示屏底部出现通道菜单，按"F1"键选择"通道1"，然后按"◀"键，显示屏 CH1 通道坐标的垂直方向每格电压值变小（在显示屏底部可查看到该值变化），CH1 通道波形幅度变大，按"▶"键，CH1 通道波形幅度变小，按"▼"键，CH1 通道波形往下移动，按"▲"键，CH1 通道波形往上移动。

CH2 通道波形的幅度调节与垂直方向移动操作：按"Channel（通道）"键，显示屏底部出现通道菜单，按"F1"键选择"通道2"，然后按"◀"键，显示屏 CH2 通道坐标的垂直方向每格电压值变小（在显示屏底部可查看到该值变化），CH2 通道波形幅度变大，按"▶"键，CH2 通道波形幅度变小，按"▼"键，CH2 通道波形往下移动，按"▲"键，CH2 通道波形往上移动。

21.4.4　两个信号的水平宽度调节与水平移动

CH1、CH2 两个通道共用一个时基（水平方向的时间）。当调节时基时，两个通道信号宽度会同时变化，另外两个通道的信号在水平方向也只能同时移动。

CH1、CH2 两个信号的水平宽度调节与水平移动操作：按"Time（时基）"键，显示屏底部会显示时基菜单，按"▼"键，显示屏坐标水平方向每格时间值变小，CH1、CH2 波形水平方向同时变宽，按"▲"键，CH1、CH2 信号水平方向同时变窄，按"▶"键，CH1、CH2 信号同时往右移动，按"◀"键，CH1、CH2 信号同时往左移动。

21.4.5 触发设置

正确设置触发可以将不稳定或无法正常显示的波形转换成有意义的波形。自动测量是以 CH1 通道信号作为触发信号（触发源），在同时测量 CH1、CH2 两通道信号时，CH2 通道由于无触发信号，显示出来的波形可能不稳定，不方便观察，这时可将 CH2 通道信号设为触发源，并调节触发电平，让 CH2 通道信号能正确被触发而稳定地显示。

两通道测量时改变触发源并调节触发电平的操作如图 21-18 所示。按"Trig（触发）"键，显示屏底部出现触发菜单，如图 21-18（a）所示，按"F1"键，将触发源设为"通道 2"，如图 21-18（b）所示，此时通道 2 还不能被触发，按"▼"键，显示屏右侧的触发标志下移，当移到 CH2 通道信号的电平范围时，如图 21-18（c）所示，CH2 通道信号被触发，CH2 通道信号显示稳定（不滚动或滚动慢），而 CH1 通道信号失去触发，会变得不稳定。

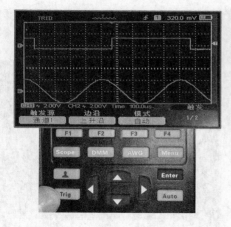
（a）按"Trig（触发）"键打开触发菜单

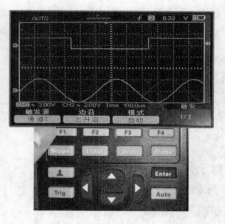
（b）按"F1"键将触发源设为"通道 2"

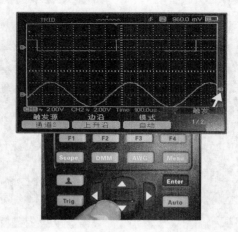
（c）按"▼"键将触发标志下移到 CH2 通道信号的电平范围

图 21-18　两通道测量时改变触发源并调节触发电平的操作

21.5 信号幅度、频率和相位的测量

21.5.1 自动测量信号幅度和频率

　　Hantek 2C42 型数字示波器是可以自动测量并显示被测信号的幅度和频率，但这个功能默认是关闭的，需要通过设置打开该功能。

　　自动测量信号幅度和频率的操作如图 21-19 所示。按"Menu"键，显示屏底部出现功能菜单，如图 21-19（a）所示，功能菜单有 5 组，按"F4"键可以切换功能组，切换到含有"测量"的功能组，如图 21-19（b）所示；按"F2"键选择"测量"，如图 21-19（c）所示，可打开测量设置；按"F1"键将测量功能开关设为"打开"，如图 21-19（d）所示；示波器马上自动测量信号的幅度和频率，并在显示屏上出现小窗口来显示被测信号的幅度和频率值，该窗口显示内容有 6 行，如图 21-19（e）所示，前 3 行分别为 CH1 通道信号的最大幅度值、最小幅度值和频率值，后 3 行分别为 CH2 通道信号的最大幅度值、最小幅度值和频率值，最大幅度值与最小幅度值的绝对值之和即为峰峰值（Vpp）。

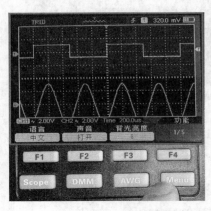

（a）按"Menu"键打开功能菜单

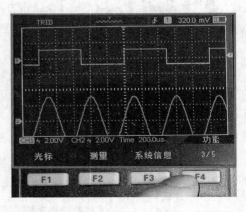

（b）按"F4"键切换到含有"测量"的功能组

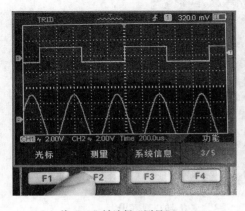

（c）按"F2"键选择"测量"

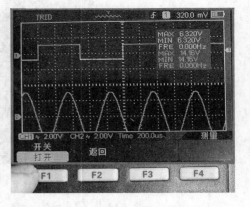

（d）按"F1"键将测量功能开关设为"打开"

图 21-19　自动测量信号幅度、频率的操作

（e）测量窗口显示 CH1、CH2 通道信号的幅度和频率值

图 21-19　自动测量信号幅度、频率的操作（续）

21.5.2　用坐标格测量信号的幅度和频率

Hantek 2C42 型数字示波器有 12（横）×8（纵）=96 个坐标格，每个坐标格的各边线都由 5 个点组成，可利用坐标格作标尺来测量信号的幅度和频率。

用坐标格测量信号的幅度和频率如图 21-20 所示。显示屏上方显示的为 CH1 通道信号，CH1 通道显示区的每个坐标格垂直方向边长为 1.00V（显示屏底部显示"CH1：1.00V"），垂直方向任意两个相邻坐标点距离为 1.00V/5=0.2V=200mV；显示屏下方显示的是 CH2 通道信号，CH2 通道显示区的每个坐标格垂直方向边长为 5.00V（显示屏底部显示"CH2：5.00V"），垂直方向任意两个相邻坐标点距离为 5.00V/5=1.00V；CH1、CH2 通道时基值相同，每个坐标格水平方向为 200μs（显示屏底部显示"Time：200μs"），水平方向任意两个相邻坐标点距离为 200μs /5=40μs。

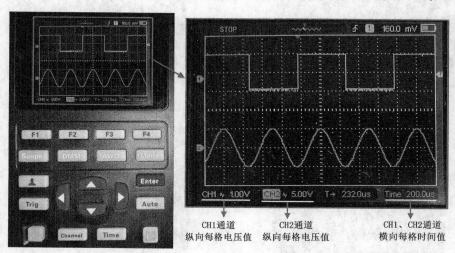

图 21-20　用坐标格测量信号的幅度和频率

CH1 通道信号幅度为垂直方向 2 个坐标格的长度，其幅度为 2×1.00V=2.00V，CH1 通道信号的一个周期时间为水平方向 5 个坐标格的长度，周期值为 5×200μs=1ms，频率是周期倒数，其频率为 1/1ms=1kHz。

CH2 通道信号幅度为垂直方向 2 个坐标格的长度，其幅度为 2×5.00V=10.00V，CH2 通道信号的一个周期时间为水平方向 2.5 个坐标格的长度，其表示周期为 $2.5 \times 200\mu s = 500\mu s$，频率为 $1/500\mu s = 2kHz$。

在用坐格测量信号的幅度和频率时，为便于观察和减小误差，可按"▌▶"键让示波器显示的波形保持稳定，然后上下或左右移动要观测的波形，将波形移到适合观测水平方向和垂直方向长度的位置。

21.5.3 用光标测量信号的幅度和频率

在用尺子测量两点距离时，先将尺子某刻度（如 5）对准其中的一点，再观察另一点对应的尺子刻度（如 25），两个刻度差（25-5）即为两点的距离，刻度单位不同，表示的距离不同。光标测量与尺子测量相同，先将一根光标线移到被测波形的测量起点上，再将另一根光标线移到被测波形的测量终点上，示波器会自动计算并显示两根光标线之间的距离值（也称差值或增量值），如果是垂直光标线，光标位置单位为时间类型，若为水平光标线，光标位置单位为电压类型。

1. 用光标测量信号的幅度

用光标测量信号幅度的操作如图 21-21 所示。在测量时按"▌▶"键让信号保持稳定，按"Menu"键打开功能菜单，在功能菜单中将光标开关设为打开，并将光标类型设为电压类型（默认），显示屏上会出现两条水平光标线，如图 21-21（a）～图 21-21（c）所示，再将光标 1 移到信号最大幅度处，将光标 2 移到信号最小幅度处，如图 21-21（d）～图 21-21（h）所示，显示屏底部显示光标 1 的电压值为 2.12V，光标 2 的电压值为 −1.88V，增量为 4.00V（光标 1、光标 2 的差值），此增量值为被测信号的幅度值，即被测信号的幅度为 4.00V。

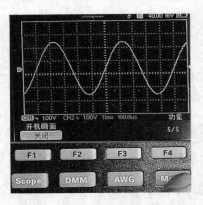

（a）按"Menu"键打开功能菜单

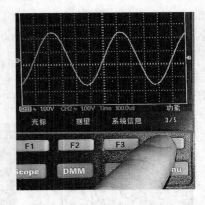

（b）按"F4"键切换到"光标"所在功能组

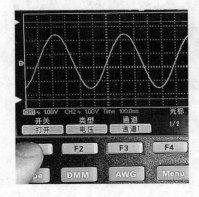

（c）按"F1"键将光标开关设为"打开"

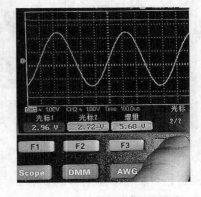

（d）按"F4"键切换光标设置项

图 21-21 用光标测量信号幅度

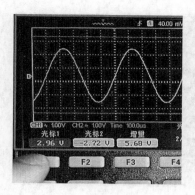

（e）按"F1"键选中"光标1"

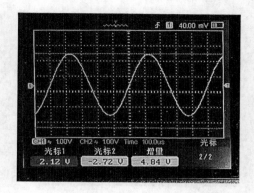

（f）按"▼"键将光标1移到信号最大幅度处

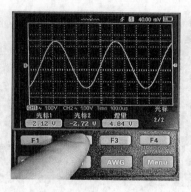

（j）按"F2"键选中"光标2"

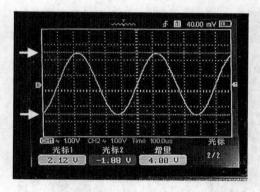

（h）按"▲"键将光标2移到信号最小幅度处

图 21-21　用光标测量信号幅度（续）

2. 用光标测量信号的频率

用光标测量信号频率的操作如图 21-22 所示。在测量时按"▮▶"键让信号保持稳定，按"Menu"键打开功能菜单，在功能菜单中将光标开关设为打开，并将光标类型设为时间类型，显示屏上会出现两条垂直光标线，如图 21-22（a）、图 21-22（b）所示，将光标 1 移到信号选定周期的起点处（可在信号上任选一个周期），将光标 2 移到信号该周期的终点处，如图 21-22（c）～图 21-22（g）所示，显示屏底部显示光标 1 的时间值为 128.00μs，光标 2 的时间值为 –372.00μs，增量为 -500.00μs（光标2、光标1 的差值），此增量的绝对值即为被测信号的周期，频率为周期的倒数，被测信号的频率为 1/500μs=2kHz。

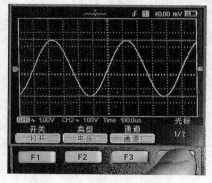

（a）按"F4"键切换光标设置项

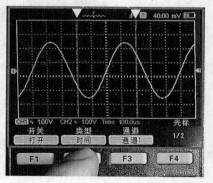

（b）按"F2"键将光标类型设为时间

图 21-22　用光标测量信号频率的操作

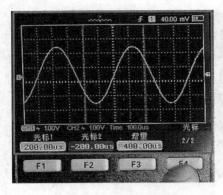

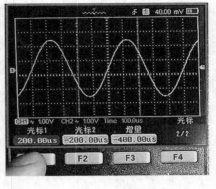

（c）按"F4"键切换光标设置项　　　　　　　　　　（d）按"F1"键选中"光标1"

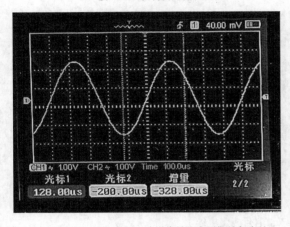

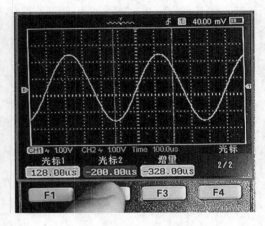

（e）按"▶"键将光标1移到信号选定周期的起点处　　　　（f）按"F2"键选中"光标2"

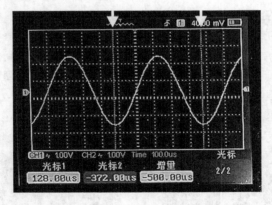

（g）按"▶"键将光标2移到信号选定周期的终点处

图21-22　用光标测量信号频率的操作（续）

21.5.4　用光标测量两个信号的相位差

　　相位差只针对两个同频率信号，两个同频率的信号存在相位差实际就是两个信号变化存在时间差。相位用 $0 \sim 360°$（或 $0 \sim 2\pi$）表示，相当于将一个周期分成360份，如果一个信号超前另一个信号 $90°$，两个信号相位差为 $90°$，表示一个信号超前另一个信号1/4周期（$90°/360°$），若信号的周期为1ms（频率为1kHz），那么 $90°$ 的相位差对应的时间差为 $1\text{ms} \times （90°/360°）=0.25\,\text{ms}$。

用光标测量两个信号的相位差如图 21-23 所示。先用光标测量一个信号（CH1 或 CH2）的周期时间，如图 21-23（a）所示，在显示器底部显示周期（增量）时间为 500μs（频率为 1/500μs=2kHz），再用光标测量 CH1、CH2 两个信号相同性质点（A1、A2）的时间差，如图（b）所示，测量显示时间差为 124μs，假设相位差为 x，那么 $x/360°=124/500$，计算可得 $x≈90°$，即 CH1、CH2 信号的相位差为 90°，从显示屏不难看出，CH1 信号相位超前 CH2 信号。

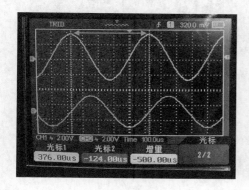
（a）用光标测量信号周期时间

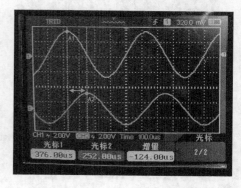
（b）用光标测量两个信号相同性质点的时间差

图 21-23　用光标测量两个信号的相位差

21.6　其他功能的使用

21.6.1　波形的保存

数字示波器内部使用了存储器，能将测量的波形保存下来，可在以后需要时调出查看。

波形的保存操作如图 21-24 所示，按"Menu"键打开功能菜单，如图 21-24(a)所示，然后按"F4"键切换到含"保存"项的功能组，如图 21-24（b）所示，再按"F3"键打开"保存"项，如图 21-24（c）所示，在保存设置时，按"F1"键可选择波形保存的位置（有 1 ~ 6 个位置供选择），如图 21-24（d）所示，要将当前的波形保存下来，可按"F2"键选择"保存"，若要将先前保存的波形调出并显示在屏幕上，可按"F3"键选择"调出"。

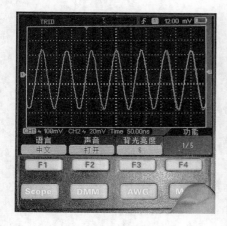
（a）按"Menu"键打开功能菜单

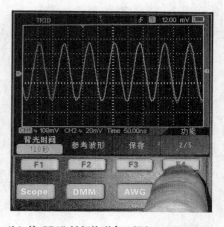
（b）按"F4"键切换到含"保存"项的功能组

图 21-24　波形的保存

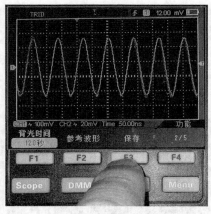
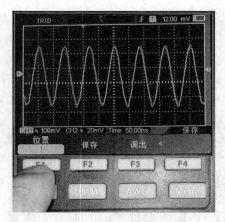

（c）按"F3"键选择并打开"保存"项　　　　（d）按"F1"键可选择波形保存的位置

图 21-24　波形的保存（续）

21.6.2　参考波形（REF）的使用

在工厂生产调试一批相同的电子产品时，一般先做出一台标准机，将其各项指标调到最佳，再将其关键点信号作为标准信号，后续生产调试出来的产品该关键点的信号只要与这个标准信号一致，即为合格产品。数字示波器使用参考波形可实现这个功能。先用示波器测量标准机关键点的波形，再将这个波形保存成参考波形（以灰色方式显示在屏幕上），然后用这台示波器测量其他相同产品该关键点的波形，在同一个屏幕上观察现测得的波形与参考波形是否一致，若一致则为合格产品，如果不一致，可对照参考波形观察测量信号来对产品进行调试。

参考波形的保存与打开操作如图 21-25 所示。按"Menu"键打开功能菜单，如图 21-25（a）所示，然后按"F4"键切换到含"参考波形"项的功能组，如图 21-25（b）所示，再按"F2"键打开"参考波形"项，如图 21-25（c）所示，在参考波形设置时，按"F1"键可选择将当前波形保存为参考波形的位置（有A、B 两个位置供选择），如图 21-25（d）所示，要将当前波形作为参考波形保存下来，可按"F4"键选择"保存"，如图 21-25（e）所示，要让参考波形能在显示屏上显示出来，应按"F2"键将参考波形开关设为"打开"，如图 21-25（f）所示，再按"▼"键（之前应按"Channel"键）移开当前波形即可看见灰色的固定不动的参考波形，如图 21-25（g）所示。参考波形菜单项设置内容如图 21-25（h）所示。

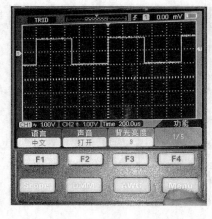
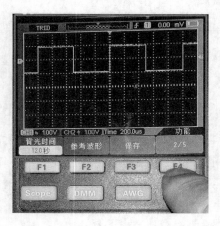

（a）按"Menu"键打开功能菜单　　　　（b）按"F4"键切换到含"参考波形"项的功能组

图 21-25　参考波形的保存、打开与菜单说明

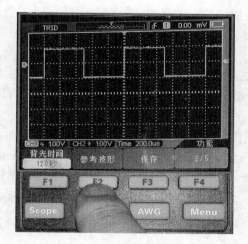

（c）按"F2"键选择并打开"参考波形"项

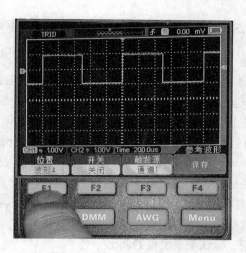

（d）按"F1"键选择参考波形的保存位置

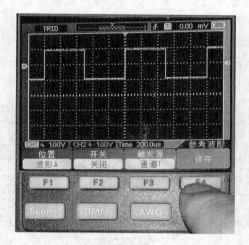

（e）按"F4"键将当前波形保存为参考波形

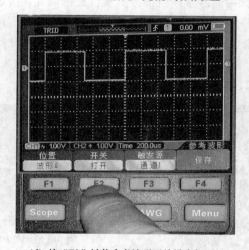

（f）按"F2"键将参考波形开关设为打开

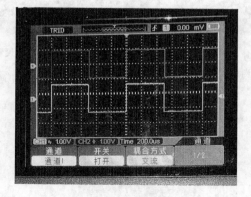

（g）按"▼"键移开当前波形即看见灰色的参考波形

菜单项	设置内容	说明
位置	波形 A 波形 B	参考波形 保存位置
开关	打开 关闭	打开参考波形 关闭参考波形
触发源	CH1 CH2	选择 CH1 保存为参考波形 选择 CH2 保存为参考波形
保存		保存参考波形

（h）参考波形菜单说明

图 21-25　参考波形的保存、打开与菜单说明（续）

21.6.3　自定义与默认测量设置的使用

1.　自定义测量设置的保存与调出

自定义测量设置是指用户测量某信号时自己进行的各种测量调整和设置，如果用户希望以后测量同类信号时直接使用这些设置，可以将这些设置作为自定义设置保存下来，以后需要时调出该设置来测量信号。

自定义测量设置的保存如图21-26所示，先长按"👤（多功能键）"键打开多功能菜单，如图21-26（a）所示，再按"F2"键选择"自定义1"，如图21-26（b）所示，这时按"Enter"键可将当前波形的各项测量设置保存成自定义1设置，如图21-26（c）所示。以后若要调取自定义1设置来测量同类信号，可先按图21-26（a）和图21-26（b）操作，再短按"👤"键，则可将自定义1的各项测量设置调出来测量信号。

2.　默认测量设置的调出

如果数字示波器很多测量设置已调乱，可调出默认设置来测量信号。默认测量设置的调出操作如图21-27所示，长按"👤（多功能键）"键打开多功能菜单，如图21-27（a）所示，再按"F1"键选择"默认设置"，如图21-27（b）所示，然后短按"👤"键后再按"F1"键，如图21-27（c）所示，即调出默认设置，图21-27（d）所示的波形是使用默认设置测量的。默认测量设置各项内容如图21-27（e）所示。

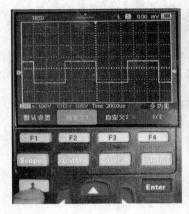 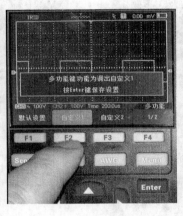 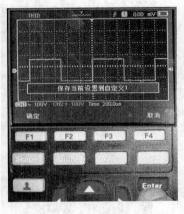

（a）长按"👤"键打开多功能菜单　　（b）按"F2"键选择"自定义1"　　（c）按"Enter"键保存自定义1设置

图21-26　自定义测量设置的保存

 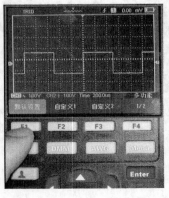

（a）长按"👤"键打开多功能菜单　　　　（b）按"F1"键选择"默认设置"

图 21-27 默认测量设置的调出与设置内容

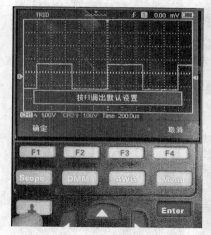 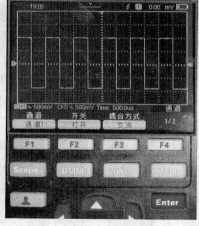

设置项	内容	默认设置
光标	类型	关闭
	信源	CH1
	水平（幅度）	±4 格
	垂直（时间）	±4 格
显示	格式	YT
水平	位置	0.00s
	秒/格	500μs
测量	开关	关闭
触发（边沿）	信源	CH1
	斜率	上升沿
	方式	自动
	电平	0.00v
垂直系统，所有通道	带宽限制	无限制
	耦合方式	AC
	探头衰减	1X
	位置	0.00div
	电压/格	500mV

（c）短按"👤"键后再按"F1"键　　　　　（d）默认设置测量信号　　　　　（e）默认设置的各项设置内容

图 21-27 默认测量设置的调出与设置内容（续）

21.7 万用表功能的使用

　　Hantek 2C42 型手持数字示波器除了有示波器功能外，还具有数字万用表测量功能，按面板上的"DMM（数字万用表）"键，可进入万用表模式，如图 21-28 所示。

图 21-28 按"DMM"键进入万用表模式

21.7.1 万用表模式的测量挡位

　　Hantek 2C42 型手持数字示波器进入万用表模式后，按"F1""F2""F3"键或"◀""▶"键可选取测量挡位，测量挡位有 11 个，分成 4 组挡位，按"F4"键可切换挡位组。万用表模式的测量挡位有 11 个，切换到不同挡位时，显示屏会显示与该挡位对应的内容（挡位标志、数值单位和红黑表笔使用的插孔），如图 21-29 所示。

（a）直流电压挡   （b）电阻挡   （c）通断测量挡

（d）直流电流挡   （e）直流小电流挡   （f）直流小电压挡

（g）交流电压挡   （h）交流电流挡   （i）交流小电流挡

（j）二极管测量挡   （k）电容测量挡

图 21-29 万用表模式的测量挡位

21.7.2 万用表模式的测量举例

    Hantek 2C42 型手持数字示波器的万用表模式测量方法与普通数字万用表相似，先根据被测量或对象选择挡位，然后将红、黑表笔接触被测对象，再从显示屏读出测量数值。下面以测量市电电压为例来说明万用表模式的测量方法，如图 21-30 所示，测量时按"▐▶"键，显示屏显示的数值保持不变，再按一下"▮▶"键取消数值保持。

（a）按"DMM"键进入万用表模式

（b）按"F4"键切换到含"交流伏"的挡位组

（c）按"F1"键选择"交流伏"挡

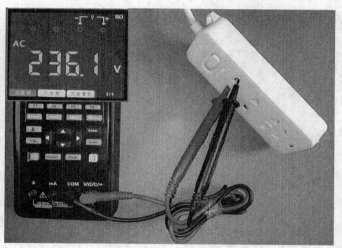

（d）将红、黑表笔插入市电插座后从显示屏上读出测量值

图 21-30　万用表模式的测量举例

第 22 章

信号发生器

信号发生器的功能是产生各种电信号。信号发生器的种类很多，根据用途可分为专用信号发生器（如电视信号发生器）和通用信号发生器。早期的信号发生器主要采用模拟电路来产生信号，产生的信号种类少且电路复杂，现在生产的信号发生器大多采用大规模数字集成电路，可以产生正弦波、方波、三角波、锯齿波、脉冲波、白噪声等几十种信号波形，通过与计算机连接，还能用计算机中用专用软件绘制信号波形回传给信号发生器。

本章介绍 FY6200 型双通道函数 / 任意波形发生器，它是一款集函数信号发生器、任意波形发生器、脉冲信号发生器、噪声发生器、计数器和频率计等功能于一身的信号发生器。本仪器具有信号产生、波形扫描和参数测量等功能，是电子工程师、电子实验室、工厂生产线和教学科研单位的理想测试计量设备。

22.1 面板及附件说明

FY6200 型是一款双通道函数 / 任意波形发生器，其外形如图 22-1 所示，在工作时需要使用电源适配器（AC220V 转 DC5V）为其供电，也可以使用 5V 充电宝直接供电。

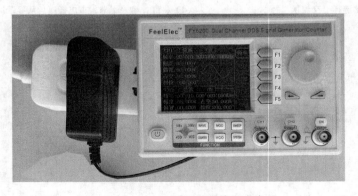

图 22-1 FY6200 型双通道信号发生器

22.1.1 面板按键、旋钮与连接口

FY6200 型信号发生器的面板按键、旋钮与连接口说明如图 22-2 所示。

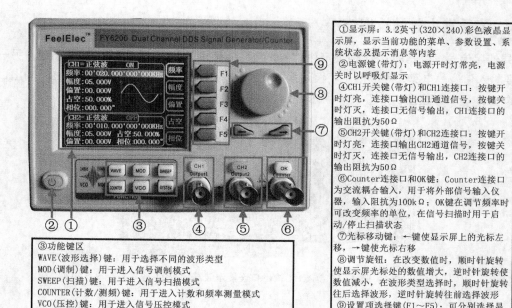

①显示屏：3.2英寸(320×240)彩色液晶显示屏，显示当前功能的菜单、参数设置、系统状态及提示消息等内容

②电源键(带灯)：电源开时灯常亮，电源关时以呼吸灯显示

④CH1开关键(带灯)和CH1连接口：按键开时灯亮，连接口输出CH1通道信号，按键关时灯灭，连接口无信号输出，CH1连接口的输出阻抗为50Ω

⑤CH2开关键(带灯)和CH2连接口：按键开时灯亮，连接口输出CH2通道信号，按键关时灯灭，连接口无信号输出，CH2连接口的输出阻抗为50Ω

⑥Counter连接口和OK键：Counter连接口为交流耦合输入，用于将外部信号输入仪器，输入阻抗为100kΩ；OK键在调节频率时可改变频率的单位，在信号扫描时用于启动/停止扫描状态

⑦光标移动键：←键使显示屏上的光标左移，→键使光标右移

⑧调节旋钮：在改变数值时，顺时针旋转使显示屏光标处的数值增大，逆时针旋转使数值减小，在波形类型选择时，顺时针旋转往后选择波形，逆时针旋转往前选择波形

⑨设置项选择键(F1~F5)：可分别选择显示屏右侧对应位置的设置项

③功能键区

WAVE(波形选择)键：用于选择不同的波形类型

MOD(调制)键：用于进入信号调制模式

SWEEP(扫描)键：用于进入信号扫描模式

COUNTER(计数/测频)键：用于进入计数和频率测量模式

VCO(压控)键：用于进入信号压控模式

SYSTEM(系统设置)键：用于进入辅助功能参数和系统参数设置

图 22-2 面板按键、旋钮与连接口说明

22.1.2 电源适配器与信号线

FY6200 型信号发生器供电要用到 AC220V 转 DC5V 的电源适配器，与计算机连接要用到 USB 数据线（一端为 USB-A 型口，插入计算机 USB 口，另一端 USB-B 型口，插入信号发生器的 USB 口），输出、输入信号要用到信号线（与信号发生器连接的一端为 BNC 型连接口），其外形如图 22-3 所示。

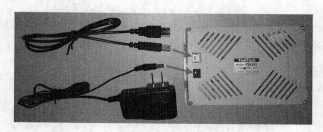

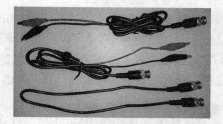

（a）USB 数据线与电源适配器　　　　　　　　（b）带 BNC 型连接口的信号线

图 22-3 电源适配器、数据线与信号线

22.2 单、双通道信号的产生

FY6200 型信号发生器是一种双通道信号发生器，有 CH1、CH2 两个独立的信号通道，可以产生一个信号，也可以同时产生两个信号，如果只产生一个信号，可以使用 CH1、CH2 中的任何一个通道。下面先介绍使用 CH1 通道产生一个频率为 1kHz、幅度（峰峰值）为 2Vpp、直流偏置为 1V、相位为 90° 的正弦波信号，再进一步说明同时产生双通道信号的方法。

22.2.1 信号发生器的输出连接

如果使用信号发生器的 CH1 通道产生信号，应将信号线的 BNC 端接到 CH1 输出口，另一端接到需要输入信号的电路，为了便于观察信号的变化，这里用信号线将信号发生器 CH1 输出口与示波器的 CH1 输入口连接，如图 22-4 所示。

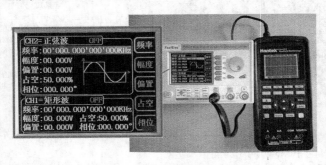

图 22-4 信号发生器 CH1 输出口连接示波器的 CH1 输入口

22.2.2 开启 CH1 通道并选择波形类型

信号发生器有 CH1、CH2 两个通道，如果使用 CH1 通道输出信号，需要先打开 CH1 通道，在信号发生器面板上按 "CH1" 键，CH1 通道参数设置界面会移到显示屏上方，如图 22-5 所示，如果该界面上方显示 "CH1 OFF" 字样，应再按一下 "CH1" 键，使之变为 "CH1 ON"，"CH1"键灯变亮，这样信号发生器的 CH1 通道被打开。在选择信号波形类型时，按 "WAVE" 键，显示屏顶部的波形参数项处于选中状态，如图 22-6（a）所示，反复按 "WAVE" 键可以往后选择波形类型，也可以旋转面板上的调节旋钮，顺时针往后选择

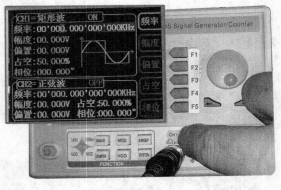

图 22-5 按 "CH1" 键开启 CH1 通道

波形，逆时针往前选择波形，这里将选择波形类型为 "正弦波"，如图 22-6（b）所示。

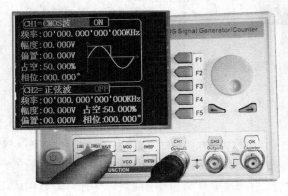

（a）按 "WAVE" 键选中波形类型项

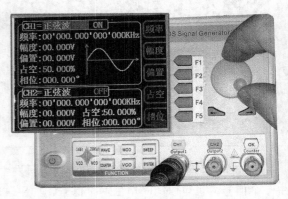

（b）旋转调节旋钮可往前或往后选择波形类型

图 22-6 选择波形类型

22.2.3　设置信号的频率

在设置信号的频率时，按显示屏右侧的 F1 键，选择"频率"项，如图 22-7（a）所示，频率的默认单位为 kHz，按面板右下方的"OK"键可以切换频率单位（MHz、kHz、Hz、mHz、μHz），旋转调节旋钮可以改变光标处的数值（顺增逆减），按调节旋钮下方的"←"或"→"键可使光标往左或往右移动，可以选择不同的数位，现将频率值设为 1kHz，如图 22-7（b）所示。

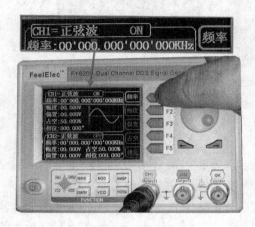 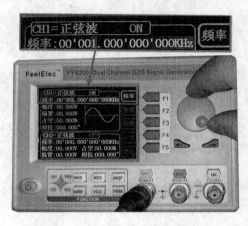

（a）按"F1"键选择频率项　　　　　　　　　（b）旋转调节旋钮将频率值设为 1kHz

图 22-7　设置信号的频率值

22.2.4　设置信号的幅度（峰峰值）

在设置信号的幅度时，按显示屏右侧的 F2 键，选择"幅度"项，如图 22-8（a）所示，当前显示屏显示的幅度值为"0⬜0.000V"，顺时针旋转调节旋钮将其设成"0⬜2.000V"，这样就将信号的幅度值（峰峰值）设为 2V，如图 22-8（b）所示，在示波器的显示屏上可看到该信号的波形，显示屏坐标纵向每格表示 0.5V，信号纵向占了 4 格，其幅度值为 $4×0.5V=2V$，显示屏纵向中央粗线为 0V 线，下方为负电压，上方为正电压，信号的正向最高电压为 1V，负向最低电压为 −1V。信号的一个周期在显示屏横向占了 5 格，横向每格表示 0.2ms，一个周期时长为 $5×0.2ms=1ms$，频率为周期的倒数，频率为 1/1ms=1kHz。

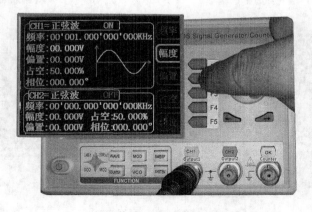

（a）按"F2"键选择幅度项

图 22-8　设置信号的幅度值

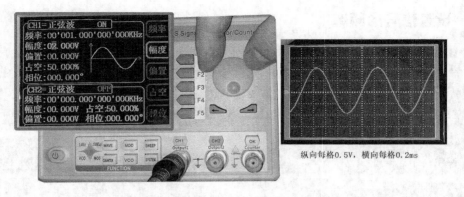

（b）旋转调节旋钮将幅度值设为 2V

图 22-8　设置信号的幅度值（续）

22.2.5　设置信号的偏置（直流成分）

在设置信号的偏置时，按显示屏右侧的 F3 键，选择"偏置"项，如图 22-9（a）所示，当前显示屏显示的偏置值为"00.000V"，按调节旋钮下方的"←"键，将光标移到数值的个位上，如图 22-9（b）所示，再顺时针旋转调节旋钮将偏置值设成"01.000V"，这样就将信号的偏置（信号中的直流成分）设为 1V，如图 22-9（c）所示，在示波器的显示屏上可看到该信号的波形，与前图 22-8（b）所示的信号波形比较，整个信号波形上移了两格，信号的最高电压由 1V 变成 2V，最低电压由 -1V 变为 0V。

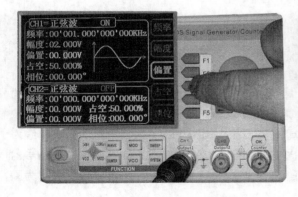

（a）按"F3"键选择偏置项

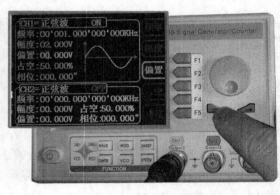

（b）按"←"键将光标移到数值的个位上

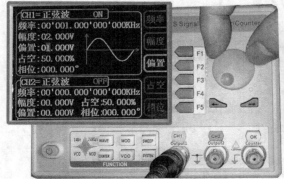

（c）旋转调节旋钮将偏置值设为 1V

图 22-9　设置信号的偏置值

22.2.6 设置信号的相位

在设置信号的相位时，按显示屏右侧的 F5 键，选择"相位"项，如图 22-10（a）所示，当前显示屏显示的相位值为"00 0.000°"，按调节旋钮下方的"←"键，将光标移到相位值的十位上，再顺时针旋转调节旋钮将相位值设成"0 9 0.000°"，这样就将信号的相位值设为 90°，如图 22-10（b）所示，信号的相位超前或落后需要与其他信号比较才能表现出来，示波器测量一个信号时无法体现出相位的不同。

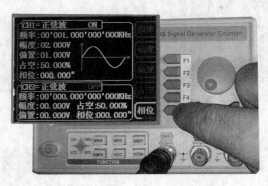

（a）按"F5"键选择相位项

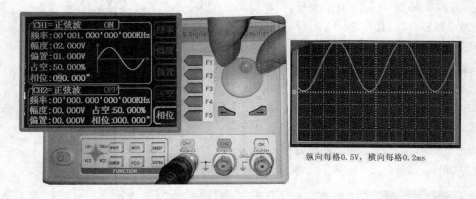

纵向每格 0.5V，横向每格 0.2ms

（b）旋转调节旋钮将相位值设为 90°

图 22-10　设置信号的相位值

通过上述的设置操作，信号发生器的 CH1 输出口就会输出一个频率为 1kHz、幅度（峰峰值）为 2Vpp、直流偏置为 1V、相位为 90° 的正弦波信号。

22.2.7 同时产生两个信号的操作

要让信号发生器同时产生两个信号，须开启 CH1、CH2 两个通道，在用前述方法从 CH1 通道产生 1kHz 的正弦波信号后，再用 CH2 通道产生一个频率为 2kHz、幅度（峰峰值）为 4Vpp、直流偏置为 0V、占空比为 30%、相位为 90° 的矩形波信号。

1. 输出连接与双通道的开启

在让信号发生器 CH1、CH2 两个通道同时产生两个信号时，应使用两根信号线分别将这两个信号连接到需要输入信号的电路，为了便于观察信号的变化，这里用两根信号线分别将信号发生器 CH1、CH2 输出口接到示波器的 CH1、CH2 输入口。

由于前面已开启了 CH1 通道，同时也设置了 CH1 通道信号的参数，现在再开启 CH2 通道，在信号发生器面板上按"CH2"键，将显示屏上的 CH2 通道参数设置界面移到上方，如图 22-11 所示，如果该界面上方显示"CH2 OFF"字样，应再按一下"CH2"键，使之变为"CH2 ON"，"CH2"键变亮，这样就开启了信号发生器的 CH2 通道。

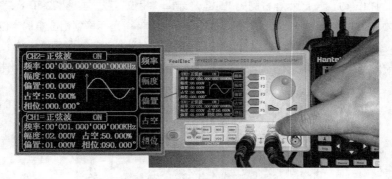

图 22-11　开启 CH2 通道

2. 设置 CH2 信号波形类型

在选择信号波形类型时，按"WAVE"键，显示屏顶部的波形类型项处于选中状态，反复按"WAVE"键或旋转面板上的调节旋钮，将选择波形类型为"矩形波"，如图 22-12 所示。

3. 设置 CH2 信号的频率

在设置 CH2 信号的频率时，按显示屏右侧的 F1 键，选择"频率"项，如图 22-13（a）所示，再旋转调节旋钮可以改变光标处的数值（顺增逆减），按调节旋钮下方的"←"或"→"键可使光标往左或往右移动，可以选择不同的数位，现将频率值设为 2kHz，如图 22-13（b）所示。

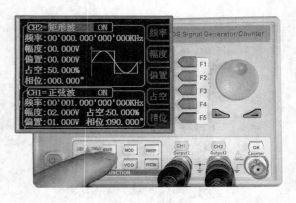

图 22-12　设置 CH2 信号波形类型为"矩形波"

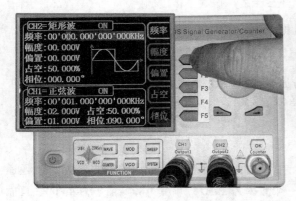

（a）按"F1"键选择频率项

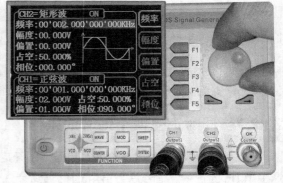

（b）旋转调节旋钮将频率值设为 2kHz

图 22-13　设置 CH2 信号的频率值

4. 设置 CH2 信号的幅度值

在设置信号的幅度时，按显示屏右侧的 F2 键，选择"幅度"项，再旋转调节旋钮将幅度值设为 4V，如图 22-14 所示，在示波器的显示屏上可看到 CH1、CH2 两个信号的波形，CH1 信号纵向占了 1 格，CH2 信号纵向占了 2 格，纵向每格为 2V，即 CH2 信号幅度为 4V，CH1 信号幅度为 2V。

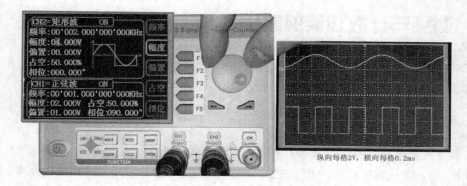

图 22-14　设置 CH2 信号的幅度值为 4V

5. 设置 CH2 信号的占空比

占空比是指矩形波的高电平时间占周期时间的百分比，只有矩形波信号才能设置占空比。在设置矩形波信号的占空比时，按显示屏右侧的 F4 键，选择"占空"项，再旋转调节旋钮将占空比设为 30%，如图 22-15 所示，在示波器的显示屏下方可看到占空比为 30% 的 CH2 信号的波形，将它与前图 22-14 中的占空比为 50%（矩形波未设置占空比时默认为 50%）的 CH2 信号相比，会发现波形的高电平时间缩短了。

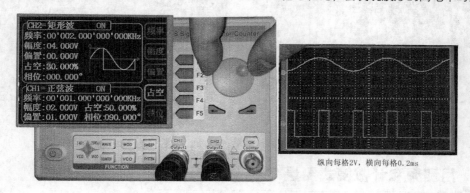

图 22-15　设置 CH2 信号的占空比为 30%

6. 设置 CH2 信号的相位

在设置矩形波信号的相位时，按显示屏右侧的 F5 键，选择"相位"项，再旋转调节旋钮将相位设为 90°，如图 22-16 所示，在示波器的显示屏下方可看到相位为 90° 的 CH2 信号的波形，将它与图 22-15 中的相位为 0°（矩形波未设置相位时默认为 0°）的 CH2 信号进行比较，会发现波形往后移动了。

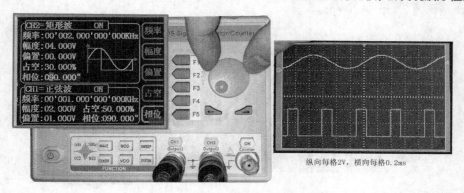

图 22-16　设置 CH2 信号的相位为 90°

22.3　测频与计数功能的使用

FY6200 型信号发生器除了可以产生信号外，还具有测频和计数功能，可以测量外部输入信号的频率、周期和占空比，还能对输入信号进行计数。

22.3.1　测频和计数模式的进入

在信号发生器面板上按 "COUNTER" 键，马上进入测频模式，显示屏显示测频界面，如图 22-17（a）所示，在该模式下，信号发生器可以测量 Counter 连接口输入信号的频率、周期和占空比等参数，按显示屏右侧 "计数" 项旁边的 "F1" 键，可切换到计数模式，显示屏显示计数界面，同时 F1 键的对应项由 "计数" 变成了 "测频"，如图 22-17（b）所示，在该模式下，可以测量 Counter 连接口输入信号的脉冲个数、周期和占空比等参数。

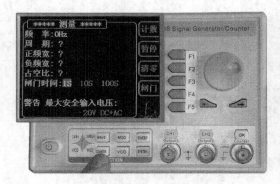
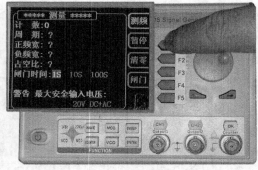

（a）按 "COUNTER" 键进入测频模式　　　　　　　　　（b）按 "F1" 键进入计数模式

图 22-17　测频和计数模式的进入

22.3.2　用测频和计数模式测量 CH1 通道信号

1. 让信号发生器产生一个被测信号

信号发生器可以用测频和计数功能来测量自身产生的 CH1 或 CH2 通道的信号。为了更容易理解测频和计数各测量项，这里让信号发生器 CH1 通道产生一个频率为 1kHz、幅度为 4V、占空比为 20% 的矩形波信号，要让信号发生器 CH1 通道信号进入自身的测频计数通道，应用信号线将 CH1 连接口（输出口）与 Counter 连接口（输入口）连接起来，如图 22-18 所示，Counter 连接口的输入电压范围为 2Vpp ~ 20Vpp。

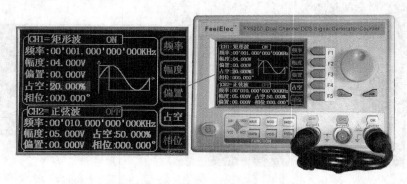

图 22-18　让信号发生器 CH1 通道产生一个信号作为测频 / 计数的输入信号

2. 测量信号的频率、周期和占空比

在确保 CH1 通道信号已送入 Counter 连接口的情况下，按面板上的"COUNTER"键，信号发生器马上进入测频模式，显示屏显示测频界面，同时开始对 Counter 口输入的 CH1 通道信号进行测量，然后显示测量的信号参数信息，如图 22-19 所示，测量显示的频率值、占空比与 CH1 通道信号的参数相同。

如果测量时信号参数经常变化，可按显示屏右侧的 F2 键选择"暂停"，会使各参数保持不变，按下 F3 键选择"清零"，可将频率值清 0，松开 F3 键重新开始测量。正、负频宽分别指信号正值最大宽度和负值最大宽度，正频宽 / 周期的百分比就是占空比。闸门时间是指每次测量的时间，有 1s、10s 和 100s 三种选择，反复按"闸门"右侧的 F4 键可切换闸门时间，以选择 1s 闸门时间为例，如果 1s 内通过测量闸门的脉冲个数为 100 个，那么该信号为 100Hz，选择的闸门时间越长，测量精确度越高，但所需的测量时间更长。

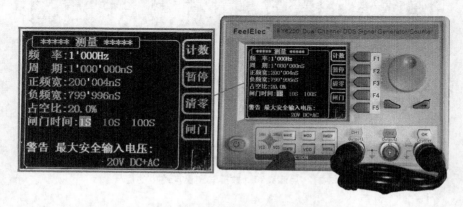

图 22-19 测量 CH1 通道信号的频率、周期和占空比等参数

3. 信号的计数测量

计数是计算一定时间内信号出现的脉冲个数。在按"COUNTER"键让信号发生器进入测频模式后，再按显示屏右侧的"F1"键，即可进入计数模式，同时开始计算 Counter 口输入信号的脉冲个数，如图 22-20 所示，由于信号的脉冲不断进入 Counter 口，所以显示屏显示的计数值不断增大，在计数时，也会测量显示输入信号的周期、正频宽、负频宽和占空比参数。按 F2 键选择"暂停"可停止计数，再按 F2 键又开始计数，按下"F3"键选择"清零"可将计数值清 0，松开"F3"键从 0 开始重新计数。

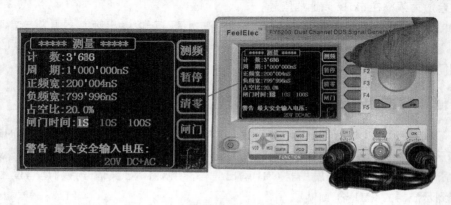

图 22-20 计数测量

22.3.3　用测频和计数模式测量电路中的信号

在使用信号发生器的测频和计数模式测量时，要求被测信号的幅度大于 2Vpp，否则测量不准确或无法测量。

图 22-21 是用信号发生器的测频和计数功能测量一个电路板上某处信号的频率，信号发生器和电路板都采用充电宝 5V 供电。在测量时，信号线的 BNC 头一端插入信号发生器的 Counter 口，另一端黑夹接电路板的地，红夹接电路的测量点，测量后显示屏马上显示被测信号的频率、周期、正频宽、负频宽和占空比参数值，按显示屏右侧的 F1 键会切换到计数测量模式，可对被测信号进行计数测量。

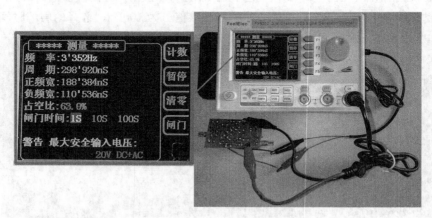

图 22-21　用测频和计数模式测量电路中的信号

22.4　信号扫描功能的使用

信号扫描是指信号发生器输出某参数（频率、幅度、偏置或占空比）从起始值到终止值连续变化的信号。如果将参数连续变化的信号送给需要测试的电路的输入端，再通过示波器查看该电路输出端信号，就能了解该电路对不同参数信号的处理情况，比如给某放大电路送入 1kHz ~ 8kHz 连续变化的扫描信号，用示波器在输出端查看信号波形发现，5kHz 之后的信号幅度很小，这表明该电路不适合放大频率在 5kHz 以上的信号。

FY6200 型信号发生器的 CH1 通道具有信号扫描功能，可以输出频率、幅度、偏置或占空比连续变化的信号，在信号扫描时，只支持信号的一种参数连续变化，其他各项参数与 CH1 通道设置的参数相同。

22.4.1　信号扫描模式的进入与测试连接

由于只有 CH1 通道支持信号扫描功能，故先要按信号发生器面板上的 CH1 键，CH1 键灯亮，CH1 通道打开，然后按 "SWEEP" 键，马上进入信号扫描模式，显示屏显示信号扫描设置界面，如图 22-22 所示，为了观察信号发生器 CH1 输出信号，用双 BNC 头信号线将信号发生器的 CH1 输出口连接到示波器的 CH1 输入口。

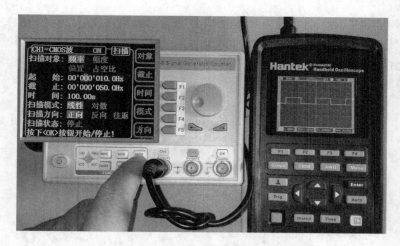

图 22-22　按"SWEEP"键进入信号扫描模式

22.4.2　频率扫描的设置与信号输出

1. 频率扫描的设置

在进入信号扫描模式后，按面板上的"WAVE"键，显示屏界面上方的波形类型项处于选中状态，反复按"WAVE"键或旋转调节旋钮，将波形类型设为"矩形波"，然后再进行频率扫描设置。

频率扫描设置内容如图 22-23 所示，具体设置操作如下。

① 按显示屏右侧的 F1 键选中"对象"项，再按 F1 键选择扫描对象为"频率"。

② 按 F2 键选择"截止（终止）"项，通过使用←键、→键和调节旋钮，将频率扫描的截止频率设为 5kHz。

③ 再按 F2 键则选择"起始"项，将频率扫描的起始频率设为 1kHz。

④ 按 F3 键选择"时间"项，将频率扫描的时间设为 30s（起始频率变化到截止频率用时 30s）。

⑤ 按 F4 键选择"模式"项，将频率扫描的模式设为线性（线性扫描是指每秒的频率变化量都是相同的，对数扫描是指频率变化先快后慢）。

⑥ 按 F5 键选择"方向"项，将频率扫描的方向设为正向（正向：起始频率→截止频率，然后又起始频率→截止频率；反向：截止频率→起始频率，然后又截止频率→起始频率；往返：起始频率⇌截止频率）。

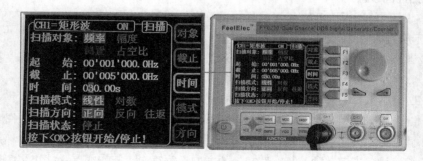

图 22-23　频率扫描的设置

2. 开启频率扫描输出

频率扫描设置完成后，按面板 Counter 连接口上方的"OK"键，如图 22-24（a）所示，频率扫描开始，从信号发生器 CH1 连接口输出信号，信号频率在 30s 时间内由 1kHz 连续变化到 5kHz，然后又返回到 1kHz 重新开始，同时信号发生器扫描设置界面上的起始频率值不断变化，该值即为当前输出信号的实时频率值，在示波器显示屏上可看到 CH1 输出信号的周期逐渐缩短，即信号频率逐渐提高，如图 22-24（b）所示。

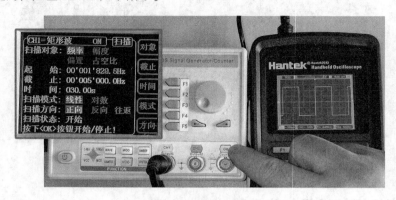

（a）按"OK"键开始频率扫描

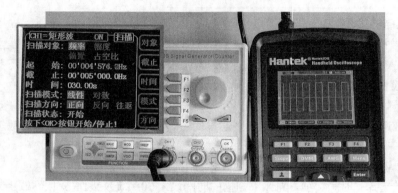

（b）频率扫描时输出信号频率连续变化

图 22-24　频率扫描的启动与输出信号的变化

22.4.3　幅度扫描的设置与信号输出

1. 幅度扫描的设置

幅度扫描设置内容如图 22-25 所示，具体设置操作如下。

① 按显示屏右侧的 F1 键选中"对象"项，再按 F1 键选择扫描对象为"幅度"。

② 按 F2 键选择"截止（终止）"项，通过使用←键、→键和调节旋钮，将幅度扫描的截止幅度设为 4V。

③ 再按 F2 键则选择"起始"项，将幅度扫描的起始幅度设为 1V。

④ 按 F3 键选择"时间"项，将幅度扫描的时间设为 30s（起始幅度变化到截止幅度用时 30s）。

⑤ 按 F4 键选择"模式"项，将幅度扫描的模式设为线性（每秒的幅度变化量都是相同的）。

⑥ 按 F5 键选择"方向"项，将幅度扫描的方向设为正向（起始幅度→截止幅度变化）。

2. 开启幅度扫描输出

幅度扫描设置完成后，按面板 Counter 连接口上方的"OK"键，如图 22-26（a）所示，幅度扫描开始，从信号发生器 CH1 连接口输出信号，信号幅度在 30s 时间由 1V 连续变化到 4V，然后又返回到 1V 重新开始，同时信号发生器扫描设置界面上的起始幅度值不断变化，该值即为输出信号的实时幅度值，在示波器显示屏上可看到 CH1 输出信号的幅度逐渐增大，如图 22-26（b）所示。

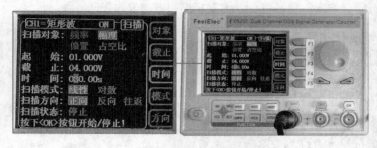

图 22-25　幅度扫描的设置

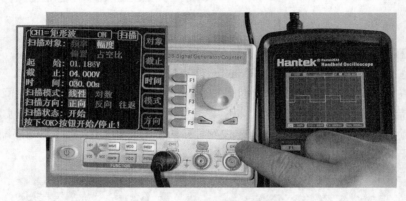

（a）按"OK"键开始幅度扫描

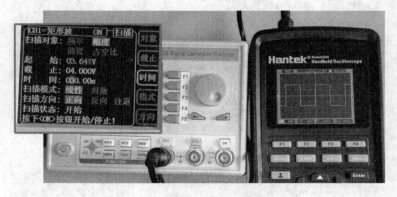

（b）幅度扫描时输出信号幅度连续变化

图 22-26　幅度扫描的启动与输出信号的变化

22.4.4　直流偏置扫描的设置与信号输出

1. 直流偏置扫描的设置

直流偏置扫描设置内容如图 22-27 所示，具体设置操作如下。

① 按显示屏右侧的 F1 键选中"对象"项，再按 F1 键选择扫描对象为"偏置"。

② 按 F2 键选择"截止（终止）"项，通过使用←键、→键和调节旋钮，将直流偏置扫描的截止偏置设为 1V。

③ 再按 F2 键则选择"起始"项，将直流偏置扫描的起始偏置设为 –1V。

④ 按 F3 键选择"时间"项，将直流偏置扫描的时间设为 30s。

⑤ 按 F4 键选择"模式"项，将直流偏置扫描的模式设为线性。

⑥ 按 F5 键选择"方向"项，将直流偏置扫描的方向设为正向。

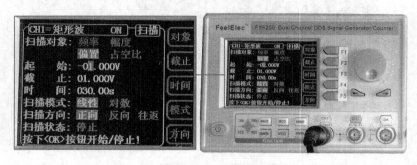

图 22-27　直流偏置扫描的设置

2．开启直流偏置扫描输出

直流偏置扫描设置完成后，按面板 Counter 连接口上方的"OK"键，如图 22-28（a）所示，直流偏置扫描开始，从信号发生器 CH1 连接口输出信号，信号直流偏置在 30s 时间内由 −1V 连续变化到 1V，然后又返回到 −1V 重新开始，同时信号发生器扫描设置界面上的起始偏置值不断变化，该值即为当前输出信号的实时偏置值，在示波器显示屏上可看到 CH1 输出信号逐渐上移，即信号中的直流偏置逐渐增大，如图 22-28（b）所示。

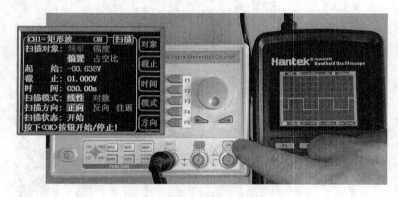

（a）按"OK"键开始直流偏置扫描

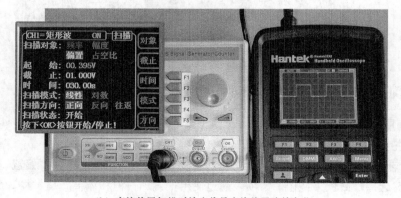

（b）直流偏置扫描时输出信号直流偏置连续变化

图 22-28　直流偏置扫描的启动与输出信号的变化

22.4.5　占空比扫描的设置与信号输出

1. 占空比扫描的设置

占空比扫描设置内容如图 22-29 所示，具体设置操作如下。

① 按显示屏右侧的 F1 键选中 "对象" 项，再按 F1 键选择扫描对象为 "占空比"。

② 按 F2 键选择 "截止（终止）" 项，通过使用←键、→键和调节旋钮，将占空比扫描的截止值设为 80%。

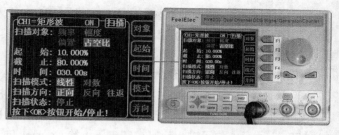

图 22-29　占空比扫描的设置

③ 再按 F2 键则选择 "起始" 项，将占空比扫描的起始值设为 10%。

④ 按 F3 键选择 "时间" 项，将占空比扫描的时间设为 30s。

⑤ 按 F4 键选择 "模式" 项，将占空比扫描的模式设为线性。

⑥ 按 F5 键选择 "方向" 项，将占空比扫描的方向设为正向。

2. 开启占空比扫描输出

占空比扫描设置完成后，按面板 Counter 连接口上方的 "OK" 键，如图 22-30（a）所示，占空比扫描开始，从信号发生器 CH1 连接口输出信号，信号占空比在 30s 时间内由 10% 连续变化到 80%，然后又返回到 10% 重新开始，同时信号发生器扫描设置界面上的起始占空比不断变化，该值即为当前输出信号的实时占空比，在示波器显示屏上可看到 CH1 输出信号的占空比逐渐增大，如图 22-30（b）所示。

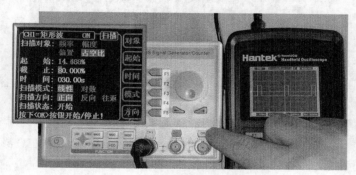

（a）按 "OK" 键开始占空比扫描

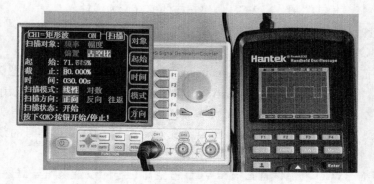

（b）占空比扫描时输出信号占空比连续变化

图 22-30　占空比扫描的启动与输出信号的变化

22.4.6 VCO（压控）扫描的设置与信号输出

VCO（压控）扫描是指使用外部电压来控制信号参数变化的信号扫描方式。在VCO扫描模式下，当信号发生器Counter连接口输入电压在0～5V范围内变化时，CH1通道输出信号的参数（频率、幅度、直流偏置或占空比）由起始值变化到截止值（终止值），不同的电压值对应不同的参数值。

1. VCO扫描模式的进入、设置与测试连接

信号发生器CH1通道支持VCO扫描功能，故先要按信号发生器面板上的CH1键，CH1键灯亮，CH1通道打开，再按"VCO"键，马上进入VCO扫描模式，显示屏显示VCO扫描设置界面，如图22-31所示，为了输入扫描控制电压，给Counter口连接一根测试线，另外，用一根双BNC头测试线将信号发生器的CH1输出口与示波器的CH1输入口连接，这样可在示波器显示屏上随时观察信号发生器CH1输出信号的变化。

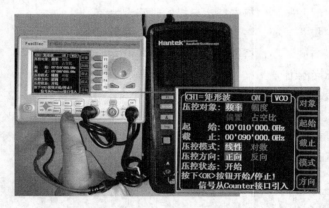

图22-31　VCO扫描模式的进入、设置与测试连接

在VCO扫描前，需要设置扫描参数，以VCO频率扫描为例，其设置内容如图22-31所示，具体设置操作如下。

① 按显示屏右侧的F1键选中"对象"项，再按F1键选择扫描对象为"频率"。

② 按F2键选择"起始"项，通过使用←键、→键和调节旋钮，将VCO频率扫描的起始频率设为10kHz。

③ 按F3键则选择"截止（终止）"项，将频率截止频率设为90kHz。

④ 按F4键选择"模式"项，将VCO频率扫描的模式设为线性。

⑤ 按F5键选择"方向"项，将VCO频率扫描的方向设为正向。

2. 开启VCO频率扫描输出

VCO频率扫描设置完成后，按面板Counter连接口上方的"OK"键，如图22-32（a）所示，频率扫描开始，从信号发生器CH1口输出信号，由于Counter口未输入扫描控制电压，故CH1输出信号频率不变化，现用一节电池给Counter口输入1.5V电压，CH1输出信号频率马上变化，如图22-32（b）所示。如果Counter口输入从0连续变化到5V，CH1输出信号的频率则由10kHz连续变化到90kHz，不同的电压对应着不同的频率值。

VCO幅度扫描、VCO直流偏置扫描和VCO占空比扫描的设置操作与上述的VCO频率扫描相似，这里不再叙述。

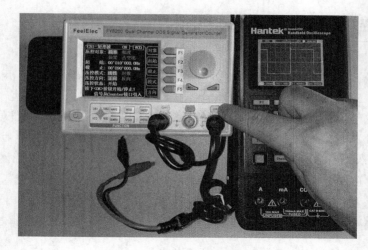

（a）按"OK"键开始频率扫描

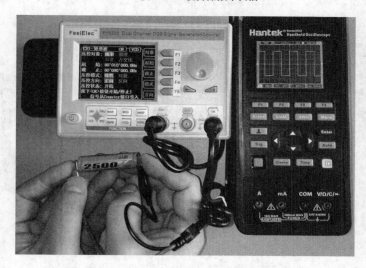

（b）Counter 口输入电压时输出信号频率发生变化

图 22-32　VCO 频率扫描的启动与电压控制信号变化

22.5　信号调制功能的使用

　　信号调制是指用频率低的调制信号（又称信源信号或基带信号）去控制频率高的载波信号的频率、幅度或相位，使之与调制信号幅度有对应的关系，调制得到的信号称为已调信号。调制信号控制载波信号的频率变化称为调频调制（FM），调制信号控制载波信号的幅度变化称为调幅调制（AM），调制信号控制载波信号的相位变化称为调相调制（PM），如果调制信号是数字信号（高低电平信号），相应的调制分别称为频率键控（FSK）、幅度键控（ASK）、相位键控（PSK）。

　　FY6200 信号发生器支持产生 FSK（频率键控）、ASK（幅度键控）、PSK（相位键控）、AM（幅度调制）、FM（频率调制）、PM（相位调制）信号和脉冲串信号。

22.5.1　测试连接与信号调制模式的进入

1. 测试连接

FY6200 信号发生器的 CH1 通道具有产生载波信号和信号调制输出功能，用作控制 CH1 通道调制的调制信号有三种：CH2 通道信号、外部信号（Counter 口输入）和手动信号。图 22-33 是使用 CH2 通道产生的信号作为调制信号，CH2 通道信号直接在内部对 CH1 通道信号进行调制，得到的已调信号从 CH1 口输出，为了观察调制信号，将信号发生器的 CH2 输出口与示波器的 CH1 输入口连接，为了观察已调信号，将信号发生器的 CH1 输出口与示波器的 CH2 输入口连接。

在进入信号调制模式前，先开启 CH1、CH2 通道，再设置 CH1、CH2 通道信号参数，如图 22-33 所示，具体设置内容如下。

① CH1：正弦波，频率为 1kHz，幅度为 4V，其他参数保持默认值，CH1 信号用作载波信号，其频率高。

② CH2：矩形波，频率为 0.2kHz，幅度为 4V，其他参数保持默认值，CH2 信号用作调制信号，其频率低。

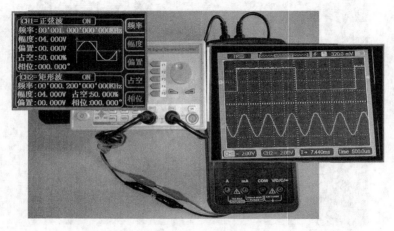

图 22-33　测试连接与 CH1、CH2 通道参数设置

2. 信号调制模式的进入

在设置好 CH1、CH2 通道信号的参数后，按信号发生器面板上的"MOD"键，马上进入信号调制模式，显示屏显示信号调制设置界面，如图 22-34 所示，由于 CH1 通道的载波信号已被调制输出，通过信号线接到示波器的 CH2 输入口，示波器显示屏下方的 CH2 信号为已调信号（调制前为载波信号），示波器上方显示的是来自信号发生器的调制信号。

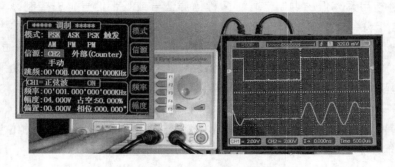

图 22-34　按"MOD"键进入信号调制模式

22.5.2 　FSK（频率键控）设置与信号输出

FSK 设置内容如图 22-35 所示，具体设置操作如下。

① 按显示屏右侧的 F1 键选择"模式"中的"FSK"。

② 按 F2 键选择"信源（调制信号）"中的"CH2"。信源选择"CH2"表示将 CH2 通道的信号作为调制信号，信源选择"外部（Counter）"表示将 Counter 口输入的信号作为调制信号，信源选择"手动"表示将按"OK"键产生的信号作为调制信号，按下"OK"键调制信号为高电平，松开"OK"键为低电平。

③ 按 F3 键选择"参数"中的"跳频"，通过使用←、→键和调节旋钮，将跳频设为 2.5kHz。

设置完成后，信号发生器 CH1 口自动输出已调信号，示波器显示屏下方显示的为已调信号，已调信号的频率随调制信号变化而变化，对应调制信号高电平的已调信号频率为载波频率，对应调制信号低电平的已调信号频率为跳频频率，已调信号幅度与载波信号幅度相同。

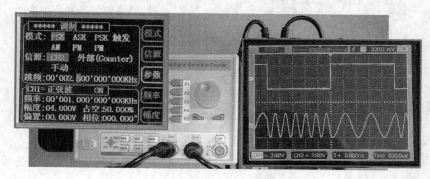

图 22-35　FSK 设置与信号输出

22.5.3 　ASK（幅度键控）设置与信号输出

ASK 设置内容如图 22-36 所示，具体设置操作如下。

① 按显示屏右侧的 F1 键选择"模式"中的"ASK"。

② 按 F2 键选择"信源"中的"CH2"。

设置完成后，信号发生器 CH1 口自动输出已调信号，示波器显示屏下方显示的为已调信号，已调信号的幅度随调制信号变化而变化，对应调制信号高电平的已调信号为载波信号，对应调制信号低电平的已调信号电压为 0。

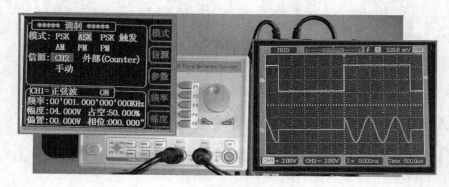

图 22-36　ASK 设置与信号输出

22.5.4 PSK（相位键控）设置与信号输出

PSK 设置内容如图 22-37 所示，具体设置操作如下。

① 按显示屏右侧的 F1 键选择"模式"中的"PSK"。

② 按 F2 键选择"信源"中的"CH2"。

设置完成后，信号发生器 CH1 口自动输出已调信号，示波器显示屏下方显示的为已调信号，已调信号的相位随调制信号变化而变化，当调制信号高、低电平发生变化时，已调信号的相位马上发生变化。

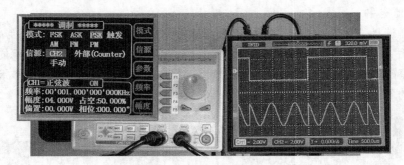

图 22-37 PSK 设置与信号输出

22.5.5 脉冲串的设置与输出

脉冲串设置内容如图 22-38 所示，具体设置操作如下。

① 按显示屏右侧的 F1 键选择"模式"中的"触发"。

② 按 F2 键选择"信源"中的"手动"。

③ 按 F3 键选择"参数"中的"数量"，通过使用←、→键和调节旋钮，将数量设为 1000。

④ 按面板上的"CH2"键，关闭 CH2 通道，CH2 通道停止输出调制信号，让示波器只显示信号发生器 CH1 输出口送来的脉冲串信号。

设置完成后，信号发生器 CH1 口不会自动输出脉冲串，需要按下"OK"键，CH1 口马上输出 1000 个脉冲，然后停止输出，当再次按"OK"键时又会输出 1000 个脉冲。

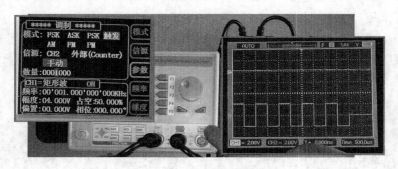

图 22-38 脉冲串的设置与输出

22.5.6 AM（幅度调制）设置与信号输出

AM 设置内容如图 22-39 所示，具体设置操作如下。

① 按显示屏右侧的 F1 键选择"模式"中的"AM"。

② 按 F2 键选择"信源"中的"CH2"。

③ 按 F3 键选择"参数"中的"调制率",通过使用←、→键和调节旋钮,将调制率设为 50%。调制率是指已调信号中的调制信号幅度与载波信号幅度之比,调制率越大,已调信号中的调制信号包络幅度越大。

设置完成后,信号发生器 CH1 口自动输出已调信号,示波器显示屏下方显示已调信号,已调信号的幅度随调制信号变化而变化,已调信号的幅度包络线与调制信号一致。

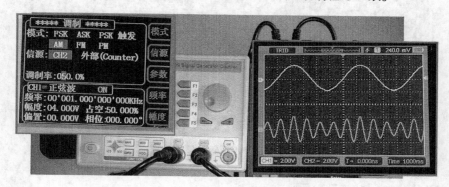

图 22-39　AM 设置与信号输出

22.5.7　FM(频率调制)设置与信号输出

FM 设置内容如图 22-40 所示,具体设置操作如下。

① 按显示屏右侧的 F1 键选择"模式"中的"FM"。

② 按 F2 键选择"信源"中的"CH2"。

③ 按 F3 键选择"参数"中的"频偏",通过使用←、→键和调节旋钮,将频偏设为 1kHz。频偏是指以载波频率为中心上下频率变化的最大偏移量。

设置完成后,信号发生器 CH1 口自动输出已调信号,示波器显示屏下方显示的为已调信号,已调信号的频率随调制信号变化而变化,调制信号的电压越高,对应的已调信号频率越高。

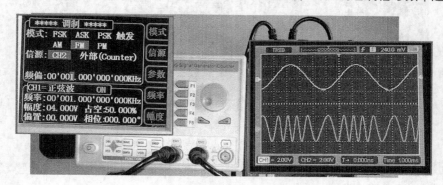

图 22-40　FM 设置与信号输出

22.5.8　PM(相位调制)设置与信号输出

PM 设置内容如图 22-41 所示,具体设置操作如下。

① 按显示屏右侧的 F1 键选择"模式"中的"PM"。

② 按 F2 键选择"信源"中的"CH2"。

③ 按 F3 键选择"参数"中的"偏差",通过使用←、→键和调节旋钮,将相位偏差设为

180。相位偏差又称相位偏移，是指载波相位上下变化的最大偏移量。

设置完成后，信号发生器 CH1 口自动输出已调信号，示波器显示屏下方显示的为已调信号，已调信号的相位随调制信号变化而变化，对于调制信号不同的电压，对应的已调信号相位不同。

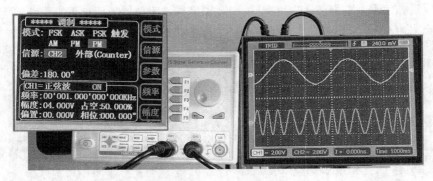

图 22-41　PM 设置与信号输出

22.6　系统功能与设置

在使用系统功能和进行系统设置时，信号发生器需要进入系统界面，在系统界面可以操作存储当前的波形、设置双通道波形参数同步变化，还可以设置系统语言、按键音开 / 关和加载默认设置等。

22.6.1　打开系统界面

在信号发生器面板上按"SYSTEM"键，显示屏马上显示系统界面，如图 22-42 所示。

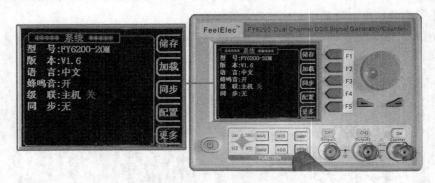

图 22-42　按"SYSTEM"键打开系统界面

22.6.2　波形的存储与加载

如果以后需要再使用信号发生器当前产生的两个通道信号，可以将这两个信号保存下来。按"SYSTEM"键打开系统界面后，按显示屏右侧的"F1"键选择"储存"项，马上打开存储界面，如图 22-43（a）所示，系统可以存储 20 组波形，F1 ~ F4 键用于选择不同的存储组，显示屏一次只能显示 4 个存储组，按 F5 键可往后选择存储组，按"SYSTEM"键可返回系统界面。比如按 F2 键选择"存 02"，则当前两个通道的信号参数（波形类型、频率、幅度、偏置、占空比、相位）都被存储到第 02 存储组。

如果需要调出先前存储的波形，先按"SYSTEM"键打开系统界面，然后按"F2"键选择"加载"项，马上打开加载界面，如图 22-43（b）所示，F1 ~ F4 键可选择加载的存储组号，F5 键可往后选择存储组。比如按 F2 键选择 "载 02"，那么第 02 存储组先前存储的两个通道波形被调出替换当前两个通道的波形。

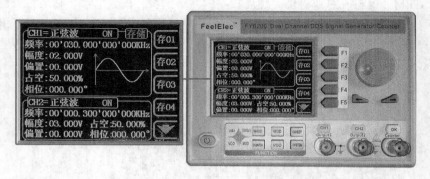

（a）存储波形

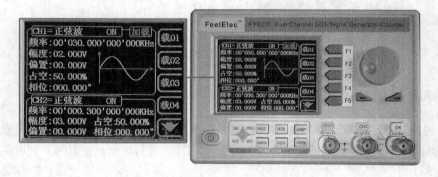

（b）加载波形

图 22-43　波形的存储与加载

22.6.3　双通道波形参数同步的设置

如果希望两个通道信号某个或某些参数保持同步（即始终相同或同时变化），可进行波形同步设置。按 "SYSTEM" 键打开系统界面，然后按 "F3" 键选择 "同步" 项，马上打开同步界面，如图 22-44 所示，F1 ~ F4 键用于选择同步的参数（波形类型、频率、幅度、偏置、占空比）。比如按 F2 键选择 "频率"，"频率" 字样高亮显示，那么 CH2 通道信号的频率与 CH1 通道信号的频率保持同步（始终相同），再次按 "F2" 键取消选择 "频率"，CH1、CH2 通道波形频率同步功能取消。

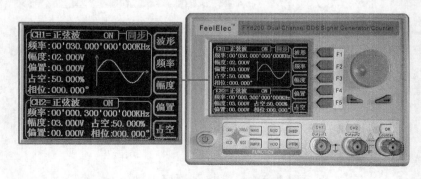

图 22-44　双通道波形参数同步的设置

22.6.4　系统配置

按"SYSTEM"键打开系统界面，然后按"F4"键选择"配置"项，马上打开配置界面，如图 22-45 所示，按"F1"键可将显示屏界面语言设为"中文"，按"F2"键可将显示屏界面语言设为"英文"，按"F3"键可开/关按键音，按"F4"键可在级联时将本机设为主机或从机，按"F5"键可将级联设为开或关。

图 22-45　系统配置

22.6.5　开机与出厂设置

信号发生器开机后，默认设置是 CH1、CH2 两个通道都输出信号，可以通过设置，让开机后只输出一个通道信号，另外如果信号发生器操作发生混乱，可将信号发生器恢复到出厂设置。

按"SYSTEM"键打开系统界面，然后按"F5"键选择"更多"项，马上打开更多界面，如图 22-46 所示，按"F1"键可将开机后 CH1 通道的状态设为开或关，按"F2"键可将开机后 CH2 通道的状态设为开或关，按"F3"键可将信号发生器所有设置恢复到出厂设置。

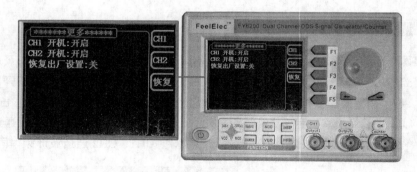

图 22-46　开机与出厂设置